校企合作精品教材

工程力学

主审　刘　萍

主编　伍春发　张　凤　高文秀

内容提要

本书共四篇20章。第一篇是“静力学”，内容包括静力学基础、平面基本力系、平面任意力系、摩擦、空间力系；第二篇是“运动学”，内容包括点的运动学和刚体的基本运动、点的合成运动、刚体的平面运动；第三篇是“动力学”，内容包括质点动力学基本方程、动量定理、动量矩定理、动能定理；第四篇是“材料力学”，内容包括轴向拉伸与压缩、剪切与挤压、扭转、弯曲、应力状态与强度理论、组合变形、压杆稳定、动载荷与交变应力。

本书可作为各类院校机械类和近机类等专业的教材，也可作为相关工程技术人员的参考书。

图书在版编目（CIP）数据

工程力学 / 伍春发，张凤，高文秀主编. -- 上海 ：上海交通大学出版社，2020（2024重印）
ISBN 978-7-313-22434-7

Ⅰ. ①工… Ⅱ. ①伍… ②张… ③高… Ⅲ. ①工程力学—高等学校—教材 Ⅳ. ①TB12

中国版本图书馆CIP数据核字(2019)第279310号

工程力学
GONGCHENG LIXUE

主　　编：伍春发　张　凤　高文秀
出版发行：上海交通大学出版社　　地　　址：上海市番禺路951号
邮政编码：200030　　电　　话：021-64071208
印　　制：三河市祥达印刷包装有限公司　　经　　销：全国新华书店
开　　本：787 mm×1092 mm　1/16　　印　　张：20.75
字　　数：481千字
版　　次：2020年2月第1版　　印　　次：2024年5月第5次印刷
书　　号：ISBN 978-7-313-22434-7
定　　价：59.80元

前言 QIANYAN

《工程力学》是各类院校机械类和近机类等专业的基础专业课程，它涉及诸多学科分支，并拥有广泛的工程技术应用背景，对学生工程实践能力的培养至关重要。因此，为了更好地满足该课程的教学要求，实现人才培养目标，我们结合现代工程技术的发展态势，在总结多年教学经验的基础上，精心编写了本书。

本书具有以下几个鲜明的特点。

• 素质教育，立德树人。党的二十大报告指出："育人的根本在于立德。"为落实立德树人根本任务，本书通过设置"素质启慧园"模块来突出课程教材铸魂育人功能，让学生在学习专业知识的同时感受爱国、创新、求实、奉献、协同、育人的科学家精神，增强责任感、使命感，将个人追求融入国家富强、民族振兴、人民幸福的伟大梦想之中。

• 校企合作，工学结合。在编写过程中，编者与机械研发专业人士深入合作，充分考虑了机械设计相关岗位对知识、技能和素质的要求，在基本概念的论述上准确严谨、逻辑清晰，在定理与公式的讲解上简明扼要、突出重点，在重要知识点后设置了若干精练的例题并进行了详细解答，力求使学生在掌握基本理论的前提下快速提高应用能力，以满足学校和企业的实际需要。

• 全新理念，全新形态。本书坚持"必需与够用为前提，应用与实用为目的"的指导思想，在内容编排上简化了复杂公式的推导过程，着重讲解重点知识内容，以符合学生的认知特点和教学规律，引导学生将基础理论与工程实际结合，培养和提高学生分析问题、解决问题的能力。

• 图片精美，模块丰富。本书配有海量精心绘制的辅助教学图片，精美严谨、清晰直观，旨在帮助学生更好地理解所学内容。同时，书中设有"注意""提示""拓展阅读"等模块，不仅可以帮助学生加深对知识点的理解，还提升了教材的可读性。

• 精编习题，答案辅助。本书根据各章内容，精心设计了思考题和练习题两部分习题，前者帮助学生回顾重要知识点，后者考查学生对所学知识的运用能力。而且，书中配有练习题答案，方便学生核对计算结果，全部习题详细解答过程可通过网络下载获得，有利于教师教学和自学者参考。

• 数字资源，平台辅助。本书配备了丰富的数字资源（如微课、课件、教案和答案等），为广大师生提供了一站式教学资源。读者可以登录文旌综合教育平台"文旌课堂"

（www.wenjingketang.com）体验平台式教学及下载相关教学资源包。

此外，本书还提供了在线题库，支持“教学作业，一键发布”，教师只需通过微信或“文旌课堂”App扫描扉页二维码，即可迅速选题、一键发布、智能批改，并查看学生的作业分析报告，提高教学效率、提升教学体验。学生可在线完成作业，巩固所学知识，提高学习效率。

本书由刘萍担任主审，伍春发、张凤、高文秀担任主编，李洁、潘怡、刘亚朋、董昕担任副主编。在编写过程中，我们参考了大量与工程力学相关的资料和文献，并从Internet中获取了部分信息与图片，在此向这些材料的作者表示衷心的感谢。

由于编者水平有限，书中疏漏与不完善之处，敬请广大读者批评指正。

本书编委会

主　审　刘　萍

主　编　伍春发　张　凤　高文秀

副主编　李　洁　潘　怡　刘亚朋

　　　　董　昕

目录 MULU

第三篇　动力学

绪 论

1. 工程力学的研究内容

我们在中学的物理课程中都学过力的定义，力就是物体与物体间的相互作用。那什么是力学呢？力学是指研究物体机械运动规律及其应用的科学。马克思曾经说过，力学是“大工业”真正的科学基础。

工程力学是力学一级学科下的二级学科，研究的是在工程建设中用到的力学。例如，“鸟巢”体育场、汽车发动机等的设计，就涉及许多力学问题。在实现中华民族伟大复兴中国梦的征程中，长征系列运载火箭、高速铁路、南海钻井平台、港珠澳大桥等相继问世，这些举世瞩目的大国重器和超级工程，都是在工程力学的指导下实现的。

工程力学所包含的内容极为广泛，本书所讲的工程力学包含静力学、运动学、动力学和材料力学四部分内容。静力学主要研究物体在力系作用下的平衡规律；运动学是从几何观点研究物体的运动，而不涉及作用在物体上的力；动力学研究作用于物体上的力与运动变化之间的关系。静力学、运动学和动力学统称为理论力学。材料力学主要研究物体在外力作用下的强度、刚度以及稳定性等问题。

在实际工程中设计构件时，首先，要搞清楚作用在构件上的外力，即理论力学所要研究的问题；其次，还必须为构件选择合适的材料，确定合理的截面形状和尺寸，以保证构件既安全可靠又经济实惠，即材料力学所要研究的问题。因此，理论力学与材料力学是工程力学中紧密联系、不可分割的两部分。工程力学的任务就是为各类工程结构的力学计算提供基本的理论和方法。

2. 工程力学的研究方法

在外力作用下，任何材料制成的物体都会发生变形。为了保证构件的正常工作，工程中通常把各构件的变形限制在很小的范围内，使其与构件的原始尺寸相比微不足道。因此，当对物体进行受力分析并研究物体的平衡与运动规律时，为了简化问题并抓住重点，可以将这些微小的变形忽略。在理论力学中，通常把构件看成是没有变形的刚性物体，简称为刚体。

此外，当构件的形状和尺寸不影响所研究问题的本质时，可以把真实的物体看作质点。但在材料力学中，当研究构件的强度、刚度、稳定性等问题时，变形则成为不可忽略的因素，刚体模型已经不能反映所研究问题的本质，需用变形体模型来代替真实物体。因此，根据研究问题的不同，必须采用不同的力学模型，这是研究工程力学问题的重要方法。

科学研究的过程就是认识客观世界的过程。人类对于自然界运动规律的认识，是在实

践中逐渐由低级到高级、由简单到复杂发展的。工程力学的研究方法与任何一门科学的研究方法一样，都必须遵循认识过程中的客观规律。

工程力学的特点是理论体系严密完整，并与工程实际问题紧密相联，是一门理论性和应用性都很强的学科。在工程力学概念和体系的形成过程中，抽象化和数学演绎两种方法起到了重要的作用，即通过对生活和生产实践中各种现象的观察，经过分析、综合、归纳，最终总结出力学的最基本规律，建立公理。在此基础上，经过抽象化处理建立力学模型，并从基本规律出发，应用数学演绎和逻辑推理的方法，得到具有物理意义和实用价值的定理和结论，形成理论体系，再通过实践来检验理论的正确性，这就是工程力学学科发展形成至今所走过的道路，也是工程力学的研究方法。

3. 工程力学的学习目的

作为一门专业基础课，工程力学主要讲述力学的基础知识和基本理论，以及处理工程力学问题的基本方法，为构件和机械的运动分析及强度计算提供必要的理论基础。

学习工程力学不仅要深刻理解力学的基本概念和基本定律，还要熟练掌握由这些基本概念和基本定律导出的解决工程力学问题的定理和公式。只有这样，才能更好地培养自己处理实际工程力学问题的能力。

第一篇

静力学

静力学是研究物体在力系作用下平衡规律的科学。

力系是指作用于同一物体上的一群力。平衡是指物体机械运动中的一种特殊状态。若物体相对于惯性参考系静止或做匀速直线运动，则称此物体处于平衡状态。对于工程技术中的大多数问题来说，平衡是指物体相对于地球表面保持静止或做匀速直线运动。静置于地面的足球、匀速直线行驶的汽车等，都是物体处于平衡状态的实例。

物体平衡时，作用于其上的力系称为平衡力系。显然平衡力系中各力不是任意的，而应满足一定的条件，这些条件称为力系的平衡条件。研究物体在力系作用下的平衡规律，就是要研究作用在其上的力系成为平衡力系时所应满足的条件。因此，也可以说静力学是研究力系平衡条件的科学。

在静力学中，我们将研究以下三个问题。

（1）物体的受力分析：即分析某个物体共受几个力，以及每个力的大小、方向和作用点位置。

（2）力系的等效替换：为了研究一个复杂力系对物体的作用效应和力系的平衡条件，通常需要将复杂力系简化，即用一个最简单的力系来代替原有的复杂力系，并使其对物体的作用效应不变，这种简化方法称为力系的等效替换。若两个力系对物体的作用效应相同，则称二力系等效，或者称二力系为等效力系。在特殊情况下，如果一个力和一个力系等效，则称此力为此力系的合力，而力系中的各力均称为合力的分力。

（3）力系的平衡条件：即研究物体平衡时，作用在物体上的各力系所需满足的条件。

静力学在工程技术中有着广泛的应用。力系的平衡条件是工程中设计构件、结构和机器零件时进行静力学计算的基础。静力学将推导出各力系的平衡条件，建立平衡方程，并应用它来求解工程中的平衡问题。

第 1 章 静力学基础

学习目标

- 了解力、刚体的基本概念。
- 了解静力学公理。
- 了解约束与约束反力的概念，以及工程中常见的约束类型。
- 熟练掌握受力分析的方法，并能准确地画出受力图。

素质目标

- ★ 树立胸怀祖国、矢志创新的科学精神。
- ★ 树立崇尚科学、追求真理的理想信念。

1.1 静力学基本概念

1.1.1 力的概念

人们在日常生活和生产实践中，对力有许多感性认识。随着观察的不断深入，人们发现，力可以改变物体的运动状态。例如，原来静止的物体，在力的作用下，可以由静止开始运动；而原来运动的物体，在力的作用下，速度可以发生变化。人们的这些感性认识经过概括和总结，并提高到理性认识后，便形成了力的科学概念。

力是物体间的相互作用，在力学范围内，这种作用的效应是使被作用物体的运动状态发生变化，同时使该物体发生变形。其中，力使被作用物体的运动状态发生变化的效应称为**运动效应**，又称**外效应**；力使物体发生变形的效应称为**变形效应**，又称**内效应**。静力学仅限于研究刚体，不考虑物体的变形，故只涉及力的外效应，而不考虑力的内效应。关于力的内效应问题，将在本书材料力学部分进行探讨。

力对物体的作用效应取决于三个要素，即力的大小、方向和作用点，简称**力的三要素**。

力是一个既有大小又有方向的物理量，所以力是矢量。如图 1-1 所示，该矢量的长度按一定比例尺表示力的大小；矢量的箭头表示力的方向；矢量的始点或终点表示力的作用点；矢量所在的直线（即直线 mn）表示力的作用线。

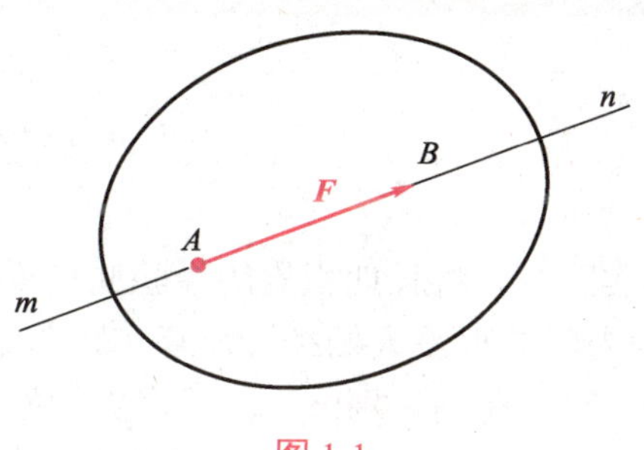

图 1-1

注　意

书中矢量用加粗字母（如 $\boldsymbol{F}$，$\boldsymbol{F}_1$）表示，而力的大小用普通字母（如 F，F_1）表示，这两种符号代表的意义是不同的，初学者需要特别注意。

为了测定力的大小，必须确定力的单位。在国际单位制（SI 制）中，力的单位为 N 或 kN，其中 $1\,\text{kN} = 10^3\,\text{N}$。

1.1.2 刚体的概念

刚体是指在任何情况下都不会变形的物体。这一特征表现为刚体内任意两点的距离永远保持不变。显然，刚体并不存在，它是人们在认识客观世界时，把实际物体抽象化后所得到的理想模型。

实际上，任何物体受力后都会有或多或少的变形。但是一些物体，如工程结构的构件或机器的零件等，受力后变形非常微小。在这种情况下，对于静力学研究的问题来讲，忽略变形不仅不会对研究结果产生明显的影响，而且还可以使问题大大简化。此时，把实际物体抽象为刚体是合理和必要的。

静力学的研究对象仅限于刚体，故静力学又称为刚体静力学。变形体将在材料力学、弹性力学等内容中研究。应当指出的是，一切变形体平衡问题的研究都是以刚体静力学理论为基础的。

1.1.3 力系和平衡的概念

力系是指作用于物体上的所有力的集合。根据力的作用线分布的不同，力系可分为平面力系和空间力系。各力的作用线位于同一平面内的力系称为平面力系；各力的作用线不在同一平面内的力系称为空间力系。有关这部分内容，将在以后的章节中详细介绍。

平衡是指物体相对于惯性参考系保持静止或做匀速直线运动的状态。平衡是物体机械运动的一种特殊形式。在宇宙中没有绝对的平衡，一切平衡都是相对的、暂时的。

1.2 静力学公理

公理是人们在生产生活实践中，将长期积累的经验通过反复实践检验，所总结出的最基本、最普遍的客观规律。静力学公理是人们经过反复实践总结出来的最基本的力学规律。

公理 1（二力平衡公理）：作用在同一刚体上的两个力使刚体保持平衡的充分必要条件是：两个力的大小相等、方向相反，且作用在同一直线上（简称等值、反向、共线）。

二力平衡公理用矢量公式表示即为

$$\boldsymbol{F}_1 = -\boldsymbol{F}_2 \tag{1-1}$$

公理 1 表明了作用在刚体上的最简单力系平衡时必须满足的条件。工程上将只受两个力作用而处于平衡状态的构件称为**二力构件**或**二力杆**。根据二力平衡公理，作用于二力构件上的两个力一定沿作用点的连线方向，如图 1-2 所示。

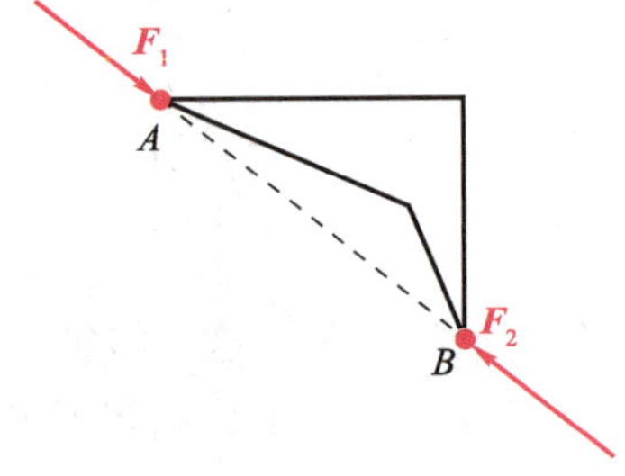

图 1-2

公理 2（力的平行四边形法则）：作用在物体上同一点的两个力可以合成为仍作用于该点的一个合力，合力的大小和方向由以这两个力为邻边构成的平行四边形的对角线矢量来确定。

如图 1-3（a）所示，合力等于两个分力的矢量和，用矢量公式表示即为

$$\boldsymbol{F}_R = \boldsymbol{F}_1 + \boldsymbol{F}_2 \tag{1-2}$$

公理 2 给出了两个共点力的合成方法。如图 1-3（b）所示，由 $\boldsymbol{F}_R$，$\boldsymbol{F}_1$ 和 $\boldsymbol{F}_2$ 构成的三角形称为**力三角形**，这种求合力的方法称为**力的三角形法则**。

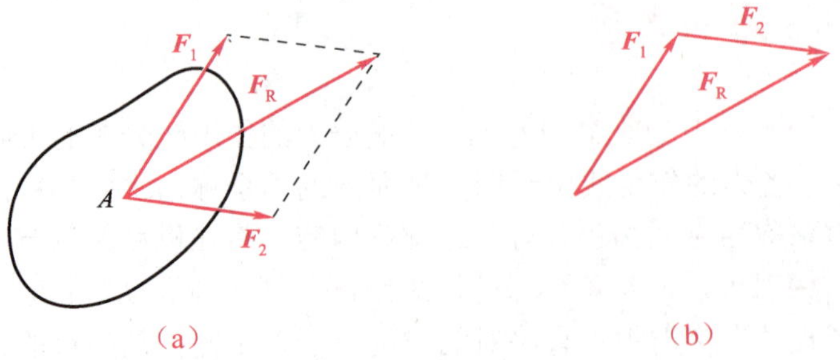

图 1-3

公理 3（加减平衡力系原理）：在作用于刚体的任意力系上，加上或减去任意平衡力系，并不改变原力系对刚体的作用效应。

公理 3 是研究力系等效替换的理论依据。根据加减平衡力系原理，可以导出以下推论。

推论 1（力的可传递性）：作用于刚体上的力可以沿其作用线移动至该刚体内的任意一点，而不改变力对刚体的作用效应。

推论 1 表明，作用于刚体的二力，若矢量相等且其作用线重合，则它们各自对刚体单独作用的效果完全相同。

推论 2（三力平衡汇交原理）：作用于刚体上互不平行的三个力使刚体处于平衡时，这三个力的作用线必在同一平面内，且作用线汇交于同一点。

证明： 如图 1-4 所示，在刚体的 A，B，C 三点上分别作用有三个力 $\boldsymbol{F}_1$，$\boldsymbol{F}_2$，$\boldsymbol{F}_3$，其互不平行，且为平衡力系。根据力的可传递性，将力 $\boldsymbol{F}_1$ 和 $\boldsymbol{F}_2$ 移动到作用线的交点 O，然后根据力的平行四边形法则，得到合力 $\boldsymbol{F}_{12}$。则力 $\boldsymbol{F}_{12}$ 和 $\boldsymbol{F}_3$ 必为平衡力系。根据二力平衡公理，力 $\boldsymbol{F}_{12}$ 和 $\boldsymbol{F}_3$ 必共线。又因 $\boldsymbol{F}_{12}$ 与 $\boldsymbol{F}_1$ 和 $\boldsymbol{F}_2$ 共面，且相交于点 O，故 $\boldsymbol{F}_3$ 亦与 $\boldsymbol{F}_1$ 和 $\boldsymbol{F}_2$ 共面，且相交于点 O。

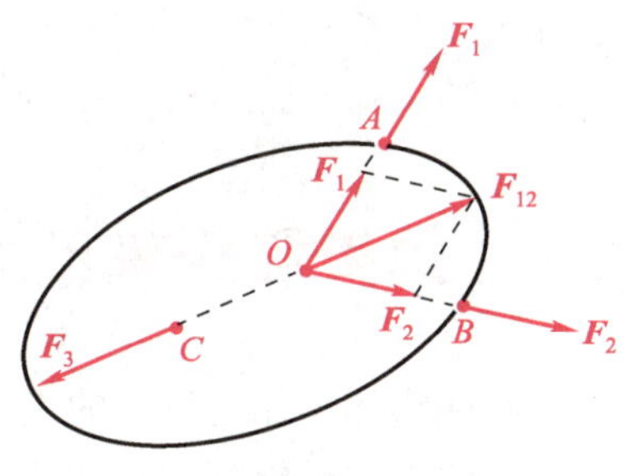

图 1-4

公理 4（作用力与反作用力公理）：任何两个物体相互作用的作用力和反作用力总是大小相等，方向相反，沿着同一条直线，并分别作用在两个物体上。

如图 1-5（a）所示，重为 P 的球放在支承面上。此时，球对支承面的作用力为 $\boldsymbol{F}_{\mathrm{N}}$，支承面同时给球一个反作用力 $\boldsymbol{F}'_{\mathrm{N}}$，如图 1-5（b）所示。

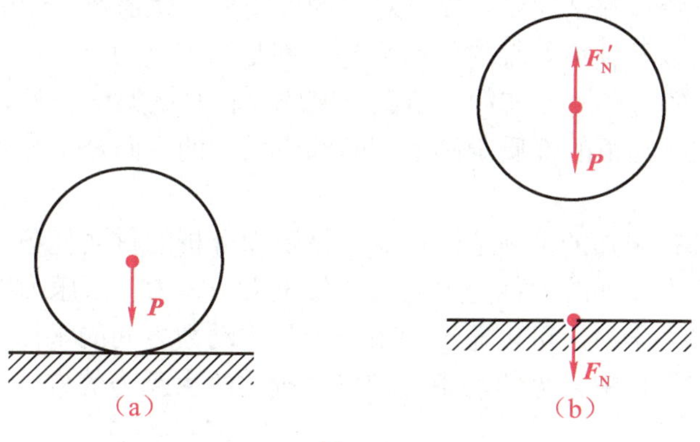

图 1-5

公理 4 概括了物体间相互作用的关系，表明作用力和反作用力总是成对出现。由于作用力和反作用力分别作用在两个物体上，故不可视为平衡力系。

公理 5（刚化公理）：变形体在某一力系作用下处于平衡时，若将此变形体视为刚体（刚化），则平衡状态保持不变。

公理 5 表明，当变形体处于平衡时，必然满足刚体的平衡条件。因此，可以将刚体的平衡条件应用到变形体静力学中。但应注意，刚体的平衡条件是变形体平衡的必要条件而不是充分条件。

如图 1-6 所示，一段柔性绳在等值、反向、共线的两个拉力作用下处于平衡状态，若将变形后平衡的柔性绳换成刚性杆，其平衡状态保持不变；反之，如果刚性杆在等值、反向、共线的两个压力作用下处于平衡状态，若将其换成柔性绳，则平衡状态必然被破坏。

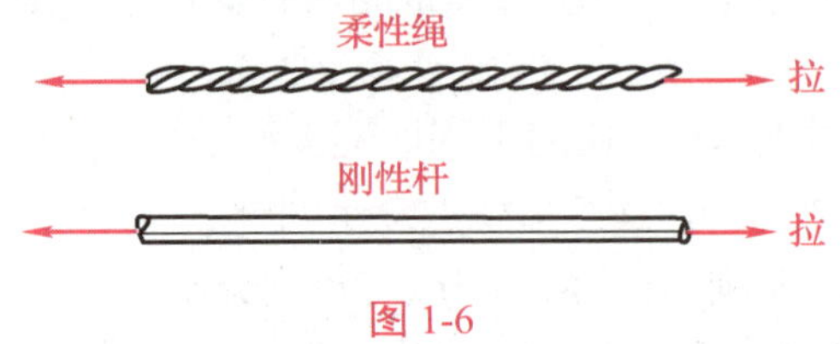

图 1-6

1.3 约束和约束反力

有些物体，如飞行中的飞机、炮弹和火箭等，它们在空间的位移不受任何限制。我们把这种位移不受限制的物体称为自由体。

此外，我们在生活中还经常发现一些物体的位移受到了限制。例如，放在桌子上的书不会掉下来；轨道支承车轮不让它任意运动；地脚螺钉限制机器底座不让它任意运动；轴承限制轴只能转动而不能任意平动等。在力学中，我们把这种位移受到限制的物体称为非自由体；将限制某物体位移的周围物体称为对该物体的约束；将约束对物体的作用力称为约束反力。例如，上述各例中的书、车轮、机器底座和轴等，都是非自由体；桌子、轨道、地脚螺钉和轴承等，都是约束；桌子对书的作用力、轨道对车轮的作用力、地脚螺钉对机器底座的作用力以及轴承对轴的作用力等，都是约束反力。

显然，约束反力的方向一定与约束所能限制物体位移的方向相反，这是确定约束反力方向的一般原则。根据约束的性质正确地判断约束反力的方向是十分重要的，应当引起足够的重视。

约束反力一般都是未知的，确定约束反力是受力分析的重要任务。为了与约束反力相区别，我们把约束反力以外的力称为主动力，如重力、风力、水压力以及作用在物体上的推力或拉力等。在静力学中，可以通过约束反力与主动力之间的平衡方程求解约束反力。

下面介绍几种在工程中常见的约束类型以及确定约束反力的方法。

1.3.1 光滑接触面约束

两物体直接接触时，忽略接触面之间的摩擦力而构成的约束称为光滑接触面约束。因为接触面是光滑的，所以物体可以自由地沿接触面滑动或离开接触面，但不可能沿接触面的法线方向压入面内。因此，光滑接触面约束对物体的约束反力必然作用在接触点处，作用线沿着接触面的公法线方向，并指向被约束物体。通常用 $\boldsymbol{F}_{\mathrm{N}}$ 表示这种约束反力，如图 1-7 中的 $\boldsymbol{F}_{\mathrm{N}A}$，$\boldsymbol{F}_{\mathrm{N}B}$ 和 $\boldsymbol{F}_{\mathrm{N}C}$ 等。

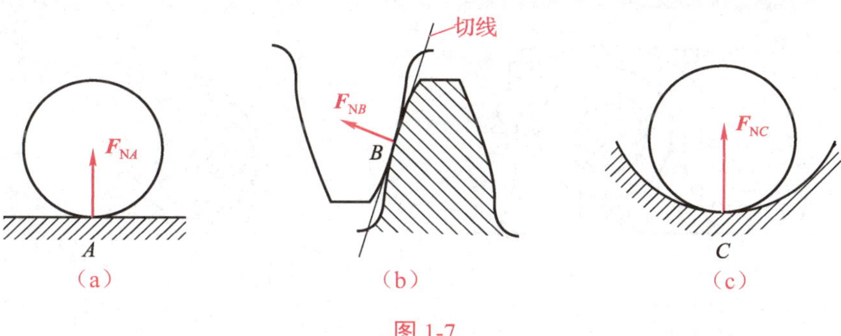

（a）　（b）　（c）

图 1-7

1.3.2　柔性约束

由不可伸长的绳索、皮带和链条等柔性物体形成的约束称为柔性约束，如图 1-8（a）和图 1-8（c）所示。这类约束的特点是能承受拉力，但对压缩和弯曲的承受能力差。该特性决定了**柔性约束的约束反力只能沿柔性体的轴线方向，且背离被约束物体**，如图 1-8（b）和图 1-8（d）所示。

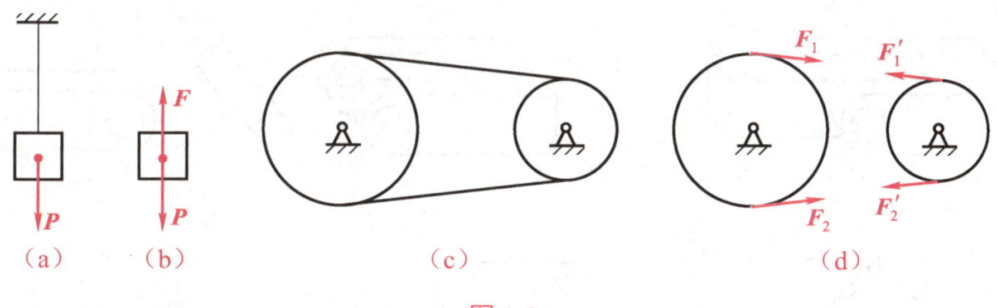

（a）　（b）　（c）　（d）

图 1-8

1.3.3　光滑铰链约束

两构件用圆柱形销钉连接起来，在不计销钉与销孔之间的摩擦力时，即构成光滑铰链约束。在实际工程中，这类约束的形式主要有径向轴承、圆柱铰链和固定铰支座等。

1. 径向轴承

径向轴承又称向心轴承。如图 1-9（a）所示，径向轴承装置的轴可在孔内任意转动，也可以沿孔的中心线移动，但轴承阻碍着轴沿径向向外移动。如图 1-9（b）所示，当轴承和轴在 A 点接触时，轴承对轴的约束反力 $\boldsymbol{F}_A$ 作用在接触点 A 处，并沿公法线指向轴心。

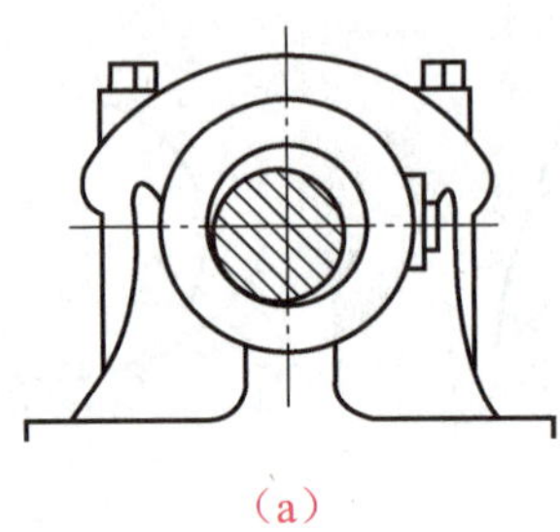

（a）

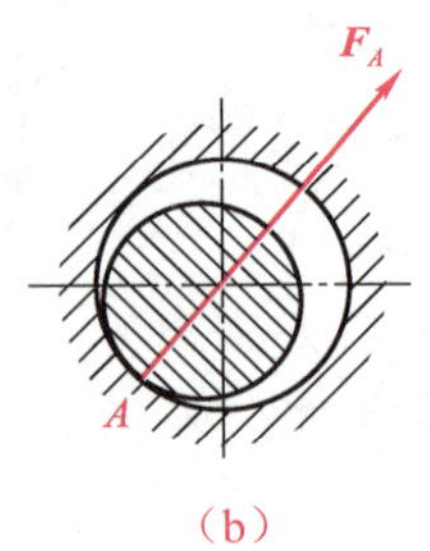

（b）

图 1-9

2. 圆柱铰链

两构件用直径相同的圆柱形孔通过圆柱形销钉相连接，即构成圆柱铰链，如图 1-10（a）和图 1-10（b）所示。光滑圆柱铰链约束的结构简图如图 1-10（c）所示。这种铰链对构件的约束反力通过铰链中心，并在接触点处指向构件，如图 1-10（d）所示。约束反力 $\boldsymbol{F}_{\mathrm{N}}$ 的作用点位置（即接触点位置）、方向和大小由构件所受主动力确定。为方便计算，通常将约束反力用垂直于销钉轴线的两个正交分力 $\boldsymbol{F}_x$，$\boldsymbol{F}_y$ 代替，如图 1-10（e）所示。

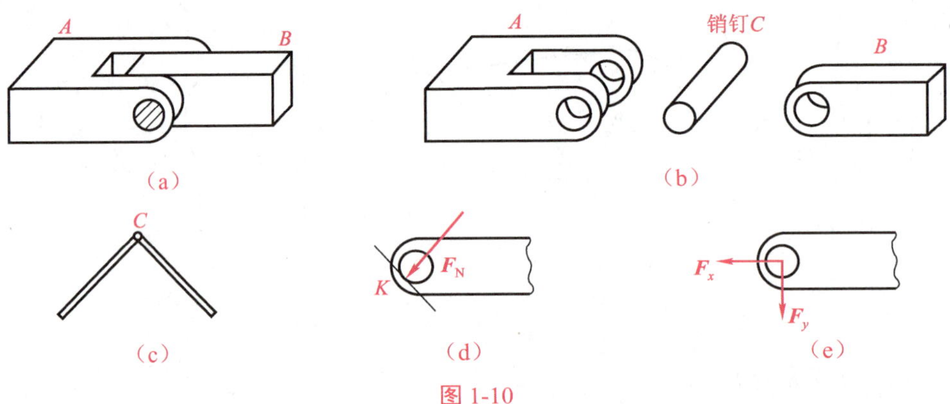

（a）（b）（c）（d）（e）

图 1-10

3. 固定铰支座

如果光滑圆柱铰链的两个构件中有一个固定于地面或机架上作为支座，即构成固定铰支座，如图 1-11（a）所示。固定铰支座对构件约束反力的方向特征与圆柱铰链约束相同，其结构简图如图 1-11（b）所示。由于主动力不确定，固定铰支座对构件约束反力的作用线也不能预先确定，可以用大小未知的两个正交分力表示，如图 1-11（c）所示。

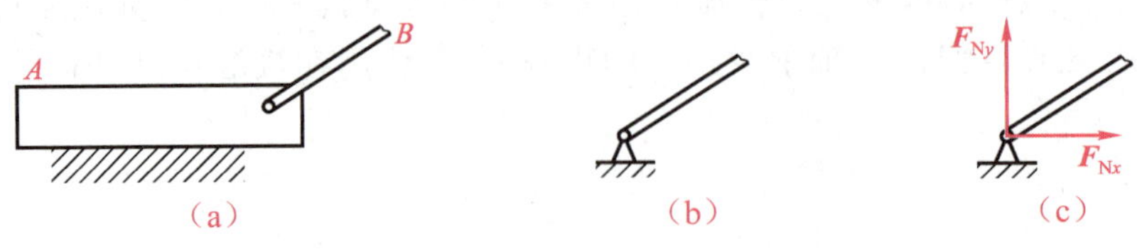

（a）（b）（c）

图 1-11

对于上述三种约束，尽管它们的具体结构不尽相同，但构成约束的性质是相同的，都可以表示为光滑铰链约束。此类约束的特点是只限制两物体径向的相对移动，而不限制两物体绕铰链中心的相对转动和沿轴向的位移。

1.3.4　其他约束

在桥梁、屋架等工程结构中，为了允许由于温度变化而引起结构跨度的自由伸长或缩短，通常采用辊轴支座。为了区分铰链支座与辊轴支座，一般前者称为固定铰支座，而后者称为活动铰支座。辊轴支座是将固定支座用几个刚性辊轴支承在光滑表面上构成的，它是由光滑接触面和光滑铰链两种约束组合而成的一种复合约束，如图 1-12（a）所示，其简图如图 1-12（b）所示。辊轴支座的约束反力垂直于支承面，且通过铰链中心，其方向与被约束体的受力情况有关，通常用 $\boldsymbol{F}_N$ 表示其法向约束反力，如图 1-12（c）所示。

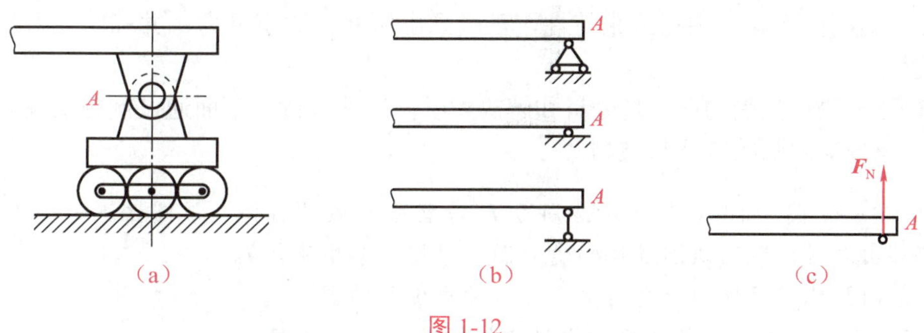

图 1-12

此外，两端用光滑铰链与其他构件相连且不考虑自重的二力杆称为链杆。链杆约束可以阻止被连接物体之间沿链杆轴线方向的相对运动，因此，其约束反力必沿链杆两端铰链的连线，指向不能预先确定，通常假设链杆受拉。

1.4　受力分析与受力图

1.4.1　物体的受力分析

在静力学引言中我们提到，静力学的主要任务就是研究物体处于平衡状态时，作用在物体上的力系所要满足的平衡条件，并利用平衡条件去解决工程实际中的平衡问题。

作用在物体上的力通常分为主动力和被动力两种。主动力是使物体运动或产生运动趋势的力，这种力一般是已知的；被动力是指约束对物体的约束反力，这种力是未知的，一般需要根据已知力求出。

因此，在分析物体的受力情况时，应明确物体受到哪些力的作用，以及每个力的作用点和方向，哪些力是已知的，哪些力是未知的，这一过程称为物体的受力分析。

1.4.2 物体的受力图

为了清楚地表示物体的受力情况，需要将所研究的物体从周围物体中分离出来，以相应的约束反力代替约束，并画上所有的主动力。表示物体受力情况的简明图形称为受力图，将研究对象所受到的作用力全部画出的过程称为画受力图。画受力图的具体步骤如下。

物体的受力图

（1）确定研究对象，取分离体：待分析的某物体或物体系统称为研究对象。明确研究对象后，将其从周围物体或约束中分离出来，即解除研究对象所受到的全部约束，单独画出相应的简图，这个步骤称为取分离体。

（2）画主动力：画上该研究对象上所受的全部主动力。

（3）画约束反力：根据约束特性，正确画出所有的约束反力，并标明各力的符号及受力位置。

正确画出物体的受力图，是分析和解决力学问题的基础。下面通过例题来说明物体受力分析以及画受力图的方法与技巧。

例 1-1 如图 1-13（a）所示，用力 $\boldsymbol{F}$ 拉重为 P 的圆柱体，该圆柱体受到台阶的阻碍。试画出这种情况下该圆柱体的受力图（摩擦力忽略不计）。

解：（1）以圆柱体为研究对象，并单独画出其简图。

（2）画主动力，即重力 $\boldsymbol{P}$ 和通过圆柱体轴心的拉力 $\boldsymbol{F}$。

（3）画约束反力。以 A 处为例，圆柱体在 A 处受到台阶的约束，不计摩擦，该处为光滑面约束，所以圆柱体在 A 处所受到的约束反力的方向应通过接触点 A，沿接触点 A 处的公法线指向圆柱体轴心。圆柱体在 B 处所受到的约束反力的情况与 A 处类似。

圆柱体的受力图如图 1-13（b）所示。

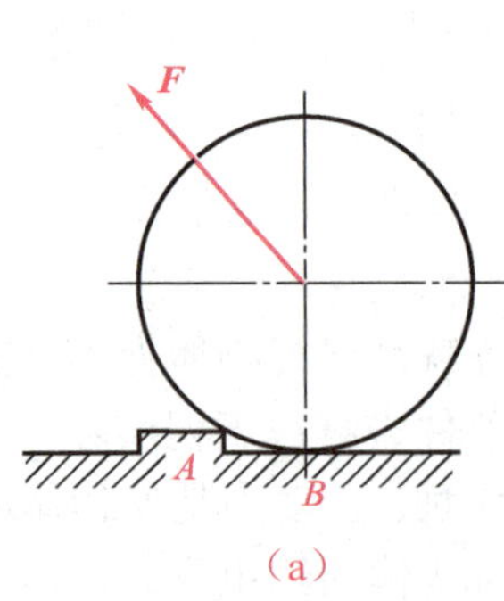

（a）

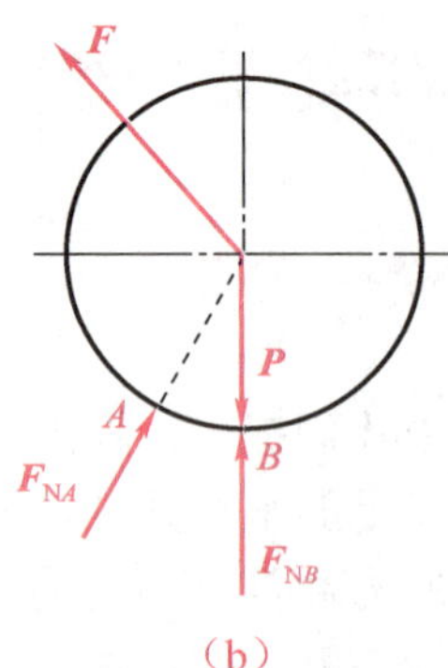

（b）

图 1-13

例 1-2 如图 1-14（a）所示，重为 P 的球 A 处于平衡状态。试画出该球的受力图（所有接触均为光滑接触）。

解：（1）取球 A 为研究对象，并单独画出其简图。

（2）画主动力，即重力 $\boldsymbol{P}$。

（3）画约束反力。首先，分析球 A 在与弧面接触处受到的约束反力 $\boldsymbol{F}_{\mathrm{N}}$。球 A 与弧面的接触属于点接触，球 A 受到该弧面的约束为光滑面约束，所以球 A 在该处所受到的约束反力的方向应通过接触点，并沿接触点处的公法线指向球 A 的球心。其次，分析球 A 受到绳索的约束反力 $\boldsymbol{F}_{\mathrm{T}}$。球 A 受到绳索的约束属于柔性约束，该约束的约束反力沿柔性体的轴线并背离被约束的物体（即球 A），即该约束反力为拉力。

球 A 的受力图如图 1-14（b）所示。

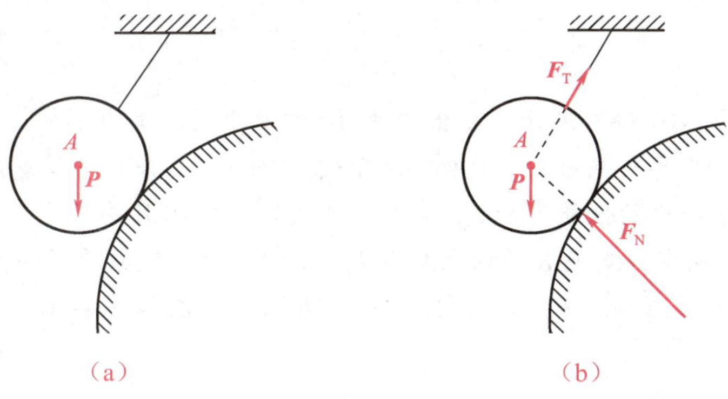

图 1-14

例 1-3　如图 1-15（a）所示，均质球 C 重为 P，杆 AB 由固定铰链 A 固连于墙上，绳 BF 连接墙体和杆，不计杆和绳的重力。试画出均质球 C 和杆 AB 的受力图。

解：（1）分析均质球 C 的受力情况。

① 取球 C 为研究对象，并单独画出其简图。

② 画主动力，即重力 $\boldsymbol{P}$。

③ 画约束反力。首先，分析球 C 在与墙面接触处受到的约束反力 $\boldsymbol{N}_D$，球 C 受到墙面的约束为光滑面约束，约束反力的方向应通过接触点 D，沿接触点处的公法线指向球 C 的球心；然后，分析球 C 在接触点 E 处受到来自杆 AB 的约束反力 $\boldsymbol{N}_E$，该约束反力的方向通过接触点 E，沿接触点处的公法线指向球 C 的球心。故重力 $\boldsymbol{P}$ 及约束反力 $\boldsymbol{N}_D$ 和 $\boldsymbol{N}_E$ 汇交于球心处。此外，由三力汇交原理也可以判断出这一点。球 C 的受力图如图 1-15（b）所示。

（2）分析杆 AB 的受力情况。取杆 AB 为研究对象，杆 AB 在 E 处受到球对它的作用力 $\boldsymbol{N}'_E$，在 B 处受到绳对它的拉力 $\boldsymbol{F}_B$，在 A 处受到铰链对它的作用力 $\boldsymbol{F}_A$，由三力汇交原理可知 $\boldsymbol{F}_A$，$\boldsymbol{N}'_E$ 和 $\boldsymbol{F}_B$ 应汇交于一点 O，由此可以确定 $\boldsymbol{F}_A$ 的方向。杆 AB 的受力图如图 1-15（c）所示。

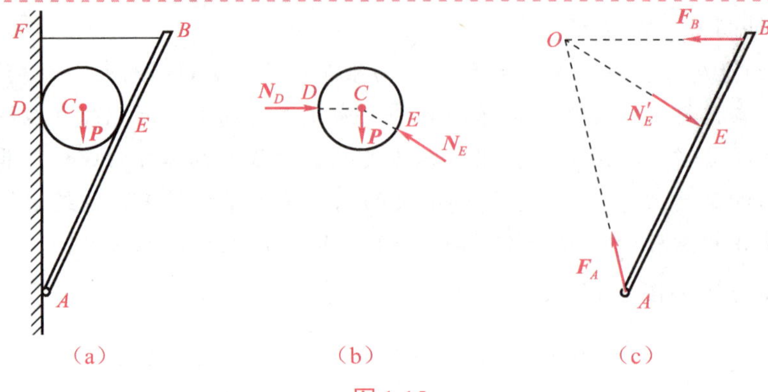

图 1-15

例 1-4 如图 1-16（a）所示，画出构件 AB 的受力图，重力不计。

解： 以构件 AB 为研究对象，构件 AB 受到主动力 $\boldsymbol{F}$，来自滚动支座 A 的约束反力 $\boldsymbol{F}_{RA}$。由滚动支座约束的性质可知 $\boldsymbol{F}_{RA}$ 的方向通过铰链中心且垂直于支承面。此外，构件 AB 还受到来自固定铰支座 B 的约束反力 $\boldsymbol{F}_{RB}$，由三力汇交原理可知 $\boldsymbol{F}$，$\boldsymbol{F}_{RA}$ 和 $\boldsymbol{F}_{RB}$ 应汇交于一点，从而可以确定 $\boldsymbol{F}_{RB}$ 的方向。构件 AB 的受力图如图 1-16（b）所示。

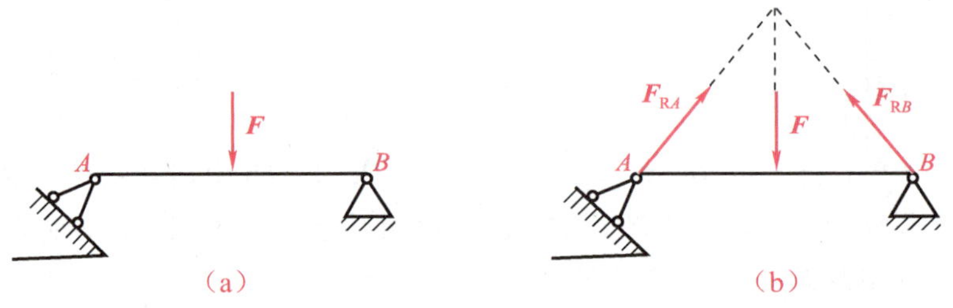

图 1-16

例 1-5 如图 1-17（a）所示，已知物块 E 的重量为 G，不计各杆自重，试分析各杆及物块的受力，并画出以各物体和以整体为研究对象的受力图。

解： 根据题意，应分别以物块 E，杆 AB，杆 CD 和整体为研究对象，并画出各自对应的受力图。

（1）以物块 E 为研究对象，它受到重力 $\boldsymbol{G}$ 和来自绳索的拉力 $\boldsymbol{F}$ 的作用，其受力图如图 1-17（b）所示。

（2）以杆 AB 为研究对象，不计自重，杆 AB 只在两端点 A 和 B 处受到铰链的二力作用而处于平衡状态。根据二力平衡条件可知，此二力必共线、反向，且由杆 CD 的平衡可知杆 AB 所受二力为压力，即杆 AB 为二力杆，其受力图如图 1-17（c）所示。

（3）以杆 CD 为研究对象，不计自重，杆 CD 在 D 点处受到绳索的拉力 $\boldsymbol{F}'$；在圆柱铰链 B 点处受到杆 AB 对杆 CD 的约束反力，该约束反力与 $\boldsymbol{F}_B$ 互为作用力与反作用力，等值反向，记为 $\boldsymbol{F}_B'$；在固定铰支座 C 处受到铰支座对杆 CD 的约束反力 $\boldsymbol{F}_C$，根据三力汇交原理，$\boldsymbol{F}'$，$\boldsymbol{F}_B'$ 和 $\boldsymbol{F}_C$ 三力应汇交于一点，并由此可以确定 $\boldsymbol{F}_C$ 的方向。杆 CD 的受力图如图 1-17（d）所示。

（4）以整体为研究对象，研究对象所受主动力为重力 $\boldsymbol{G}$，所受约束反力有 A 点处来自固定铰支座的约束反力 $\boldsymbol{F}_A$，以及 C 点处来自固定铰支座的约束反力 $\boldsymbol{F}_C$，并在上述三力作用下处于平衡状态。整体的受力图如图 1-17（e）所示。

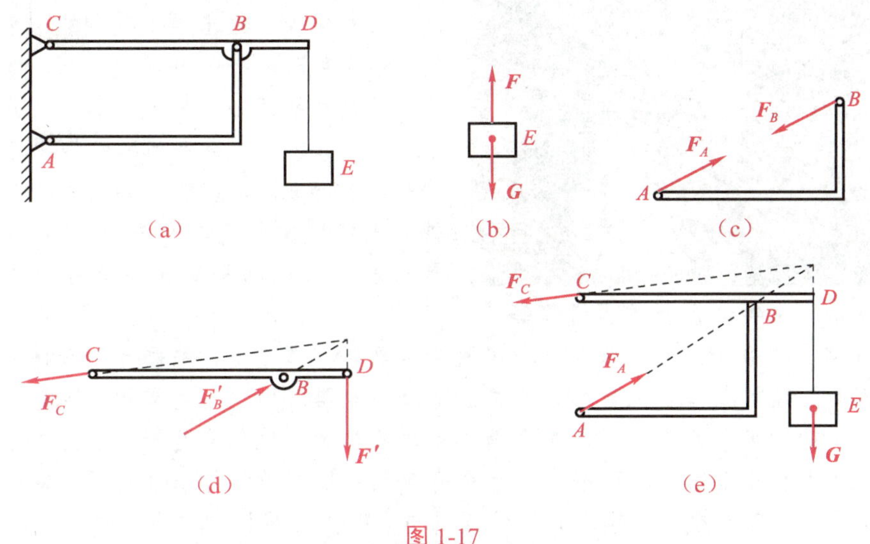

图 1-17

提　示

通过上述例题，可以归纳总结出画受力图时应注意的事项。

（1）明确研究对象。根据求解需要，选定一个或多个物体为研究对象，或以整体为研究对象。

（2）确定研究对象的受力数目。分析所有以研究对象为受力体的力，同时要明确这些力的施力者，做到既不凭空增加力，也不漏掉一个力。通常情况下，可以先画已知的主动力，再画约束反力，并遵循约束反力原则。这要求我们既要熟练掌握几种常见约束的约束反力特点，又能灵活运用静力学公理及推论，如二力平衡公理、三力平衡汇交原理等，并对未知约束反力的方向做出正确判断。

（3）根据上述对研究对象的受力分析，画出受力图。

素质启慧园

牛顿：经典力学体系的建立者

“我不知道世人怎么看，但在我自己看来，我只不过是一个在海滨玩耍的小孩，不时地为比别人先找到一块更光滑、更美丽的卵石或贝壳而感到高兴，而在我面前的真理海洋，却完全是个谜。”——牛顿。

牛顿（1643—1727 年）是一位伟大的力学家、光学家、天文学家和数学家，同时又是一位哲学家。他出生于英国的一个农民家庭里。少年时的牛顿并不是神童，他成绩一般，但他喜欢读书。有一次牛顿在放牧时聚精会神地看书，就连牛羊跑到地里糟踏庄稼他也不知道。那时，牛顿喜欢看一些介绍各种简单机械模型制作方法的读物，并从中受到启发，自己动手制作些奇奇怪怪的小玩意，如风车、木钟、折叠式提灯等等。

1661 年，牛顿进入剑桥大学三一学院专攻数学。在这里，牛顿开始接触到大量自然科学著作，经常参加学院举办的各类讲座，如地理、物理、天文和数学等科学领域的讲座。牛顿的第一任教授巴罗是个博学多才的学者，他独具慧眼，看出了牛顿具有敏锐的观察力和超乎常人的理解力，于是将自己所知的数学知识（包括计算曲线图形面积的方法）全部传授给牛顿，并把牛顿引向了近代自然科学的研究领域。

1664 年，牛顿被选为巴罗的助手。第二年，牛顿获得了剑桥大学的学士学位。正当牛顿准备留校继续深造时，严重的鼠疫迫使剑桥大学暂时关闭，牛顿离校返乡。在家乡，安静的环境使得他的思想展翅飞翔。这短暂的时光成为牛顿科学生涯中的黄金岁月，他的微积分、万有引力、光学分析的思想就是在这时孕育成形的。可以说此时的牛顿已经开始着手描绘他一生大多数科学创造的蓝图。

1667 年，牛顿回剑桥后当选为剑桥大学三一学院院委，次年获硕士学位。1669 年，他被授予卢卡斯数学教授席位，并在力学方面做了深入的研究。作为大学教授，牛顿常常忙得不修边幅，总是不系领带、不扣马裤的纽扣就走进了大学餐厅。有一次，他在向一位姑娘求婚时又开了小差，他的脑海里只剩下了无穷量的二项式定理。他抓住这位姑娘的手指，错误地把它当成通烟斗的通条，硬往烟斗里塞，痛得姑娘大叫，离他而去。

1687 年，牛顿的《自然哲学的数学原理》出版了。在这部著作中，牛顿从力学的基本概念（质量、动量、惯性、力）和基本定律（牛顿三大定律）出发，运用他所发明的微积分这一强大的数学工具，建立了经典力学完整而严密的体系，把天体力学和地面上的物体力学统一起来，实现了物理学史上第一次大综合。牛顿所建立的经典力学体系是整个近代物理学和天文学的基础，也是现代一切机械、土木建筑、交通运输等工程技术的理论基础。

（资料来源：http://tech.163.com/special/00091KSE/newton.html，有改动）

本章小结

1. 静力学基本概念

静力学是研究物体在力系作用下平衡条件的科学。

力是物体间的相互机械作用。力对物体的作用效应取决于力的三要素，即力的大小、方向和作用点。

刚体是指在任何情况下都不会变形的物体。这一特征表现为刚体内任意两点的距离永远保持不变。

平衡是指物体相对于惯性参考系保持静止或做匀速直线运动的状态，是物体机械运动的一种特殊形式。

2. 静力学公理

公理 1（二力平衡公理）

公理 2（力的平行四边形法则）

公理 3（加减平衡力系原理）

推论 1（力的可传递性）

推论 2（三力平衡汇交原理）

公理 4（作用力与反作用力公理）

公理 5（刚化公理）

3. 约束和约束反力

限制非自由体位移的周围物体称为约束。约束对物体的作用力称为约束反力。约束反力的方向一定与约束所能限制物体位移的方向相反。

常见的约束类型有：光滑接触面约束，柔性约束，光滑铰链约束（径向轴承、圆柱铰链、固定铰支座），以及滚动支座、链杆等。

4. 受力分析和受力图

在对物体进行受力分析和画受力图时，首先要根据题意选择合适的研究对象；其次要明确研究对象的受力情况，准确找出研究对象所受的主动力和约束反力，并依据约束类型及静力学公理判断约束反力的方向。此外，若研究对象是多个物体，还应区分内力与外力，在受力图上一般只画出研究对象所受的外力。

思考题

1-1 说明下面两个式子的意义。

（1）$\boldsymbol{F}_1=\boldsymbol{F}_2$；　　　　（2）$F_1=F_2$。

1-2 能否说合力一定比分力大，为什么？

1-3 二力平衡公理和作用力与反作用公理有何异同？

1-4 约束反力的方向和主动力的方向有无关系？

1-5 什么是二力构件？分析二力构件受力时与构件的形状有无关系？

1-6 如图 1-18 所示物体的受力图是否正确？如有错误，如何改正？

图 1-18

练习题

题 1-1 画出图 1-19 中各物体的受力图。假定所有接触均为光滑接触，且除有特殊说明外，物体的重力均忽略不计。

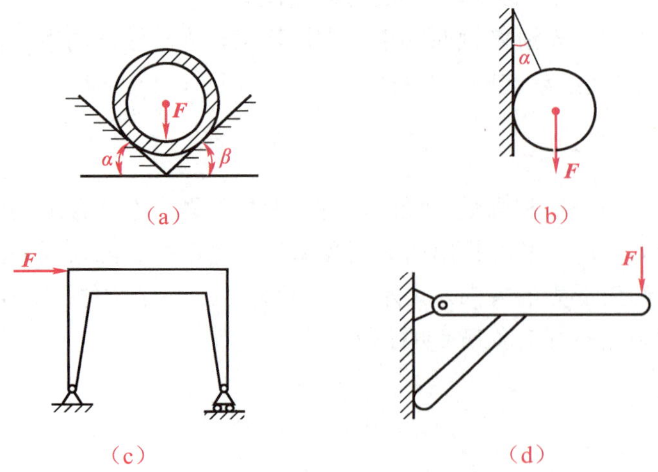

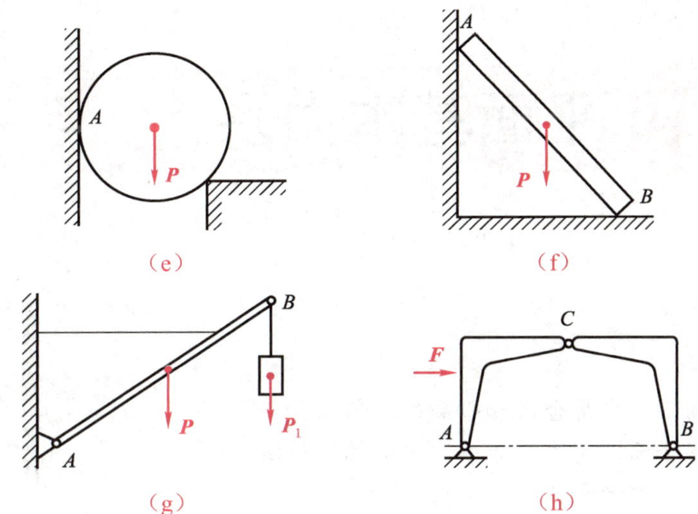

图 1-19

题 1-2 改正图 1-20 中各物体受力图的错误。

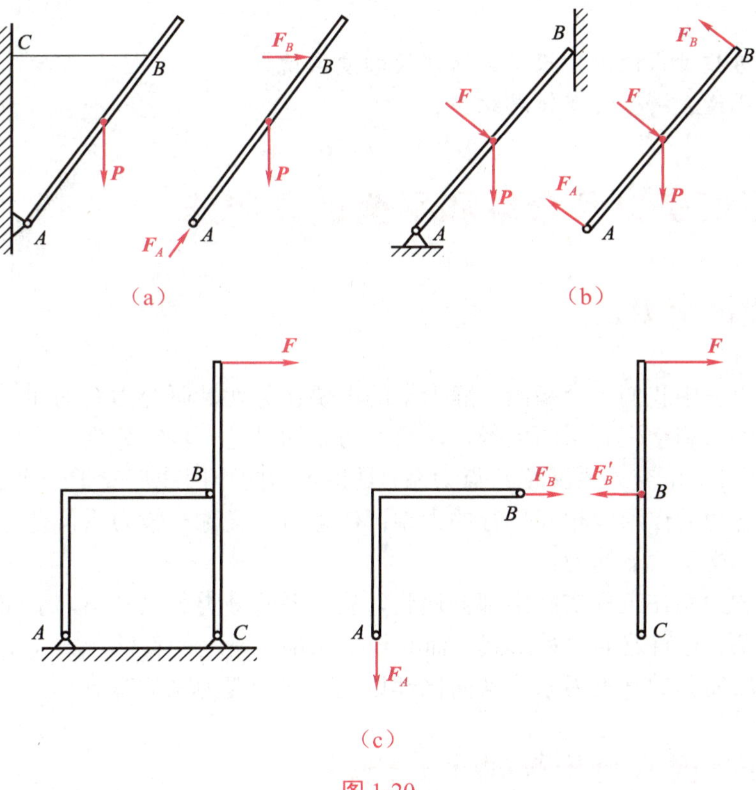

图 1-20

第 2 章 平面基本力系

学习目标

- 了解平面汇交力系合成和平衡的几何法。
- 熟练掌握平面汇交力系合成和平衡的解析法。
- 掌握力矩的概念和合力矩定理。
- 掌握平面力偶理论。

素质目标

★ 激发勇担时代使命、投身国家建设的爱国情怀。

★ 培养严谨、缜密的逻辑思维。

2.1 平面汇交力系合成和平衡的几何法

2.1.1 平面汇交力系

在静力学引言中我们已经指出，静力学的主要任务就是研究力系的简化和平衡。力系主要分为平面力系和空间力系两大类，这两类力系均可进一步细分为汇交力系、平行力系和任意力系。其中，汇交力系又称共点力系，是指各力的作用线汇交于一个公共点的力系；平行力系是指各力的作用线相互平行的力系；任意力系又称一般力系，是指各力的作用线既不平行也不相交于一点的力系。

各种类型的力系在工程实际中都会遇到，从力系的分类可以看出，空间任意力系是各种力系中最复杂、最普遍的一种形式，而其他力系都只是它的特殊形式。平面汇交力系是工程中一种比较简单的常见力系，其简化理论是研究一般力系的基础。

2.1.2 力在平面直角坐标轴上的投影

1. 投影的概念

如图 2-1 所示，力 $\boldsymbol{F}$ 作用在物体的 A 点上，在力 $\boldsymbol{F}$ 的作用线所在的平面内取直角坐标

系 Oxy，从力 $\boldsymbol{F}$ 的起点 A 和终点 B 分别向 x 轴和 y 轴作垂线，得垂足 a，b 和 a'，b'，则线段 ab 被冠以相应的正号或负号，称为力 $\boldsymbol{F}$ 在 x 轴上的投影，用 $\boldsymbol{F}_x$ 表示；线段 $a'b'$ 被冠以相应的正号或负号，称为力 $\boldsymbol{F}$ 在 y 轴上的投影，用 $\boldsymbol{F}_y$ 表示。

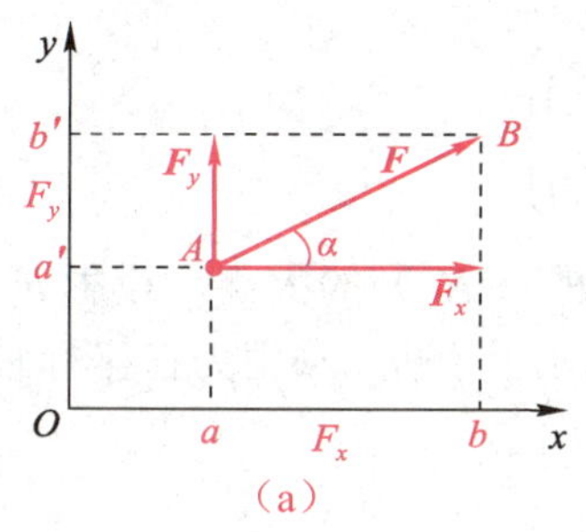

（a）

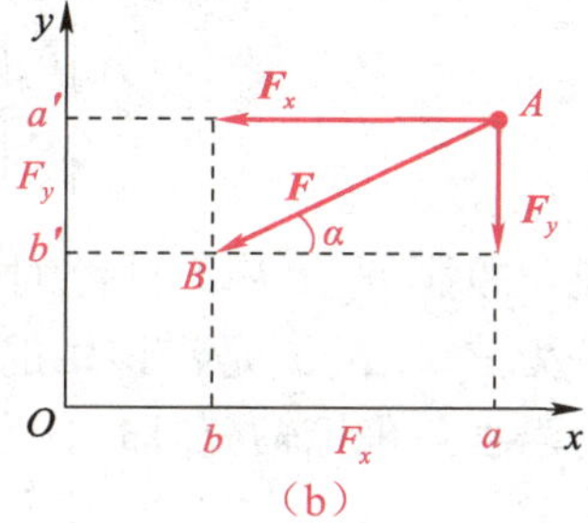

（b）

图 2-1

2．投影的正负规定

已知力 $\boldsymbol{F}$ 的大小为 F（恒为正值），它和 x 轴的夹角为 α（取锐角），则力 $\boldsymbol{F}$ 在坐标轴上的投影 F_x，F_y 为

$$\left.\begin{aligned} F_x &= \pm F\cos\alpha \\ F_y &= \pm F\sin\alpha \end{aligned}\right\} \tag{2-1}$$

力的投影是代数量，它的正负规定如下：如果由起点 a（a'）到终点 b（b'）的方向与 x（y）轴的正向一致，则力 $\boldsymbol{F}$ 的投影取正值；反之取负值。

注　意

力在坐标轴上的投影有以下两种特殊情况。

（1）当力与坐标轴垂直时，力在该坐标轴上的投影等于零；

（2）当力与坐标轴平行时，力在该坐标轴上投影的绝对值等于力的大小。

3．已知投影求力

如果已知力 $\boldsymbol{F}$ 在坐标轴上的投影为 F_x 和 F_y，则力 $\boldsymbol{F}$ 的大小和方向即表示为

$$\left.\begin{aligned} F &= \sqrt{F_x^2 + F_y^2} \\ \tan\alpha &= \left|\frac{F_y}{F_x}\right| \end{aligned}\right\} \tag{2-2}$$

式中，α 为力 $\boldsymbol{F}$ 与 x 轴所夹的锐角。力 $\boldsymbol{F}$ 的具体指向由投影 F_x 和 F_y 的正负号确定，但不能获得力的作用点。

4. 力沿坐标轴的正交分解

根据平行四边形公理的逆过程，可将力 $\boldsymbol{F}$ 沿坐标轴正交分解为 $\boldsymbol{F}_x$， $\boldsymbol{F}_y$ 两个力，正交分力的大小等于力 $\boldsymbol{F}$ 在坐标轴上投影的绝对值，即

$$\left.\begin{aligned}|\boldsymbol{F}_x| = F\cos\alpha = |F_x| \\ |\boldsymbol{F}_y| = F\sin\alpha = |F_y|\end{aligned}\right\} \tag{2-3}$$

显而易见，投影 F_x（F_y）的绝对值等于分力 $\boldsymbol{F}_x$（$\boldsymbol{F}_y$）的大小，投影 F_x（F_y）的正负号指明了分力 $\boldsymbol{F}_x$（$\boldsymbol{F}_y$）是沿该轴的正向还是反向。可见，利用力在坐标轴上的投影可以同时表明力沿直角坐标轴分解时分力的大小和方向。

注　意

必须指出，分力是力矢量，而投影是代数量。分力的作用点在原力的作用点上，而投影与力的作用点的位置无关。

2.1.3　平面汇交力系合成的几何法

设作用于刚体上且平面汇交于点 O 的力系为 $\boldsymbol{F}_1$， $\boldsymbol{F}_2$， $\boldsymbol{F}_3$， $\boldsymbol{F}_4$，如图 2-2（a）所示。现求此力系的合力，根据刚体内部力的可传递性，可将各力沿其作用线移动至交点 O，如图 2-2（b）所示。然后，连续运用力三角形法则，将这些力依次相加，便可得到合力的大小和方向。

为此，首先将力 $\boldsymbol{F}_1$，$\boldsymbol{F}_2$ 合成得到它们的合力 $\boldsymbol{F}_{R1}$，再将力 $\boldsymbol{F}_{R1}$，$\boldsymbol{F}_3$ 合成得到它们的合力 $\boldsymbol{F}_{R2}$，最后将 $\boldsymbol{F}_{R2}$， $\boldsymbol{F}_4$ 合成得到力系的合力 $\boldsymbol{F}_R$，如图 2-2（c）所示。合力的作用线通过汇交点 O，如图 2-2（d）所示。

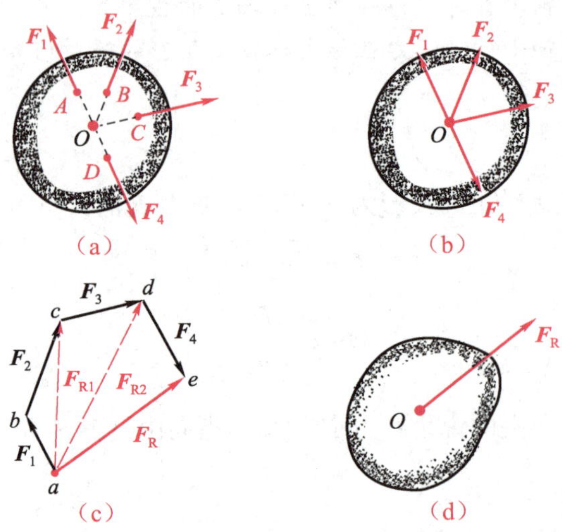

图 2-2

从图 2-2（c）可以看出，在求该力系的合力 $\boldsymbol{F}_{\mathrm{R}}$ 时，更简单的办法是，在由 $\boldsymbol{F}_1$，$\boldsymbol{F}_2$，$\boldsymbol{F}_3$，$\boldsymbol{F}_4$ 构成的开口多边形中，连接第一个力 $\boldsymbol{F}_1$ 的起点 a 和最后一个力 $\boldsymbol{F}_4$ 的终点 e，得到的矢量即为合力 $\boldsymbol{F}_{\mathrm{R}}$。由各分力构成的多边形称为力多边形。这种利用力多边形求合力 $\boldsymbol{F}_{\mathrm{R}}$ 的作图规则称为力的多边形法则，这种方法即为平面汇交力系合成的几何法。

总之，平面汇交力系可以简化成一个合力，合力的大小和方向等于各分力的矢量和（几何和），合力的作用线通过汇交点。如果该平面汇交力系由 n 个力构成，用 $\boldsymbol{F}_{\mathrm{R}}$ 表示该力系的合力，则有

$$\boldsymbol{F}_{\mathrm{R}} = \boldsymbol{F}_1 + \boldsymbol{F}_2 + \boldsymbol{F}_3 + \cdots + \boldsymbol{F}_n = \sum_{i=1}^{n} \boldsymbol{F}_i$$

或简写成

$$\boldsymbol{F}_{\mathrm{R}} = \sum_{i=1}^{n} \boldsymbol{F}_i \tag{2-4}$$

合力 $\boldsymbol{F}_{\mathrm{R}}$ 对刚体的作用效应与原力系对该刚体的作用效应相同。

2.1.4 平面汇交力系平衡的几何条件

平面汇交力系平衡的充要条件是：该力系的合力等于零，即

$$\boldsymbol{F}_{\mathrm{R}} = \sum_{i=1}^{n} \boldsymbol{F}_i = \boldsymbol{0} \tag{2-5}$$

当平面汇交力系平衡时，由力系中各分力构成的力多边形自行闭合。

求解平面汇交力系的平衡问题时，可用图解法，即按比例先画出封闭的力多边形，然后用直尺和量角器在图上量出所要求的未知量；也可根据图形的几何关系，用三角函数公式计算出未知量，这种解题方法称为几何法。

下面通过例题来说明如何利用几何法求解平面汇交力系的平衡问题。

例 2-1　如图 2-3（a）所示，圆柱滚子重 $P = 20\ \mathrm{kN}$，半径 $r = 60\ \mathrm{cm}$，若它能越过高 $h = 8\ \mathrm{cm}$ 的台阶，拉力 $\boldsymbol{F}$ 的大小至少为多少？

解：（1）以圆柱滚子为研究对象。

（2）对研究对象进行受力分析，受力图如图 2-3（b）所示。

（3）利用平衡条件画出力多边形。圆柱滚子能越过台阶时，地面对滚子的约束反力 $N_1 = 0$。此时由重力 $\boldsymbol{P}$、拉力 $\boldsymbol{F}$ 以及台阶对滚子的约束反力 $\boldsymbol{N}_2$ 构成的力三角形如图 2-3(c) 所示。

（4）利用图形中的几何关系求解未知量，即

$$F = P\tan\theta = P\frac{\sqrt{r^2 - (r-h)^2}}{r-h} \approx 11.5\ (\mathrm{kN})$$

故若圆柱滚子能越过台阶，拉力 $\boldsymbol{F}$ 的大小至少为 11.5 kN。

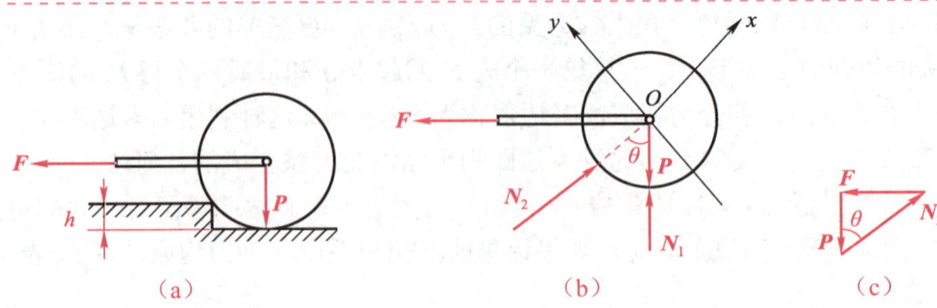

图 2-3

例 2-2 如图 2-4(a)所示，在水平梁 AB 的中点 C 有一作用力 $\boldsymbol{P}$，其大小等于 20 kN，方向与梁的轴线成 60°角，试求固定铰支座 A 和滚动支座 B 的约束反力。

解：（1）以梁 AB 为研究对象。

（2）对研究对象进行受力分析。此时由主动力 $\boldsymbol{P}$、固定铰支座 A 处的约束反力 $\boldsymbol{N}_A$ 以及滚动支座 B 处的约束反力 $\boldsymbol{N}_B$ 构成平衡力系，且三力汇交于点 D，梁 AB 的受力图如图 2-4（b）所示。

（3）利用平衡条件画出力多边形，由 $\boldsymbol{P}$，$\boldsymbol{N}_A$ 和 $\boldsymbol{N}_B$ 构成的力三角形如图 2-4（c）所示。

（4）利用图形中的几何关系求解未知量，即

$$N_A = P\cos 30° \approx 17.3\ (\text{kN})，N_B = P\sin 30° = 10\ (\text{kN})$$

故固定铰支座 A 和滚动支座 B 的约束反力大小分别为 17.3 kN 和 10 kN，方向如图 2-4（b）所示。

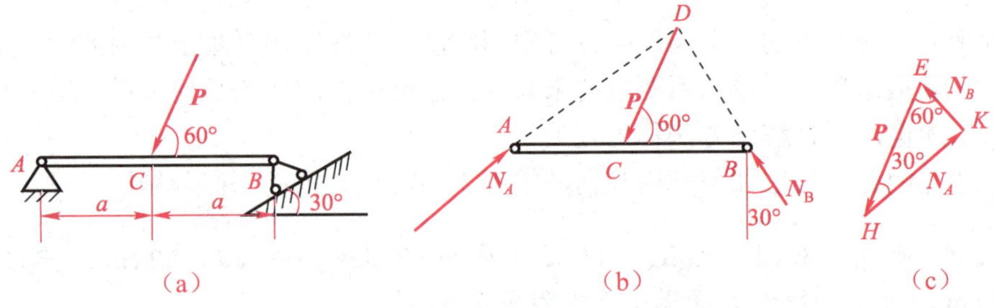

图 2-4

例 2-3 如图 2-5（a）所示，电动机重 $P = 5\ \text{kN}$，放在水平梁 AC 中央。梁的 A 端以铰链固定，另一端以支撑杆 BC 支持，支撑杆与水平梁轴线成 30°角，忽略梁和支撑杆所受的重力，试求圆柱铰链 C 以及固定铰支座 A 的约束反力。

解：（1）以梁 AC 为研究对象。

（2）对研究对象进行受力分析。此时由重力 $\boldsymbol{P}$、圆柱铰链 C 处的约束反力 $\boldsymbol{F}_{BC}$ 以及固定铰支座 A 处的约束反力 $\boldsymbol{F}_{AC}$ 构成平衡力系，且三力汇交于一点。梁 AC 的受力图如图 2-5（b）所示。

（3）利用平衡条件画出力多边形。由 $\boldsymbol{P}$，$\boldsymbol{F}_{BC}$ 和 $\boldsymbol{F}_{AC}$ 构成的力三角形如图 2-5（c）所示。

（4）利用图形中的几何关系求解未知量，即

$$F_{BC} = P = 5\ \text{kN}，F_{AC} = P = 5\ \text{kN}$$

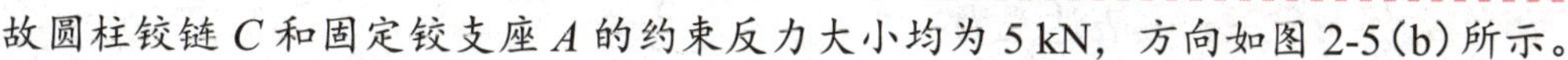

故圆柱铰链 C 和固定铰支座 A 的约束反力大小均为 5 kN，方向如图 2-5(b) 所示。

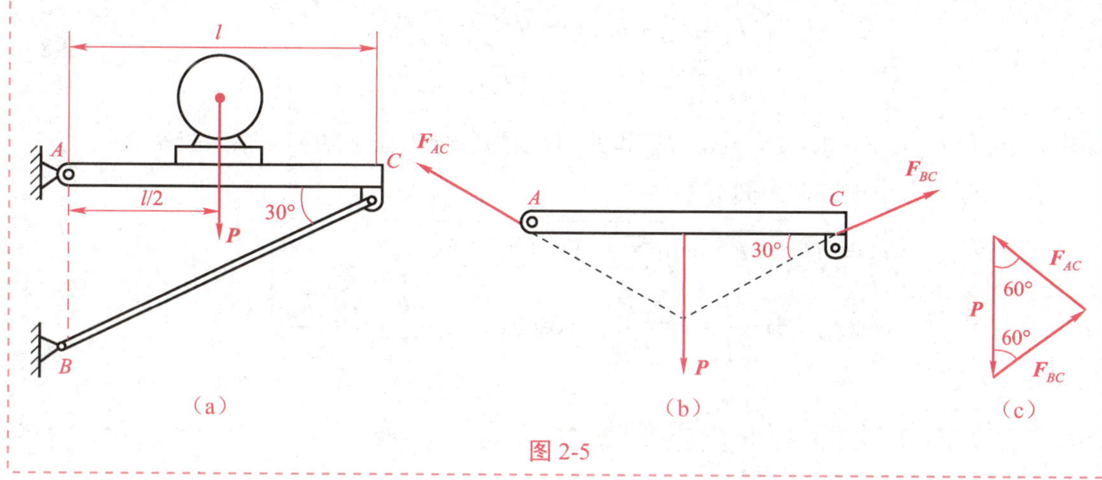

图 2-5

提　示

通过上述例题，可以总结出利用几何法求解平面汇交力系平衡问题的一般步骤。

(1) 确定研究对象。根据问题中已知和未知各力的作用位置，选取相关物体为研究对象，并把它从周围物体中分离出来。

(2) 画受力图。在所确定的研究对象上，画出其所受各力，包括所有主动力和约束反力。

(3) 作力多边形。从已知力出发，按照力矢量首尾相连的原则，构成一条折线；然后按照力系平衡时力多边形自行闭合的条件，确定未知力的大小和方向。

(4) 求解未知力。利用力多边形中显示的几何关系求解未知力。

2.2　平面汇交力系合成和平衡的解析法

2.2.1　平面汇交力系合成的解析法

设由 n 个力组成的平面汇交力系作用于刚体上，那么此力系的合力 $\boldsymbol{F}_{\mathrm{R}}$ 在直角坐标系中的解析表达式为

$$\boldsymbol{F}_{\mathrm{R}}=\boldsymbol{F}_{\mathrm{R}x}+\boldsymbol{F}_{\mathrm{R}y}=F_x\boldsymbol{i}+F_y\boldsymbol{j} \tag{2-6}$$

其中，$\boldsymbol{i}$, $\boldsymbol{j}$ 分别为沿坐标轴 x, y 正方向的单位矢量；F_x，F_y 为合力 $\boldsymbol{F}_{\mathrm{R}}$ 在 x，y 轴上的投影，即有

$$F_x=F_{\mathrm{R}}\cos\theta,\ F_y=F_{\mathrm{R}}\sin\theta \tag{2-7}$$

其中，θ 为合力 $\boldsymbol{F}_{\mathrm{R}}$ 与 x 轴的夹角。

平面汇交力系合成和平衡的解析法

利用平面汇交力系几何法合成的力多边形可以证明如下定理：合矢量在某轴上的投影等于各分矢量在该轴上投影的代数和，该定理

称为合矢量投影定理。其表达式为

$$\left.\begin{array}{l}F_x = F_{x1} + F_{x2} + \cdots + F_{xn} = \sum F_{xi} \\ F_y = F_{y1} + F_{y2} + \cdots + F_{yn} = \sum F_{yj}\end{array}\right\} \tag{2-8}$$

其中，F_{x1}和F_{y1}，F_{x2}和F_{y2}，…，F_{xn}和F_{yn}分别为各分力在x轴和y轴上投影。

合力$\boldsymbol{F}_{\mathrm{R}}$的大小和方向余弦分别为

$$\left.\begin{array}{l}F_{\mathrm{R}} = \sqrt{F_x^{\ 2} + F_y^{\ 2}} = \sqrt{\left(\sum F_{xi}\right)^2 + \left(\sum F_{yj}\right)^2} \\ \cos(\boldsymbol{F}_{\mathrm{R}}, \boldsymbol{i}) = \dfrac{F_x}{F_{\mathrm{R}}} = \dfrac{\sum F_{xi}}{F_{\mathrm{R}}},\ \cos(\boldsymbol{F}_{\mathrm{R}}, \boldsymbol{j}) = \dfrac{F_y}{F_{\mathrm{R}}} = \dfrac{\sum F_{yj}}{F_{\mathrm{R}}}\end{array}\right\} \tag{2-9}$$

2.2.2　平面汇交力系平衡的解析条件

由平面汇交力系平衡的充要条件$\boldsymbol{F}_{\mathrm{R}} = \mathbf{0}$，得

$$\left.\begin{array}{l}\sum F_{xi} = 0 \\ \sum F_{yj} = 0\end{array}\right\} \tag{2-10}$$

即为平面汇交力系的平衡方程。

故用解析法表示平面汇交力系平衡的充要条件是：各力在两坐标轴上投影的代数和分别等于零。

下面通过例题来说明如何利用解析法求解平面汇交力系的平衡问题。

例 2-4　如图 2-6（a）所示，C为杆BD的中点，试求杆BD在B，C处所受的力。

解：（1）以杆BD为研究对象。

（2）对研究对象进行受力分析。首先杆AC为二力杆，C处约束反力$\boldsymbol{F}_{AC}$应沿AC轴线方向。此时由主动力$\boldsymbol{F}$、固定铰支座B处的约束反力$\boldsymbol{F}_B$以及圆柱铰链C处的约束反力$\boldsymbol{F}_{AC}$构成平衡力系，且三力汇交于一点，杆BD的受力图如图 2-6（b）所示。

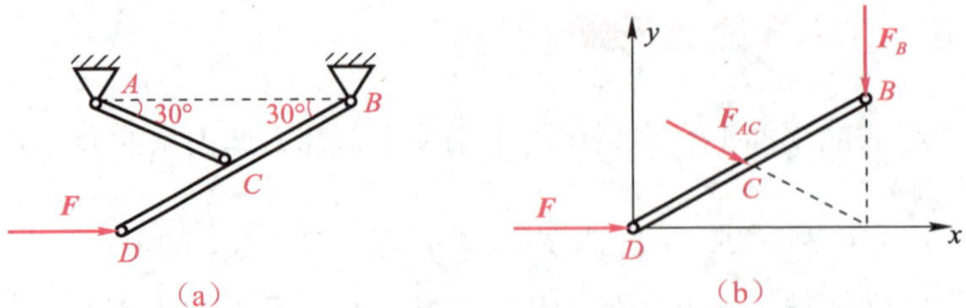

图 2-6

（3）建立直角坐标系，列出平衡方程，即

$$\left.\begin{array}{l}\sum F_{xi} = F + F_{AC}\cos 30^\circ = 0 \\ \sum F_{yj} = -F_B - F_{AC}\sin 30^\circ = 0\end{array}\right\}$$

（4）由上述平衡方程可得

$$F_B=\frac{\sqrt{3}}{3}F，F_{AC}=-\frac{2\sqrt{3}}{3}F$$

F_{AC}为负值，说明杆 BD 在 C 处所受约束反力实际方向与图示方向相反。

例 2-5　如图 2-7（a）所示，已知压板夹紧力 $F=400\text{ N}$，不计工件自重，试求工件对 V 形铁的压力。

解：（1）以工件为研究对象。

（2）对研究对象进行受力分析。由主动力 $\boldsymbol{F}$ 以及 V 形铁在 A，B 处对工件的约束反力 $\boldsymbol{N}_A$ 和 $\boldsymbol{N}_B$ 构成平衡力系，且三力汇交于圆心。工件的受力图如图 2-7（b）所示。

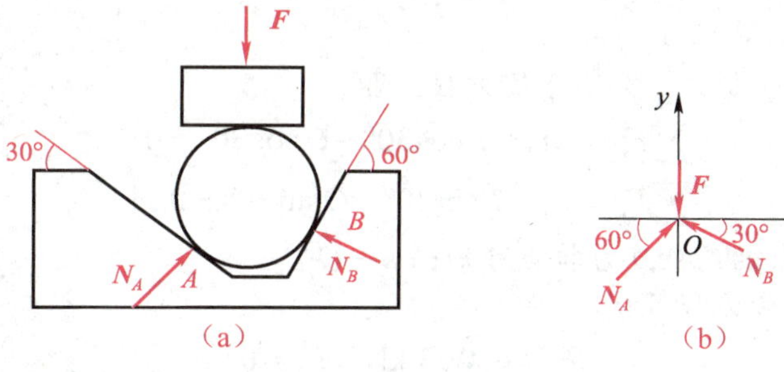

图 2-7

（3）建立直角坐标系，列出平衡方程，即

$$\left.\begin{aligned}\sum F_{xi}&=N_A\cos 60°-N_B\cos 30°=0\\ \sum F_{yj}&=-F+N_A\sin 60°+N_B\sin 30°=0\end{aligned}\right\}$$

（4）由上述平衡方程可得

$$N_A=\frac{\sqrt{3}}{2}F=200\sqrt{3}\text{ (N)}，N_B=\frac{1}{2}F=200\text{ (N)}$$

工件在 A，B 处对 V 形铁的压力与 $\boldsymbol{N}_A$ 和 $\boldsymbol{N}_B$ 等值反向。

例 2-6　如图 2-8（a）所示，起重机 BAC 上装有小滑轮，绳子跨过滑轮。重量 $G=20\text{ kN}$ 的载荷通过绳子用绞车吊起，A，B，C 都是铰链，不计杆和滑轮的重力，试求当载荷匀速上升时杆 AB 和 AC 所受的力。

解：（1）以 A 为研究对象。

（2）对研究对象进行受力分析。由于杆 AC 和 AB 均为二力杆，它们对 A 的约束反力 $\boldsymbol{F}_1$ 和 $\boldsymbol{F}_2$ 均应沿各自轴线方向，因此由约束反力 $\boldsymbol{F}_1$，$\boldsymbol{F}_2$，$\boldsymbol{T}$ 和主动力 $\boldsymbol{G}$ 在 A 处构成平衡力系。A 的受力图如图 2-8（b）所示。

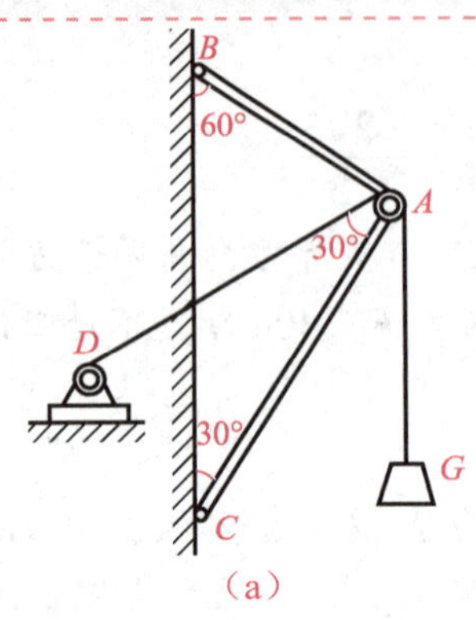

(a)

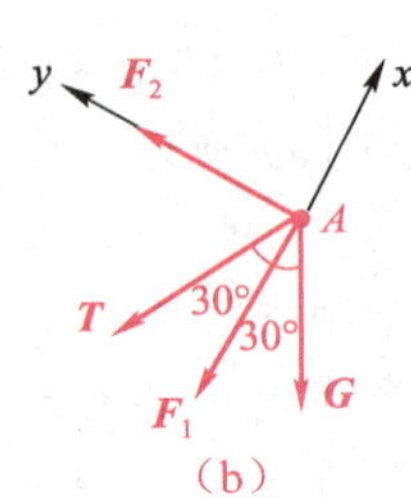

(b)

图 2-8

(3) 建立直角坐标系，列出平衡方程，即

$$\left.\begin{aligned}\sum F_{xi} &= -F_1 - T\cos 30° - G\cos 30° = 0\\ \sum F_{yj} &= F_2 + T\sin 30° - G\sin 30° = 0\end{aligned}\right\}$$

且由绳索类约束的约束反力特点可知：$T = G$。

(4) 由上述平衡方程可得

$$F_1 = -20\sqrt{3}\ \text{kN},\ F_2 = 0$$

F_1 为负，说明杆 AC 对 A 的约束反力实际方向与图示方向相反。故当载荷匀速上升时杆 AC 所受的力与力 $\boldsymbol{F}_1$ 等值反向，杆 AB 不受力。

提 示

通过上述例题，可以总结出利用解析法求解平面汇交力系平衡问题的一般步骤。

(1) 确定研究对象。

(2) 对研究对象进行受力分析，并画出受力图。

(3) 建立适当的坐标系，求合力的投影或列出平衡方程。为方便计算，所选的坐标系尽量与某个未知力垂直，以避免方程的联立求解。

(4) 利用平衡方程求得结果。所求结果的绝对值表示未知力的大小，正、负号表示步骤 (2) 中假设的该力的方向是否与实际方向一致，正号表示方向一致，负号表示方向相反。

2.3 力矩和合力矩定理

力对刚体的作用效应是使刚体的运动状态发生改变，包括使刚体发生移动和转动。其中，移动效应用力矢量来度量，转动效应则用力矩来度量。

2.3.1　力对点之矩

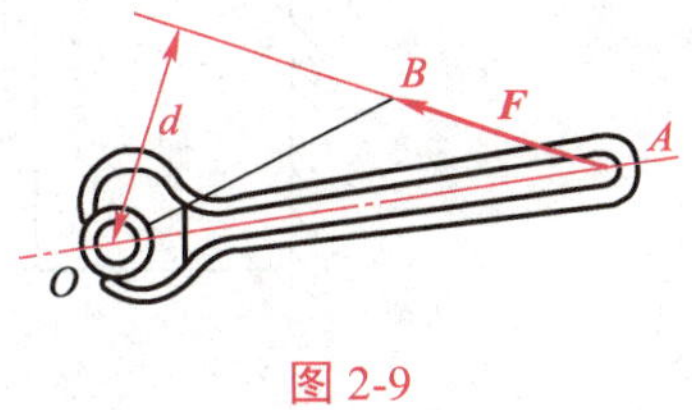

图 2-9

如图 2-9 所示，用扳手转动螺母时，作用于扳手 A 点的力 $\boldsymbol{F}$ 可使扳手与螺母一起绕螺母中心点 O 转动。螺母中心到力的作用线的距离 d 越大，转动效果就越好，且越省力。由此可知，力的这种转动效应不仅与力的大小、方向有关，还与转动中心至力的作用线的垂直距离 d 有关。因此，我们将 Fd 定义为力使物体绕点 O 产生转动效应的度量，称为力 $\boldsymbol{F}$ 对点 O 之矩，简称**力矩**，用 $M_O(\boldsymbol{F})$ 表示，即

$$M_O(\boldsymbol{F}) = \pm Fd = \pm 2A_{\triangle OAB} \tag{2-11}$$

式中，点 O 称为力矩中心，简称**矩心**；d 称为**力臂**；Fd 称为力矩的大小；$A_{\triangle OAB}$ 为三角形 OAB 的面积；“±”号表示力矩的转向，规定力使物体绕矩心逆时针转动为正，顺时针转动为负，故平面上的力矩为代数量。力矩的单位为 N·m 或 kN·m。

一般来说，同一个力对不同点产生的力矩是不同的。因此，不指明矩心而求力矩是无任何意义的。在表示力矩时，必须标明矩心。

2.3.2　力矩的性质

从力矩的定义式（2-11）可知，力矩具有以下几个性质。

（1）力 $\boldsymbol{F}$ 对点 O 之矩不仅取决于力的大小，同时还与矩心的位置即力臂 d 有关。

（2）力 $\boldsymbol{F}$ 对于任意一点之矩，不因该力的作用点沿其作用线移动而改变。

（3）力 $\boldsymbol{F}$ 的大小等于零或者力的作用线通过矩心时，力矩等于零。

2.3.3　合力矩定理

平面汇交力系的合力对于平面内任意一点的力矩等于所有分力对于该点之矩的代数和，其表达式为

$$M_O(\boldsymbol{F}_{\mathrm{R}}) = \sum_{i=1}^{n} M_O(\boldsymbol{F}_i) \tag{2-12}$$

该式适用于任何有合力存在的力系。

例 2-7　如图 2-10（a）所示，力 $\boldsymbol{F}$ 作用于支架的 C 点上。已知 $F = 1\,200\ \mathrm{N}$，$a = 140\ \mathrm{mm}$，$b = 120\ \mathrm{mm}$。试求力 $\boldsymbol{F}$ 对其作用面内点 A 之矩。

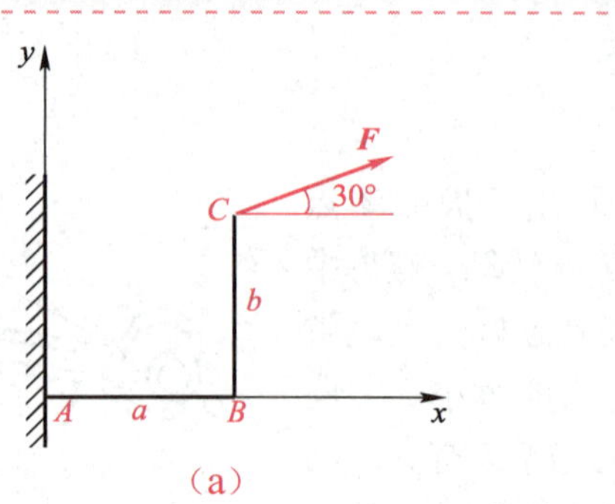

（a）

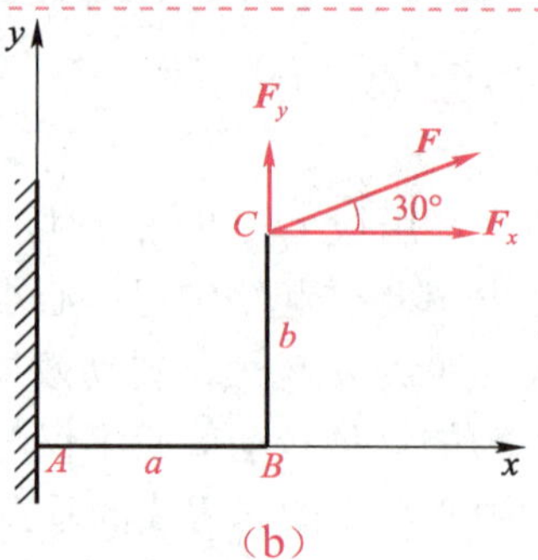

（b）

图 2-10

解： 如图 2-10（b）所示，为便于计算，可先把力 $\boldsymbol{F}$ 分解为水平和垂直方向上的两个分力，并利用合力矩定理求解，即

$$M_A(\boldsymbol{F}) = M_A(\boldsymbol{F}_x) + M_A(\boldsymbol{F}_y) = -bF_x + aF_y \approx -40.7\ (\text{N} \cdot \text{m})$$

负号表示力 $\boldsymbol{F}$ 使支架绕矩心 A 顺时针方向转动。

例 2-8 如图 2-11 所示为一挡土墙，已知挡土墙重 $W_1 = 75\ \text{kN}$，垂直土压力为 $W_2 = 120\ \text{kN}$，水平土压力为 $F = 90\ \text{kN}$，试求三力对前趾点 A 之矩的和，并判断挡土墙是否会倾倒。

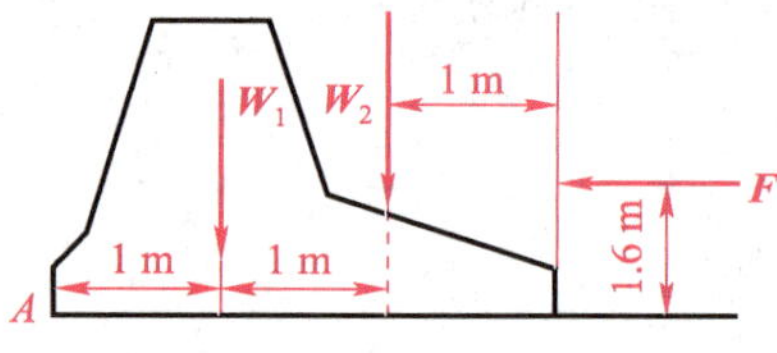

图 2-11

解： 本题考查力对点之矩的概念。

对 A 点，$\boldsymbol{W}_1$ 产生的力矩（其中力臂 d_1 为 1 m）为

$$M_A(\boldsymbol{W}_1) = -W_1 d_1 = -75\ (\text{kN} \cdot \text{m})$$

$\boldsymbol{W}_2$ 产生的力矩（其中力臂 d_2 为 2 m）为

$$M_A(\boldsymbol{W}_2) = -W_2 d_2 = -240\ (\text{kN} \cdot \text{m})$$

$\boldsymbol{F}$ 产生的力矩（其中力臂 d 为 1.6 m）为

$$M_A(\boldsymbol{F}) = Fd = 144\ (\text{kN} \cdot \text{m})$$

由于 $|M_A(\boldsymbol{W}_1) + M_A(\boldsymbol{W}_2)| > |M_A(\boldsymbol{F})|$，即 $\boldsymbol{W}_1$，$\boldsymbol{W}_2$ 产生的稳定力矩大于 $\boldsymbol{F}$ 产生的倾覆力矩，故挡土墙不会倾倒。

2.4　平面力偶理论

2.4.1　力偶和力偶矩

在生产和生活实践中，为了使物体发生转动，常常在物体上施加一对大小相等、方向相反的平行力。例如，用螺丝刀装卸螺钉、汽车司机旋转方向盘、钳工用丝锥攻丝等都属于上述情况。我们把这种大小相等、方向相反、作用线平行的一对力（$\boldsymbol{F}$，$\boldsymbol{F}'$）称为力偶，如图 2-12（a）所示。力偶中两个力所在的平面称为力偶的作用平面；两力的作用线之间的垂直距离称为力偶臂，用 d 表示。

力偶对物体的作用效果，实质上是组成力偶的两个力作用效果的叠加。由于这两个力大小相等、方向相反，所以它们在任意方向上的投影之和等于零，其作用效果是使物体平移的运动效应相互抵消，并使物体转动的运动效应相互叠加。因此，力偶对物体作用的外效应仅使物体发生转动。

力偶使物体转动的效应，通常用力偶矩来度量。力偶矩表示为 $M(\boldsymbol{F},\boldsymbol{F}')$，也可以简写成 M，它等于力偶中力的大小与力偶臂的乘积，即

$$M(\boldsymbol{F},\boldsymbol{F}') = M = \pm Fd \tag{2-13}$$

式中的正负号表示力偶在其作用面内的转向，逆时针为正，顺时针为负。其转向可由右手法则确定，如图 2-12（b）所示。

力偶对其作用面内任意一点的矩都等于力与力偶臂的乘积，与矩心位置无关，这是力偶矩与力矩的主要区别。力偶矩和力矩的单位相同，都是 N·m。

对于同一平面内的两个力偶，若它们的力偶矩代数值相等，则它们对刚体的作用等效。

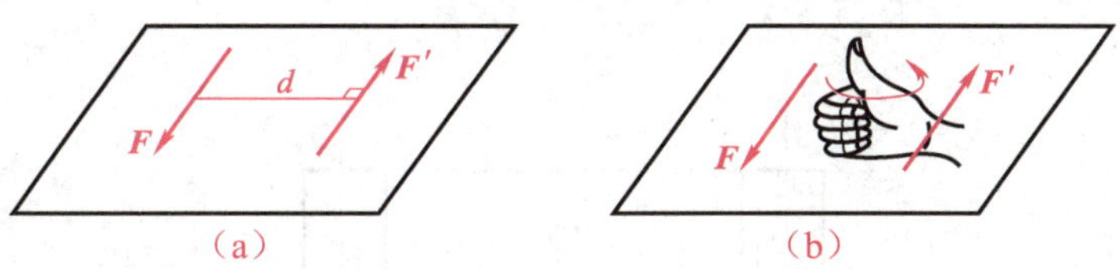

（a）　　（b）

图 2-12

2.4.2　平面力偶系的合成和平衡条件

作用在同一平面内同一物体上的若干力偶（M_1，M_2，M_3，…，M_n）组成的力系称为力偶系。力偶系合成的结果为合力偶，合力偶矩 M 等于各分力偶矩的代数和，即

$$M = \sum_{i=1}^{n} M_i \tag{2-14}$$

由合成结果可知，平面力偶系可由一个合力偶代替，则力偶系平衡时，合力偶矩等于

零。因此，**平面力偶系平衡的充要条件是：所有各分力偶矩的代数和等于零**，即

$$M=\sum_{i=1}^{n}M_i=0 \tag{2-15}$$

例 2-9 如图 2-13 所示，长方体上作用有两个力偶，其中 $F_1=F_1'=2\ \text{kN}$ ，$F_2=F_2'=5\ \text{kN}$ 。求此力偶系之合力偶矩。

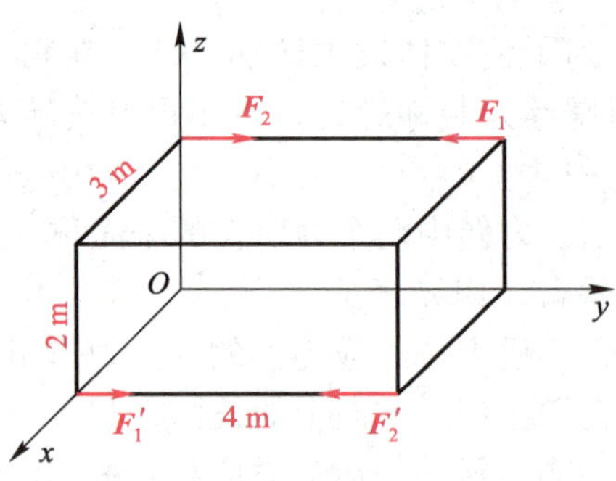

图 2-13

解： 各力偶的力偶矩为

$$M_1=M(\boldsymbol{F}_1,\boldsymbol{F}_1')=2\times\sqrt{2^2+3^2}=2\sqrt{13}\ (\text{kN}\cdot\text{m})$$

$$M_2=M(\boldsymbol{F}_2,\boldsymbol{F}_2')=-5\times\sqrt{2^2+3^2}=-5\sqrt{13}\ (\text{kN}\cdot\text{m})$$

故此力偶系之合力偶矩为

$$M=M_1+M_2=-3\sqrt{13}\ (\text{kN}\cdot\text{m})$$

其值为负，说明合力偶矩为顺时针方向。

例 2-10 如图 2-14 所示，工件上作用有三个力偶，且工件放在光滑水平面上。三个力偶的矩分别为 $M_1=M_2=10\ \text{N}\cdot\text{m}, M_3=20\ \text{N}\cdot\text{m}$ ，固定光滑螺柱 A 和 B 的距离 $l=200\ \text{mm}$ 。求两个光滑螺柱所受的水平力。

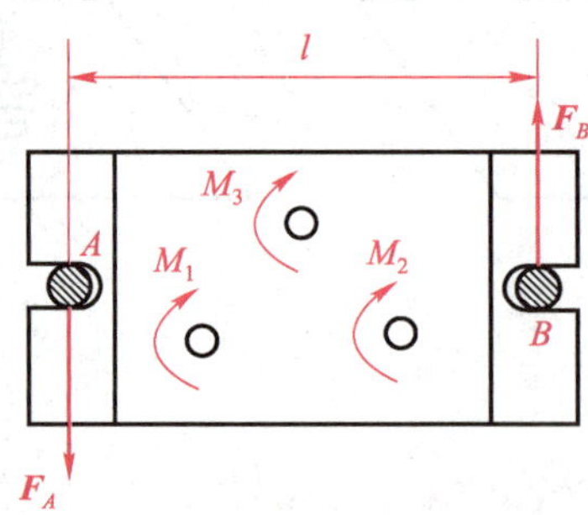

图 2-14

解：（1）以工件为研究对象。

（2）分析工件受力情况。工件在水平面内受到三个力偶和两个约束反力的作用而处于平衡状态。根据力偶系合成定理，三力偶的合成结果为一个合力偶，此时若使系统保持平衡，螺柱 A 和 B 对工件的水平约束反力 $\boldsymbol{F}_A$ 和 $\boldsymbol{F}_B$ 应构成一个力偶，且与原合力

偶平衡。假设由 $\boldsymbol{F}_A$ 和 $\boldsymbol{F}_B$ 构成的力偶的方向如图 2-14 所示，则有 $F_A=F_B$，且满足力偶系平衡条件。

（3）根据力偶系平衡条件列出方程，并求解未知量，该方程为

$$\sum M = F_A l - M_1 - M_2 - M_3 = 0$$

将题中条件代入后，可解得 $F_A=F_B=200\ \text{N}$。求得结果为正，说明力 $\boldsymbol{F}_A$ 和 $\boldsymbol{F}_B$ 的方向与假设方向相同。故两个光滑螺柱 A 和 B 所受的水平力与力 $\boldsymbol{F}_A$ 和 $\boldsymbol{F}_B$ 等值反向。

例 2-11 如图 2-15（a）所示，梁 AB 上作用有两个平行力 $\boldsymbol{F}$，$\boldsymbol{F}'$ 和一个力偶 M。已知 $l=5.0\ \text{m}$，$a=1.0\ \text{m}$，$F=F'=30\ \text{kN}$，$M=20\sqrt{2}\ \text{kN}\cdot\text{m}$，不计梁自重。试求支座 A 和 B 对梁 AB 的约束反力。

解：（1）以梁 AB 为研究对象。

（2）分析梁 AB 受力情况。梁 AB 在水平面内受到两个力偶（$\boldsymbol{F}$，$\boldsymbol{F}'$）和 M，以及两个约束反力 $\boldsymbol{F}_A$ 和 $\boldsymbol{F}_B$ 的作用而处于平衡状态。由力偶系平衡条件知，支座 A 和 B 对梁 AB 的约束反力 $\boldsymbol{F}_A$ 和 $\boldsymbol{F}_B$ 应构成一个力偶，且与原合力偶平衡。又因为力 $\boldsymbol{F}_B$ 的方向垂直于滚动支座支承面，并假设其指向如图 2-15（b）所示，从而可以确定 $\boldsymbol{F}_A$ 的方向。于是有 $F_A=F_B$，且满足力偶系平衡条件。

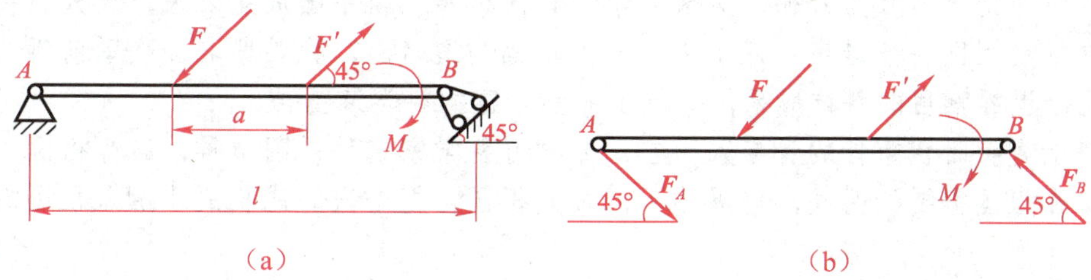

图 2-15

（3）根据力偶系平衡条件列出方程，并求解未知量，该方程为

$$\sum M = aF\cos 45° - M + lF_B\cos 45° = 0$$

将题中条件代入后，可解得 $F_A=F_B=2\ \text{kN}$。求得结果为正，说明力 $\boldsymbol{F}_A$ 和 $\boldsymbol{F}_B$ 的方向与假设方向相同。

提 示

通过上述例题，可以总结出利用力偶系平衡条件求解平面力偶系平衡问题的一般步骤。

（1）确定研究对象。

（2）对研究对象进行受力分析。

（3）利用平衡方程求解未知量。

（4）所求结果的绝对值表示未知力的大小，正、负号表示步骤（2）中假设的该力的方向是否与实际方向一致，正号表示方向一致，负号表示方向相反。

素质启慧园

青年人要学习什么样的科学家精神？

苟利国家生死以，岂因祸福避趋之。科学无国界，科学家有祖国。我国科学事业取得的历史性成就，是一代又一代矢志报国的科学家前赴后继、接续奋斗的结果。怀揣一颗拳拳爱国之心，肝胆外科专家吴孟超在抗日战争爆发后，毅然返回国内，开创了中国肝胆外科研究新领域；气象学家叶笃正怀着一腔炽热爱国之情，不顾美国政府的百般阻挠，坚持回到祖国，支持祖国的科研事业……对于每一位做出重大贡献的科学家而言，他们的成就无一不是爱国主义的集中体现。

科学家精神是胸怀祖国、服务人民的爱国精神，勇攀高峰、敢为人先的创新精神，追求真理、严谨治学的求实精神，淡泊名利、潜心研究的奉献精神，集智攻关、团结协作的协同精神，甘为人梯、奖掖后学的育人精神。新中国成立以来，广大科技工作者们在推动祖国科技进步、谋求中国人民幸福的道路上，隐姓埋名、踽踽前行，这才创造出令世界瞩目的科技成果，铸就了内涵丰富的科学家精神。

对于肩负时代重任的青年人而言，要学习科学家这种爱国精神，胸怀祖国、胸怀人民，在祖国需要的时候，施展才干，报效祖国，把个人的成长成才融入祖国的大发展中。

（资料来源：http://news.cyol.com/app/2020-09/15/content_18778071.htm，有改动）

本章小结

1. 平面汇交力系的合成

（1）平面汇交力系：各力的作用线都在同一平面内且汇交于一点的力系。

（2）平面汇交力系合成的几何法：平面汇交力系可以简化成一个合力，合力的大小和方向等于各分力的矢量和（几何和），合力的作用线通过汇交点。其表达式可简写成

$$\boldsymbol{F}_{\mathrm{R}}=\sum_{i=1}^{n}\boldsymbol{F}_i$$

（3）平面汇交力系合成的解析法：平面汇交力系的合力 $\boldsymbol{F}_{\mathrm{R}}$ 的解析表达式为

$$\boldsymbol{F}_{\mathrm{R}}=\boldsymbol{F}_{\mathrm{R}x}+\boldsymbol{F}_{\mathrm{R}y}=F_x\boldsymbol{i}+F_y\boldsymbol{j}$$

其中，F_x，F_y 为合力 $\boldsymbol{F}$ 在 x，y 轴上的投影，即有

$$\left.\begin{aligned}F_x=F_{x1}+F_{x2}+\cdots+F_{xn}=\sum F_{xi}\\F_y=F_{y1}+F_{y2}+\cdots+F_{yn}=\sum F_{yj}\end{aligned}\right\}$$

合力 $\boldsymbol{F}_R$ 的大小和方向余弦分别为

$$\left.\begin{aligned} F_R &= \sqrt{F_x^2 + F_y^2} = \sqrt{\left(\sum F_{xi}\right)^2 + \left(\sum F_{yj}\right)^2} \\ \cos(\boldsymbol{F}_R, \boldsymbol{i}) &= \frac{F_x}{F_R} = \frac{\sum F_{xi}}{F_R},\ \cos(\boldsymbol{F}_R, \boldsymbol{j}) = \frac{F_y}{F_R} = \frac{\sum F_{yj}}{F_R} \end{aligned}\right\}$$

2. 平面汇交力系的平衡

（1）几何法下，平面汇交力系平衡的充要条件是

$$\boldsymbol{F}_R = \sum_{i=1}^{n} \boldsymbol{F}_i = \boldsymbol{0}$$

即当平面汇交力系平衡时，由力系中各分力构成的力多边形自行闭合。

（2）解析法下，平面汇交力系平衡的充要条件是

$$\left.\begin{aligned} \sum F_{xi} &= 0 \\ \sum F_{yj} &= 0 \end{aligned}\right\}$$

即当平面汇交力系平衡时，各力在两坐标轴上投影的代数和分别等于零。

3. 力矩和合力矩定理

（1）力矩：平面内力 $\boldsymbol{F}$ 对点 O 之矩，用 $M_O(\boldsymbol{F})$ 表示，即

$$M_O(\boldsymbol{F}) = \pm Fd = \pm 2A_{\triangle OAB}$$

通常以力使物体绕矩心逆时针转动为正，顺时针转动为负。

（2）合力矩定理：平面汇交力系的合力对于平面内任意一点的力矩等于所有分力对于该点之矩的代数和，即

$$M_O(\boldsymbol{F}_R) = \sum_{i=1}^{n} M_O(\boldsymbol{F}_i)$$

4. 平面力偶理论

（1）力偶：等值、反向、不共线的两个平行力组成的特殊力系。力偶没有合力，也不能用一个力来平衡，只能用力偶来平衡。

（2）力偶矩：平面力偶使物体转动的效应可以用力偶矩 $M(\boldsymbol{F}, \boldsymbol{F}')$ 来度量，其表达式为

$$M(\boldsymbol{F}, \boldsymbol{F}') = M = \pm Fd$$

式中，正负号表示力偶在其作用面内的转向，逆时针为正，顺时针为负。

力偶对平面内任意一点的矩都等于力与力偶臂的乘积，与矩心位置无关。

（3）同一平面内力偶的等效定理：对于同一平面内的两个力偶，若它们的力偶矩相等，则它们对刚体的作用等效。

（4）平面力偶系的合成：合力偶矩等于各分力偶矩的代数和，即

$$M = \sum_{i=1}^{n} M_i$$

(5) 平面力偶系平衡的充要条件为

$$M=\sum_{i=1}^{n}M_i=0$$

趣味小实验：哪一段线断开？

将结实的缝纫线剪成两段，每段长约 15 cm。两段线上分别系一个质量约 50 g 的鱼坠，其中一段固定在支撑物上，另一段系在前者的鱼坠上，让鱼坠自由悬挂。拉下面的鱼坠，只要用力适当，你可以随心所欲地使其中一段线断开，其中的奥秘是什么？

当慢慢向下拉线时，对两个鱼坠进行受力分析。显然，上面的线比下面的线受到的拉力大。当施加的拉力足够大时，上面的线受到的拉力会先达到破坏拉力，即上面的线先断开。当猛地向下拉线时，因作用时间极短，且作用力很大，中间鱼坠的惯性产生了一个与拉力相反的阻力，所以下面的线受到的拉力比较大，此时下面的线先断开。读者不妨做个小实验，可以改变绳子的长度和悬挂物的质量，使实验结果更加明显。学习完本书后，你还可以获得更加完善的解答。

思考题

2-1　已知力 $\boldsymbol{F}_1$，$\boldsymbol{F}_2$，$\boldsymbol{F}_3$，$\boldsymbol{F}_4$ 的作用线汇交于一点，其力多边形如图 2-16 所示，试问这两种力多边形的意义有何不同？

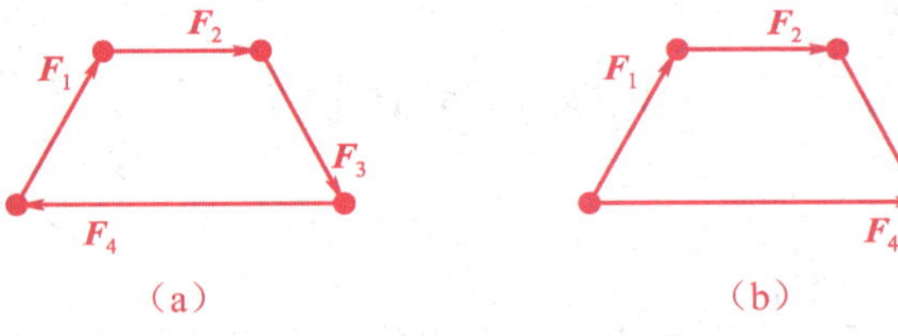

图 2-16

2-2　用解析法求平面汇交力系的合力时，若取不同的直角坐标轴，所求得的合力是否相同？

2-3　力的分力与投影这两个概念之间有什么区别和联系？试结合图 2-17 进行说明。

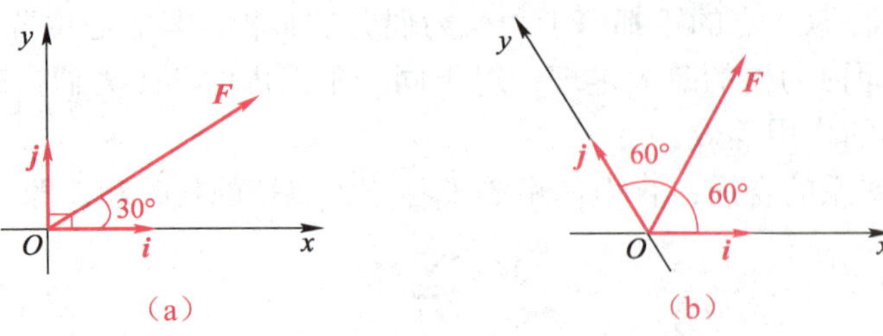

图 2-17

2-4　比较力矩和力偶矩的异同。

练习题

题 2-1　如图 2-18 所示，等边三角形的边长为 l，现在其三个顶点上沿三条边分别作用一个大小相等的力 $\boldsymbol{F}$，试求此力系向 B 点简化的结果。

题 2-2　如图 2-19 所示，在钢架的 B 点作用有水平力 $\boldsymbol{F}$，钢架重力忽略不计。试求支座 A，D 的约束反力。

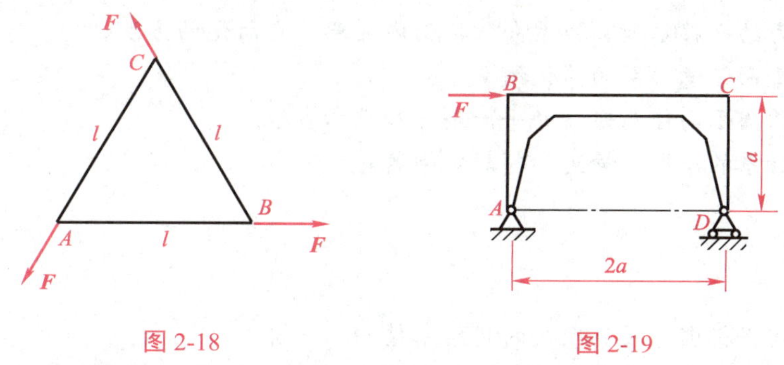

图 2-18　　图 2-19

题 2-3　如图 2-20 所示，水平梁上作用有两个力偶，分别为 $M_1 = 75\ \text{kN}\cdot\text{m}$，$M_2 = 40\ \text{kN}\cdot\text{m}$，已知 $AB = 3.5\ \text{m}$，试求 A，B 两处支座的约束反力。

题 2-4　已知 $M = 2Fl$，其余尺寸如图 2-21 所示，试求 A，B 两处支座的约束反力。

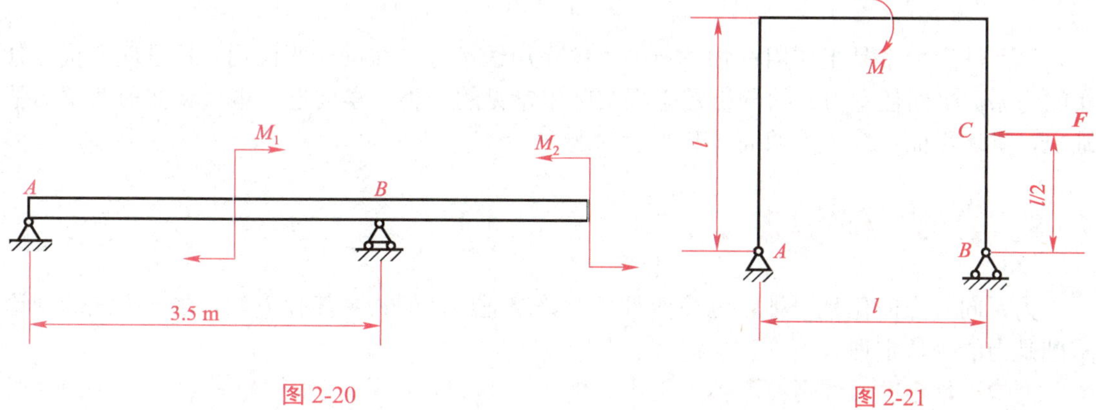

图 2-20　　图 2-21

第 3 章　平面任意力系

学习目标

- 掌握力的平移定理和力系向作用面内任意一点简化的方法。
- 了解平面任意力系的简化结果。
- 熟练掌握平面任意力系的平衡条件和平衡方程。
- 了解物系的平衡、静定和超静定问题。

素质目标

- ★ 弘扬胸怀祖国、服务人民的科学家精神。
- ★ 培养脚踏实地、求真务实的工作作风。

3.1　平面任意力系的简化

平面任意力系是指作用在物体上的力的作用线都分布在同一平面内，且呈任意状态分布的力系。平面任意力系的分析是工程实际中常见的一类力学问题。本章将在前两章的基础上，讲述平面任意力系的简化和平衡问题。

3.1.1　力的平移定理

力系向一点简化是一种较为简便且具有普遍适用性的力系简化方法，这一方法的理论基础是力的平移定理。

力的平移定理　作用在刚体上某点 A 的力 $\boldsymbol{F}$ 可以平行移动到任意一点 B，但必须同时在力 $\boldsymbol{F}$ 与指定点 B 所决定的平面内附加一个力偶，这一附加力偶的矩等于原来的力 $\boldsymbol{F}$ 对指定点 B 之矩。

证明：如图 3-1 所示，刚体上作用有力 $\boldsymbol{F}$。在刚体上任取一点 B，并在点 B 上加一对平衡力系 $\boldsymbol{F}'$ 和 $\boldsymbol{F}''$，令 $\boldsymbol{F}'=\boldsymbol{F}=-\boldsymbol{F}''$。由加减平衡力系原理可知，这三个力与原来的力 $\boldsymbol{F}$ 等效，同时这三个力又可以看成是作用在点 B 上的一个力 $\boldsymbol{F}'$ 和一个力偶（$\boldsymbol{F}$，$\boldsymbol{F}''$），该力偶称为附加力偶，且有

$$M = Fd = M_B(\boldsymbol{F})$$

至此，定理获证。

力的平移定理说明，一个力可以用一个作用在另一点且具有同样大小和方向的力及一个力偶来等效代替。显然，力的平移定理的逆定理也成立，即作用在刚体上某一平面内的一个力和一个力偶可以合成为同平面内的一个力。

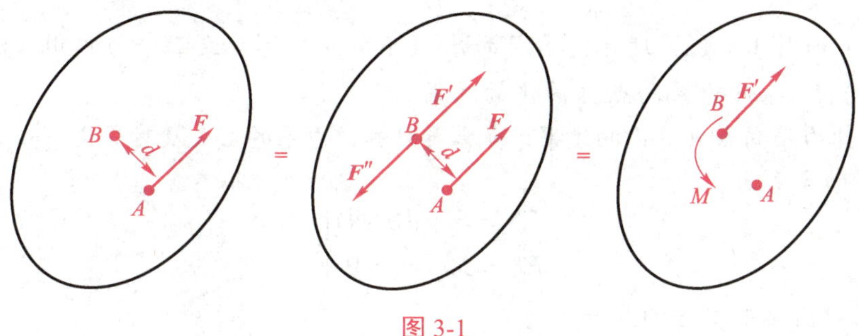

图 3-1

3.1.2 主矢和主矩

如图 3-2（a）所示，由 n 个力 $\boldsymbol{F}_1$，$\boldsymbol{F}_2$，…，$\boldsymbol{F}_n$ 组成的平面任意力系作用在刚体上。在平面上任取一点 O，称为简化中心；应用力的平移定理，将各力都平移到点 O。这样得到作用于点 O 的力 $\boldsymbol{F}_1'$，$\boldsymbol{F}_2'$，…，$\boldsymbol{F}_n'$，以及相应的附加力偶，其矩分别为 M_1，M_2，…，M_n，如图 3-2（b）所示。这些附加力偶的矩分别为

$$M_i = M_O(\boldsymbol{F}_i) \quad (i = 1, 2, \cdots, n)$$

此时，平面任意力系等效为两个简单力系：平面汇交力系和平面力偶系，如图 3-2（c）所示。其中，平面汇交力系可合成为一个通过点 O 的力 $\boldsymbol{F}_\mathrm{R}'$，且有

$$\boldsymbol{F}_\mathrm{R}' = \sum \boldsymbol{F}_i' = \sum \boldsymbol{F}_i \tag{3-1}$$

即合力 $\boldsymbol{F}_\mathrm{R}'$ 等于原力系中各力的矢量和。

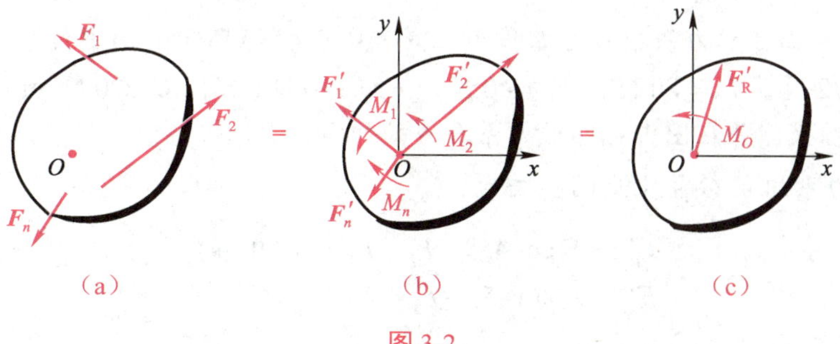

图 3-2

平面力偶系可以合成为一个力偶，该力偶的力偶矩等于各附加力偶矩的代数和，也等于原来各力对点 O 之矩的代数和，即

$$M_O = \sum M_O(\boldsymbol{F}_i) \tag{3-2}$$

平面任意力系中所有各力的矢量和 F_R'，称为该力系的**主矢**；而这些力对任选简化中心 O 之矩的代数和 M_O，称为该力系的**主矩**。可以看出，**主矢与简化中心无关，而主矩一般与简化中心有关**。

因此，在一般情况下，平面任意力系向作用面内任一点 O 简化，其结果为作用于该点的一个主矢和一个主矩。

例 3-1 如图 3-3（a）所示，边长为 $a=1\,\text{m}$ 的正方形受到三个力作用，已知各力的大小均为 10 N。求此力系向点 A 简化的结果。

解： 求此力系向点 A 简化的结果，就需要计算该力系的主矢及对简化中心 A 的主矩。

该力系的主矢为

$$\left.\begin{aligned}F_{Rx}' &= F_2 = 10\,(\text{N})\\ F_{Ry}' &= F_1 - F_3 = 0\end{aligned}\right\}$$

该力系对简化中心 A 的主矩为

$$M_A(\boldsymbol{F}) = -F_2 a - F_3 a = -20\,(\text{N}\cdot\text{m})$$

因此，该力系向点 A 简化的结果为一个力 F_{Rx}' 和一个力偶 M_A，力 F_{Rx}' 等于该力系的主矢，力偶 M_A 的力偶矩的大小和转向与该力系对点 A 的主矩相同，如图 3-3（b）所示。

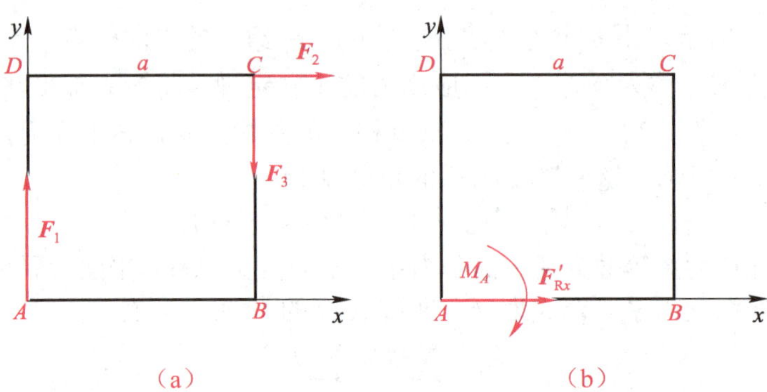

图 3-3

例 3-2 平面任意力系中各力的作用位置如图 3-4(a)所示，图中尺寸的单位为 m，其中 $F_1 = 40\sqrt{2}\,\text{N}$，$F_2 = 80\,\text{N}$，$F_3 = 40\,\text{N}$，$F_4 = 110\,\text{N}$，$M = 2\,000\,\text{N}\cdot\text{m}$。求该力系向点 O 简化的结果，并在图中标明该力系合力的作用位置。

解： 该力系向点 O 简化后的主矢为

$$\left.\begin{aligned}F_{Rx}' &= F_1\cos 45° - F_2 - F_4 = -150\,(\text{N})\\ F_{Ry}' &= F_1\sin 45° - F_3 = 0\end{aligned}\right\}$$

该力系对简化中心 O 的主矩为

$$M_O = F_1\sin 45°\times 20 + F_2\times 30 + F_3\times 50 - F_1\cos 45°\times 20 - F_4\times 30 - M = -900\,(\text{N}\cdot\text{m})$$

因此，该力系向点 O 简化的结果为一个力 F_{Rx}' 和一个力偶 M_O，力 F_{Rx}' 等于该力系的主矢，力偶 M_O 的力偶矩的大小和转向与该力系对点 O 的主矩相同，如图 3-4(b)所示。

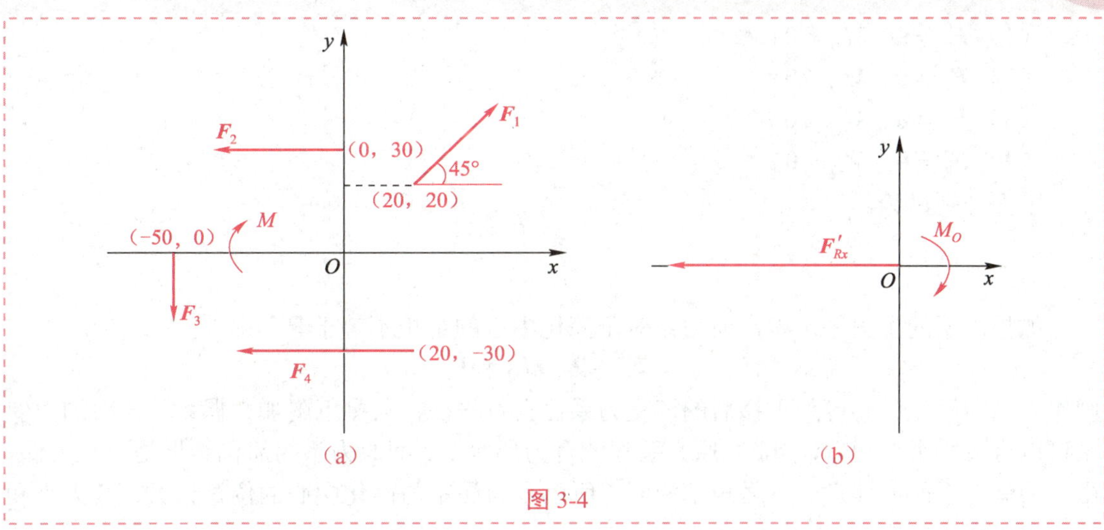

图 3-4

3.1.3　固定端约束

固定端约束又称固定端支座，是指物体的一部分嵌入另一物体中或固定在另一物体上，它是一种常见的约束形式。如图 3-5 所示，一端埋在地下的电线杆、固定在刀架上的车刀等都是固定端约束的实例。

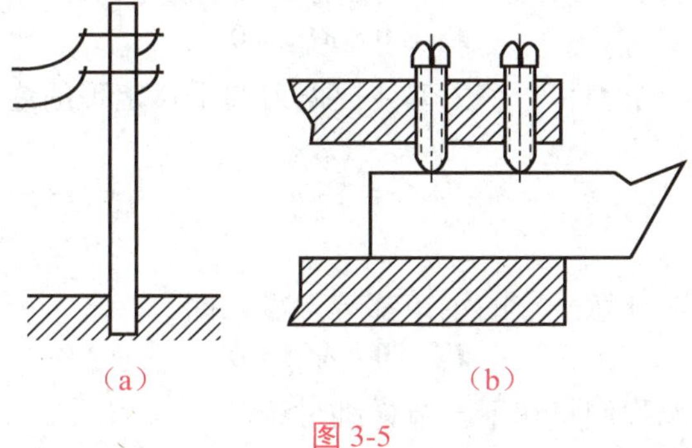

图 3-5

对于固定端约束，可按约束作用画其约束力。固定端既限制被约束构件的垂直与水平位移，又限制被约束构件的转动。因此，一般情况下固定端约束通常用一组正交约束力与一个约束力偶表示，如图 3-6 所示。

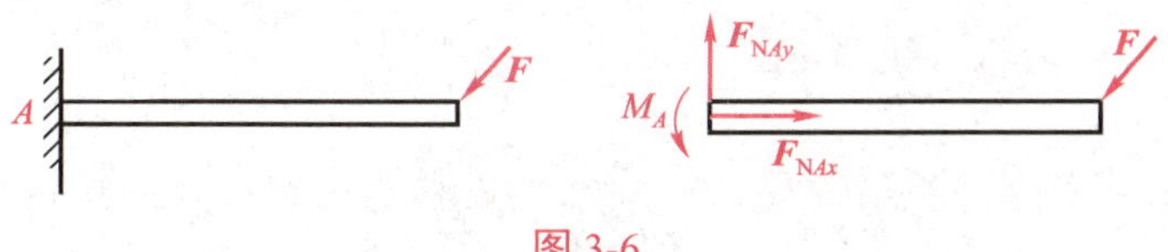

图 3-6

3.1.4　平面任意力系的简化结果

平面任意力系向作用面内任意一点简化的结果，可分为以下四种情形。

（1）$\boldsymbol{F}_{\mathrm{R}}' = \boldsymbol{0}$，$M_O \neq 0$；

（2）$\boldsymbol{F}_{\mathrm{R}}' \neq \boldsymbol{0}$，$M_O = 0$；

（3）$\boldsymbol{F}_{\mathrm{R}}' \neq \boldsymbol{0}$，$M_O \neq 0$；

（4）$\boldsymbol{F}_{\mathrm{R}}' = \boldsymbol{0}$，$M_O = 0$。

下面分别讨论。

1. 简化为一个力偶的情形

如果力系的主矢等于零，而力系对于简化中心的主矩不等于零，即

$$\boldsymbol{F}_{\mathrm{R}}' = \boldsymbol{0},\ M_O \neq 0$$

则原力系向简化中心等效平移后的汇交力系已自行平衡，只剩下附加力偶系。该附加力偶系可以合成一个合力偶，因此，原力系与此合力偶等效，即原力系的简化结果是一个力偶。由于力偶对平面内任意一点之矩都相同，所以合力偶矩与简化中心的位置无关，其大小和转向可以直接确定。

2. 简化为一个合力的情形

（1）如果力系的主矢不等于零，而力系对于简化中心的主矩等于零，即

$$\boldsymbol{F}_{\mathrm{R}}' \neq \boldsymbol{0},\ M_O = 0$$

则原力系等效于经过简化中心 O 的一个力 $\boldsymbol{F}_{\mathrm{R}}'$，故原力系的简化结果是一个合力。

（2）如果力系的主矢和对任意一点的主矩都不等于零，即

$$\boldsymbol{F}_{\mathrm{R}}' \neq \boldsymbol{0},\ M_O \neq 0$$

则原力系的简化结果是一个力和一个力偶。根据力的平移定理的逆定理可知，主矢和主矩可以合成为一个合力。

3. 平衡的情形

如果力系的主矢和对任意一点的主矩都等于零，即

$$\boldsymbol{F}_{\mathrm{R}}' = \boldsymbol{0},\ M_O = 0$$

则原力系平衡，这种情况我们将在下一节详细讨论。

3.2 平面任意力系的平衡方程

3.2.1 平衡条件与平衡方程

平面任意力系平衡的充要条件是：力系的主矢和对任意一点的主矩都为零，即

$$\left.\begin{aligned} \boldsymbol{F}_{\mathrm{R}}' &= \boldsymbol{0} \\ M_O &= 0 \end{aligned}\right\} \tag{3-3}$$

上述平衡条件也可用解析式表达为

$$\left.\begin{aligned}\sum F_x &= 0\\ \sum F_y &= 0\\ \sum M_O(\boldsymbol{F}) &= 0\end{aligned}\right\} \tag{3-4}$$

即**平面任意力系平衡的解析条件是：所有各力在任选坐标系的 x 轴与 y 轴上投影的代数和分别等于零，各力对任意一点之矩的代数和也等于零**。式（3-4）称为**平面任意力系平衡方程的基本形式**或**一矩式**，其中前面两个方程为投影方程，后一个方程为力矩方程。

平面任意力系的平衡方程也可以写成其他形式，如一个投影方程和两个力矩方程组成的**二矩式**，即

$$\left.\begin{aligned}\sum F_x &= 0\\ \sum M_A(\boldsymbol{F}) &= 0\\ \sum M_B(\boldsymbol{F}) &= 0\end{aligned}\right\} \tag{3-5}$$

二矩式的附加条件是 x 轴或 y 轴不能垂直于 A，B 两点的连线。

平面任意力系的平衡方程还可以写成三个力矩方程组成的**三矩式**，即

$$\left.\begin{aligned}\sum M_A(\boldsymbol{F}) &= 0\\ \sum M_B(\boldsymbol{F}) &= 0\\ \sum M_C(\boldsymbol{F}) &= 0\end{aligned}\right\} \tag{3-6}$$

三矩式的附加条件是 A，B，C 三点不能在同一条直线上。

式（3-5）和式（3-6）是物体平衡的必要条件，但不是充分条件，必须加上附加条件后，才能成为物体平衡的充要条件。

下面结合例题，说明如何利用平衡方程求解平面任意力系的平衡问题。

例 3-3 无重水平梁的支承和载荷如图 3-7（a）所示，已知力 $\boldsymbol{F}$、力偶矩 M，求支座 A 和 B 处的约束反力。

解： 以梁 AB 为研究对象。如图 3-7（b）所示，梁 AB 所受的主动力有力 $\boldsymbol{F}$ 和矩为 M 的力偶；所受约束反力有铰链 A 处约束反力的两个分力 $\boldsymbol{F}_{Ax}$ 和 $\boldsymbol{F}_{Ay}$，以及滚动支座 B 处垂直于支承面方向的约束反力 $\boldsymbol{F}_B$。根据平面任意力系的平衡方程得出

$$\left.\begin{aligned}\sum F_x &= F_{Ax} = 0\\ \sum F_y &= F_{Ay} + F_B - F = 0\\ \sum M_A &= -M + F_B \cdot 2a - F \cdot 3a = 0\end{aligned}\right\}$$

可解得：$F_{Ax} = 0$，$F_{Ay} = -\dfrac{1}{2a}(aF + M)$，$F_B = \dfrac{1}{2a}(3aF + M)$。

F_{Ay} 为负，说明其方向与图示方向相反，即应竖直向下；F_B 为正，说明其方向与图示方向相同。

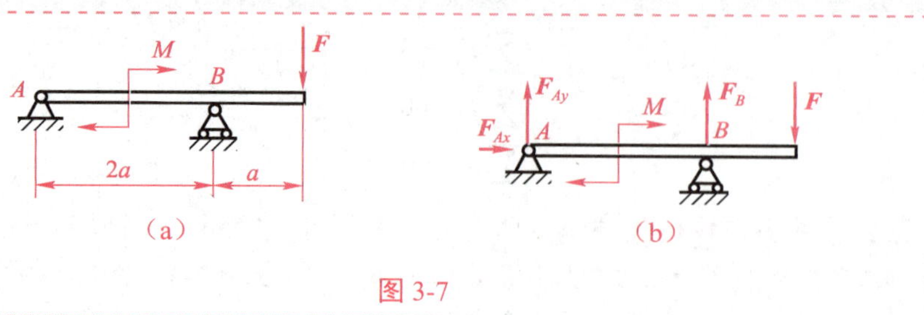

图 3-7

3.2.2 平衡方程的特殊形式

1. 平面汇交力系

若平面力系中各力的作用线汇交于一点，则该力系称为平面汇交力系，如图 3-8 所示。显然，平面汇交力系恒能满足 $\sum M_O(\boldsymbol{F})=0$，则其独立平衡方程为两个投影方程，即

$$\left.\begin{aligned}\sum F_x=0\\\sum F_y=0\end{aligned}\right\} \tag{3-7}$$

2. 平面平行力系

若平面力系中各力的作用线全部平行，则该力系称为平面平行力系。如图 3-9 所示，取 y 轴平行于各力的作用线。显然，平面平行力系恒能满足 $\sum F_x=0$，则其独立平衡方程为一个投影方程和一个力矩方程，即

$$\left.\begin{aligned}\sum F_y=0\\\sum M_O(\boldsymbol{F})=0\end{aligned}\right\} \tag{3-8}$$

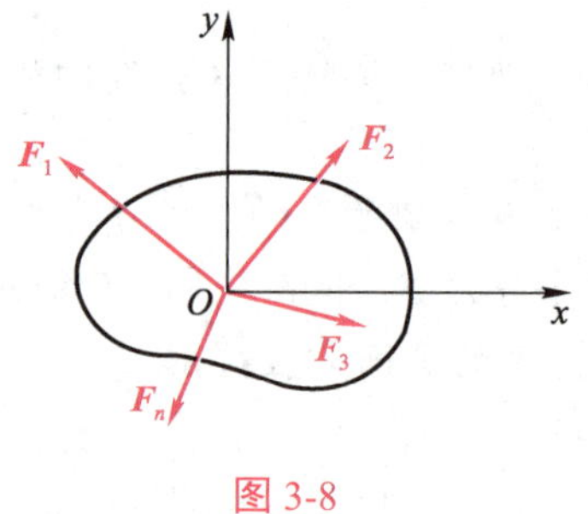

图 3-8

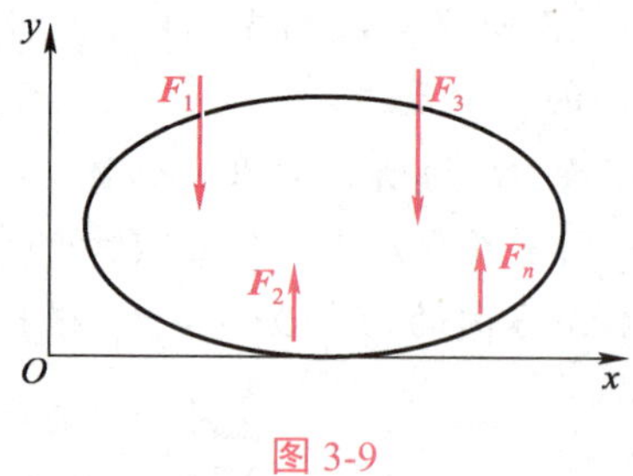

图 3-9

注　意

对于平面任意力系作用的单个刚体的平衡问题，只可以写出三个独立平衡方程，而写出的任何第四个方程都与前三个方程线性相关，并非一个独立的平衡方程，故不能用于求解新的未知量，只可以用来校核前面方程所计算的结果。

3.3　物系的静定与超静定问题

3.3.1　物系的平衡

上一节中的平衡方程是针对一个刚体建立的，但是工程实际中的结构通常都是由许多物体按一定方式连接起来的。这种由若干个物体通过约束组成的系统称为物体系统，简称物系。对物系平衡问题的研究，是静力学平衡方程极为重要的综合应用。

物系的平衡

在研究物系的平衡问题时，不仅需要求出物系所受的未知外力，而且还需要求出各个物体之间相互作用的内力。对于整个系统来说，内力总是成对出现的，当需要求出内力时，就要把某些物体分离开来单独研究。即使当不需要求出内力时，有时也需要把一些物体分离开来单独研究，才能求出所有的未知外力。

下面结合例题，说明如何求解物系的平衡问题。

例 3-4　如图 3-10（a）所示，梁 ABC 是由梁 AB 和梁 BC 组成的连续梁，其中梁 AB 一端为固定端，另一端通过铰链与梁 BC 连接，已知 a，M，θ。求该连续梁在 A，B，C 三处的约束反力。

解：首先，以梁 BC 为研究对象。如图 3-10（b）所示，梁 BC 所受主动力是矩为 M 的力偶；所受约束反力有铰链 B 处约束反力的两个分力 $\boldsymbol{F}_{Bx}$ 和 $\boldsymbol{F}_{By}$，以及滚动支座 C 处垂直于支承面向上的约束反力 $\boldsymbol{F}_{\mathrm{NC}}$。根据平面任意力系的平衡方程得出

$$\left.\begin{aligned}\sum F_x &= F_{Bx} - F_{\mathrm{NC}}\sin\theta = 0\\ \sum F_y &= F_{By} + F_{\mathrm{NC}}\cos\theta = 0\\ \sum M_B &= -M + F_{\mathrm{NC}}a\cos\theta = 0\end{aligned}\right\}$$

可解得：$F_{Bx} = \dfrac{M}{a}\tan\theta$，$F_{By} = -\dfrac{M}{a}$，$F_{\mathrm{NC}} = \dfrac{M}{a\cos\theta}$。

然后，以梁 AB 为研究对象。如图 3-10（c）所示，梁 AB 受到铰链 B 处约束反力的两个分力 $\boldsymbol{F}'_{Bx}$ 和 $\boldsymbol{F}'_{By}$；固定端 A 处的约束反力 $\boldsymbol{F}_{Ax}$ 和 $\boldsymbol{F}_{Ay}$，以及矩为 M_A 的力偶。根据平面任意力系的平衡方程得出

$$\left.\begin{aligned}\sum F_x &= F_{Ax} - F'_{Bx} = 0\\ \sum F_y &= F_{Ay} - F'_{By} = 0\\ \sum M_A &= M_A - F'_{By}a = 0\end{aligned}\right\}$$

可解得：$F_{Ax} = \dfrac{M}{a}\tan\theta$，$F_{Ay} = -\dfrac{M}{a}$，$M_A = -M$。

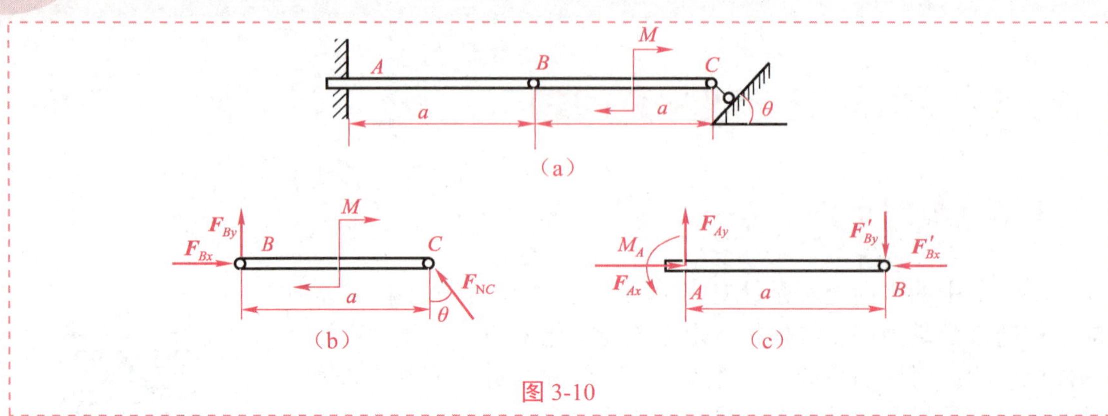

图 3-10

3.3.2 静定与超静定问题

当整个物系平衡时，物系内各个刚体也处于平衡状态。因此对于每个受平面任意力系作用的刚体，都可以列出 3 个独立的平衡方程，那么对于由 n 个刚体组成的物系来说，独立平衡方程的数目为 $3n$。

如果物系中的刚体受到平面汇交力系或平面平行力系作用时，整个系统的独立平衡方程数目会相应地减少。当物系中未知量的总数等于或小于独立平衡方程的数目时，则所有的未知量都可以由平衡方程求出，这种问题称为静定问题；当物系中未知量的总数大于独立平衡方程的数目时，则未知量不能全部由平衡方程求出，而只能求出其中一部分未知量，这种问题称为静不定问题，又称超静定问题。

静不定问题已超出刚体静力学的范围，是后续课程《结构力学》和《材料力学》的内容。下面举例说明静定和超静定问题。

如图 3-11（a）所示，吊车起吊重物，重物用 2 根绳子挂在吊钩上，重物的重力 $\boldsymbol{P}$ 是已知力，而 2 根绳子的拉力为未知力，那么在这个系统中，重物受到的力形成了一个平面汇交力系。平面汇交力系有 2 个独立的平衡方程，可以求出 2 个未知量，因此这是一个静定问题。

但有时出于安全考虑，用 3 根绳子悬挂重物，如图 3-11（b）所示。这时重物受到的力仍是平面汇交力系，但未知力的数目为 3 个，即系统中未知力的数目大于平衡方程的数目，所以此时就变成了超静定问题。

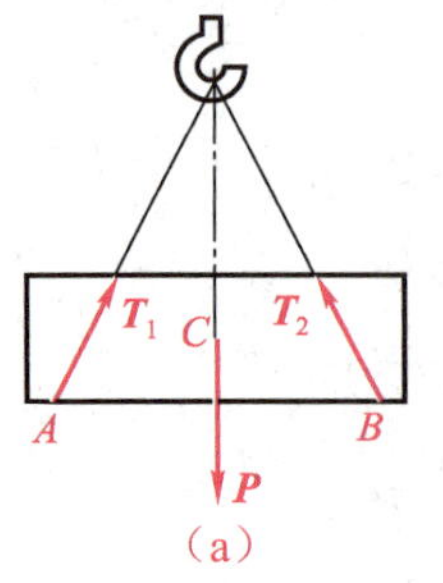

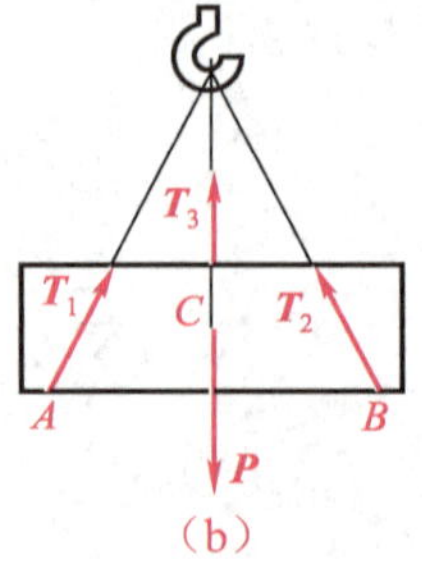

图 3-11

钱伟长："万能"科学家，心系家国路

"我没有专业，祖国的需要就是我的专业。"我国著名力学家、应用数学家、中国科学院院士钱伟长曾深情地说。钱伟长是我国近代力学、应用数学的奠基人之一，也是中国科学院力学研究所、自动化研究所的创始人。他被称为"万能"科学家，一生都在学习、研究，一直践行为国而学的使命。

1912年10月9日，钱伟长出生于江苏省无锡县的一个书香世家。在家人的影响下，钱伟长从小就喜欢上了祖国博大精深的文化。然而，钱伟长的求学生涯并非一帆风顺，他的小学和初中在断断续续中完成，数学只学了一点点，物理和外语没有学过。升上高中的钱伟长学得更艰苦，好在他遇到了一个负责任的班主任。班主任经常为他"开小灶"，在自修室熄灯后，陪他挑灯夜读。这段夜读的经历，练就了钱伟长吃苦耐劳、勇于担当、坚韧刚毅的品质。

1931年，钱伟长高中毕业，他利用获取"清寒奖学金"的机会，参加了清华大学、中央大学、浙江大学、唐山铁道学院和厦门大学五所大学的入学选拔考试，并全部通过。当时，他在考清华大学的时候，仅仅用了45分钟就完成了入学考试的题目《梦游清华园记》。这篇450字的赋让审卷老师觉得"改无可改"，干脆给了满分。历史科目的考试就更无话可说，老师也直接给了满分。但这个文科天才却出奇地偏科，因为英语没学过他考了0分，化学考了20分，物理只考了5分。最终，他进入清华大学学习历史。1931年9月18日，钱伟长通过广播得知东北三省全部沦陷的消息后，做了一个重要的人生决定：弃文从理，进入物理系学习。在清华大学学习的过程中，钱伟长成绩优异、出类拔萃，在这里，他的心中埋下了"科学救国"的种子。

1939年，钱伟长考取了中英庚款会的公费留学生，赴加拿大多伦多大学学习。1946年，他归国后被聘为清华大学机械系教授，兼北京大学、燕京大学教授。1983年，他任上海大学校长，为我国培养了一大批优秀人才。

"从义理到物理，从固体到流体，顺逆交替，委屈不曲，荣辱数变，老而弥坚，这就是他人生的完美力学，无名无利无悔，有情有义有祖国。"这是2010年钱伟长当选为"感动中国"年度人物时组委会给予他的评价，这也是他一生的真实写照。钱伟长的一生都在超越自己，为了祖国的发展，他鞠躬尽瘁、死而后已。

2010 年 7 月 30 日，钱伟长于上海逝世，这位“万能”科学家永远离开了我们，但他一生求学，为国而学的精神永远留在了我们心中。

（资料来源：
http://www.xinhuanet.com/science/2018-07/06/c_137305909.htm，有改动）

本章小结

1. 力的平移定理

作用在刚体上某点 A 的力 $\boldsymbol{F}$ 可以平行移动到任意一点 B，但必须同时在力 $\boldsymbol{F}$ 与指定点 B 所决定的平面内附加一个力偶，这一附加力偶的矩等于原来的力 $\boldsymbol{F}$ 对指定点 B 之矩。

2. 主矢和主矩

平面任意力系向平面内任一点 O 简化，一般可以得到一个力和一个力偶。这个力等于原力系中各力的矢量和，称为该力系的主矢，即

$$\boldsymbol{F}_{\mathrm{R}}' = \sum \boldsymbol{F}_i$$

其作用线通过简化中心 O。

这个力偶的力偶矩等于原力系中各力对点 O 之矩的代数和，称为该力系的主矩，即

$$M_O = \sum M_O(\boldsymbol{F}_i)$$

3. 平面任意力系的简化结果

平面任意力系向任意一点 O 简化，可能出现以下四种情形。

（1）$\boldsymbol{F}_{\mathrm{R}}' = \boldsymbol{0}$，$M_O \neq 0$：简化为一个力偶，且与点 O 位置无关；

（2）$\boldsymbol{F}_{\mathrm{R}}' \neq \boldsymbol{0}$，$M_O = 0$：简化为一个合力，即原力系的合力，且通过点 O；

（3）$\boldsymbol{F}_{\mathrm{R}}' \neq \boldsymbol{0}$，$M_O \neq 0$：简化为一个合力和一个力偶，可继续简化为一个合力；

（4）$\boldsymbol{F}_{\mathrm{R}}' = \boldsymbol{0}$，$M_O = 0$：原力系平衡。

4. 物系的静定和超静定问题

物系：由若干个物体通过约束组成的系统。

静定问题：物系中未知量的总数等于或小于独立平衡方程的数目，所有的未知量都可以由平衡方程求出。

超静定问题：又称静不定问题，物系中未知量的总数大于独立平衡方程的数目，未知量不能全部由平衡方程求出。

思考题

3-1 什么叫力系的主矢？它与合力有什么区别和联系？主矢与简化中心的位置有没有关系？

3-2 什么叫力系的主矩？它是否就是力偶系的合力偶矩？主矩与简化中心的位置有没有关系？

3-3 如果已知一平面任意力系可以简化为一个合力，能否通过选择适当的简化中心，把力系简化为一个合力偶？反之，如果已知力系可以简化为一个合力偶，能否通过选择适当的简化中心，把力系简化为一个合力？为什么？

3-4 什么是超静定问题？如何判断问题是静定还是超静定？请说明图 3-12 中哪些是静定问题，哪些是超静定问题？

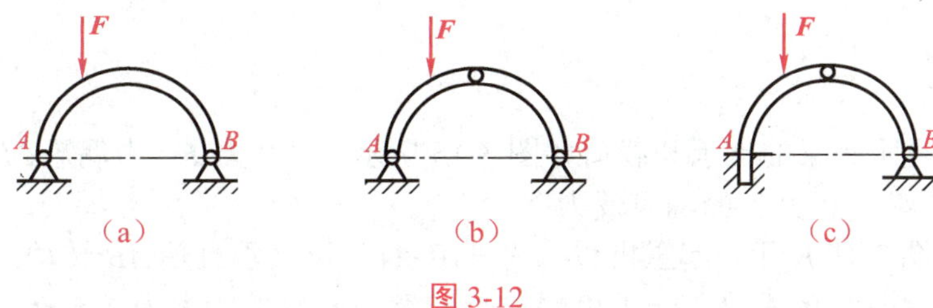

图 3-12

练习题

题 3-1 如图 3-13 所示，半径为 r 的圆盘上，以点 O 为中心，边长为 r 的正方形的四个顶点上分别作用着力 $\boldsymbol{F}_1$，$\boldsymbol{F}_2$，$\boldsymbol{F}_3$，$\boldsymbol{F}_4$。已知 $F_1=F_2=F_3=F_4=F$，该力系对点 O 的主矩为 $M_O=2rF$。问该力系对点 O' 的主矩 $M_{O'}$ 为何值？M_O 与 $M_{O'}$ 之间有何关系？为什么是这种关系？

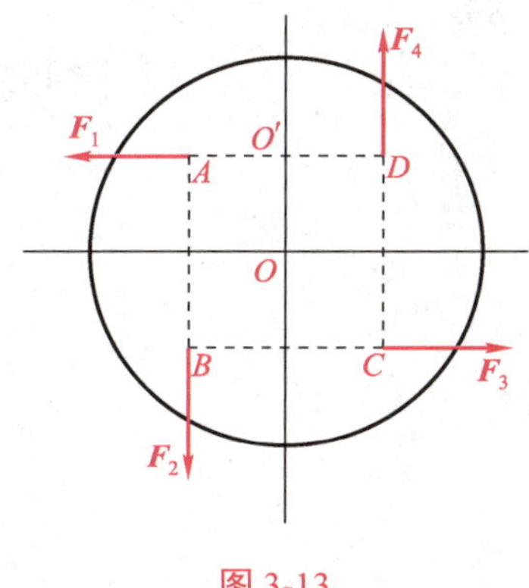

图 3-13

题 3-2　如图 3-14 所示，已知 $\boldsymbol{F}_1$，$\boldsymbol{F}_2$，$\boldsymbol{F}_3$ 分别作用在点 C，O，B 点上，四边形 $OABC$ 是一个正方形，边长为 a（单位为 m），$F_1 = 2\,\text{kN}$，$F_2 = 4\,\text{kN}$，$F_3 = 10\,\text{kN}$，$\tan\alpha = \dfrac{4}{3}$。求该力系的最终简化结果。

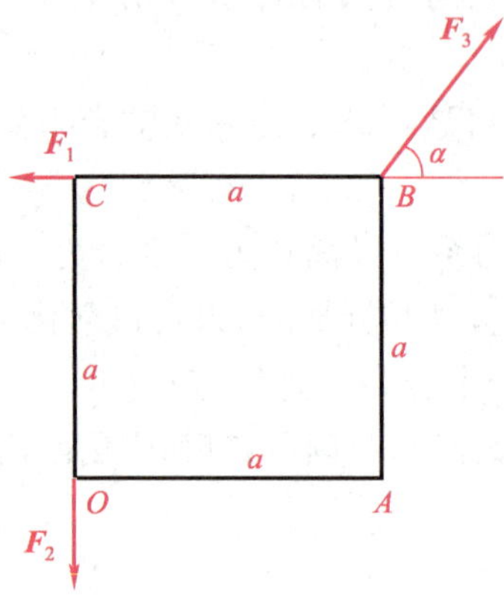

图 3-14

题 3-3　无重水平梁的支承和载荷如图 3-15 所示，已知力 $\boldsymbol{F}$、力偶矩 M 和强度为 q 的均匀载荷。求支座 A 和 B 处的约束反力。

题 3-4　如图 3-16 所示，起重机重为 $P_1 = 10\,\text{kN}$，可绕垂直轴 AB 转动，起重机的吊钩上挂一重为 $P_2 = 40\,\text{kN}$ 的重物，起重机的重心 C 到垂直轴的距离为 1.5 m，其他尺寸如图所示。试求在止推轴承 A 和轴承 B 处的约束反力。

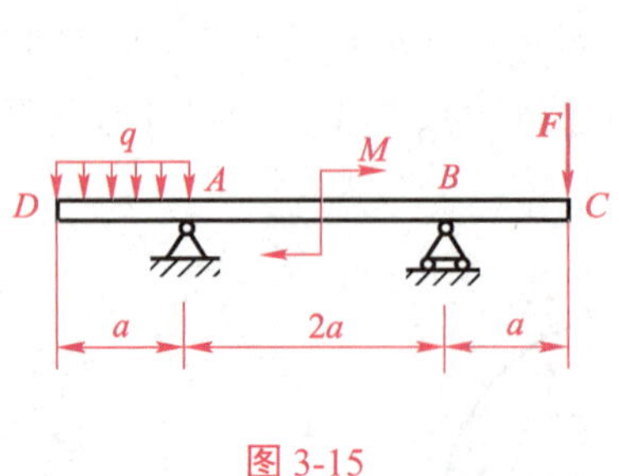

图 3-15

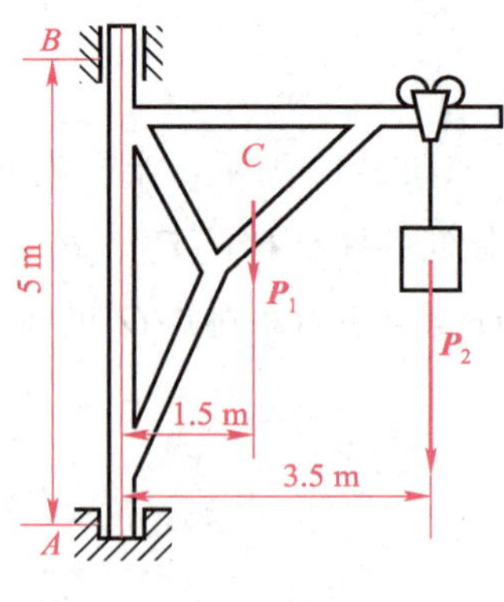

图 3-16

第 4 章 摩 擦

学习目标

- 了解摩擦的概念、分类及相关的定律。
- 了解摩擦角和自锁现象。
- 掌握考虑摩擦时处理物体平衡问题的方法。
- 了解滚动摩擦。

素质目标

- ★ 树立追求真理、严谨治学的求实精神。
- ★ 开阔审美视野，提高审美能力。

摩擦是物体之间的一种相互作用。在前面几章中，我们把物体的接触表面都看作是绝对光滑的，忽略了物体之间的摩擦。实际上，绝对光滑的表面是不存在的，两物体的接触面之间一般都存在摩擦，有时摩擦甚至起决定作用。例如，带轮的传动和车辆的制动都要靠摩擦来实现。只有在某些问题中，当摩擦对所研究的表面不起作用或属于次要因素时，才可以忽略不计。因此，必须对摩擦问题予以重视。

根据物体表面相对运动的情况不同，摩擦可分为滑动摩擦和滚动摩擦两种。其中，滑动摩擦是指两物体的接触面之间具有相对滑动趋势或发生相对滑动时的摩擦；滚动摩擦是指两物体的接触面之间具有相对滚动趋势或发生相对滚动时的摩擦。

4.1 滑动摩擦

两个表面粗糙的物体相互接触，当具有相对滑动趋势或发生相对滑动时，在接触面上会产生阻碍相对滑动的力，这种阻力称为滑动摩擦力，简称摩擦力。当物体之间仅出现相对滑动趋势而尚未滑动时产生的摩擦力称为静滑动摩擦力，简称静摩擦力，用 $\boldsymbol{F}_s$ 表示；当物体之间已经发生相对滑动时产生的摩擦力称为动滑动摩擦力，简称动摩擦力，用 $\boldsymbol{F}_d$ 表示。

4.1.1 静滑动摩擦力

如图 4-1（a）所示，将重力为 $\boldsymbol{P}$ 的物体放在粗糙的水平面上，并施加一个水平力 $\boldsymbol{F}$。

实验发现，当力 $\boldsymbol{F}$ 的大小不超过某一数值时，物体虽然有向右滑动的趋势，但仍保持相对静止状态。这说明，物体除了受法向反力 $\boldsymbol{F}_N$ 作用之外，还有一个水平向左的静摩擦力 $\boldsymbol{F}_s$，如图 4-1（b）所示。由平衡条件可知

$$F_s = F$$

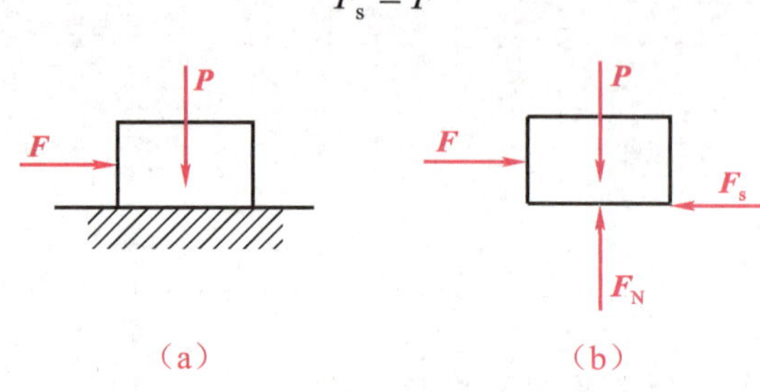

图 4-1

当力 $\boldsymbol{F}$ 从零逐渐增大时，静摩擦力 $\boldsymbol{F}_s$ 也随力 $\boldsymbol{F}$ 的增大而增大。当力 $\boldsymbol{F}$ 增大到一定值时，物体处于将要滑动而尚未滑动的临界状态，此时静摩擦力达到最大值，称为最大静摩擦力，记为 $\boldsymbol{F}_{max}$。此后若力 $\boldsymbol{F}$ 继续增大，物体与水平面之间将发生相对滑动，静摩擦力也就相应地变为动摩擦力。

因此，静摩擦力的大小随主动力情况的变化而变化，其数值介于零与最大值之间，即

$$0 \leqslant F_s \leqslant F_{max} \tag{4-1}$$

实验表明，最大静摩擦力 $\boldsymbol{F}_{max}$ 的大小与两物体间正压力 $\boldsymbol{F}_N$ 的大小成正比，即

$$F_{max} = f_s F_N \tag{4-2}$$

式（4-2）称为静摩擦定律或库仑摩擦定律。式中，f_s 称为静摩擦系数，是一个无量纲常量。静摩擦系数与接触物体的材料、表面形貌等诸多因素有关，该值通常由实验测定，也可以从相关的工程手册中查到。

4.1.2 动滑动摩擦力

由于力 $\boldsymbol{F}$ 的增大，临界状态被打破，物体开始运动。物体运动时产生的摩擦力即为动滑动摩擦力。通常有

$$F_d < F_{max} \tag{4-3}$$

物体发生相对滑动时，动摩擦力 $\boldsymbol{F}_d$ 的大小与两物体间正压力 $\boldsymbol{F}_N$ 的大小成正比，即

$$F_d = \mu F_N \tag{4-4}$$

式（4-4）称为动摩擦定律。式中，μ 称为动摩擦系数，是一个无量纲常量。动摩擦系数与接触物体的材料属性及接触面情况等因素有关，其数值可以从相关的工程手册中查到。

动摩擦系数一般小于静摩擦系数，而且还与接触物体间的相对滑动速度有关。在多数情况下，动摩擦系数随相对滑动速度的增大而稍有减小。但在速度不大时，可以忽略速度对动摩擦系数的影响，而近似地认为动摩擦系数是个常数。

4.2 摩擦角与自锁现象

4.2.1 摩擦角

正压力 $\boldsymbol{F}_N$ 与静摩擦力 $\boldsymbol{F}_s$ 的合力 $\boldsymbol{F}_R$ 称为全约束反力。设全约束反力与接触面法线之间的夹角为 φ，则

$$\tan\varphi = \frac{F_s}{F_N}$$

当物体处于临界状态时，摩擦力达到最大值 $\boldsymbol{F}_{max}$。同时，角 φ 也达到最大值 φ_f，有

$$\tan\varphi_f = \frac{F_{max}}{F_N} = \frac{f_s F_N}{F_N} = f_s \tag{4-5}$$

式中，φ_f 称为摩擦角，如图 4-2 所示。

4.2.2 自锁现象

由上述对于摩擦角的定义可知

$$0 \leqslant \varphi \leqslant \varphi_f \tag{4-6}$$

由于静摩擦力不可能超过最大值，因此全约束反力的作用线也不会超出摩擦角以外，即全约束反力必在摩擦角 φ_f 之内。因此，如果作用在物体上的主动力的合力 $\boldsymbol{F}_A$ 与接触面法线之间的夹角 θ 也在摩擦角 φ_f 之内，即

$$\theta \leqslant \varphi_f \tag{4-7}$$

则无论主动力的合力 $\boldsymbol{F}_A$ 有多大，物体必然保持静止。这种物体依靠摩擦保持静止且又与主动力大小无关的力学现象称为自锁现象，如图 4-3 所示。

自锁现象在工程中具有广泛的应用，如机床夹具、固定或锁紧螺丝、压榨机、千斤顶等，自锁现象使它们始终保持在平衡状态下工作。

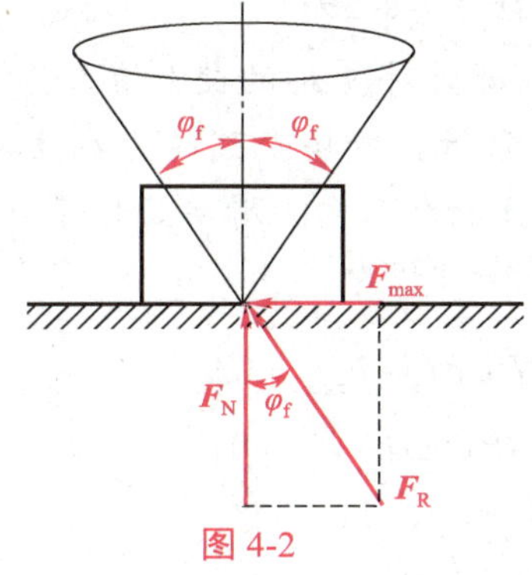

图 4-2

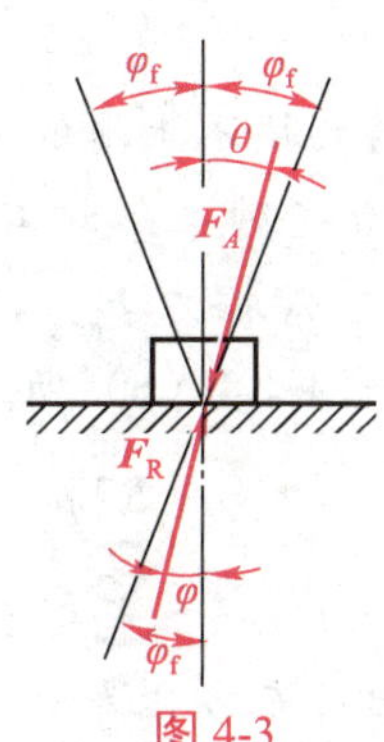

图 4-3

4.3 考虑摩擦时物体的平衡问题

考虑摩擦时物体的平衡问题

考虑摩擦时物体平衡问题的求解步骤与前几章中平衡问题的求解步骤没有本质区别。需要注意的是，在分析物体的受力情况时，必须考虑摩擦力。求解时，需要判断物体处于何种状态。若物体处于非临界状态，则摩擦力是一个未知量，且满足$0 \leqslant F_s \leqslant F_{max}$，摩擦力的大小需要根据平衡方程确定；若物体处于临界状态，则此时的摩擦力为$F_{max} = f_s F_N$。

此外，由于静摩擦力$\boldsymbol{F}_s$的大小可以在 $0 \sim F_{max}$之间变化，所以在分析考虑摩擦时物体的平衡问题时，主动力的值也允许在一定范围内变化。

例 4-1 如图 4-4（a）所示，已知斜面的倾角为θ，斜面上放有一个物块，物块重力为$\boldsymbol{P}$，与斜面的静摩擦系数为f_s。试求维持物块平衡时的水平力$\boldsymbol{F}_1$的大小。

解： 由经验可知，水平力$\boldsymbol{F}_1$太大，物块可能上滑；$\boldsymbol{F}_1$太小，物块可能下滑。所以，物块有两种运动趋势，而$\boldsymbol{F}_1$的数值必在一个范围之内。

首先，求维持物块不下滑的$\boldsymbol{F}_1$的大小，此时对应$\boldsymbol{F}_1$的最小值。

以物块为研究对象，对其进行受力分析。物块受到的力有主动力 $\boldsymbol{P}$、水平力$\boldsymbol{F}_1$、约束反力$\boldsymbol{F}_N$、摩擦力$\boldsymbol{F}_{max}$。此时，由于物块有向下滑动的趋势，所以$\boldsymbol{F}_{max}$的方向为沿斜面向上，如图 4-4（a）所示。列出平衡方程为

$$\left.\begin{aligned}\sum F_x &= F_1\cos\theta - P\sin\theta + F_{max} = 0\\ \sum F_y &= -F_1\sin\theta - P\cos\theta + F_N = 0\end{aligned}\right\}$$

此外，再列出补充方程为

$$F_{max} = f_s F_N$$

上述三式联立，可解得水平力$\boldsymbol{F}_1$的最小值为

$$F_{1min} = P\frac{\sin\theta - f_s\cos\theta}{\cos\theta + f_s\sin\theta}$$

然后，求维持物块不上滑的$\boldsymbol{F}_1$的大小，此时对应$\boldsymbol{F}_1$的最大值。

仍以物块为研究对象，对其进行受力分析。物块受到的力有主动力 $\boldsymbol{P}$、水平力$\boldsymbol{F}_1$、约束反力$\boldsymbol{F}'_N$、摩擦力$\boldsymbol{F}'_{max}$。此时，由于物块有向上滑动的趋势，所以$\boldsymbol{F}'_{max}$的方向为沿斜面向下，如图 4-4（b）所示。列出平衡方程为

$$\left.\begin{aligned}\sum F_x &= F_1\cos\theta - P\sin\theta - F'_{max} = 0\\ \sum F_y &= -F_1\sin\theta - P\cos\theta + F'_N = 0\end{aligned}\right\}$$

此外，再列出补充方程为

$$F'_{max} = f_s F'_N$$

上述三式联立，可解得水平力$\boldsymbol{F}_1$的最大值为

$$F_{1\max}=P\frac{\sin\theta+f_s\cos\theta}{\cos\theta-f_s\sin\theta}$$

综上所述，为维持物块静止，水平力 $\boldsymbol{F}_1$ 的大小应满足

$$P\frac{\sin\theta-f_s\cos\theta}{\cos\theta+f_s\sin\theta}\leqslant F_1\leqslant P\frac{\sin\theta+f_s\cos\theta}{\cos\theta-f_s\sin\theta}$$

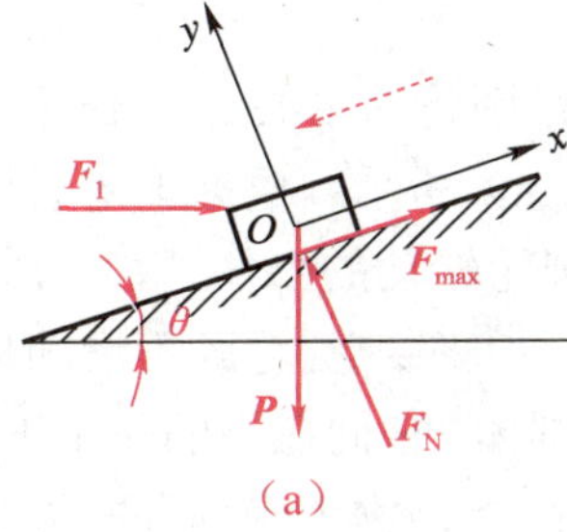

（a）

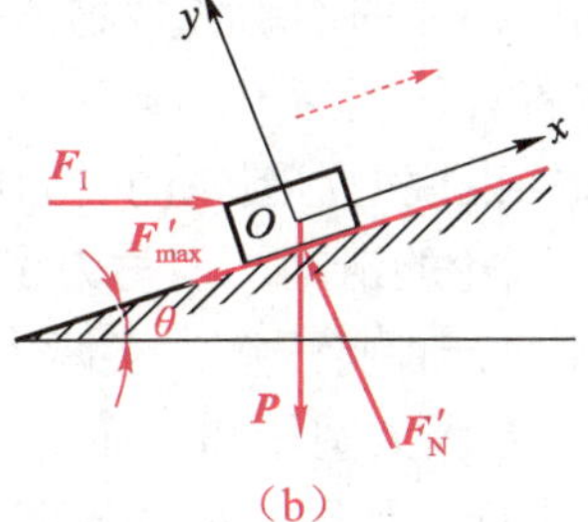

（b）

图 4-4

例 4-2 如图 4-5（a）所示，均质杆 AB 重为 $P=360\text{ N}$，长度为 l，A 端置于光滑水平面上，并通过绳索绕过滑轮悬挂一个重为 $G=170\text{ N}$ 的物体；B 端靠在垂直的墙面上，已知 B 端与墙面的摩擦系数 $f_s=0.1$。试求 B 端受到的摩擦力。

解： 以 AB 为研究对象，假设其处于平衡状态，且 B 点有向上滑动的趋势（即 A 端有向右滑动的趋势），杆 AB 的受力图如图 4-5（b）所示。列出平衡方程为

$$\left.\begin{aligned}&\sum F_x=F_A-F_{NB}=0\\&\sum M_A(\boldsymbol{F})=F_{NB}l\sin45^\circ-F_Bl\cos45^\circ-\frac{1}{2}Pl\cos45^\circ=0\end{aligned}\right\}$$

其中，$F_A=G=170\,(\text{N})$。可解得：$F_{NB}=170\text{ N}$，$F_B=-10\text{ N}$。

此时，$F_{B\max}=f_sF_{NB}=17\,(\text{N})$，则 $F_B<F_{B\max}$，说明 B 端并没有滑动。此外，由于 F_B 为负值，说明 B 端滑动趋势的方向以及摩擦力 $\boldsymbol{F}_B$ 的实际方向均与假设方向相反，B 端受到的摩擦力的实际方向如图 4-5（c）所示。

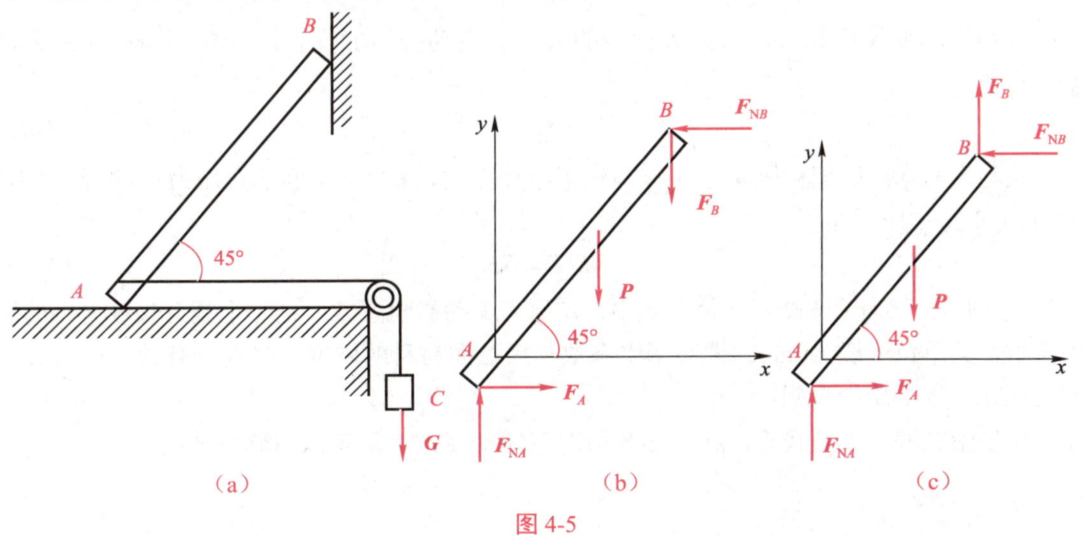

图 4-5

4.4 滚动摩擦简介

由实践可知，以滚动代替滑动可以省力。为了提高劳动效率和减轻劳动强度，在工程实际中，通常利用物体的滚动代替物体的滑动。

水平面上放置有一重为 P、半径为 r 的圆轮，在圆轮的中心点 O 作用一水平力 $\boldsymbol{F}$。如果采用刚性接触约束模型，圆轮的受力图如图 4-6（a）所示。根据平衡条件有 $F_s=F$，静摩擦力 $\boldsymbol{F}_s$ 阻止了圆轮的滑动，但与力 $\boldsymbol{F}$ 构成了使圆轮转动的力偶（$\boldsymbol{F}$，$\boldsymbol{F}_s$），其力偶矩大小为 Fr，圆轮不可能保持平衡。实际上，当力 $\boldsymbol{F}$ 不大时，圆轮既不滑动也不滚动，仍能保持静止状态。这是因为圆轮和平面实际上并不是刚体，它们在力的作用下都会发生变形，而且产生一个接触面，如图 4-6（b）所示。在接触面上，物体受到分布力的作用，这些力向点 A 简化，可得到作用于点 A 的一个力 $\boldsymbol{F}_R$ 和一个力偶矩为 M_f 的力偶，如图 4-6（c）所示。力 $\boldsymbol{F}_R$ 可分解为静摩擦力 $\boldsymbol{F}_s$ 和法向约束力 $\boldsymbol{F}_N$。矩为 M_f 的力偶称为滚动摩擦阻力偶，简称滚阻力偶，它与力偶（$\boldsymbol{F}$，$\boldsymbol{F}_s$）平衡，其转向与圆轮的转动趋势相反，如图 4-6（d）所示。

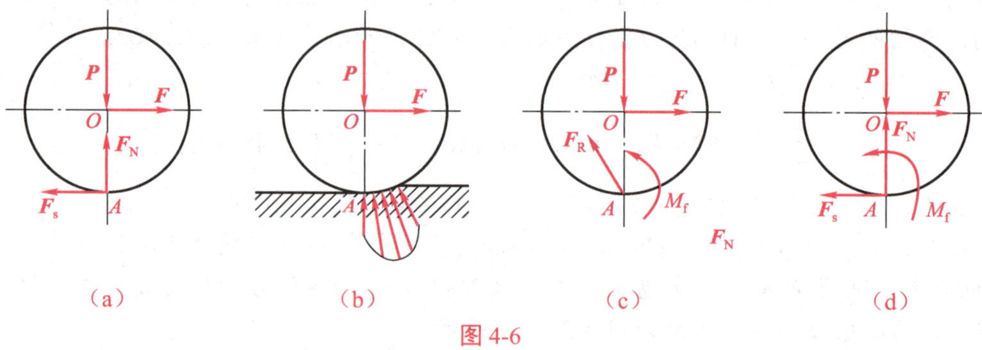

图 4-6

与静滑动摩擦力相似，滚阻力偶矩的大小随主动力矩的变化而变化，但存在最大值 M_{max}，即

$$0\leqslant M_f\leqslant M_{max} \tag{4-8}$$

实验表明，最大滚阻力偶矩 M_{max} 与滚子半径无关，而与支承面的正压力（法向约束力）$\boldsymbol{F}_N$ 的大小成正比，即

$$M_{max}=\delta F_N \tag{4-9}$$

式（4-9）称为滚动摩阻定律，式中，δ 称为滚动摩阻系数，是一个具有长度量纲的比例常数，其单位一般为 mm。滚动摩阻系数与接触面材料的硬度、温度等有关，可由实验测定或在工程手册中查到。

由于滚动摩阻系数较小，在大多数情况下滚动摩擦力是可以忽略不计的。

科学与艺术谁也离不开谁

科学与艺术之间到底存在什么关系？从表面上看，科学与艺术分属不同学科，差异极大：科学较为抽象，重理性，严谨求真，依靠归纳与推理；艺术较为形象，重感性，浪漫求美，依赖灵感与想象。但从历史上看，科学与艺术形影不离，共同描绘了人类灿烂的文明。正如诺贝尔物理学奖获得者李政道所说："科学与艺术是一个硬币的两面，谁也离不开谁。"

求真求美是科学与艺术的共性。科学是求真的探索，艺术是求美的探索。而科学家像艺术家一样追求美，艺术家像科学家一样追求真，这是二者取得突破性成就的重要途径。英国理论物理学家狄拉克在获得诺贝尔物理学奖时说："理论物理学家的工作，就是以漫长的一生追求美。"数学家邱成桐说："数学的美和艺术的美是相通的……真与美总是联系在一起的，这种对美的探究和追求，是让数学家不停钻研的动力。"只有对科学从宏观上和整体上有所领悟，对科学产生美感，才可能做出杰出成就。对美的探究和追求，让科学家愿意克服种种困难，不断攀登高峰，以获得美的体验和精神享受。

同样，艺术家求真也是造诣精湛的必由之路。黄金分割比例 0.618 是世界公认的最美数字，宇宙万物凡是符合黄金分割规律的无不是美丽的。这一神奇的数字具有很高的美学价值，广泛存在于各种艺术品中，如名画《蒙娜丽莎的微笑》和希腊的帕提农神庙。在艺术创作中主动运用黄金分割规律，无疑是艺术境界出神入化的秘密通道。从这个角度说，科学与艺术更深层次的相通之处在于非功利的精神气质，体现在共同追求普遍性和永恒性，也就是既求真也求美。在这种境界中，所形成的科研成果和艺术作品往往具有里程碑意义。

艺术美学思维之所以能为科学研究开辟捷径，根本原因在于大自然在最基础的水平上是按美来设计的，以和谐统一、简洁有序、高度概括等美学要素来审视，大自然本身就很美，美是大自然天性和规律的表象。而揭示大自然天性和规律的实验、方程、科学原理，以美的形式来呈现也算顺其自然。例如，欧拉公式、牛顿三大定律等著名理论，彰显了简洁、凝练之美。科学公式或科学理论越简单，概括自然现象越普遍，应用范围就越广阔，在美学上的价值就越高。

总之，科学之美是客观的，艺术之美则离不开人类。人类的智慧在主观与客观中，能开出异常瑰丽的"花朵"，结出奇异的"硕果"。这是科学家运用形象思维，发挥艺术想象力，取得重大科学突破而给世人的启示。

（资料来源：http://www.cntheory.com/gfkj/202110/t20211009_30293.html，有改动）

本章小结

1. 滑动摩擦

（1）静滑动摩擦力 $\boldsymbol{F}_s$ 的方向与接触面间相对运动趋势的方向相反，其值满足

$$0 \leqslant F_s \leqslant F_{max}$$

静摩擦定律为

$$F_{max} = f_s F_N$$

其中，f_s 为静摩擦系数，$\boldsymbol{F}_N$ 为正压力。

（2）动滑动摩擦力 $\boldsymbol{F}_d$ 的方向与接触面间相对滑动速度的方向相反，其值满足

$$F_d < F_{max}$$

动摩擦定律为

$$F_d = \mu F_N$$

其中，μ 为动摩擦系数。

2. 摩擦角与自锁现象

摩擦角 φ_f 为全约束反力与接触面法线之间夹角的最大值，有

$$\tan \varphi_f = \frac{F_{max}}{F_N} = \frac{f_s F_N}{F_N} = f_s$$

全约束反力与接触面法线之间的夹角 φ 满足

$$0 \leqslant \varphi \leqslant \varphi_f$$

当主动力的合力与接触面法线之间的夹角在摩擦角之内时，发生自锁现象。

3. 滚动摩擦简介

最大滚阻力偶矩 M_{max} 与滚子半径无关，而与支承面的正压力 $\boldsymbol{F}_N$ 的大小成正比，即

$$M_{max} = \delta F_N$$

滚阻力偶矩介于零到最大滚阻力偶矩之间，即

$$0 \leqslant M_f \leqslant M_{max}$$

拓展阅读

列车开动的力学问题

开动很重的列车时，一般总是先开倒车，使列车往后退一下，然后再往前开动。为什么这样容易使列车开出呢？

通常情况下，列车各节车厢之间的挂钩拉得很紧，当列车开动时，牵引力必须克服整列列车与铁轨之间的最大静摩擦力才能开动。若先开一下倒车，可使车厢之间的挂钩松弛，此时再往前开动，车厢是逐节被拉动的。当第一节车厢被拉动时，只需要克服第一节

车厢的静摩擦力，所需的牵引力小；当第二节车厢被拉动时，需要克服第二节车厢的静摩擦力和第一节车厢的滚动摩擦阻力偶，由于滚动摩擦系数小于静摩擦系数，因此所需的牵引力要比同时克服开动两节车厢的静摩擦力小些。依次类推，当最后一节车厢被拉动时，需要克服最后一节车厢的静摩擦力和前面各节车厢的滚动摩擦阻力偶，此时所需的牵引力小于同时开动整列列车所要克服的静摩擦力，因此列车更容易开动。

思考题

4-1 什么是静滑动摩擦力？其方向是如何确定的？有人说摩擦力的方向永远与物体的运动方向相反，对吗？试举例说明。

4-2 什么是最大静滑动摩擦力？它与静滑动摩擦力有什么区别和联系？

4-3 如图 4-7 所示，已知 $P=100\ \text{N}$，$F=500\ \text{N}$，静摩擦系数 $f_s=0.3$，求此时物体所受的摩擦力。

4-4 如图 4-8 所示，重力为 $\boldsymbol{P}$ 的物体置于斜面上，已知静摩擦系数为 f_s，且有 $\tan\alpha<f_s$，问此物体能否下滑？如果增加物体的重量或在物体上再加一重力为 $\boldsymbol{P}_1$ 的物体，问能否达到下滑的目的？为什么？

4-5 什么是自锁现象？试举例说明。

4-6 如图 4-9 所示，重力为 $\boldsymbol{P}$ 的物体置于水平面上，力 $\boldsymbol{F}$ 作用在摩擦角之外，已知 $\theta=25°$，摩擦角 $\varphi_f=20°$，$F=P$。问物体能否被推动？为什么？

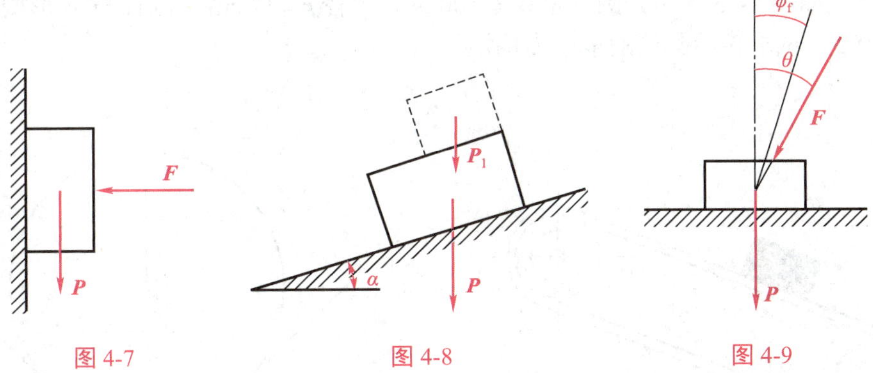

图 4-7　　图 4-8　　图 4-9

练习题

题 4-1 如图 4-10 所示，已知物体重 $W=100\ \text{N}$，与水平面的静摩擦系数为 $f_s=0.3$，动摩擦系数为 $\mu=0.28$。试问在下列三种情况下，物体受到的摩擦力分别为多少？

（1）$P=10\ \text{N}$；（2）$P=30\ \text{N}$；（3）$P=50\ \text{N}$。

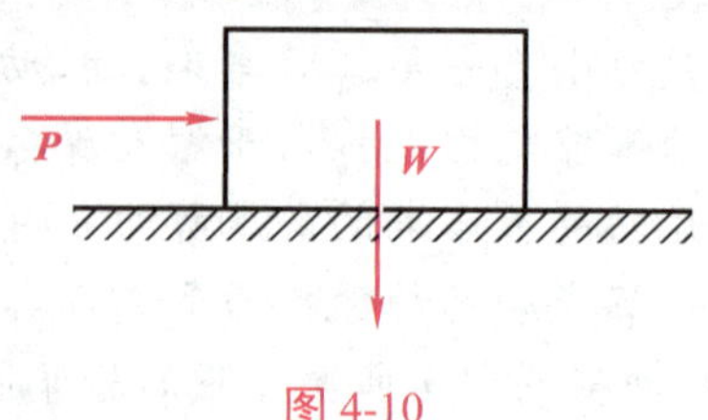

图 4-10

题 4-2　判断图 4-11 中的物体能否静止？并求这两个物体所受摩擦力的大小和方向。已知：

（1）图 4-11（a）中，物体重 $W=1\,000\ \text{N}$，拉力 $P=200\ \text{N}$，$f_s=0.3$，$\mu=0.28$；

（2）图 4-11（b）中，物体重 $W=200\ \text{N}$，压力 $P=500\ \text{N}$，$f_s=0.3$，$\mu=0.28$。

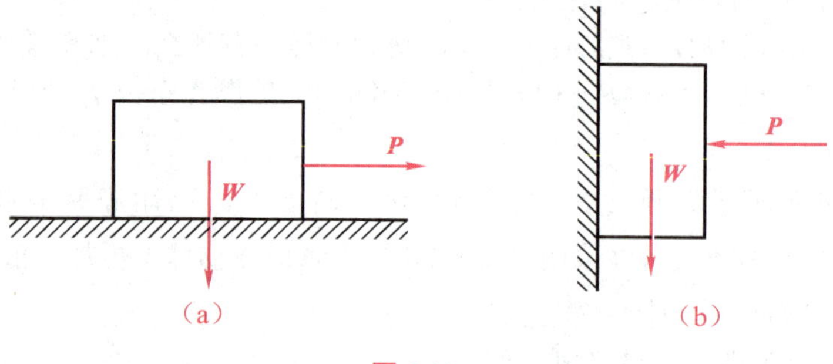

图 4-11

题 4-3　如图 4-12 所示，物块与传送带之间的静摩擦系数 $f_s=0.5$。试问传送带的最大倾角 θ 为多大？

题 4-4　如图 4-13 所示，圆柱重 $W=500\ \text{N}$，半径 $r=12\ \text{cm}$，圆柱与 V 形槽间的摩擦系数 $f_s=0.2$。试求转动圆柱的最小力偶矩。

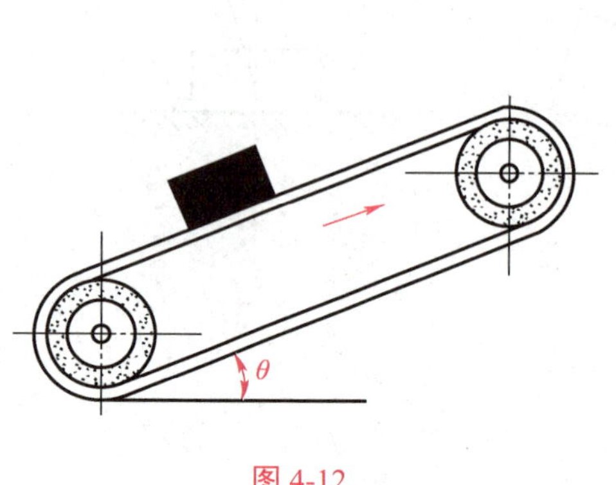

图 4-12

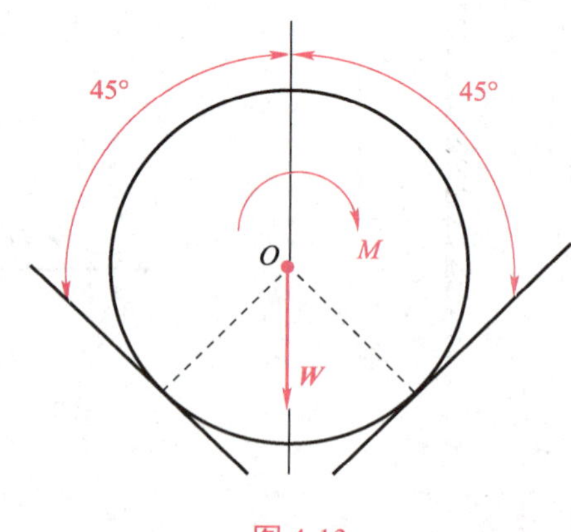

图 4-13

题 4-5 如图 4-14 所示，两根相同的均质杆 AB 和 BC，B 端用光滑铰链连接，A，C 端放在不光滑的水平面上，当 ABC 构成等边三角形时，物系在垂直面内处于临界平衡状态。求杆端与水平面间的摩擦系数。

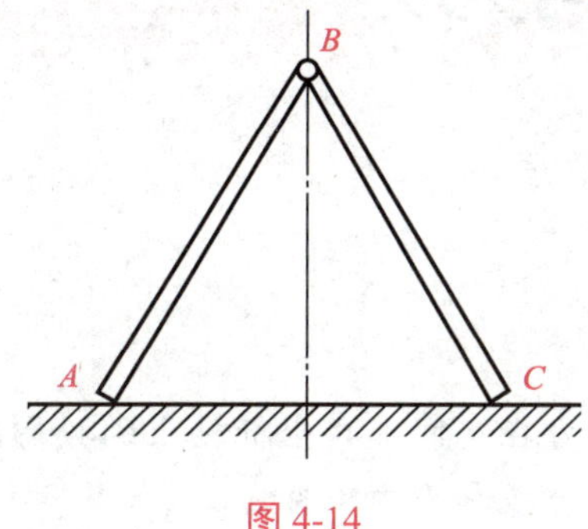

图 4-14

第 5 章 空间力系

学习目标

- 了解空间力的分解及力在空间直角坐标轴上的投影。
- 掌握空间汇交力系的合成和平衡条件。
- 掌握空间力对点之矩和力对轴之矩的定理和关系。
- 了解空间任意力系的平衡条件和平衡方程。
- 了解求重心的几种常用方法。

素质目标

- ★ 培养爱党、爱国、爱社会主义的家国情怀。
- ★ 激发拼搏进取、勇于担当的奋斗精神。

5.1 空间汇交力系

空间力系是指各力的作用线在空间任意分布的力系。一般机器的转轴、飞机的起落架等结构的问题都属于空间力系问题。空间力系可以分为空间汇交力系、空间平行力系和空间任意力系。其中，空间汇交力系是指各力虽不在同一平面内，但各力的作用线在空间均相交于一点的力系；空间平行力系是指各力的作用线在空间都平行的力系；空间任意力系是最一般的力系，其各力的作用线在空间任意分布。

与平面汇交力系类似，求解空间汇交力系的合力时，可以采用几何法和解析法。其中，几何法是指利用力的多边形法则来求合力的方法；解析法是指利用力在空间坐标轴上的投影来求合力的方法。由于空间汇交力系的力多边形各边不在同一平面内，用几何法求合力并不方便，因此，在实际应用中，一般采用解析法。

5.1.1 空间力的分解

如图 5-1 所示，设力 $\boldsymbol{F}$ 沿空间直角坐标轴的分力分别为 $\boldsymbol{F}_x$， $\boldsymbol{F}_y$， $\boldsymbol{F}_z$，则有

$$\boldsymbol{F}=\boldsymbol{F}_x+\boldsymbol{F}_y+\boldsymbol{F}_z$$

力 $\boldsymbol{F}$ 的三个分力也可以用力 $\boldsymbol{F}$ 在三个坐标轴上的投影来分别表示，即

$$\boldsymbol{F}_x = F_x\boldsymbol{i}，\boldsymbol{F}_y = F_y\boldsymbol{j}，\boldsymbol{F}_z = F_z\boldsymbol{k}$$

式中，$\boldsymbol{i}$，$\boldsymbol{j}$，$\boldsymbol{k}$ 分别是 x，y，z 轴的正向单位矢量。则有

$$\boldsymbol{F} = F_x\boldsymbol{i} + F_y\boldsymbol{j} + F_z\boldsymbol{k} \tag{5-1}$$

5.1.2 力在空间直角坐标轴上的投影

根据已知条件的不同，力在空间直角坐标轴上投影的求解方法可分为以下两种。

1. 一次投影法

如图 5-2 所示，已知力 $\boldsymbol{F}$ 与 x，y，z 轴正向所夹的锐角分别为 α，β，γ。根据力在坐标轴上投影的定义可知，线段 OA，OB，OC 分别为力 $\boldsymbol{F}$ 在 x，y，z 轴上的投影，它等于力 $\boldsymbol{F}$ 的大小乘以各坐标轴夹角的余弦，即

$$\left.\begin{aligned} F_x &= F\cos\alpha \\ F_y &= F\cos\beta \\ F_z &= F\cos\gamma \end{aligned}\right\} \tag{5-2}$$

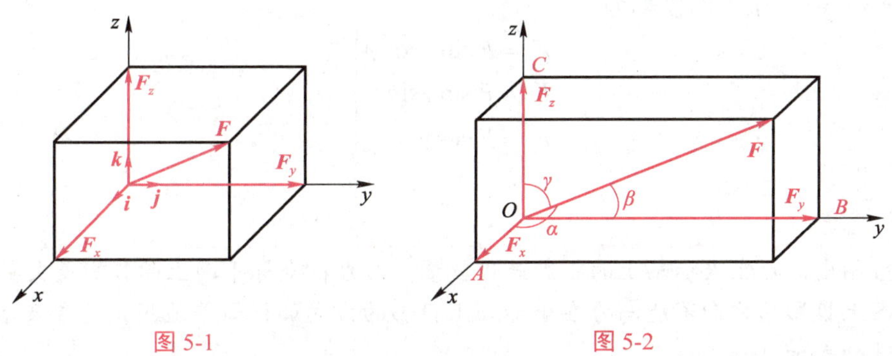

图 5-1　　图 5-2

这种求投影的方法称为直接投影法或一次投影法。力在空间直角坐标轴上投影的正负规定如下：如果力的起点投影到终点投影连线的方向与坐标轴的正向一致，则取正值；反之，取负值。

2. 二次投影法

当力与三个坐标轴的夹角不易全部得到时，可先将力投影到坐标面上，然后再投影到坐标轴上，这种求投影的方法称为二次投影法。

如图 5-3 所示，已知力 $\boldsymbol{F}$ 与 z 轴正向的夹角为 γ，力 $\boldsymbol{F}$ 在 Oxy 平面上的投影 F_{xy} 与 x 轴正向的夹角为 φ，求力 $\boldsymbol{F}$ 在各坐标轴上的投影。

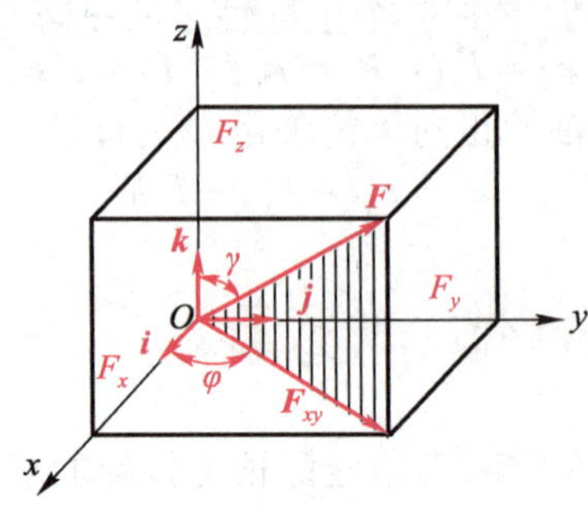

图 5-3

首先，将力 $\boldsymbol{F}$ 向 z 轴和 Oxy 平面上投影，得

$$\left.\begin{aligned}F_z &= F\cos\gamma \\ F_{xy} &= F\sin\gamma\end{aligned}\right\}$$

然后再将 $\boldsymbol{F}_{xy}$ 向 x，y 轴上投影，得

$$\left.\begin{aligned}F_x &= F_{xy}\cos\varphi = F\sin\gamma\cos\varphi \\ F_y &= F_{xy}\sin\varphi = F\sin\gamma\sin\varphi\end{aligned}\right\}$$

即力 $\boldsymbol{F}$ 在 x，y，z 轴上的投影为

$$\left.\begin{aligned}F_x &= F\sin\gamma\cos\varphi \\ F_y &= F\sin\gamma\sin\varphi \\ F_z &= F\cos\gamma\end{aligned}\right\} \tag{5-3}$$

注　意

应当指出，力在坐标轴上的投影是代数量，而力在坐标平面上的投影是矢量。力在坐标平面上投影的方向不能与力在坐标轴上投影的方向那样简单地用正负号表示，必须用矢量进行表示。

5.1.3　空间汇交力系的合成与平衡条件

1．空间汇交力系的合成

设有空间汇交力系 $\boldsymbol{F}_1$，$\boldsymbol{F}_2$，…，$\boldsymbol{F}_n$，利用力的平行四边形法则，可将其逐步合成为合力 $\boldsymbol{F}_{\mathrm{R}}$，且有

$$\boldsymbol{F}_{\mathrm{R}} = \boldsymbol{F}_1 + \boldsymbol{F}_2 + \cdots + \boldsymbol{F}_n = \sum \boldsymbol{F}_i \tag{5-4}$$

由式（5-1）和式（5-4）可得

$$\boldsymbol{F}_{\mathrm{R}x} = \sum \boldsymbol{F}_{xi}，\quad \boldsymbol{F}_{\mathrm{R}y} = \sum \boldsymbol{F}_{yi}，\quad \boldsymbol{F}_{\mathrm{R}z} = \sum \boldsymbol{F}_{zi} \tag{5-5}$$

则有

$$\boldsymbol{F}_{\mathrm{R}} = \sum F_{xi}\boldsymbol{i} + \sum F_{yi}\boldsymbol{j} + \sum F_{zi}\boldsymbol{k} \tag{5-6}$$

式中，$\sum F_{xi}$，$\sum F_{yi}$，$\sum F_{zi}$ 分别为合力 $\boldsymbol{F}_R$ 在 x，y，z 轴上的投影。

由式（5-6）可知：空间汇交力系的合力等于各分力的矢量和，且合力的作用线通过汇交点。

从而，可以得到空间汇交力系合力的大小和方向为

$$\left.\begin{aligned} F_R &= \sqrt{\left(\sum F_{xi}\right)^2 + \left(\sum F_{yi}\right)^2 + \left(\sum F_{zi}\right)^2} \\ \cos(\boldsymbol{F}_R, \boldsymbol{i}) &= \frac{\sum F_{xi}}{F_R} \\ \cos(\boldsymbol{F}_R, \boldsymbol{j}) &= \frac{\sum F_{yi}}{F_R} \\ \cos(\boldsymbol{F}_R, \boldsymbol{k}) &= \frac{\sum F_{zi}}{F_R} \end{aligned}\right\} \tag{5-7}$$

式中，$\cos(\boldsymbol{F}_R, \boldsymbol{i})$，$\cos(\boldsymbol{F}_R, \boldsymbol{j})$，$\cos(\boldsymbol{F}_R, \boldsymbol{k})$ 称为合力 $\boldsymbol{F}_R$ 的方向余弦。

2. 空间汇交力系的平衡方程

由于空间汇交力系的合成结果是一个合力，因此，若要使空间汇交力系平衡，则应使该力系的合力等于零，即

$$\boldsymbol{F}_R = \boldsymbol{0}$$

亦即

$$\left.\begin{aligned} \sum F_{xi} &= 0 \\ \sum F_{yi} &= 0 \\ \sum F_{zi} &= 0 \end{aligned}\right\} \tag{5-8}$$

因此，空间汇交力系平衡的充要条件是：该力系中所有各力在三个相互正交的坐标轴上投影的代数和分别等于零。式（5-8）称为空间汇交力系的平衡方程。

例 5-1 如图 5-4 所示，在正方体的顶角 A 和 B 处分别作用有力 $\boldsymbol{F}_1$ 和 $\boldsymbol{F}_2$，试求此二力在 x，y，z 轴上的投影。

解： 设正方体的边长为 1，则面对角线为 $\sqrt{2}$，体对角线为 $\sqrt{3}$。首先，求力 $\boldsymbol{F}_1$ 在 x，y，z 轴上的投影，即

$$\left.\begin{aligned} F_{1x} &= F_1 \sin\gamma \cos\varphi = F_1 \times \frac{\sqrt{2}}{\sqrt{3}} \times \left(\frac{-1}{\sqrt{2}}\right) = -\frac{\sqrt{3}}{3} F_1 \\ F_{1y} &= F_1 \sin\gamma \sin\varphi = F_1 \times \frac{\sqrt{2}}{\sqrt{3}} \times \left(\frac{-1}{\sqrt{2}}\right) = -\frac{\sqrt{3}}{3} F_1 \\ F_{1z} &= F_1 \cos\gamma = F_1 \times \frac{1}{\sqrt{3}} = \frac{\sqrt{3}}{3} F_1 \end{aligned}\right\}$$

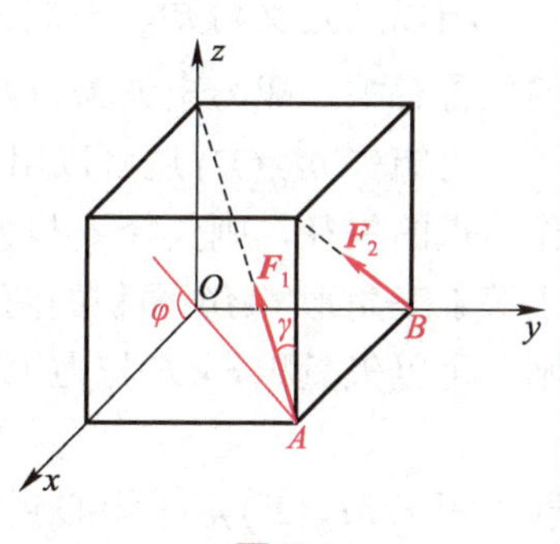

图 5-4

然后，求力 F_2 在 x，y，z 轴上的投影，可以求得

$$\left.\begin{aligned} F_{2x} &= \frac{\sqrt{2}}{2}F_2 \\ F_{2y} &= 0 \\ F_{2z} &= \frac{\sqrt{2}}{2}F_2 \end{aligned}\right\}$$

5.2　空间力对点之矩和力对轴之矩

5.2.1　力对点之矩

在平面力系中，力 $\boldsymbol{F}$ 与矩心 O 在同一个平面内，用代数量 $M_O(\boldsymbol{F})$ 就足以概括力对点 O 之矩的全部要素。但在空间力系中，由于各力与矩心 O 所决定的平面可能不同，导致各力使刚体绕同一点转动的方位不同。当方位不同时，即使力矩的大小相同，作用效果也会完全不同。例如，作用在飞机尾部垂直舵和水平舵上大小相同的力，对飞机产生的绕重心转动的效果却不同，前者使飞机转弯，而后者则使飞机俯卧。

因此，对于空间力系，力对点之矩应该用矢量表示，且该矢量由力与矩心所构成的平面的方位、力矩在该平面内的转向、力矩的大小三个因素来决定。

如图 5-5 所示，设力 $\boldsymbol{F}$ 的作用线沿 AB，点 O 为矩心，则力 $\boldsymbol{F}$ 对点 O 之矩可用矢量来表示，称为力矩矢，记为 $\boldsymbol{M}_O(\boldsymbol{F})$。力矩矢 $\boldsymbol{M}_O(\boldsymbol{F})$ 的始端为点 O，它的模（即大小）等于力 $\boldsymbol{F}$ 与力臂 d 的乘积，方向垂直于力 $\boldsymbol{F}$ 与矩心 O 所决定的平面，指向可用右手法则来确定。于是可得

$$|\boldsymbol{M}_O(\boldsymbol{F})| = Fd = 2A_{\triangle OAB} \tag{5-9}$$

式中，$A_{\triangle OAB}$ 表示三角形 OAB 的面积。

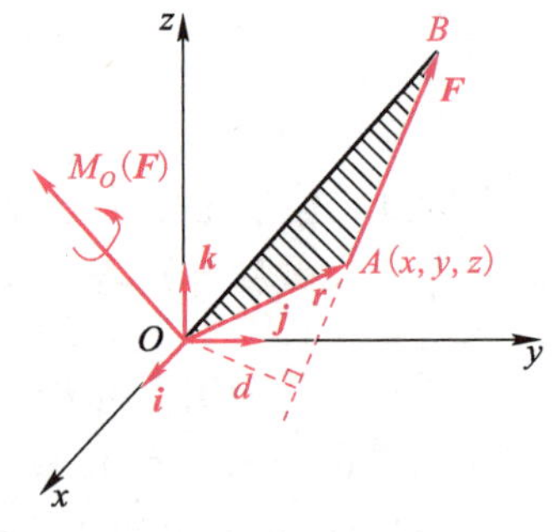

图 5-5

由以上定义可知，力矩矢 $\boldsymbol{M}_O(\boldsymbol{F})$ 的大小和方向与矩心 O 的位置有关，即力矩矢 $\boldsymbol{M}_O(\boldsymbol{F})$ 是一个定位矢量。

力矩矢 $\boldsymbol{M}_O(\boldsymbol{F})$ 还可以用另一种数学形式来表示。如图 5-5 所示，用 $\boldsymbol{r}$ 表示点 O 到力 $\boldsymbol{F}$ 作用点的矢径，则矢径 $\boldsymbol{r}$ 与力 $\boldsymbol{F}$ 的矢量积 $\boldsymbol{r}\times\boldsymbol{F}$ 也是一个矢量。根据矢量积的定义，其大小等于三角形 OAB 面积的两倍，其方向垂直于 $\boldsymbol{r}$ 和 $\boldsymbol{F}$ 所决定的平面，指向也符合右手法则。可见矢量积 $\boldsymbol{r}\times\boldsymbol{F}$ 与力矩矢 $\boldsymbol{M}_O(\boldsymbol{F})$ 的大小相等，方向相同，于是有

$$\boldsymbol{M}_O(\boldsymbol{F}) = \boldsymbol{r}\times\boldsymbol{F} \tag{5-10}$$

即力矩矢 $\boldsymbol{M}_O(\boldsymbol{F})$ 等于矩心到该力作用点的矢径与该力的矢量积。

5.2.2 力对轴之矩

在空间力系中，除了用力对点之矩来描述力对刚体的转动效应外，还要用到力对轴之矩的概念，这里我们从手推门的实例来引入力对轴之矩的定义。

从实践中可知，如果推门时力的作用线与门的转轴平行或相交，无论力多大，门都不会发生转动。如图5-6（a）所示，当力 $\boldsymbol{F}$ 与门的转轴 z 共面时，力对轴不产生转动效应，即力对轴之矩为零。

如图5-6（b）所示，如果推门时力 $\boldsymbol{F}$ 在垂直于转轴 z 的平面内，此时就能把门推开。实践证明，力 $\boldsymbol{F}$ 越大或其作用线与转轴间的垂直距离 d 越大，转动效果就越明显。因此，可以用力 $\boldsymbol{F}$ 的大小与垂直距离 d 的乘积来度量力 $\boldsymbol{F}$ 对刚体绕定轴的转动效应，其转向可用正负号区分。若将力 $\boldsymbol{F}$ 对 z 轴之矩用 $M_z(\boldsymbol{F})$ 表示，则

$$M_z(\boldsymbol{F}) = M_O(\boldsymbol{F}) = \pm Fd$$

一般情况下，力 $\boldsymbol{F}$ 既不平行于 z 轴，又不与 z 轴相交，也不在垂直于 z 轴的平面内，如图5-6(c)所示。为了确定力 $\boldsymbol{F}$ 使门绕 z 轴转动的效应，可将力分解为两个分力 $\boldsymbol{F}_z$ 和 $\boldsymbol{F}_{xy}$。其中，$\boldsymbol{F}_z$ 与 z 轴平行，$\boldsymbol{F}_{xy}$ 在垂直于 z 轴的平面内。因为分力 $\boldsymbol{F}_z$ 不能使门转动，只有分力 $\boldsymbol{F}_{xy}$ 才能使门绕 z 轴转动，所以力 $\boldsymbol{F}$ 使门绕 z 轴转动的效应完全由分力 $\boldsymbol{F}_{xy}$ 来确定，该分力对点 O 之矩为 $F_{xy}d$。因此，力对轴之矩等于此力在垂直于该轴的平面上的分力对该轴与此平面的交点之矩，即

$$M_z(\boldsymbol{F}) = M_O(\boldsymbol{F}_{xy}) = \pm F_{xy}d \tag{5-11}$$

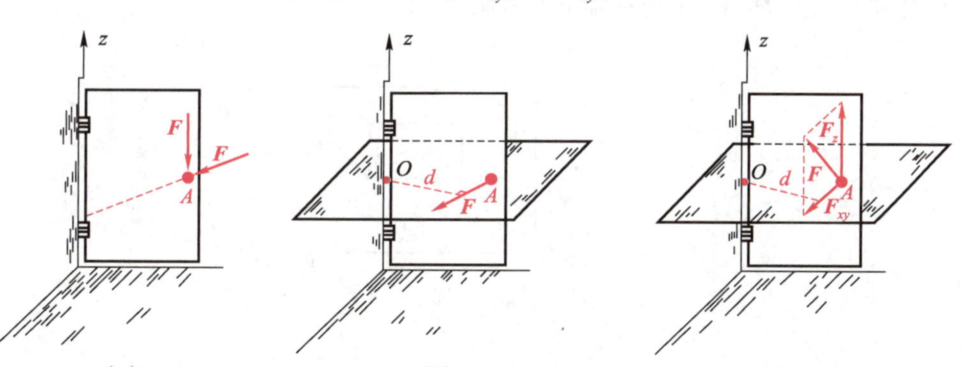

图5-6

如图5-7（a）所示，力对轴之矩的正负号可以按以下规则来确定：从 z 轴的正端往负端看，若力使刚体绕轴沿逆时针转动，取正号；反之，取负号。力对轴之矩是代数量，正负号也可以用右手法则来确定，如图5-7（b）和图5-7（c）所示。用右手四指握轴并使握向与力使物体绕 z 轴转动的方向一致，若拇指的指向与 z 轴的正向相同，则力对轴之矩为正；反之，为负。

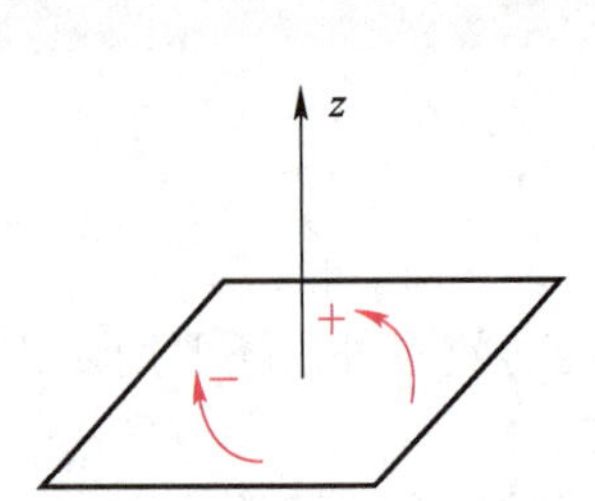

（a）

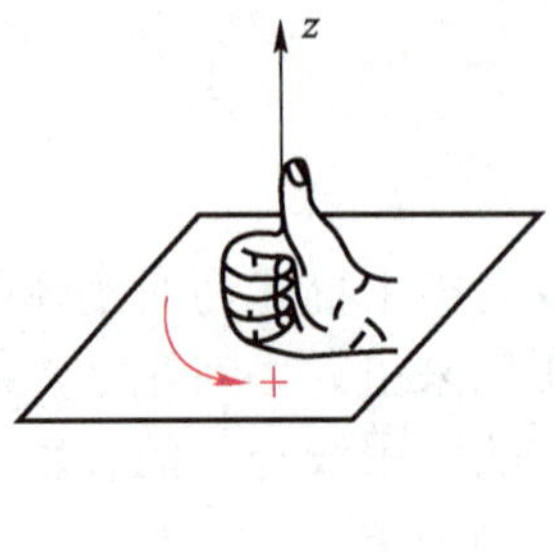

（b）

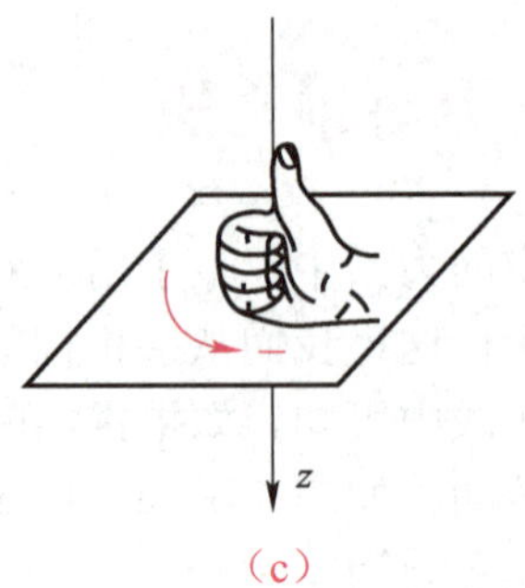

（c）

图 5-7

5.2.3 空间力系的合力矩定理

与平面力系中力对点之矩类似，空间力系中力对轴之矩也有合力矩定理。设有一空间力系 $\boldsymbol{F}_1$， $\boldsymbol{F}_2$， …， $\boldsymbol{F}_n$，其合力为 $\boldsymbol{F}_R$，则合力对某轴之矩等于各分力对该轴之矩的代数和，可表示为

$$M_x(F_R)=M_x(F_1)+M_x(F_2)+\cdots+M_x(F_n)=\sum M_x(F_i) \tag{5-12}$$

在计算力对某轴之矩时，经常应用合力矩定理，将力分解为三个坐标轴方向的分力，然后分别计算各分力对该轴之矩，并求其代数和，即得力对该轴之矩。

如图 5-8 所示，将力 $\boldsymbol{F}$ 沿坐标轴方向分解为 $\boldsymbol{F}_x$， $\boldsymbol{F}_y$， $\boldsymbol{F}_z$ 三个相互垂直的分力，用 F_x， F_y， F_z 分别表示力 $\boldsymbol{F}$ 在三个坐标轴上的投影。

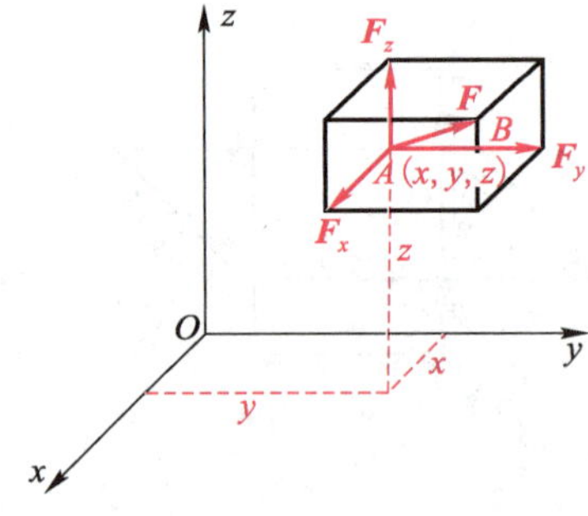

图 5-8

由合力矩定理得

$$M_x(\boldsymbol{F})=M_x(\boldsymbol{F}_x)+M_x(\boldsymbol{F}_y)+M_x(\boldsymbol{F}_z)=0-z\boldsymbol{F}_y+y\boldsymbol{F}_z=y\boldsymbol{F}_z-z\boldsymbol{F}_y$$

同理，可得

$$M_y(\boldsymbol{F})=zF_x-xF_z$$

$$M_z(\boldsymbol{F})=xF_y-yF_x$$

从而，力 $\boldsymbol{F}$ 对 x，y，z 轴之矩分别为

$$
\left.\begin{aligned}
M_x(\boldsymbol{F}) &= yF_z - zF_y \\
M_y(\boldsymbol{F}) &= zF_x - xF_z \\
M_z(\boldsymbol{F}) &= xF_y - yF_x
\end{aligned}\right\} \tag{5-13}
$$

从式（5-13）中可以看出：已知力 $\boldsymbol{F}$ 作用点的坐标和力 $\boldsymbol{F}$ 在三个坐标轴上的投影，即可计算出力 $\boldsymbol{F}$ 对 x，y，z 轴之矩。

应当指出，式（5-13）中 x，y，z，F_x，F_y，F_z 都是代数量，在计算力对轴之矩时，应注意各量的正负号。

5.2.4 力对点之矩与力对轴之矩的关系

如图 5-9 所示，以矩心 O 为原点，取直角坐标系 $Oxyz$。设力 $\boldsymbol{F}$ 在各坐标轴上的投影为 F_x，F_y，F_z，力 $\boldsymbol{F}$ 作用点 A 的坐标为（x，y，z），则有

$$
\left.\begin{aligned}
\boldsymbol{F} &= F_x\boldsymbol{i} + F_y\boldsymbol{j} + F_z\boldsymbol{k} \\
\boldsymbol{r} &= x\boldsymbol{i} + y\boldsymbol{j} + z\boldsymbol{k}
\end{aligned}\right\}
$$

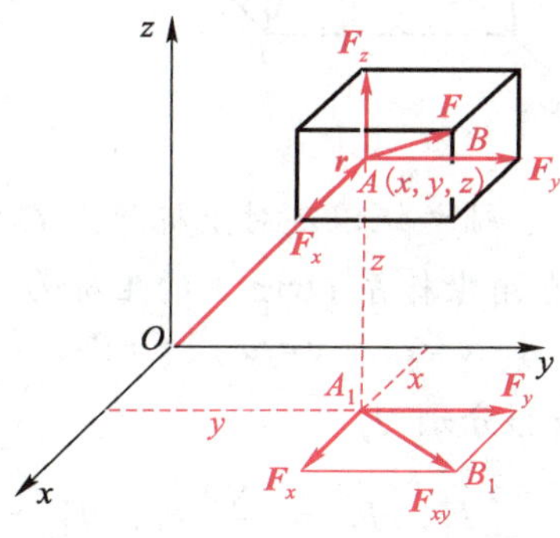

图 5-9

于是，可以得到力对点之矩沿直角坐标轴分解的表达式

$$
\boldsymbol{M}_O(\boldsymbol{F}) = \boldsymbol{r}\times\boldsymbol{F} = \begin{vmatrix} \boldsymbol{i} & \boldsymbol{j} & \boldsymbol{k} \\ x & y & z \\ F_x & F_y & F_z \end{vmatrix} = (yF_z - zF_y)\boldsymbol{i} + (zF_x - xF_z)\boldsymbol{j} + (xF_y - yF_x)\boldsymbol{k} \tag{5-14}
$$

单位矢量 $\boldsymbol{i}$，$\boldsymbol{j}$，$\boldsymbol{k}$ 前面的三个系数，分别表示力 $\boldsymbol{F}$ 对点 O 之矩矢 $\boldsymbol{M}_O(\boldsymbol{F})$ 在三个坐标轴上的投影，即

$$
\boldsymbol{M}_O(\boldsymbol{F}) = [\boldsymbol{M}_O(\boldsymbol{F})]_x\boldsymbol{i} + [\boldsymbol{M}_O(\boldsymbol{F})]_y\boldsymbol{j} + [\boldsymbol{M}_O(\boldsymbol{F})]_z\boldsymbol{k} \tag{5-15}
$$

则力矩矢 $\boldsymbol{M}_O(\boldsymbol{F})$ 在三个坐标轴上的投影分别为

$$\left.\begin{aligned}[\boldsymbol{M}_O(\boldsymbol{F})]_x &= yF_z - zF_y \\ [\boldsymbol{M}_O(\boldsymbol{F})]_y &= zF_x - xF_z \\ [\boldsymbol{M}_O(\boldsymbol{F})]_z &= xF_y - yF_x\end{aligned}\right\} \tag{5-16}$$

对比式（5-13）和式（5-16）可以发现

$$\left.\begin{aligned}[\boldsymbol{M}_O(\boldsymbol{F})]_x &= M_x(\boldsymbol{F}) \\ [\boldsymbol{M}_O(\boldsymbol{F})]_y &= M_y(\boldsymbol{F}) \\ [\boldsymbol{M}_O(\boldsymbol{F})]_z &= M_z(\boldsymbol{F})\end{aligned}\right\} \tag{5-17}$$

式（5-17）说明，力对点之矩与力对通过该点的轴之矩的关系是：力对点之矩在通过该点的某轴上的投影等于力对该轴之矩。

例 5-2　如图 5-10 所示，在正方体的顶角 A 和 B 处分别作用有力 $\boldsymbol{F}_1$ 和 $\boldsymbol{F}_2$，试求此二力对 x，y，z 轴之矩以及对坐标原点 O 之矩。

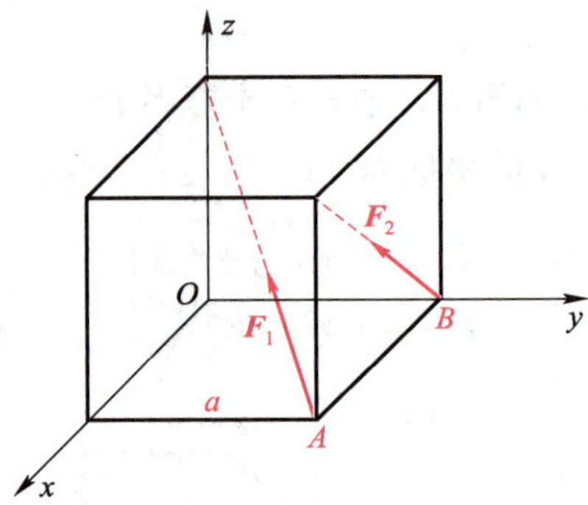

图 5-10

解：(1) 求力 $\boldsymbol{F}_1$ 对 x，y，z 轴之矩以及对坐标原点 O 之矩。

由图 5-10 可知，点 A 在直角坐标系 $Oxyz$ 上的坐标为

$$x=a,\quad y=a,\quad z=0$$

力 $\boldsymbol{F}_1$ 在 x，y，z 轴上的投影分别为

$$F_{1x}=-\frac{\sqrt{3}}{3}F_1,\quad F_{1y}=-\frac{\sqrt{3}}{3}F_1,\quad F_{1z}=\frac{\sqrt{3}}{3}F_1$$

由力对轴之矩的计算公式（5-13）可得

$$\left.\begin{aligned}M_x(\boldsymbol{F}_1) &= yF_{1z} - zF_{1y} = \frac{\sqrt{3}}{3}F_1 a \\ M_y(\boldsymbol{F}_1) &= zF_{1x} - xF_{1z} = -\frac{\sqrt{3}}{3}F_1 a \\ M_z(\boldsymbol{F}_1) &= xF_{1y} - yF_{1x} = 0\end{aligned}\right\}$$

由式（5-15）和式（5-17）可得力 $\boldsymbol{F}_1$ 对点 O 之矩为

$$\boldsymbol{M}_O(\boldsymbol{F}_1)=[M_x(\boldsymbol{F}_1)]\boldsymbol{i}+[M_y(\boldsymbol{F}_1)]\boldsymbol{j}+[M_z(\boldsymbol{F}_1)]\boldsymbol{k}=\frac{\sqrt{3}}{3}F_1a(\boldsymbol{i}-\boldsymbol{j})$$

（2）求力 $\boldsymbol{F}_2$ 对 x，y，z 轴之矩以及对坐标原点 O 之矩。

由图 5-10 所示可知，点 B 在直角坐标系 $Oxyz$ 上的坐标为

$$x=0,\quad y=a,\quad z=0$$

力 $\boldsymbol{F}_2$ 在 x，y，z 轴上的投影分别为

$$F_{2x}=\frac{\sqrt{2}}{2}F_2,\quad F_{2y}=0,\quad F_{2z}=\frac{\sqrt{2}}{2}F_2$$

由力对轴之矩的计算公式（5-13）可得

$$\left.\begin{aligned}M_x(\boldsymbol{F}_2)&=yF_{2z}-zF_{2y}=\frac{\sqrt{2}}{2}F_2a\\M_y(\boldsymbol{F}_2)&=zF_{2x}-xF_{2z}=0\\M_z(\boldsymbol{F}_2)&=xF_{2y}-yF_{2x}=-\frac{\sqrt{2}}{2}F_2a\end{aligned}\right\}$$

由式（5-15）和式（5-17）可得力 $\boldsymbol{F}_2$ 对 O 点之矩为

$$\boldsymbol{M}_O(\boldsymbol{F}_2)=[M_x(\boldsymbol{F}_2)]\boldsymbol{i}+[M_y(\boldsymbol{F}_2)]\boldsymbol{j}+[M_z(\boldsymbol{F}_2)]\boldsymbol{k}=\frac{\sqrt{2}}{2}F_2a(\boldsymbol{i}-\boldsymbol{k})$$

5.3 空间力系的平衡方程

5.3.1 空间力系的简化

设刚体受到空间任意力系 $\boldsymbol{F}_1$，$\boldsymbol{F}_2$，…，$\boldsymbol{F}_n$ 的作用，如图 5-11（a）所示。与平面任意力系类似，在刚体内任取一点 O 作为简化中心，根据力的可传递性和力的平移定理，将图中各力移动到点 O。力在平移时会产生力偶，这样就得到一个作用于简化中心 O 的空间汇交力系和一个附加的空间力偶系，如图 5-11（b）所示。再将空间汇交力系和空间力偶系分别合成，最终可以得到一个作用于简化中心 O 的合力和合力偶，如图 5-11（c）所示。其中，合力 $\boldsymbol{F}'_{\mathrm{R}}$ 称为主矢，合力偶 $\boldsymbol{M}_O$ 对点 O 之矩称为主矩，它们的大小为

$$\left.\begin{aligned}F'_{\mathrm{R}}&=\sqrt{\left(\sum F_{ix}\right)^2+\left(\sum F_{iy}\right)^2+\left(\sum F_{iz}\right)^2}\\M_O&=\sqrt{\left[\sum M_x(\boldsymbol{F}_i)\right]^2+\left[\sum M_y(\boldsymbol{F}_i)\right]^2+\left[\sum M_z(\boldsymbol{F}_i)\right]^2}\end{aligned}\right\}\tag{5-18}$$

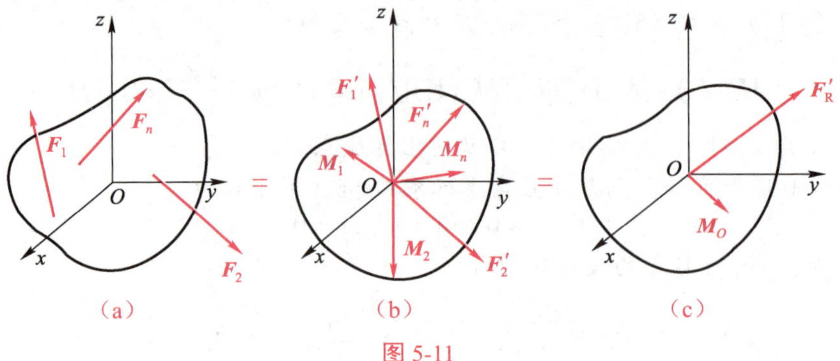

图 5-11

5.3.2 空间任意力系的平衡方程

空间任意力系的简化结果是一个主矢和一个主矩，因此，空间任意力系平衡的充要条件是：力系的主矢和对于任意一点的主矩都等于零，即

$$\boldsymbol{F}_{\mathrm{R}}' = \boldsymbol{0}，\quad \boldsymbol{M}_O = \boldsymbol{0}$$

根据式（5-18）可知

$$\left.\begin{aligned} F_{\mathrm{R}}' &= \sqrt{\left(\sum F_{ix}\right)^2 + \left(\sum F_{iy}\right)^2 + \left(\sum F_{iz}\right)^2} = 0 \\ M_O &= \sqrt{\left[\sum M_x(\boldsymbol{F}_i)\right]^2 + \left[\sum M_y(\boldsymbol{F}_i)\right]^2 + \left[\sum M_z(\boldsymbol{F}_i)\right]^2} = 0 \end{aligned}\right\}$$

因此，空间任意力系的平衡方程为

$$\left.\begin{aligned} &\sum F_x = 0 \\ &\sum F_y = 0 \\ &\sum F_z = 0 \\ &\sum M_x(\boldsymbol{F}) = 0 \\ &\sum M_y(\boldsymbol{F}) = 0 \\ &\sum M_z(\boldsymbol{F}) = 0 \end{aligned}\right\} \tag{5-19}$$

即空间任意力系平衡的充要条件是：力系中各力在三个坐标轴上投影的代数和分别等于零，且各力对三个坐标轴之矩的代数和也分别等于零。

空间任意力系的平衡方程中包含三个投影方程和三个力矩方程。在研究空间任意力系作用下的刚体平衡问题时，最多只能列出六个独立的平衡方程，可求解出六个未知量。

应当指出，空间任意力系的平衡方程除三个投影方程和三个力矩方程的基本形式外，还有四矩式、五矩式和六矩式，与平面任意力系一样，其他形式的平衡方程对投影轴和力矩轴都有一定的限制条件，这里不再赘述。

5.3.3　空间汇交力系的平衡方程

设刚体受到空间汇交力系作用而平衡，若把力系的汇交点作为空间直角坐标系的原点，则力系中各力都通过该点并与坐标轴相交，因此，各力对三个坐标轴之矩都恒等于零，即$\sum M_x(\boldsymbol{F})\equiv 0$，$\sum M_y(\boldsymbol{F})\equiv 0$，$\sum M_z(\boldsymbol{F})\equiv 0$。于是，空间汇交力系的平衡方程为

$$\left.\begin{aligned}\sum F_x=0\\ \sum F_y=0\\ \sum F_z=0\end{aligned}\right\}\tag{5-20}$$

5.3.4　空间平行力系的平衡方程

设刚体受到空间平行力系作用而平衡，若该力系中各力均与 z 轴平行，则各力对 z 轴之矩恒等于零，又由于各力与 x 轴和 y 轴都垂直，所以各力在 x 轴和 y 轴上的投影也都恒等于零，即 $\sum M_z(\boldsymbol{F})\equiv 0$，$\sum F_x\equiv 0$，$\sum F_y\equiv 0$。于是，空间平行力系的平衡方程为

$$\left.\begin{aligned}\sum F_z=0\\ \sum M_x(\boldsymbol{F})=0\\ \sum M_y(\boldsymbol{F})=0\end{aligned}\right\}\tag{5-21}$$

5.3.5　空间力系平衡方程的应用

利用平衡方程求解空间力系的平衡问题时，根据约束的类型判断约束反力中未知量的个数，对于平衡问题的求解非常重要。一般情况下，当刚体受到空间任意力系作用时，在每个约束处，其约束反力未知量的个数可能有 1～6 个。决定每种约束的约束反力未知量个数的基本方法是：观察被约束物体在空间可能的六种独立的位移（沿 x，y，z 三轴的移动和绕此三轴的转动）中，有哪几种位移被约束所阻碍。阻碍移动的是约束反力，阻碍转动的是约束力偶。几种常见的空间约束及其约束反力如表 5-1 所示。

空间力系平衡方程的应用

表 5-1　几种常见的空间约束及其约束反力

约束类型		约束力未知量
光滑表面	滚动支座	F_{Az}，A

（续表）

约束类型	约束力未知量
径向轴承　圆柱铰链	F_{Az}, F_{Ay}
球形铰链　止推轴承	F_{Az}, F_{Ay}, F_{Ax}
导向轴承	M_{Az}, F_{Az}, M_{Ay}, F_{Ay}
导轨	F_{Az}, M_{Az}, F_{Ay}, M_{Ax}, M_{Ay}
空间的固定端支座	F_{Az}, M_{Az}, M_{Ay}, F_{Ay}, F_{Ax}, M_{Ax}

求解空间力系平衡问题的基本方法和步骤与平面力系平衡问题相同，即

（1）确定研究对象，取分离体，画受力图。

（2）确定力系类型，列出平衡方程。

（3）代入已知条件，求解未知量。

下面结合例题，说明如何利用平衡方程求解空间力系的平衡问题。

例 5-3　如图 5-12 所示，水平传动轴上装有两个胶带轮 C 和 D，两轮可绕轴 AB 转动，胶带轮的半径 $r_1 = 0.2\text{ m}$，$r_2 = 0.25\text{ m}$，间距尺寸 $a = b = 0.5\text{ m}$，$c = 1\text{ m}$，套在轮 C 上的胶带是水平的，且拉力 $F_1 = 2F_2 = 5\,000\text{ N}$；套在轮 D 上的胶带与垂线呈 $\theta = 30°$ 夹角，且拉力 $F_3 = 2F_4$。试求平衡状态下 F_3 的值以及 A，B 两处轴承的约束反力（结果保留整数）。

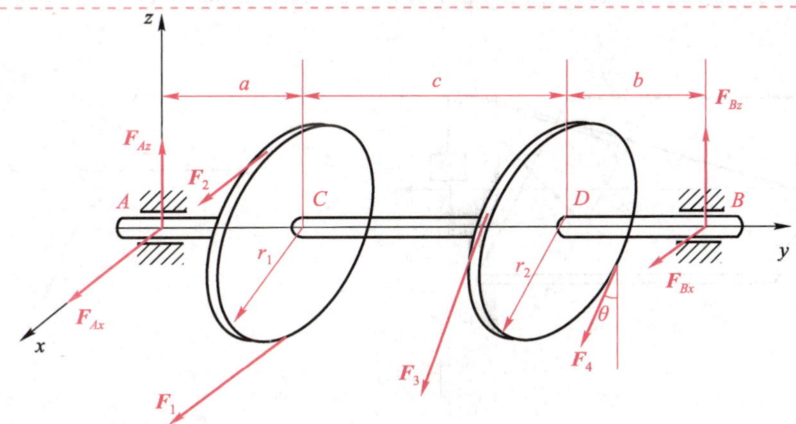

图 5-12

解： 以整体为研究对象，并进行受力分析。由于 A，B 两处均为导向轴承，所以这两处的约束反力可以用沿 x，z 轴方向的两个分力表示，由此可以画出系统的受力图如图 5-12 所示。列出平衡方程为

$$\left.\begin{aligned}&\sum F_x = F_{Ax} + F_{Bx} + F_1 + F_2 + (F_3 + F_4)\sin\theta = 0\\&\sum F_z = F_{Az} + F_{Bz} - (F_3 + F_4)\cos\theta = 0\\&\sum M_x = F_{Bz}(a+b+c) - (F_3 + F_4)(a+c)\cos\theta = 0\\&\sum M_y = (F_2 - F_1)r_1 + (F_3 - F_4)r_2 = 0\\&\sum M_z = -F_{Bx}(a+b+c) - (F_3 + F_4)(a+c)\sin\theta - (F_1 + F_2)a = 0\end{aligned}\right\}$$

由上述方程组可解得：$F_3 = 4\,000\ \text{N}$，$F_{Ax} = -6\,375\ \text{N}$，$F_{Az} = 1\,299\ \text{N}$，$F_{Bx} = -4\,125\ \text{N}$，$F_{Bz} = 3\,897\ \text{N}$。

例 5-4　如图 5-13(a)所示，空间构架由三根无重直杆组成，在 D 端用球铰链连接，A，B，C 端则用球铰链固定在地面，$P = 10\ \text{kN}$，求铰链 A，B 和 C 的约束反力。

解： 以三杆组成的系统为研究对象，并进行受力分析。由于 AD，BD，CD 杆均为二力杆，所以可以将 A，B，C 处的约束反力依次设为 $\boldsymbol{F}_A$，$\boldsymbol{F}_B$，$\boldsymbol{F}_C$，且由于对称性可知 $F_A = F_B$。系统受力图如图 5-13（b）所示。列出平衡方程为

$$\left.\begin{aligned}&\sum F_y = -F_C\cos 15^\circ - 2F_B\sin 45^\circ\cos 30^\circ = 0\\&\sum F_z = -F_C\sin 15^\circ - 2F_B\sin 45^\circ\sin 30^\circ - P = 0\end{aligned}\right\}$$

由上述方程组可解得：$F_A = F_B \approx -26.39\ \text{kN}$，$F_C \approx 33.46\ \text{kN}$。

上述结果说明 A，B 处的约束反力为压力，方向与图示方向相反；C 处的约束反力为拉力，方向与图示方向相同。

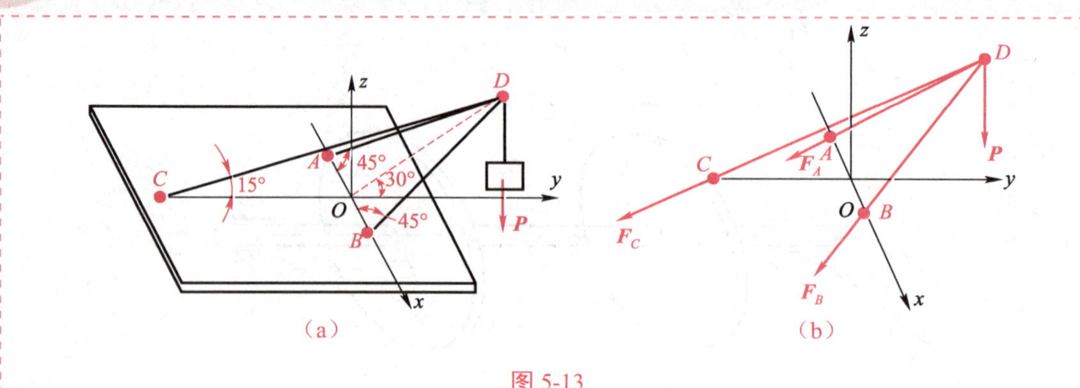

图 5-13

5.4 重心

5.4.1 重心及其坐标

1. 重心的概念

地球上的任何物体都要受到地球引力的作用，如果把物体看作是由许多微小部分组成，则所有这些微小部分受到的地球引力就组成一个汇交于地球中心的空间汇交力系。但由于物体的尺寸远比地球的半径小得多，所以这个空间汇交力系可以近似地看作空间平行力系，此力系的合力就是物体的重力。刚体在地球表面无论怎样放置，其重力的作用线始终通过一个确定的点，这个点就是物体重力的作用点，称为物体的重心。此外，物体重心所在的位置与该物体在空间的位置无关。

2. 重心的坐标公式

如图 5-14 所示，设有一个物体，将它分成许多微小单元，每个微小单元所受的重力分别用 $\boldsymbol{G}_i$ 来表示，各微小单元在空间直角坐标系中的坐标分别为（x_i， y_i， z_i），物体的重心以 C 来表示，重心坐标为（x_C， y_C， z_C）。

这些微小单元重力的合力即为整个物体的重力 $\boldsymbol{G}$，即

$$\boldsymbol{G}=\sum \boldsymbol{G}_i$$

应用合力矩定理，分别求物体的重力对 y 轴之矩，则有

$$Gx_C=\sum G_i x_i$$

$$x_C=\frac{\sum G_i x_i}{G}$$

同理，可得

$$y_C = \frac{\sum G_i y_i}{G}$$

$$z_C = \frac{\sum G_i z_i}{G}$$

则物体重心的坐标公式为

$$\left.\begin{aligned} x_C &= \frac{\sum G_i x_i}{G} \\ y_C &= \frac{\sum G_i y_i}{G} \\ z_C &= \frac{\sum G_i z_i}{G} \end{aligned}\right\} \tag{5-22}$$

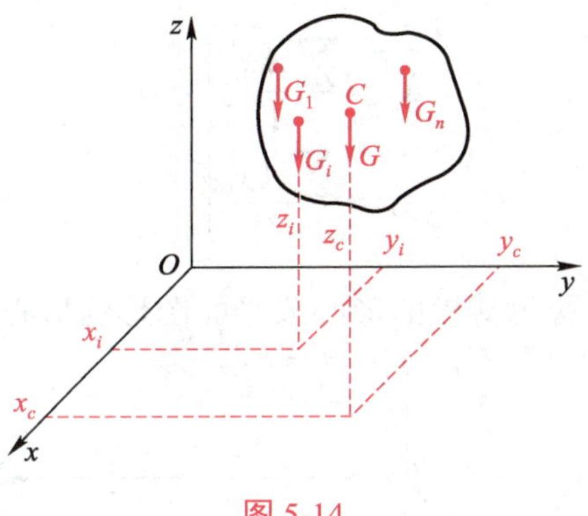

图 5-14

3. 质心的坐标公式

物体所受的重力为物体的质量与重力加速度的乘积，则 $G=mg$，$G_1=m_1g$，$G_2=m_2g$，…，$G_n=m_ng$，代入式（5-22）中，可得

$$\left.\begin{aligned} x_C &= \frac{\sum m_i x_i}{m} \\ y_C &= \frac{\sum m_i y_i}{m} \\ z_C &= \frac{\sum m_i z_i}{m} \end{aligned}\right\} \tag{5-23}$$

式（5-23）称为物体质心（物体质量中心）的坐标公式。

4. 形心的坐标公式

若物体为均质的，设其密度为 ρ，总体积为 V，每个微小单元的体积为 V_i，则 $m=\rho V$，

$m_1=\rho V_1$，$m_2=\rho V_2$，…，$m_n=\rho V_n$，代入式（5-23）中，可得

$$\left.\begin{aligned}x_C&=\frac{\sum V_i x_i}{V}\\y_C&=\frac{\sum V_i y_i}{V}\\z_C&=\frac{\sum V_i z_i}{V}\end{aligned}\right\}\tag{5-24}$$

式（5-24）称为物体形心（物体几何中心）的坐标公式。

如图 5-15 所示，若物体是均质等厚薄平板，设薄平板及其各微小单元的面积分别为 A 和 A_i，板的厚度为 δ，则板及其各微小单元的体积分别为 $V=A\delta$，$V_1=A_1\delta$，$V_2=A_2\delta$，…，$V_n=A_n\delta$，取板的对称面为坐标平面 xOy，则 $z_C=0$。将上述关系代入式（5-24）中，则有

$$\left.\begin{aligned}x_C&=\frac{\sum A_i x_i}{A}\\y_C&=\frac{\sum A_i y_i}{A}\end{aligned}\right\}\tag{5-25}$$

由式（5-25）所确定的点 C 称为薄板的形心或平面图形的形心。

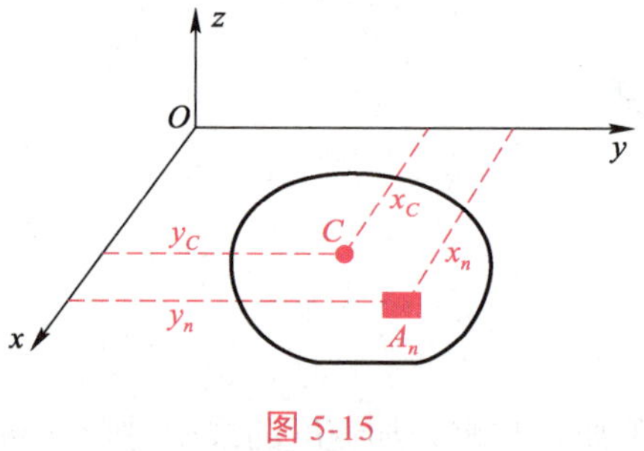

图 5-15

注　意

在均质重力场中，均质物体的重心、质心、形心位置重合；而对于非均质物体，它的重心和形心就不在同一点上。应当指出，均质物体的重心和形心是两个意义完全不同的概念，前者是物理概念，后者是几何概念。

5.4.2　求重心的几种常用方法

1. 查表法

当均质物体具有对称面、对称轴或对称中心时，该物体的重心或形心一定在其相应的对称面、对称轴或对称中心上。例如，工字钢的重心在其对称面上；正圆锥体的重心在其

对称轴上。简单几何形状物体的重心或形心可以从工程手册上查到，几种常见的简单几何形状物体的重心或形心位置如表 5-2 所示。

表 5-2　简单几何形状物体的重心或形心位置表

图形	重心位置	图形	重心位置
三角形	在中线的交点 $y_C=\frac{1}{3}h$	梯形	$y_C=\frac{h(2a+b)}{3(a+b)}$
圆弧形	$x_C=\frac{r\sin\varphi}{\varphi}$ 对于半圆弧：$x_C=\frac{2r}{\pi}$	弓形	$x_C=\frac{2}{3}\frac{r^3\sin^3\varphi}{A}$ 面积：$A=\frac{r^2(2\varphi-\sin 2\varphi)}{2}$
扇形	$x_C=\frac{2}{3}\frac{r\sin\varphi}{\varphi}$ 对于半圆：$x_C=\frac{4r}{3\pi}$	二次抛物线形	$x_C=\frac{3a}{5}$ $y_C=\frac{3}{8}b$
正圆锥体	$z_C=\frac{h}{4}$	半圆球	$z_C=\frac{3r}{8}$

2. 组合法

工程实际中有些物体虽然形状比较复杂，但通常是由一些简单几何形状的物体组合而成，这种物体称为组合形体。对于组合形体来说，可以不经过积分运算，采用一些简单的方法求出重心的坐标，常用的方法有分割法、负面积法或负体积法。

1）分割法

有些形状比较复杂的平面图形往往是由几个简单平面图形组合而成的，每个简单平面图形的形心位置可以根据对称性或查表法确定，整个复杂平面图形的形心坐标则可以用公式（5-25）求得。这种求形心的方法称为分割法。

例 5-5 如图 5-16 所示为一个 Z 型截面，求该截面的重心坐标（单位为 mm）。

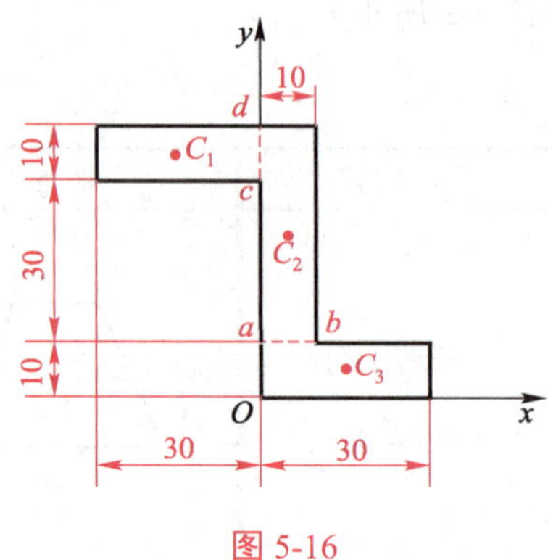

图 5-16

解： 如图 5-16 所示，线段 ab，cd 将原截面分成三部分。C_1，C_2，C_3 分别表示这三部分的重心，(x_1, y_1)，(x_2, y_2)，(x_3, y_3) 为三部分重心对应的坐标，A_1，A_2，A_3 分别表示这三部分的面积。

由图 5-16 所示可知

$$\left.\begin{aligned} x_1 &= -15\ \text{mm} \\ y_1 &= 45\ \text{mm} \\ A_1 &= 300\ \text{mm}^2 \end{aligned}\right\},\quad \left.\begin{aligned} x_2 &= 5\ \text{mm} \\ y_2 &= 30\ \text{mm} \\ A_2 &= 400\ \text{mm}^2 \end{aligned}\right\},\quad \left.\begin{aligned} x_3 &= 15\ \text{mm} \\ y_3 &= 5\ \text{mm} \\ A_3 &= 300\ \text{mm}^2 \end{aligned}\right\}$$

由公式（5-25）可求得该 Z 型截面重心的坐标 x_C，y_C 分别为

$$x_C = \frac{x_1A_1 + x_2A_2 + x_3A_3}{A_1 + A_2 + A_3} = 2\ (\text{mm})$$

$$y_C = \frac{y_1A_1 + y_2A_2 + y_3A_3}{A_1 + A_2 + A_3} = 27\ (\text{mm})$$

2）负面积法或负体积法

如果图形可以看作是从一个简单或有规则的图形中挖去另一个简单或有规则的图形而成，则可把挖去部分的面积或体积取为负值，然后采用公式（5-25）或公式（5-24）求解。这种求形心的方法称为负面积法或负体积法。

例 5-6 如图 5-17 所示为空心截面，试求该截面的重心坐标。

解： 本题可采用负面积法求解。

图 5-17 中空心截面可视为由 560 mm×500 mm 的实心矩形截面Ⅰ和 400 mm×420 mm 的负面积矩形截面Ⅱ组合而成。由于两截面均关于 x 轴对称，所以截面重心必落在 x 轴上，即 $y_C = 0$。截面Ⅰ，Ⅱ的 x 轴重心坐标和面积分别为

$$\left.\begin{aligned} x_1 &= 280\ \text{mm} \\ A_1 &= 2.8\times10^5\ \text{mm}^2 \end{aligned}\right\},\quad \left.\begin{aligned} x_2 &= 320\ \text{mm} \\ A_2 &= -1.68\times10^5\ \text{mm}^2 \end{aligned}\right\}$$

由此，可求得该截面重心的坐标 x_C，y_C 分别为

$$x_C = \frac{x_1A_1 + x_2A_2}{A_1 + A_2} = 220\ (\text{mm})$$

$$y_C = 0$$

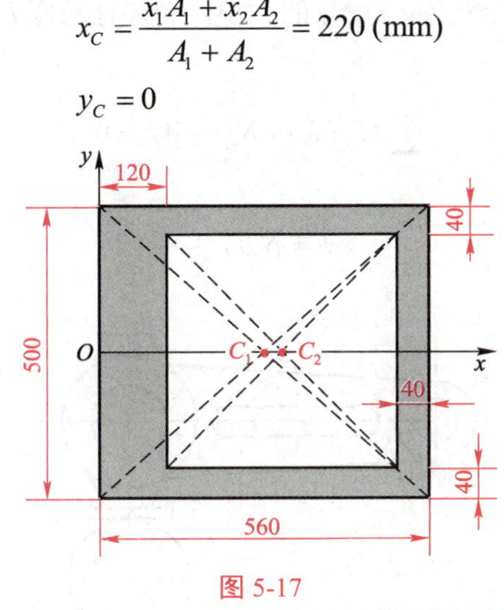

图 5-17

3．实验法

工程实际中经常会遇到外形复杂的物体，应用上述方法很难计算出重心位置，有时只能采用实验法对重心位置进行测定，常用的实验法有悬挂法和称重法两种。

1）悬挂法

如需确定薄板或具有对称面的薄板状零件的重心，可先将薄板用细绳悬挂于任意一点 A，如图 5-18（a）所示。根据二力平衡条件，重心必落在通过悬挂点的垂线上，于是可在板上画出该线 AA'。然后再将该板悬挂于另一点 B，同样可画出一条直线 BB'，这两条直线的交点 C 就是该板的重心，如图 5-18（b）所示。

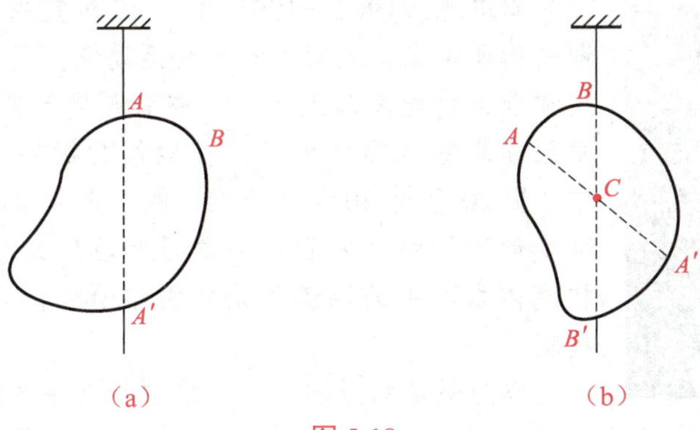

图 5-18

2）称重法

形状复杂或体积较大的物体常用称重法求重心。例如，对于具有对称轴的连杆，重心必落在轴线上，因此只需确定重心在该轴线上的位置 h 即可。将连杆的 A 端放置在刃口上（以提高长度测量的精确度），将 B 端放在台秤上，并保证轴线 AB 处于水平状态，如图 5-19 所示。

台秤上的读数即为 B 端约束反力 $\boldsymbol{N}_B$ 的大小，而连杆长度 l 及重力 $\boldsymbol{W}$ 均可测出。根据力矩平衡方程得出

$$\sum M_A(\boldsymbol{F}) = N_B l - Wh = 0$$

则有

$$h = N_B l / W$$

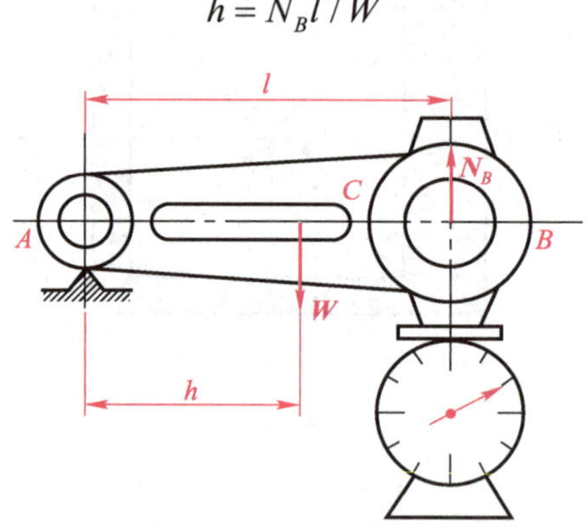

图 5-19

素质启慧园

周培源：站在世界前沿的共产党人

周培源（1902—1993 年），江苏宜兴人，流体力学家、理论物理学家、教育家和社会活动家，是中国近代力学奠基人和理论物理奠基人之一。周培源早年师从海森堡、泡利、爱因斯坦等物理学大师，在他们的指导下从事科学研究工作。从 20 世纪 20 年代开始，他一直从事物理学基础理论中难度最大的两个方面——爱因斯坦广义相对论中的引力论和流体力学中的湍流理论的科学研究，取得了举世瞩目的成就。

作为坚定的爱国者，周培源早在中学时就积极参加五四运动。第二次世界大战结束后，他拒绝加入美国籍，放弃优厚的待遇，率全家返回祖国。新中国成立以后，他深切感受到，只有共产党才能领导中国走向繁荣富强。从此，他以满腔的热情投身于社会主义建设的宏伟事业，始终不渝。

作为杰出的教育家，在长达 60 多年的高等教育工作中，周培源为我国的科技教育事业呕心沥血，培养出一大批国内外科技精英，朱光亚、于光远、钱三强、何泽慧、王大珩、彭桓武、杨振宁等都曾是他的学生。

周培源一生奉行“独立思考、实事求是、锲而不舍、以勤补拙”的 16 字格言。无论在科学研究中，还是在教学实践中，他都恪守格言，不断创新、求实、进取、奉献。他身上既展现出东方文化涵养的品格与美德，又体现出站在世界前沿的大科学家风范。

（资料来源：https://wenhuaqiangguo.gmw.cn/2021-07/09/content_34983473.htm，有改动）

本章小结

1. 空间汇交力系

空间汇交力系：各力不在同一平面内，但各力的作用线在空间均相交于一点的力系。

根据已知条件的不同，力在空间直角坐标轴上投影的求解方法分为以下两种。

一次投影法

$$\left.\begin{aligned}F_x &= F\cos\alpha \\ F_y &= F\cos\beta \\ F_z &= F\cos\gamma\end{aligned}\right\}$$

二次投影法

$$\left.\begin{aligned}F_x &= F\sin\gamma\cos\varphi \\ F_y &= F\sin\gamma\sin\varphi \\ F_z &= F\cos\gamma\end{aligned}\right\}$$

空间汇交力系的合成为

$$\boldsymbol{F}_{\mathrm{R}} = \sum F_{xi}\boldsymbol{i} + \sum F_{yi}\boldsymbol{j} + \sum F_{zi}\boldsymbol{k}$$

其中 $\sum F_{xi}$，$\sum F_{yi}$，$\sum F_{zi}$ 分别为 $\boldsymbol{F}_{\mathrm{R}}$ 在 x，y，z 轴上的投影。

空间汇交力系平衡的充要条件是：该力系中所有各力在三个相互正交的坐标轴上投影的代数和分别等于零，即

$$\left.\begin{aligned}\sum F_{xi} &= 0 \\ \sum F_{yi} &= 0 \\ \sum F_{zi} &= 0\end{aligned}\right\}$$

2. 空间力对点之矩和力对轴之矩

力对点之矩是一个定位矢量，力 $\boldsymbol{F}$ 对点 O 之矩为

$$\boldsymbol{M}_O(\boldsymbol{F})=\boldsymbol{r}\times\boldsymbol{F}=\begin{vmatrix}\boldsymbol{i} & \boldsymbol{j} & \boldsymbol{k}\\ x & y & z\\ F_x & F_y & F_z\end{vmatrix}$$

力对轴之矩是一个代数量，力 $\boldsymbol{F}$ 对 x，y，z 轴之矩分别为

$$\left.\begin{aligned}M_x(\boldsymbol{F})&=yF_z-zF_y\\ M_y(\boldsymbol{F})&=zF_x-xF_z\\ M_z(\boldsymbol{F})&=xF_y-yF_x\end{aligned}\right\}$$

力对点之矩与力对通过该点的轴之矩的关系是：力对点之矩矢在通过该点的某轴上的投影等于力对该轴之矩，即

$$\left.\begin{aligned}[\boldsymbol{M}_O(\boldsymbol{F})]_x&=M_x(\boldsymbol{F})\\ [\boldsymbol{M}_O(\boldsymbol{F})]_y&=M_y(\boldsymbol{F})\\ [\boldsymbol{M}_O(\boldsymbol{F})]_z&=M_z(\boldsymbol{F})\end{aligned}\right\}$$

3. 空间力系的平衡方程

空间任意力系平衡的充要条件是：力系中各力在三个坐标轴上投影的代数和分别等于零，且各力对三坐标轴之矩的代数和也分别等于零。

空间任意力系的平衡方程为

$$\left.\begin{aligned}&\sum F_x=0\\ &\sum F_y=0\\ &\sum F_z=0\\ &\sum M_x(\boldsymbol{F})=0\\ &\sum M_y(\boldsymbol{F})=0\\ &\sum M_z(\boldsymbol{F})=0\end{aligned}\right\}$$

4. 重心

物体重心的坐标公式为

$$\left.\begin{aligned}x_C&=\frac{\sum G_i x_i}{G}\\ y_C&=\frac{\sum G_i y_i}{G}\\ z_C&=\frac{\sum G_i z_i}{G}\end{aligned}\right\}$$

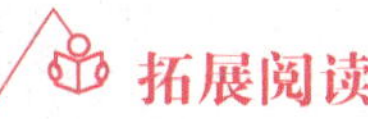

不倒翁的受力原理

不倒翁上轻下重，上部是一个空心壳体，重量较小；下部是一个实心半球体，重量较大。不倒翁利用了重心越低越稳定的原理，其重心位于下部的半球体内，具有抵抗外力干扰而保持平衡的能力。

当不倒翁放置在桌面上时，受到两个力的作用，即不倒翁自身的重力（主动力）和桌面对不倒翁的支持力（约束反力）；当不倒翁在外力作用下发生倾斜时，还会受到两个力矩的作用，即外力形成的干扰力矩和自身重力形成的抵抗力矩。

放置在桌面上的不倒翁与桌面之间有一个接触点，当在外力作用下发生倾斜时，其接触点的位置就会改变，此时重力的作用线和原接触点不在同一直线上，因而形成力矩，即抵抗力矩。正是由于抵抗力矩的形成和发展，抵抗和制止了外力的干扰作用。抵抗力矩的方向和干扰力矩的方向相反，同时随着不倒翁倾斜的角度不断增大，重力作用线的偏移量也不断增大，抵抗力矩的值也不断增大。当去掉外力时，不倒翁会向重心降低的低势能状态变化，而且重心的作用点一直处于下部，所以不倒翁要回复原来的位置。

思考题

5-1　用矢量积 $\boldsymbol{r}\times\boldsymbol{F}$ 计算力 $\boldsymbol{F}$ 对点 O 之矩，当力沿其作用线移动，改变了力作用点的坐标 x，y，z 时，其计算结果是否变化？

5-2　力对轴之矩的意义是什么？如何计算？如何确定其正负号？哪些情况下力对轴之矩等于零？

5-3　对于任意物体，如果它具有对称面，则该物体的重心是否一定在对称面上？为什么？

5-4　均质等截面直杆的重心在哪里？若把它弯成半圆形，重心位置如何变化？

5-5　计算同一物体的重心，如果选择两个不同的坐标系，则在这两个坐标系中计算出来的重心坐标是否相同？如果不相同，是否意味着物体重心的相对位置随坐标系的不同而发生变化呢？

练习题

题 5-1　如图 5-20 所示空间力系，已知 $F_1=100\ \text{N}$，$F_2=300\ \text{N}$，求力系对 y 轴之矩。

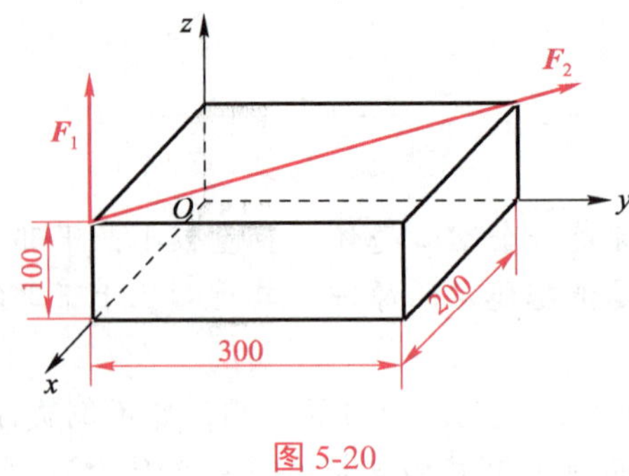

图 5-20

题 5-2　如图 5-21 所示，已知 $F = 1\,000$ N，求力 $\boldsymbol{F}$ 对 z 轴之矩 M_z。

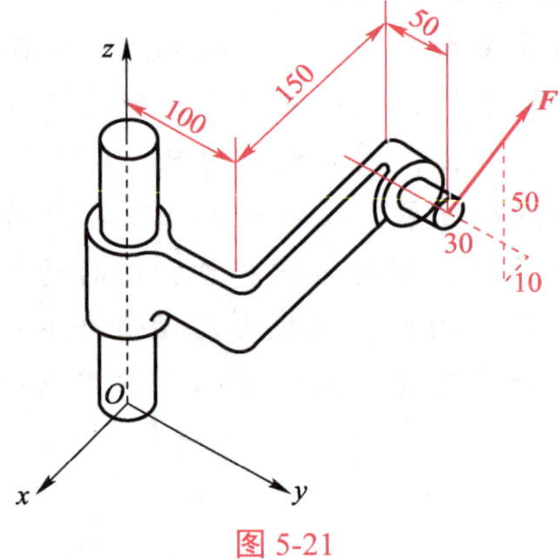

图 5-21

题 5-3　如图 5-22 所示，水平圆盘的半径为 r，外缘 C 处作用有一个力 $\boldsymbol{F}$。力 $\boldsymbol{F}$ 位于垂直面内，且与圆盘 C 处切线的夹角为 60°，其他尺寸如图所示。求力 $\boldsymbol{F}$ 对 x，y，z 轴之矩。

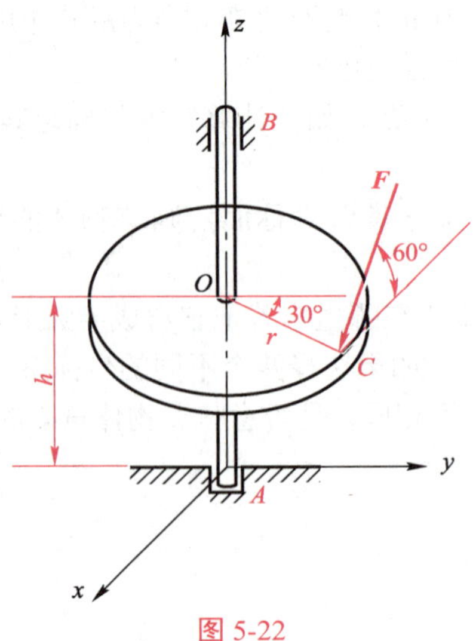

图 5-22

题 5-4　如图 5-23 所示，力 $\boldsymbol{F}$ 作用在长方体上，力的作用线位置如图所示。试计算：

（1）力 $\boldsymbol{F}$ 在 y 轴上的投影；

（2）力 $\boldsymbol{F}$ 在 z 轴上的投影；

（3）力 $\boldsymbol{F}$ 对 AB 轴之矩。

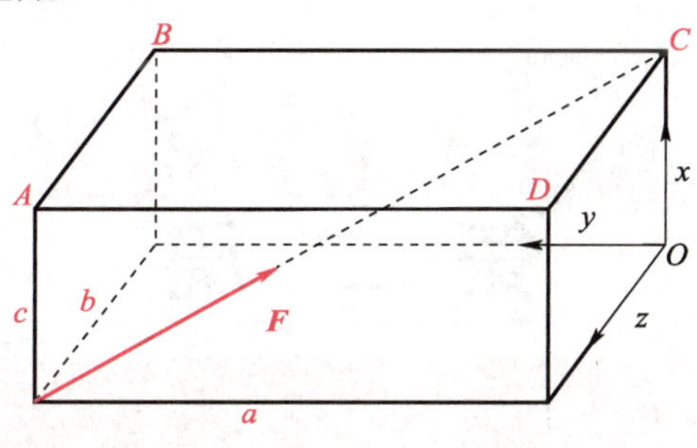

图 5-23

题 5-5　如图 5-24 所示，已知镗刀杆刀头上受切削力 $F_z = 500\ \text{N}$，径向力 $F_x = 150\ \text{N}$，轴向力 $F_y = 75\ \text{N}$，刀尖位于 Oxy 平面内，其坐标为 $x = 75\ \text{mm}$，$y = 200\ \text{mm}$。试求被切削工件左端 O 处的约束反力。

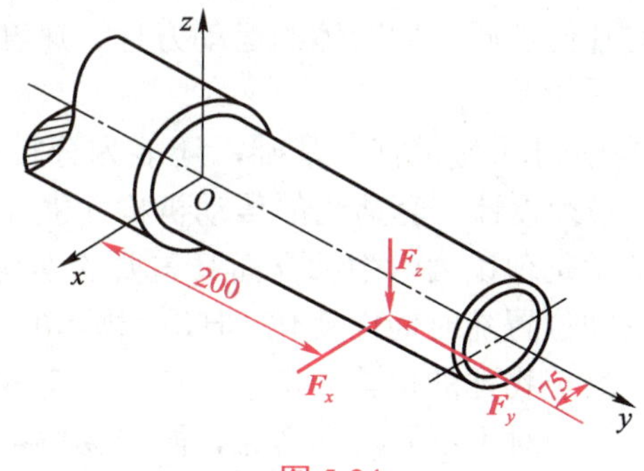

图 5-24

题 5-6　如图 5-25 所示，平面图形内每一方格的边长为 20 mm。试求图中所示图形的重心位置。

题 5-7　求图 5-26 中工字钢截面的重心，尺寸如图所示（单位为 mm）。

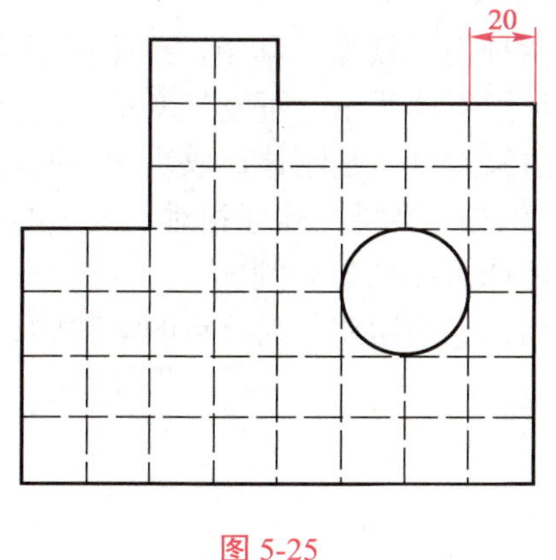

图 5-25

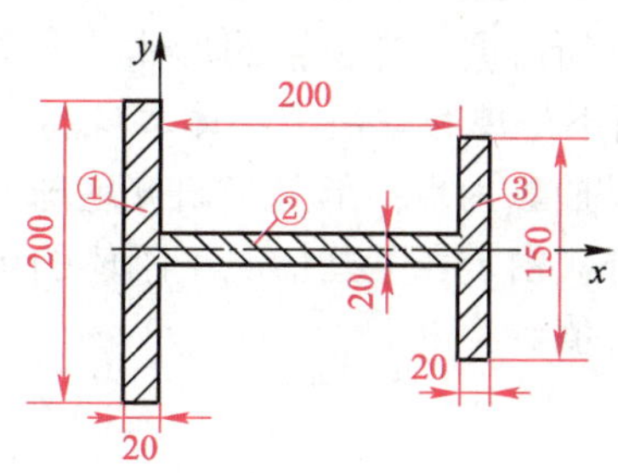

图 5-26

第二篇

运动学

静力学研究的是物体在力系作用下的平衡规律，如果作用在物体上的力系不平衡，物体的运动状态将会发生变化。**运动学的任务就是从几何角度研究物体的运动规律。**也就是说，我们只研究物体运动的几何性质，如物体的运动方程、速度和加速度等；而不考虑引起运动的物理原因，如力、质量等。

学习运动学不仅可以为学习动力学打下基础，还能为分析机构和构件的运动打下基础。例如，在设计车床时，必须设计一套适当的传动机构才能使电动机带动主轴和刀架实现预定的运动。因此，运动学是理论力学中独立而又重要的学科分支。

物体的运动表现为其空间位置随时间而变化。但是，物体的空间位置只能相对地描述，即只能指出一个物体相对于另一物体的位置。**这个被选作参考的物体，称为参考体。与参考体固连的坐标系称为参考系。**对于不同的参考系，同一物体可以表现为不同的运动学特征。因此，对于物体运动状态的描述，只有在确定了参考系之后才有意义。在运动学中，一般选取与地面固连的坐标系作为参考系，特殊情况下如需另选参考系，应加以说明。

在研究物体的运动时，还应区别瞬时和时间间隔两个概念。其中，**瞬时**是指物体运动到某一位置对应的某一时刻，通常用某一任选时间计算起点的秒数来表示；**时间间隔**则是指从某一瞬时到另一瞬时所经过的秒数。

在运动学中，常将研究对象抽象为点和刚体两种力学模型。其中，**点**是指不计大小、不计质量、在空间占据一定位置的几何点；**刚体**是指不计质量、不发生变形，但有一定形状、在空间占据一定位置的形体。一个物体究竟抽象为点还是刚体，取决于所研究问题的性质，而不是单纯取决于物体本身的大小和形状。例如，当研究地球相对于太阳的公转时，地球可以抽象为点；但是当研究地球的自转时，地球只能抽象为刚体。

此外，由于在某些情况下刚体的运动可以简化为点的运动，因此点的运动学具有独立的应用价值。

第6章 点的运动学和刚体的基本运动

学习目标

- 了解用矢量法求点的运动方程、速度和加速度的方法。
- 熟练掌握用直角坐标法求点的运动方程、速度和加速度的方法。
- 了解用自然坐标法求点的运动方程、速度和加速度的方法。
- 了解刚体的平行移动和定轴转动的概念。
- 掌握转动刚体上各点速度和加速度的计算方法。

素质目标

★ 培养知行合一、坚韧不拔的品格。

★ 提高自主学习、探究学习的意识。

6.1 点的运动学

点的运动学主要研究动点相对于某参考系的几何位置随时间变化的规律，包括点的运动轨迹、运动方程、速度和加速度等。

点的运动轨迹是指点在空间运动时所经过的路线。如果轨迹是直线，则点的运动称为直线运动；如果轨迹是曲线，则点的运动称为曲线运动。由于直线运动可以视为曲线运动的特例，因此我们的讨论将从点的曲线运动开始。

6.1.1 矢量法

1. 点的运动方程

设有一动点 M 沿空间曲线运动，选取参考系上某固定点 O 为坐标原点，自点 O 向动点 M 做矢量 $\boldsymbol{r}$，则矢量 $\boldsymbol{r}$ 称为动点 M 相对于原点 O 的矢径。当动点 M 运动时，矢径 $\boldsymbol{r}$ 随时间 t 而变化，并且是时间 t 的单值连续函数，即

$$\boldsymbol{r}=\boldsymbol{r}(t) \tag{6-1}$$

式（6-1）称为点的矢量形式的运动方程。动点 M 在运动过程中，其矢径 $\boldsymbol{r}$ 的末端描绘出一条连续曲线，称为矢端曲线。显然，矢端曲线就是点的运动轨迹。

2．点的速度

点的速度是描述点运动的快慢和方向的物理量。如图 6-1 所示，设动点沿曲线运动，在某瞬时 t，点在位置 M，其矢径为 $\boldsymbol{r}$，经过时间间隔 Δt，点运动到位置 M'，其矢径为 $\boldsymbol{r}'$。则在时间间隔 Δt 内，矢径的改变量为

$$\Delta \boldsymbol{r} = \boldsymbol{r}' - \boldsymbol{r}$$

则 $\Delta \boldsymbol{r}$ 称为点在时间间隔 Δt 内的位移。

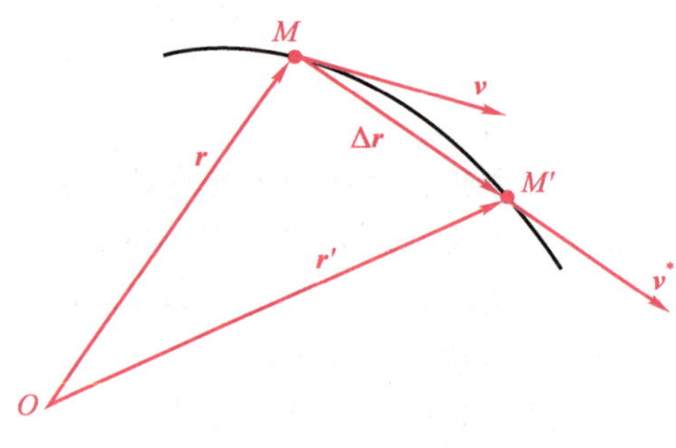

图 6-1

位移 $\Delta \boldsymbol{r}$ 与对应时间间隔 Δt 的比值，表示点在 Δt 内运动的平均快慢和方向，称为点在该时间间隔内的平均速度，用 $\bar{\boldsymbol{v}}$ 表示，即

$$\bar{\boldsymbol{v}} = \frac{\Delta \boldsymbol{r}}{\Delta t}$$

平均速度是一个矢量，其大小等于 $\left|\frac{\Delta \boldsymbol{r}}{\Delta t}\right|$，方向与位移 $\Delta \boldsymbol{r}$ 的方向相同。

当 $\Delta t \to 0$ 时，点 M' 趋近于 M，平均速度 $\bar{\boldsymbol{v}}$ 趋近于一个极限值，此极限值称为动点 M 在瞬时 t 的瞬时速度，简称速度，用 $\boldsymbol{v}$ 表示，且有

$$\boldsymbol{v} = \lim_{\Delta t \to 0} \bar{\boldsymbol{v}} = \lim_{\Delta t \to 0} \frac{\Delta \boldsymbol{r}}{\Delta t} = \frac{\mathrm{d}\boldsymbol{r}}{\mathrm{d}t} = \dot{\boldsymbol{r}} \tag{6-2}$$

式(6-2)说明点的速度等于其矢径 $\boldsymbol{r}$ 对时间的一阶导数。速度是一个矢量，其大小等于 $\left|\frac{\mathrm{d}\boldsymbol{r}}{\mathrm{d}t}\right|$，表示点在瞬时 t 运动的快慢，其方向沿轨迹切线并指向点运动的方向。在国际单位制中，速度的单位是 m/s。

3．点的加速度

点的加速度是描述点的速度变化快慢的物理量。如图 6-2 所示，设动点沿曲线运动，在某瞬时 t，点在位置 M，其速度为 $\boldsymbol{v}$，经过时间间隔 Δt，点运动到位置 M'，速度变为 $\boldsymbol{v}'$。则在时间间隔 Δt 内，速度的改变量为

$$\Delta \boldsymbol{v} = \boldsymbol{v}' - \boldsymbol{v}$$

$\Delta \boldsymbol{v}$ 与对应时间间隔 Δt 的比值，表示点在 Δt 内速度的平均变化率，称为点在该时间间隔内的平均加速度，用 $\bar{\boldsymbol{a}}$ 表示，即

$$\bar{\boldsymbol{a}} = \frac{\Delta \boldsymbol{v}}{\Delta t}$$

平均加速度是一个矢量，其大小等于$\left|\frac{\Delta \boldsymbol{v}}{\Delta t}\right|$，方向与$\Delta \boldsymbol{v}$的方向相同。

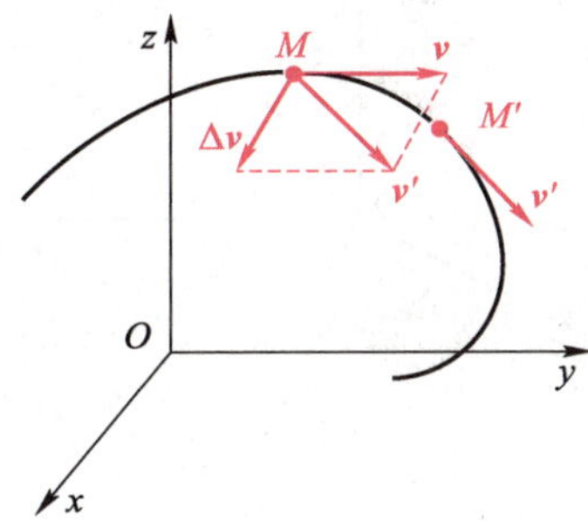

图 6-2

$\Delta \boldsymbol{v}$与对应时间间隔Δt的比值，表示点在Δt内速度的平均变化率，称为点在该时间间隔内的平均加速度，用$\bar{\boldsymbol{a}}$表示，即

$$\bar{\boldsymbol{a}} = \frac{\Delta \boldsymbol{v}}{\Delta t}$$

平均加速度是一个矢量，其大小等于$\left|\frac{\Delta \boldsymbol{v}}{\Delta t}\right|$，方向与$\Delta \boldsymbol{v}$的方向相同。

当$\Delta t \to 0$时，点M'趋近于M，平均加速度$\bar{\boldsymbol{a}}$趋近于一个极限值，此极限值称为动点M在瞬时t的瞬时加速度，简称加速度，用$\boldsymbol{a}$表示，且有

$$\boldsymbol{a} = \lim_{\Delta t \to 0} \bar{\boldsymbol{a}} = \lim_{\Delta t \to 0} \frac{\Delta \boldsymbol{v}}{\Delta t} = \frac{\mathrm{d}\boldsymbol{v}}{\mathrm{d}t} = \frac{\mathrm{d}^2 \boldsymbol{r}}{\mathrm{d}t^2} = \ddot{\boldsymbol{r}} \tag{6-3}$$

式（6-3）说明点的加速度等于其速度$\boldsymbol{v}$对时间的一阶导数，或等于其矢径$\boldsymbol{r}$对时间的二阶导数。加速度是一个矢量，其大小等于$\left|\frac{\mathrm{d}\boldsymbol{v}}{\mathrm{d}t}\right|$，表示动点在瞬时$t$速度变化的快慢，其方向与$\Delta t \to 0$时$\Delta \boldsymbol{v}$的极限方向一致。在国际单位制中，加速度的单位是$\mathrm{m/s^2}$。

6.1.2　直角坐标法

1. 点的运动方程

如图 6-3 所示，设动点M相对于固定的直角坐标系$Oxyz$运动，点M在空间的位置由其坐标x，y，z唯一确定。当点M运动时，坐标x，y，z都是时间t的单值连续函数，即

$$\left.\begin{aligned} x &= x(t) \\ y &= y(t) \\ z &= z(t) \end{aligned}\right\} \tag{6-4}$$

式（6-4）表示点在直角坐标系中的运动规律，称为点的直角坐标形式的运动方程。此外，

把时间 t 看成参数，该方程即为点的运动轨迹的参数方程，由此方程可以确定任一时刻动点 M 的坐标 x，y，z。

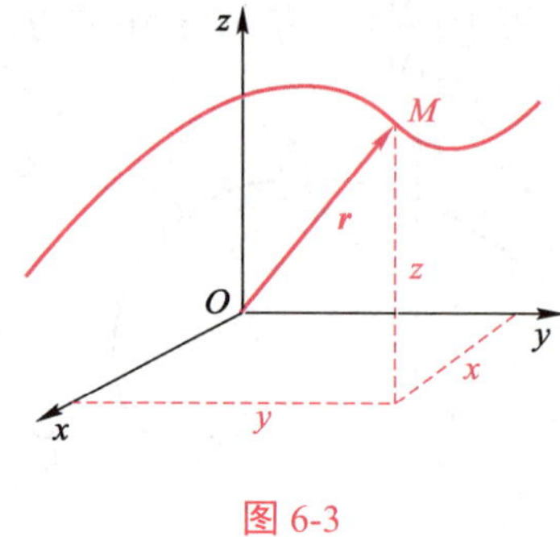

图 6-3

2. 点的速度

如图 6-3 所示，在直角坐标系 $Oxyz$ 中，矢径的起点与直角坐标系的原点重合，因此有如下关系

$$\boldsymbol{r}=x\boldsymbol{i}+y\boldsymbol{j}+z\boldsymbol{k} \tag{6-5}$$

式中，$\boldsymbol{i}$，$\boldsymbol{j}$，$\boldsymbol{k}$ 分别为沿三个坐标轴方向的单位矢量。

将式（6-5）对时间求一阶导数，得到动点的速度 $\boldsymbol{v}$，即

$$\boldsymbol{v}=\frac{\mathrm{d}\boldsymbol{r}}{\mathrm{d}t}=\frac{\mathrm{d}x}{\mathrm{d}t}\boldsymbol{i}+\frac{\mathrm{d}y}{\mathrm{d}t}\boldsymbol{j}+\frac{\mathrm{d}z}{\mathrm{d}t}\boldsymbol{k}=\dot{x}\boldsymbol{i}+\dot{y}\boldsymbol{j}+\dot{z}\boldsymbol{k} \tag{6-6}$$

设动点的速度 $\boldsymbol{v}$ 在直角坐标轴上的投影分别为 v_x， v_y， v_z，则 $\boldsymbol{v}$ 可表示为

$$\boldsymbol{v}=v_x\boldsymbol{i}+v_y\boldsymbol{j}+v_z\boldsymbol{k} \tag{6-7}$$

对比上述两式，可得

$$v_x=\dot{x}，v_y=\dot{y}，v_z=\dot{z} \tag{6-8}$$

即点的速度在直角坐标系中的投影等于点对应的坐标对时间的一阶导数。

速度 $\boldsymbol{v}$ 的大小和方向可由其在直角坐标轴上的投影完全确定。速度 $\boldsymbol{v}$ 的大小为

$$v=\sqrt{v_x^2+v_y^2+v_Z^2} \tag{6-9}$$

速度 $\boldsymbol{v}$ 的方向可用速度与各坐标轴之间夹角的方向余弦来确定，即

$$\left.\begin{aligned}\cos(\boldsymbol{v},\boldsymbol{i})&=\frac{v_x}{v}\\ \cos(\boldsymbol{v},\boldsymbol{j})&=\frac{v_y}{v}\\ \cos(\boldsymbol{v},\boldsymbol{k})&=\frac{v_z}{v}\end{aligned}\right\} \tag{6-10}$$

3. 点的加速度

将式（6-6）和式（6-7）分别对时间求一阶导数，得到动点的加速度 $\boldsymbol{a}$，即

$$\boldsymbol{a}=\frac{\mathrm{d}\boldsymbol{v}}{\mathrm{d}t}=\frac{\mathrm{d}^2x}{\mathrm{d}t^2}\boldsymbol{i}+\frac{\mathrm{d}^2y}{\mathrm{d}t^2}\boldsymbol{j}+\frac{\mathrm{d}^2z}{\mathrm{d}t^2}\boldsymbol{k} \tag{6-11}$$

$$\boldsymbol{a}=\frac{\mathrm{d}v_x}{\mathrm{d}t}\boldsymbol{i}+\frac{\mathrm{d}v_y}{\mathrm{d}t}\boldsymbol{j}+\frac{\mathrm{d}v_z}{\mathrm{d}t}\boldsymbol{k} \tag{6-12}$$

设动点的加速度 $\boldsymbol{a}$ 在直角坐标轴上的投影分别为 a_x， a_y， a_z，则 $\boldsymbol{a}$ 可表示为

$$\boldsymbol{a}=a_x\boldsymbol{i}+a_y\boldsymbol{j}+a_z\boldsymbol{k}$$

对比上述三式，可得

$$\left.\begin{aligned}a_x&=\frac{\mathrm{d}v_x}{\mathrm{d}t}=\frac{\mathrm{d}^2x}{\mathrm{d}t^2}\\a_y&=\frac{\mathrm{d}v_y}{\mathrm{d}t}=\frac{\mathrm{d}^2y}{\mathrm{d}t^2}\\a_z&=\frac{\mathrm{d}v_z}{\mathrm{d}t}=\frac{\mathrm{d}^2z}{\mathrm{d}t^2}\end{aligned}\right\} \tag{6-13}$$

即点的加速度在直角坐标轴上的投影等于该点速度对应的投影对时间的一阶导数，或等于该点对应的坐标对时间的二阶导数。

加速度 $\boldsymbol{a}$ 的大小和方向可由其在直角坐标轴上的投影完全确定。加速度 $\boldsymbol{a}$ 的大小为

$$a=\sqrt{a_x^2+a_y^2+a_z^2}=\sqrt{\left(\frac{\mathrm{d}^2x}{\mathrm{d}t^2}\right)^2+\left(\frac{\mathrm{d}^2y}{\mathrm{d}t^2}\right)^2+\left(\frac{\mathrm{d}^2z}{\mathrm{d}t^2}\right)^2} \tag{6-14}$$

加速度 $\boldsymbol{a}$ 的方向可用加速度与各坐标轴之间夹角的方向余弦来确定，即

$$\left.\begin{aligned}\cos(\boldsymbol{a},\boldsymbol{i})&=\frac{a_x}{a}\\\cos(\boldsymbol{a},\boldsymbol{j})&=\frac{a_y}{a}\\\cos(\boldsymbol{a},\boldsymbol{k})&=\frac{a_z}{a}\end{aligned}\right\} \tag{6-15}$$

6.1.3 自然法

自然法是指利用点的运动轨迹建立弧坐标及自然轴系，并用它们来描述和分析点的运动的方法。

1. 点的运动方程

如图 6-4 所示，设动点 M 沿平面曲线运动，在曲线轨迹上任取一点 O 为原点，并规定点 O 的一侧为正方向，另一侧为负方向。动点 M 的位置用弧长 OM 来描述，称为动点

M 的自然坐标或弧坐标，用 s 表示。显然，s 是个代数量。当动点 M 沿轨迹运动时，s 将随时间 t 的变化而变化。故弧长 s 是时间 t 的单值连续函数，即

$$s = s(t) \tag{6-16}$$

式（6-16）称为点的弧坐标形式的运动方程。

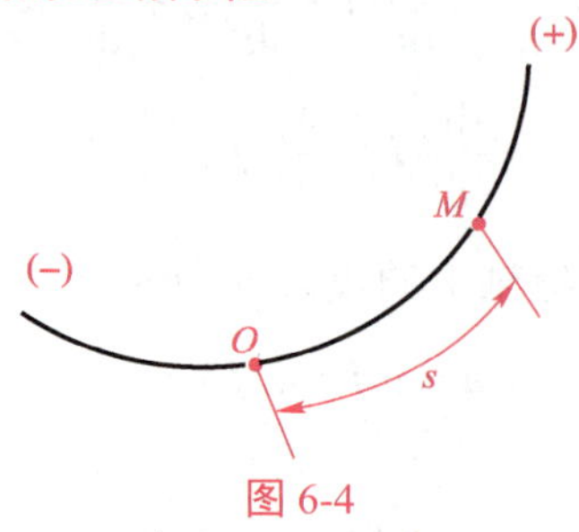

图 6-4

2. 弧坐标和自然轴系

如图 6-5 所示，在点的运动轨迹上取极为接近的两点 M 和 M_1，其间的弧长为 Δs，这两点切线的单位矢量分别为 $\boldsymbol{\tau}$ 和 $\boldsymbol{\tau}_1$，其指向与弧坐标正向一致。将 $\boldsymbol{\tau}_1$ 平移至点 M，则 $\boldsymbol{\tau}$ 和 $\boldsymbol{\tau}_1$ 可以确定一个平面。当点 M_1 沿轨迹曲线无限趋近于点 M 时，该平面趋近于某一极限位置，此极限平面称为曲线在点 M 的密切面，过点 M 并与切线垂直的平面称为曲线在点 M 的法平面。其中，密切面与法平面的交线称为曲线在点 M 的主法线，其单位矢量为 $\boldsymbol{n}$，指向曲线内凹一侧；过点 M 且垂直于切线与主法线的直线称为副法线，其单位矢量为 $\boldsymbol{b}$，指向与 $\boldsymbol{\tau}$，$\boldsymbol{n}$ 构成右手系，即

$$\boldsymbol{b} = \boldsymbol{\tau} \times \boldsymbol{n} \tag{6-17}$$

以点 M 为原点，以切线、主法线和副法线为坐标轴组成的正交坐标系称为曲线在点 M 的自然轴系。

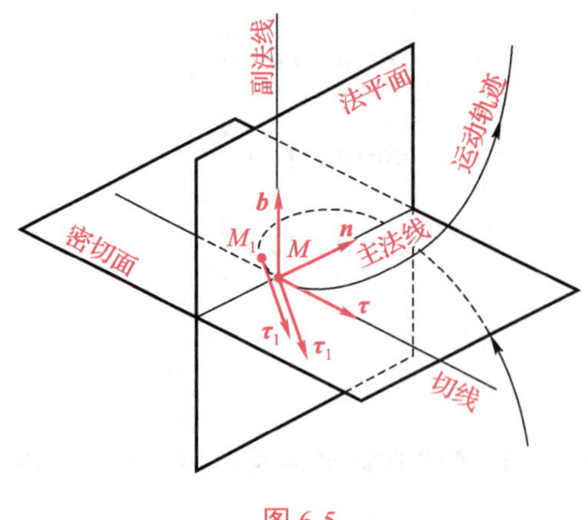

图 6-5

注 意

随着点 M 在轨迹上运动，$\boldsymbol{\tau}$，$\boldsymbol{n}$，$\boldsymbol{b}$ 的方向也在不断变动。因此，自然轴系是沿曲线变动的游动坐标系。

在曲线运动中，轨迹的曲率或曲率半径是一个重要的参数，它表示曲线的弯曲程度。如图 6-6 所示，设点 M 沿轨迹经过弧长 Δs 到达点 M'，点 M 处曲线切向的单位矢量为 $\boldsymbol{\tau}$，点 M' 处曲线切向的单位矢量为 $\boldsymbol{\tau}'$，而切线经过 Δs 时转过的角度为 $\Delta\theta$。曲率定义为曲线切线的转角对弧长一阶导数的绝对值，曲率的倒数称为曲率半径。以 ρ 表示曲率半径，则有

$$\frac{1}{\rho}=\lim_{\Delta s\to 0}\left|\frac{\Delta\theta}{\Delta s}\right|=\frac{\mathrm{d}\theta}{\mathrm{d}s} \tag{6-18}$$

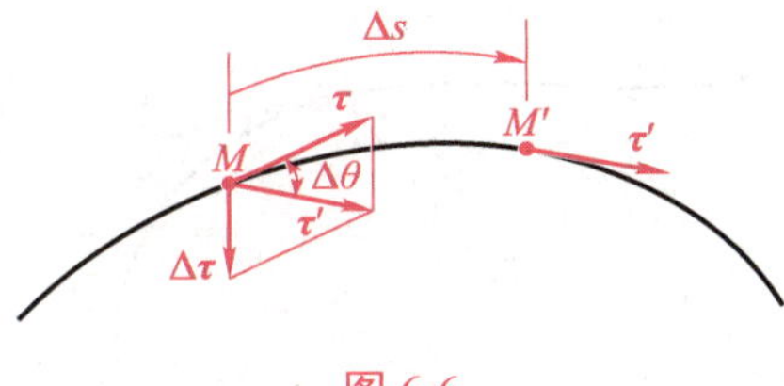

图 6-6

根据图 6-6 可知

$$|\Delta\boldsymbol{\tau}|=2|\boldsymbol{\tau}|\sin\frac{\Delta\theta}{2}$$

当 $\Delta s\to 0$ 时，$\Delta\theta\to 0$，$\Delta\boldsymbol{\tau}$ 与 $\boldsymbol{\tau}$ 垂直，且有 $|\boldsymbol{\tau}|=1$，由此可得

$$|\Delta\boldsymbol{\tau}|\approx\Delta\theta$$

此外，当 Δs 为正时，点沿切线 $\boldsymbol{\tau}$ 的正方向运动，$\Delta\boldsymbol{\tau}$ 指向轨迹内凹一侧；当 Δs 为负时，点沿切线 $\boldsymbol{\tau}$ 的负方向运动，$\Delta\boldsymbol{\tau}$ 指向轨迹外凸一侧。因此有

$$\frac{\mathrm{d}\boldsymbol{\tau}}{\mathrm{d}s}=\lim_{\Delta s\to 0}\frac{\Delta\boldsymbol{\tau}}{\Delta s}=\lim_{\Delta s\to 0}\frac{\Delta\boldsymbol{\tau}}{\Delta\theta}\cdot\frac{\Delta\theta}{\Delta s}=\frac{1}{\rho}\boldsymbol{n} \tag{6-19}$$

式（6-19）将用于法向加速度的推导。

3. 点的速度

如图 6-7 所示，设动点沿已知轨迹运动，在时间间隔 Δt 内由点 M 运动到点 M'，其弧坐标的改变量为 Δs，矢径改变量为 $\Delta\boldsymbol{r}$。由式（6-2）可得

$$\boldsymbol{v}=\frac{\mathrm{d}\boldsymbol{r}}{\mathrm{d}t}=\frac{\mathrm{d}\boldsymbol{r}}{\mathrm{d}s}\cdot\frac{\mathrm{d}s}{\mathrm{d}t}$$

式中，$\dfrac{\mathrm{d}\boldsymbol{r}}{\mathrm{d}s}$ 的大小为

$$\left|\frac{\mathrm{d}\boldsymbol{r}}{\mathrm{d}s}\right|=\lim_{\Delta s\to 0}\left|\frac{\Delta\boldsymbol{r}}{\Delta s}\right|=1$$

其方向应是 $\Delta s\to 0$ 时 $\dfrac{\Delta\boldsymbol{r}}{\Delta s}$ 的极限方向，即沿轨迹的切线并指向弧坐标的正向，故 $\dfrac{\mathrm{d}\boldsymbol{r}}{\mathrm{d}s}=\boldsymbol{\tau}$。

此外，$\dfrac{\mathrm{d}s}{\mathrm{d}t}$ 是指动点的弧坐标 s 对时间 t 的一阶导数，为一个代数量，用 v 表示，它可以理解为动点的速度 $\boldsymbol{v}$ 在轨迹切线上的投影。因此

$$\boldsymbol{v}=\frac{\mathrm{d}s}{\mathrm{d}t}\boldsymbol{\tau}=v\boldsymbol{\tau} \tag{6-20}$$

式（6-20）说明动点的速度 $\boldsymbol{v}$ 总是沿轨迹的切线方向。当 $\frac{\mathrm{d}s}{\mathrm{d}t}$ 为正时，速度 $\boldsymbol{v}$ 指向弧坐标的正向；当 $\frac{\mathrm{d}s}{\mathrm{d}t}$ 为负时，速度 $\boldsymbol{v}$ 指向弧坐标的负向。

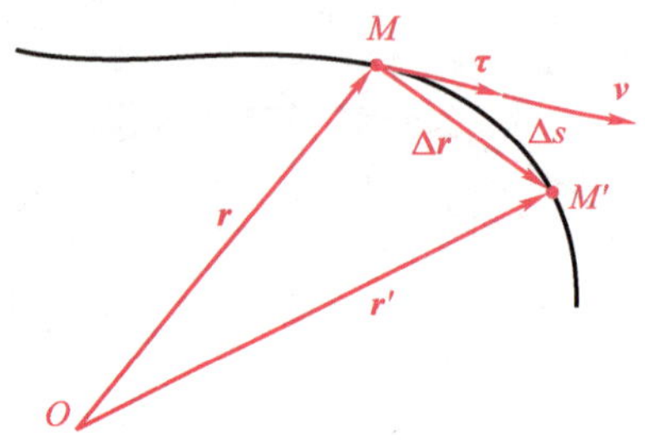

图 6-7

4．点的加速度

将式（6-20）代入式（6-3）得

$$\boldsymbol{a}=\frac{\mathrm{d}\boldsymbol{v}}{\mathrm{d}t}=\frac{\mathrm{d}}{\mathrm{d}t}(v\boldsymbol{\tau})=\frac{\mathrm{d}v}{\mathrm{d}t}\boldsymbol{\tau}+v\frac{\mathrm{d}\boldsymbol{\tau}}{\mathrm{d}t} \tag{6-21}$$

式（6-21）中，$\frac{\mathrm{d}v}{\mathrm{d}t}\boldsymbol{\tau}$ 称为切向加速度，是指动点速度的大小对时间的变化率，用 $\boldsymbol{a}_\tau$ 表示，即

$$\boldsymbol{a}_\tau=\frac{\mathrm{d}v}{\mathrm{d}t}\boldsymbol{\tau}=\frac{\mathrm{d}^2 s}{\mathrm{d}t^2}\boldsymbol{\tau} \tag{6-22}$$

显然，切向加速度的代数值等于动点速度对时间的一阶导数的代数值，或等于动点弧坐标对时间的二阶导数的代数值，其方向沿轨迹切线方向。因此，当 $\frac{\mathrm{d}^2 s}{\mathrm{d}t^2}$ 为正时，$\boldsymbol{a}_\tau$ 指向弧坐标的正向；当 $\frac{\mathrm{d}^2 s}{\mathrm{d}t^2}$ 为负时，$\boldsymbol{a}_\tau$ 指向弧坐标的负向。

式（6-21）中，$v\frac{\mathrm{d}\boldsymbol{\tau}}{\mathrm{d}t}$ 称为法向加速度，是指切线的单位矢量 $\boldsymbol{\tau}$ 对时间的变化率，用 $\boldsymbol{a}_\mathrm{n}$ 表示，即

$$\boldsymbol{a}_\mathrm{n}=v\frac{\mathrm{d}\boldsymbol{\tau}}{\mathrm{d}t}=v\frac{\mathrm{d}\boldsymbol{\tau}}{\mathrm{d}s}\cdot\frac{\mathrm{d}s}{\mathrm{d}t} \tag{6-23}$$

将式（6-19）代入式（6-23）中，可得

$$\boldsymbol{a}_\mathrm{n}=\frac{v^2}{\rho}\boldsymbol{n} \tag{6-24}$$

显然，法向加速度的代数值等于点的速度平方与曲率半径的比值，其方向沿主法线方向并指向曲率中心。法向加速度反映了动点速度的方向变化的快慢程度。

于是，自然轴系下点的加速度可写成

$$\boldsymbol{a}=\frac{\mathrm{d}v}{\mathrm{d}t}\boldsymbol{\tau}+\frac{v^2}{\rho}\boldsymbol{n}=a_\tau\boldsymbol{\tau}+a_\mathrm{n}\boldsymbol{n}=\boldsymbol{a}_\tau+\boldsymbol{a}_\mathrm{n} \tag{6-25}$$

如图 6-8（a）所示，当速度 $\boldsymbol{v}$ 和切向加速度 $\boldsymbol{a}_\tau$ 的指向相同时，$\boldsymbol{v}$ 与 $\boldsymbol{a}_\tau$ 的符号相同，速度绝对值不断增加，点做加速运动；如图 6-8（b）所示，当速度 $\boldsymbol{v}$ 和切向加速度 $\boldsymbol{a}_\tau$ 的指向相反时，$\boldsymbol{v}$ 与 $\boldsymbol{a}_\tau$ 的符号相反，速度绝对值不断减小，点做减速运动。

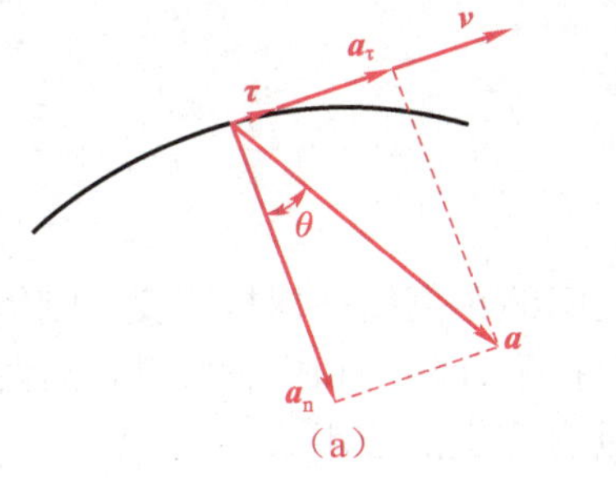

（a）

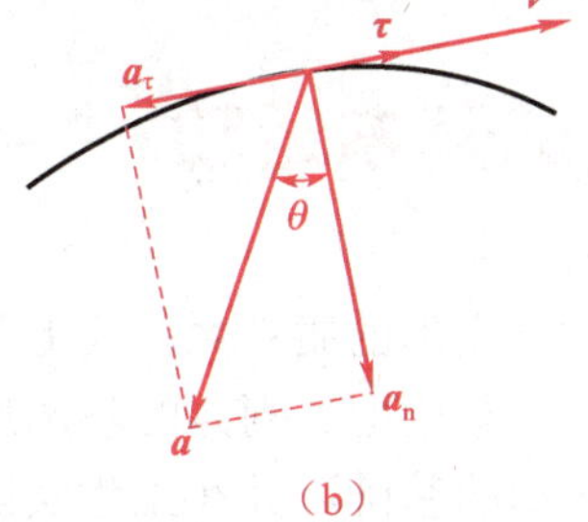

（b）

图 6-8

例 6-1　已知点 M 的运动方程为 $x=2t$，$y=t^2$，式中 x 和 y 的单位为 m，t 的单位为 s。试求动点 M 的运动轨迹，以及当 $t=1\,\mathrm{s}$ 时的切向加速度、法向加速度和轨迹的曲率半径。

解： 根据题目中给出的运动方程，消去参数 t，可得到动点 M 的运动轨迹方程为

$$x^2=4y\quad(x\geqslant0,\ y\geqslant0)$$

动点 M 的运动轨迹如图 6-9 所示。

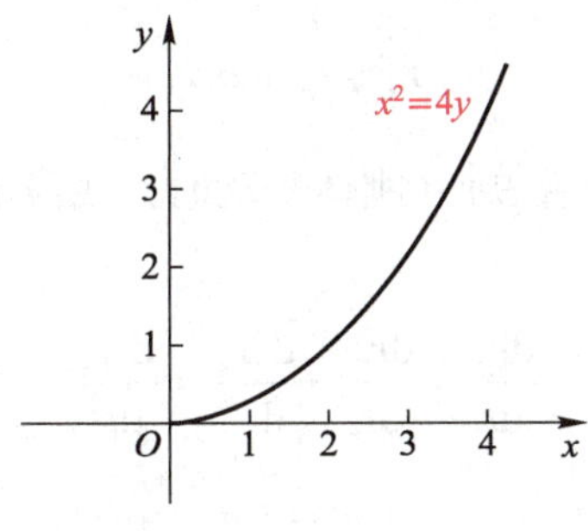

图 6-9

先求直角坐标系下点的速度和加速度，即

$$\left.\begin{aligned}&v_x=\frac{\mathrm{d}x}{\mathrm{d}t}=2,\ v_y=\frac{\mathrm{d}y}{\mathrm{d}t}=2t,\ v=\sqrt{v_x^2+v_y^2}=2\sqrt{1+t^2}\\&a_x=\frac{\mathrm{d}v_x}{\mathrm{d}t}=0,\ a_y=\frac{\mathrm{d}v_y}{\mathrm{d}t}=2,\ a=\sqrt{a_x^2+a_y^2}=2\end{aligned}\right\}$$

然后求自然轴系下点的切向加速度 a_τ、法向加速度 a_n 及曲率半径 ρ，即

$$\left.\begin{aligned} a_\tau &= \frac{\mathrm{d}v}{\mathrm{d}t} = \frac{\mathrm{d}(2\sqrt{1+t^2})}{\mathrm{d}t} = \frac{2t}{\sqrt{1+t^2}} \\ a_\mathrm{n} &= \sqrt{a^2 - a_\tau^2} = \frac{2}{\sqrt{1+t^2}} \\ \rho &= \frac{v^2}{a_\mathrm{n}} = 2(1+t)^{3/2} \end{aligned}\right\}$$

将 $t = 1\,\mathrm{s}$ 代入后，可解得：$a_\tau = a_n = \sqrt{2}\ \mathrm{m/s^2}$，$\rho = 4\sqrt{2}\ \mathrm{m}$。

6.2 刚体的基本运动

刚体是一种不变形的质点系，其上各点之间的距离始终保持不变。刚体是实际物体在变形可忽略时的抽象模型。刚体的基本运动包括平行移动和定轴转动，这两种基本运动是研究刚体复杂运动的基础，并在工程实际中具有广泛的应用。

6.2.1 刚体的平行移动

在运动过程中，刚体上任一直线始终保持与其初始位置平行，这种运动称为刚体的平行移动，简称平动。气缸中活塞的运动、刨床工作台的移动以及图 6-10 所示连杆 AB 的运动等都是刚体平动的实例。

如图 6-11 所示，刚体平动时，刚体上任意两点 A，B 的矢径具有如下关系

$$\boldsymbol{r}_A = \boldsymbol{r}_B + \overrightarrow{BA}$$

将上式对时间 t 求导，由于常矢量 $\overrightarrow{BA}$（刚体平动时，线段 BA 的长度和方向都不改变）的导数等于零，则有

$$\frac{\mathrm{d}\boldsymbol{r}_A}{\mathrm{d}t} = \frac{\mathrm{d}\boldsymbol{r}_B}{\mathrm{d}t},\quad \frac{\mathrm{d}^2\boldsymbol{r}_A}{\mathrm{d}t^2} = \frac{\mathrm{d}^2\boldsymbol{r}_B}{\mathrm{d}t^2}$$

所以，可以得出

$$\boldsymbol{v}_A = \boldsymbol{v}_B,\ \boldsymbol{a}_A = \boldsymbol{a}_B$$

在上述过程中，点 A 和点 B 的选取是任意的，因此可以得出结论：当刚体平动时，其上各点的轨迹形状相同；在每一瞬时，各点的速度和加速度也相同。

因此，研究刚体的平动可以归纳为研究刚体内任意一点（如质心）的运动，即归纳为点的运动学问题。

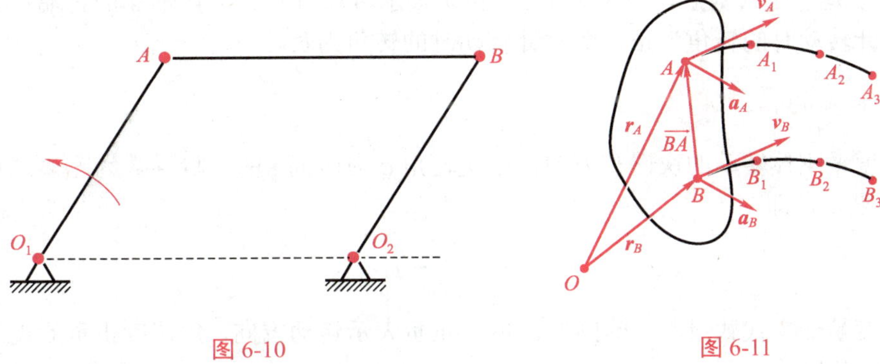

图 6-10　　　　图 6-11

6.2.2　刚体的定轴转动

在运动过程中，刚体内（或其扩展部分）有一条直线始终保持不动，这种运动称为刚体的定轴转动，这条固定不动的直线称为转轴。如图 6-12 所示，刚体定轴转动时，直线 Oz 为其转轴。

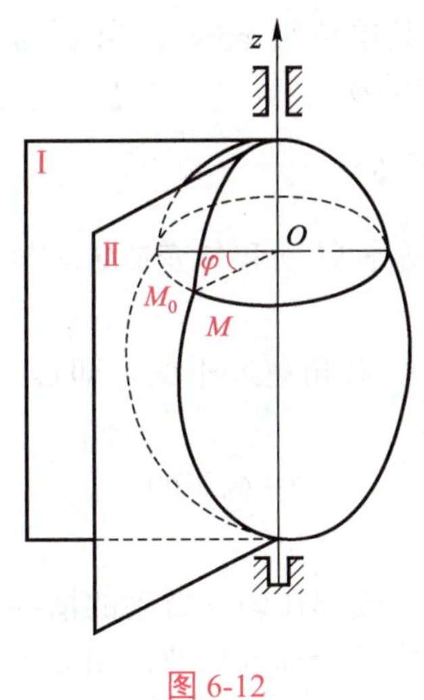

图 6-12

1. 刚体的转动方程

如图 6-12 所示为一绕定轴转动的刚体。当刚体绕定轴转动时，固定半平面 I 和动半平面 II 之间的夹角 φ 唯一地确定了动半平面 II 的位置，从而也就确定了刚体的位置。其中，φ 称为转角。刚体在转动过程中，转角 φ 随时间 t 而变化，即转角 φ 可表示为时间 t 的单值函数，即

$$\varphi=\varphi(t) \tag{6-26}$$

式（6-26）即为刚体定轴转动的运动方程。它反映了刚体定轴转动的运动规律，由此方程可以确定任一瞬时刚体的位置。

转角 φ 是一个代数量，单位为 rad，正负表示转动方向。从转轴 z 的正端往负端看，规定逆时针转动时的转角为正，顺时针转动时的转角为负。

2. 刚体的角速度

为了度量刚体转动的快慢和方向，定义转角 φ 对时间 t 的一阶导数为刚体的角速度，用字母 ω 表示，即

$$\omega=\frac{\mathrm{d}\varphi}{\mathrm{d}t}=\dot{\varphi} \tag{6-27}$$

角速度是一个代数量，其单位为rad/s，正负表示转动方向。角速度正负的规定与转角正负的规定相同。

3. 刚体的角加速度

为了度量速度变化快慢的情况，定义角速度 ω 对时间 t 的一阶导数或转角 φ 对时间 t 的二阶导数为刚体的角加速度，用字母 α 表示，即

$$\alpha=\frac{\mathrm{d}\omega}{\mathrm{d}t}=\dot{\omega}=\ddot{\varphi} \tag{6-28}$$

角加速度也是一个代数量，其单位是 $\mathrm{rad/s^2}$。当 ω 与 α 同号时，刚体进行加速转动；当 ω 与 α 异号时，刚体进行减速转动。

4. 匀速和匀变速定轴转动

在刚体的定轴转动中，匀速定轴转动和匀变速定轴转动是两种特殊的情形。

1）匀速定轴转动

当刚体进行匀速定轴转动时，其角速度不变，即 $\omega=$常量，$\alpha=0$。参照点的匀速直线运动公式，可得

$$\varphi=\varphi_0+\omega t \tag{6-29}$$

式中，φ_0 为 $t=0$ 时的转角。

机器中的转动部件或零件，一般都在匀速转动的情况下工作。因此，工程中还常使用每分钟转过的圈数来表示转动的快慢，称为转速，用 n 表示。

角速度 ω 与转速 n 的关系为

$$\omega=\frac{n\cdot 2\pi}{60}=\frac{n\pi}{30} \tag{6-30}$$

式中，转速 n 的单位为r/min，角速度 ω 的单位是rad/s。

2）匀变速定轴运动

当刚体进行匀变速定轴转动时，其角加速度不变，即 $\alpha=$常量。参照点的匀变速直线运动公式，可得

$$\left.\begin{aligned}\omega&=\omega_0+\alpha t\\ \varphi&=\varphi_0+\omega_0 t+\frac{1}{2}\alpha t^2\end{aligned}\right\} \tag{6-31}$$

式中，ω_0 和 φ_0 分别为 $t=0$ 时的角速度和转角。

根据刚体匀速和匀变速定轴转动的运动方程可知：刚体在匀变速定轴转动中转角 φ、角速度 ω 和时间 t 的关系与点在匀变速运动中弧坐标 s、速度 v 和时间 t 的关系相似。

6.2.3　转动刚体上各点的速度和加速度

在工程实际中，不仅需要确定刚体定轴转动的整体运动规律，还需要确定转动刚体上某点的速度和加速度。例如，铣床铣削工件时，为了提高加工精度和表面质量，必须选择合适的切削速度，而切削速度就是工件表面上各点的速度。下面将讨论转动刚体上各点的速度、加速度与整个刚体转动之间的关系。

转动刚体上各点的速度和加速度

1．转动刚体上各点的速度

如图 6-13（a）所示，刚体绕定轴转动，刚体上任意一点 M 的运动轨迹为以 r 为半径的圆。用自然法描述，设以 $t=0$ 时动点 M 的位置 M_0 为弧坐标的原点，则动点的弧坐标为

$$s=r\varphi \tag{6-32}$$

根据点的运动学知识可知，点 M 的速度 v 为

$$v=\frac{\mathrm{d}s}{\mathrm{d}t}=r\frac{\mathrm{d}\varphi}{\mathrm{d}t}=r\omega \tag{6-33}$$

式（6-33）说明，定轴转动刚体上任意一点速度的大小等于该点至转轴的垂直距离与刚体角速度的乘积，其方向沿圆周的切线方向，指向与转动方向一致。

2．转动刚体上各点的加速度

如图 6-13（b）所示，点 M 做圆周运动。根据自然法可知，点 M 的加速度包括切向加速度和法向加速度。其中，点 M 的切向加速度 a_τ 为

$$a_\tau=\frac{\mathrm{d}v}{\mathrm{d}t}=r\frac{\mathrm{d}\omega}{\mathrm{d}t}=r\alpha \tag{6-34}$$

式（6-34）说明，定轴转动刚体上任意一点切向加速度的大小等于该点至转轴的垂直距离与刚体角加速度的乘积，其方向由角加速度的符号决定。当 ω 与 α 的正负相同时，切向加速度 $\boldsymbol{a}_\tau$ 与速度 $\boldsymbol{v}$ 的方向相同，相当于加速转动；反之，相当于减速转动。

点 M 的法向加速度 a_n 为

$$a_n=\frac{v^2}{\rho}=\frac{(r\omega)^2}{r}=r\omega^2 \tag{6-35}$$

式（6-35）说明，定轴转动刚体上任意一点法向加速度的大小等于该点至转轴的垂直距离与刚体角速度平方的乘积，其方向与速度方向垂直并指向轴线。

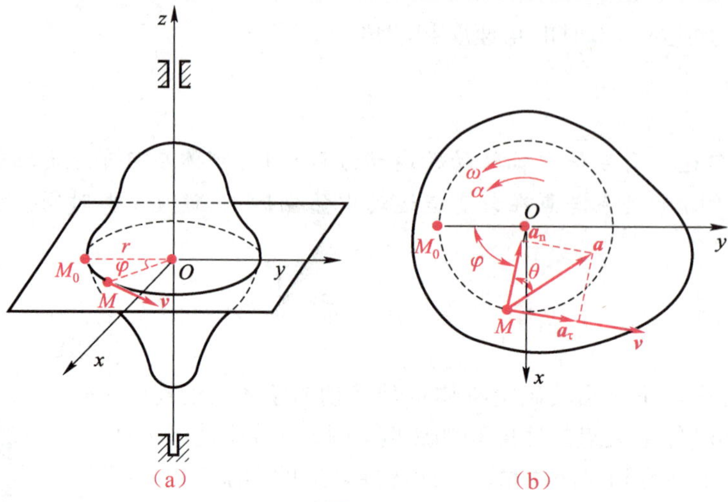

图 6-13

由式（6-34）和式（6-35）可得出点 M 的**全加速度** a 的大小和方向分别为

$$a=\sqrt{a_{\tau}^{2}+a_{n}^{2}}=r\sqrt{\alpha^{2}+\omega^{4}} \tag{6-36}$$

$$\tan\theta=\frac{a_{\tau}}{a_{n}}=\frac{\alpha}{\omega^{2}} \tag{6-37}$$

根据式（6-34）至式（6-36）可知，在任一瞬时，转动刚体上各点的切向加速度、法向加速度和全加速度的大小均与点到转轴的垂直距离成正比。

例 6-2 如图 6-14 所示四连杆机构，已知 $AB=O_1O_2$，$O_1A=O_2B=r=0.1\,\mathrm{m}$，若曲柄 O_1A 以 $\varphi=\pi t^2$ 的运动规律绕点 O_1 运动。求当 $t=1\,\mathrm{s}$ 时，连杆 AB 上中点 M 的速度和加速度。

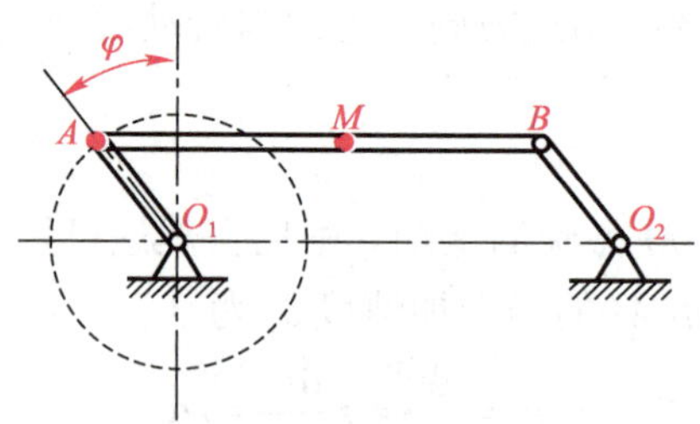

图 6-14

解： 由题意可知，连杆 AB 平行移动，因此点 M 和点 A 具有相同的运动规律。而对于点 A，它在绕点 O_1 做定轴转动的过程中，其角速度和角加速度分别为

$$\omega=\frac{\mathrm{d}\varphi}{\mathrm{d}t}=2\pi t\,(\mathrm{rad/s}),\quad \alpha=\frac{\mathrm{d}\omega}{\mathrm{d}t}=2\pi\,(\mathrm{rad/s^2})$$

从而可以求出

$$v_A = r\omega = 0.2\pi t\ (\text{m/s})$$
$$a_{\tau A} = r\alpha = 0.2\pi\ (\text{m/s}^2)$$
$$a_{nA} = r\omega^2 = 0.4\pi^2 t^2\ (\text{m/s}^2)$$

将 $t = 1\ \text{s}$ 代入可得

$$v_A = 0.628\ \text{m/s}$$
$$a_{\tau A} = 0.628\ \text{m/s}^2$$
$$a_{nA} = 3.944\ \text{m/s}^2$$

故点 A（亦即点 M）全加速度的大小和方向分别为

$$a_A = \sqrt{a_{\tau A}^2 + a_{nA}^2} = 3.99\ (\text{m/s}^2)$$
$$\angle\theta = \arctan\frac{a_{\tau A}}{a_{nA}} = 9.05°$$

素质启慧园

钱学森：“得给学生们补补基础课”

钱学森，1911 年 12 月 11 日出生于上海市，祖籍浙江省杭州市。1938 年至 1955 年，钱学森在美国从事空气动力学、固体力学和火箭导弹等领域的研究工作，在 28 岁时就成为世界知名的空气动力学家。他在空气动力学、航空工程、喷气推进、工程控制论、物理力学等技术科学领域做出了开创性贡献。

1955 年，钱学森历经艰辛终于回到了祖国，他很清楚，无论是发展科技还是巩固国防，关键在于人才，因此，钱学森始终把人才培养摆在非常重要的位置。

钱学森在美国获得博士学位后，一直从事教学和理论研究工作，他回国后很乐意亲自站上讲台给大家授课。1956 年初，中国科学院力学所没有房子，钱学森就借化学所的房子，办起了工程控制论讲习班，传授最新的科学知识。钱学森的讲习班每周一次课，听课的除了力学所和中国科学院有关研究所的青年研究人员外，还有北大、清华等高校的年轻教师，每次来听课的有 200 多人。这个讲习班为我国培养了大批自动化控制方面的人才，为中国的航天事业、导弹研制和发展立下了汗马功劳。后来，在钱学森的倡议下，国务院决定在清华大学成立工程力学和自动化两个研究班。钱学森亲自在工程力学研究班讲授“水动力学”。

只办研究班，钱学森还是感到“不过瘾”。1958 年 2 月，一些科学家共同倡议创办一所新型大学，重点培养国家急需的尖端科学技术人才，钱学森也是积极的倡导者之一。1958 年 6 月 2 日，这所大学被批准成立，校名定为中国科学技术大学。从 1958 年建校伊始到 1970 年中国科学技术大学从北京搬迁至安徽合肥，其间 12 年，钱学森一直兼任力学与力学工程系（后改为近代力学系）主任。

钱学森对基础课程（如数学、物理、化学）的要求都很高，尤其是对数学。他说过，力学家的看家本事就是会算。有一次，他问工科毕业的辅导老师“在大学期间做过多少道数学题？”，得到的答案是 300 多道。钱学森又问力学系副主任“学生一般要做多少道数学题？”，得到的答案是 340 多道。钱学森说：“这可不行，中国科学技术大学应该比一般的工科院校有更高的要求，得给学生们补补基础课。”最后，学校决定 58 级学生晚半年毕业。钱学森选用《工程中的数学方法》一书开了一门课程，半年下来就做了 3 000 多道数学题。学生们普遍反映，虽然晚毕业半年，但打好了基础，终身受益。

（资料来源：
http://dangshi.people.com.cn/n1/2020/0304/c85037-31616287.html，有改动）

本章小结

1. 点的运动学

用矢量法描述点的运动，可以得出

$$\left.\begin{aligned} &\boldsymbol{r}=\boldsymbol{r}(t) \\ &\boldsymbol{v}=\frac{\mathrm{d}\boldsymbol{r}}{\mathrm{d}t}=\dot{\boldsymbol{r}} \\ &\boldsymbol{a}=\frac{\mathrm{d}\boldsymbol{v}}{\mathrm{d}t}=\frac{\mathrm{d}^2\boldsymbol{r}}{\mathrm{d}t^2}=\ddot{\boldsymbol{r}} \end{aligned}\right\}$$

用直角坐标法描述点的运动，可以得出

$$\left.\begin{aligned} &x=x(t),\ y=y(t),\ z=z(t) \\ &\boldsymbol{v}=v_x\boldsymbol{i}+v_y\boldsymbol{j}+v_z\boldsymbol{k}=\dot{x}\boldsymbol{i}+\dot{y}\boldsymbol{j}+\dot{z}\boldsymbol{k} \\ &\boldsymbol{a}=a_x\boldsymbol{i}+a_y\boldsymbol{j}+a_z\boldsymbol{k}=\ddot{x}\boldsymbol{i}+\ddot{y}\boldsymbol{j}+\ddot{z}\boldsymbol{k} \end{aligned}\right\}$$

用自然坐标法描述点的运动，可以得出

$$\left.\begin{aligned} &s = s(t) \\ &\boldsymbol{v} = v\boldsymbol{\tau} = \frac{\mathrm{d}s}{\mathrm{d}t}\boldsymbol{\tau} \\ &\boldsymbol{a} = \boldsymbol{a}_{\tau} + \boldsymbol{a}_{\mathrm{n}} = a_{\tau}\boldsymbol{\tau} + a_{\mathrm{n}}\boldsymbol{n} = \frac{\mathrm{d}v}{\mathrm{d}t}\boldsymbol{\tau} + \frac{v^2}{\rho}\boldsymbol{n} \end{aligned}\right\}$$

2. 刚体的基本运动

在运动过程中，刚体上任一直线始终保持与其初始位置平行，这种运动称为刚体的平行移动，简称平动。此时可将刚体的平动归纳为点的运动学问题。

在运动过程中，刚体内（或其扩展部分）有一条直线始终保持不动，这种运动称为刚体的定轴转动，刚体定轴转动时的运动方程、角速度和角加速度分别为

$$\left.\begin{aligned} &\varphi = \varphi(t) \\ &\omega = \frac{\mathrm{d}\varphi}{\mathrm{d}t} = \dot{\varphi} \\ &\alpha = \frac{\mathrm{d}\omega}{\mathrm{d}t} = \dot{\omega} = \ddot{\varphi} \end{aligned}\right\}$$

转动刚体上各点的速度和加速度分别为

$$\left.\begin{aligned} &v = \frac{\mathrm{d}s}{\mathrm{d}t} = r\frac{\mathrm{d}\varphi}{\mathrm{d}t} = r\omega \\ &a_{\tau} = \frac{\mathrm{d}v}{\mathrm{d}t} = r\frac{\mathrm{d}\omega}{\mathrm{d}t} = r\alpha \\ &a_{\mathrm{n}} = \frac{v^2}{\rho} = \frac{(r\omega)^2}{r} = r\omega^2 \end{aligned}\right\}$$

拓展阅读

运动学的发展简史

运动学在发展初期从属于动力学。

古代，人们通过对地面物体和天体运动的观察，逐渐形成了物体在空间中位置变化和时间的概念。在中国战国时期《墨经》中已有关于运动和时间先后的描述。亚里士多德在《物理学》中讨论了落体运动和圆周运动，已有了速度的概念。

18 世纪后期，由于天文学、造船业和机械业的发展需要，欧拉用几何方法系统地研究了刚体的定轴转动和刚体的定点运动问题，提出了后人用他的姓氏命名的欧拉角的概念，建立了欧拉运动方程，并得出了相关的运动学定理与概念，深刻地揭示了这种复杂运动形式的基本运动特征。所以欧拉被称为刚体运动学的奠基人。

19 世纪末以来，为了适应不同的生产需要，各种机器相继出现。于是，机构学应运而生。机构学的任务是分析机构的运动规律，从而根据需要设计新的机构并进行机构的综合。现代仪器和自动化技术的发展又促进了机构学的进一步发展。作为机构学的理论基础，运动学已逐渐脱离动力学而成为经典力学中一个独立的分支。

思考题

6-1　什么是点的运动方程？什么是点的轨迹方程？二者有什么区别和联系？能否由点的轨迹方程确定点的运动方程？

6-2　$\dfrac{\mathrm{d}\boldsymbol{v}}{\mathrm{d}t}$和$\dfrac{\mathrm{d}v}{\mathrm{d}t}$，$\dfrac{\mathrm{d}\boldsymbol{r}}{\mathrm{d}t}$和$\dfrac{\mathrm{d}r}{\mathrm{d}t}$有何异同？

6-3　若动点在某瞬时的加速度为零，此时动点的速度是否也一定为零？反之，若动点在某瞬时的速度为零，此时动点的加速度是否也一定为零？

6-4　如图 6-15 所示，点做曲线运动，点的加速度 $\boldsymbol{a}$ 为恒矢量。问这种情况下点是否做匀变速运动？

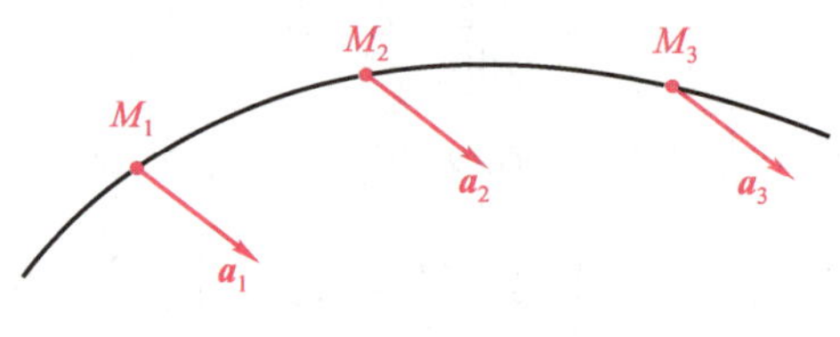

图 6-15

6-5　点做曲线运动时，判断下列说法是否正确。

（1）若切向加速度为正，则点做加速运动；

（2）若切向加速度和速度符号相同，则点做加速运动；

（3）若切向加速度为零，则速度为常矢量。

6-6　各点都做圆周运动的刚体一定是定轴转动。这种说法是否正确？

6-7　刚体绕定轴转动时，刚体上各点的运动轨迹一定是圆周吗？

6-8　手表的时针、分针和秒针的角速度各是多少？

练习题

题 6-1　已知点 M 的运动方程为

$$\left.\begin{aligned} x &= 0.2 - 0.1t^2 \ (\mathrm{m}) \\ y &= 0.2t \ (\mathrm{m}) \end{aligned}\right\}$$

试求点 M 的轨迹方程、速度及加速度。

题 6-2　如图 6-16 所示机构，已知 $O_1A = O_2B = AM = r = 0.2\ \text{m}$，$O_1O_2 = AB$，轮 O_1 按规律 $\varphi = 15\pi t$ 运动。试求 $t = 0.5\ \text{s}$ 时，点 M 的速度和加速度。

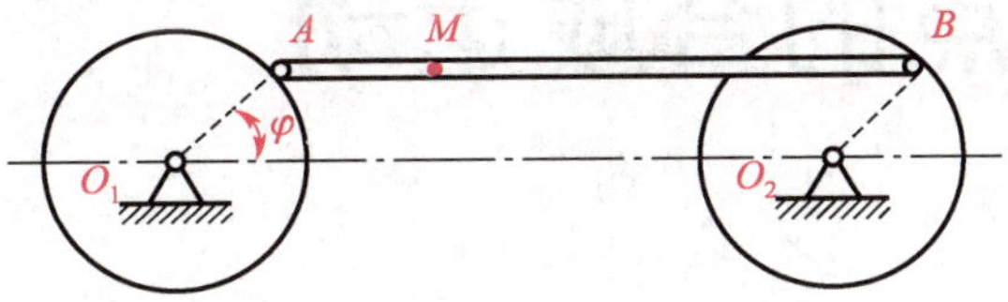

图 6-16

题 6-3　如图 6-17 所示机构，其中刚体的角速度和角加速度分别为 ω 和 α。试求点 A 和点 M 的速度、切向加速度及法向加速度的大小和方向。

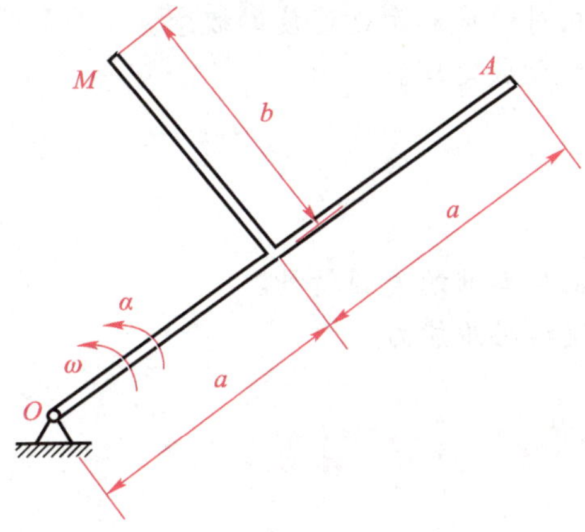

图 6-17

第 7 章　点的合成运动

学习目标

- 了解关于点的合成运动的基本概念。
- 了解绝对速度、相对速度和牵连速度的概念。
- 熟练掌握点的速度合成定理。

素质目标

★ 树立不畏艰难、无私奉献的爱国精神。

★ 提高演绎推理的逻辑思维能力。

7.1　点的合成运动的基本概念

运动的描述是相对的，从不同的参考系观察同一物体的运动，会得到不同的结论，即物体相对于不同参考系的运动是不相同的。上一章所讲述的点的运动学和刚体的基本运动都是点或刚体相对于一个定参考系的运动，可称为简单运动。然而，在自然界和工程实际中，常常遇到物体相对于动参考系的运动问题。例如，在无风的雨天，尽管雨点垂直落于地面，但是不论人朝东西南北哪个方向走，雨点总是迎面打来。

点的合成运动主要研究物体相对于不同参考系的运动，并分析物体相对于不同参考系的运动之间的关系。如图 7-1 所示，桥式吊车在起重重物时，小车在吊车梁上移动，同时绳索将重物吊起。对于站在地面上的观察者，重物的运动轨迹是曲线 AA'，对于站在小车上的观察者，重物的运动轨迹是直线 A_1A'。

根据运动描述的相对性可知，同一物体对不同参考系将表现出不同的运动特性，具有不同的轨迹、速度和加速度等。如图 7-1 所示，重物相对于小车的运动是垂直上下的直线运动，但相对于地面则是在垂直面内做平面曲线运动。

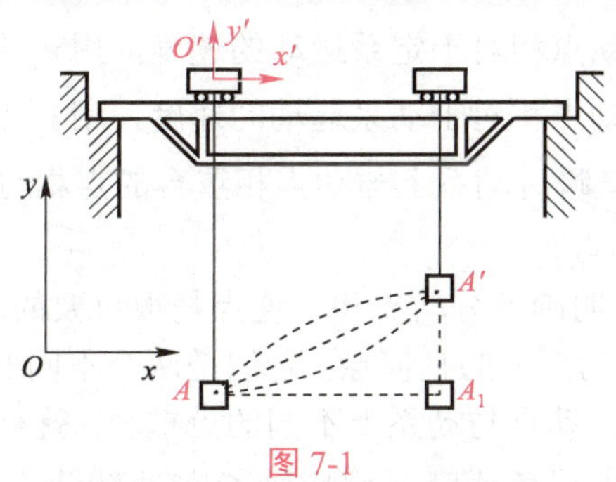

图 7-1

为了便于研究，我们把固定于地面的坐标系（如上例中的地面）称为**定参考系**，简称**定系**，以 $Oxyz$ 表示；而把相对于定系运动的另一个参考系（如上例中的小车）称为**动参考系**，简称**动系**，以 $O'x'y'z'$ 表示。动点相对于动系的运动称为**相对运动**，动系相对于定系的运动称为**牵连运动**，而动点相对定系的运动称为**绝对运动**。例如，上例中重物相对于小车的运动是相对运动，小车对地面的运动是牵连运动，而重物对地面的运动是绝对运动。

由上述定义可知，动点对动系有相对运动，而动系又牵连着动点对定系做牵连运动，这就构成了动点的合成运动。点的合成运动中各基本概念之间的关系如图 7-2 所示。

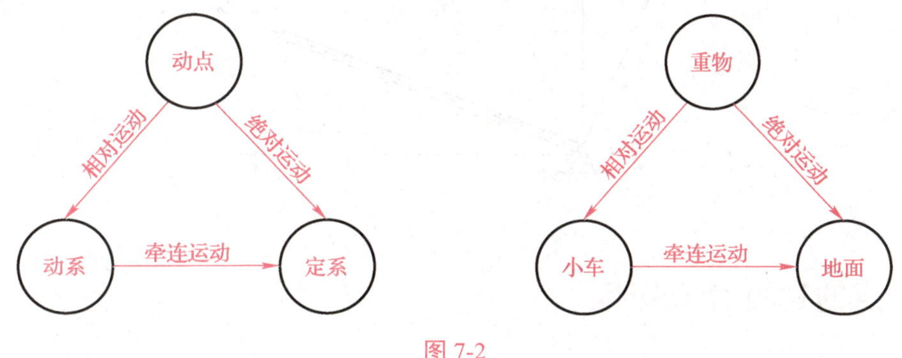

图 7-2

注　意

应该指出，动点的绝对运动和相对运动都是指点的运动，它可能做直线运动或曲线运动；而牵连运动则是指参考体的运动，实际上是刚体的运动，它可能做平移、转动或其他较复杂的运动。

7.2　点的速度合成定理

7.2.1　绝对速度、相对速度和牵连速度

点的速度合成定理

在点的合成运动中，对于动点的三种运动，相应地有三种速度，即绝对速度、相对速度和牵连速度。

（1）**绝对速度**：是指动点相对于定系运动的速度，用 $\boldsymbol{v}_a$ 表示。

（2）**相对速度**：是指动点相对于动系运动的速度，用 $\boldsymbol{v}_r$ 表示。

（3）**牵连速度**：是指某瞬时动系上与动点相重合的点相对于定系的速度，用 $\boldsymbol{v}_e$ 表示。其中，相重合的点称为牵连点。

研究点的合成运动时，明确区分动点和牵连点是很重要的。一般来说，动点是对动系有相对运动的点；牵连点是动系上的几何点，它们是两个不同的点。但在运动的某一瞬时，它们是重合的。在不同瞬时，动点与动系上不同的点重合，就有不同的点成为新的牵连点。

如图 7-3 所示，直管 OB 以角速度 ω 绕定轴 O 匀速转动，小球 M 以速度 u 在直管 OB 中做相对的匀速直线运动。将动系 $Ox'y'$ 固定于管 OB 上，以小球 M 为动点。随着动点 M 的运动，牵连点在动系中的位置相应改变。设小球在瞬时 t_1， t_2 分别到达位置 M_1， M_2，则动点的牵连速度分别为 $v_{e1}=OM_1\cdot\omega$，方向垂直于 OM_1；$v_{e2}=OM_2\cdot\omega$，方向垂直于 OM_2。

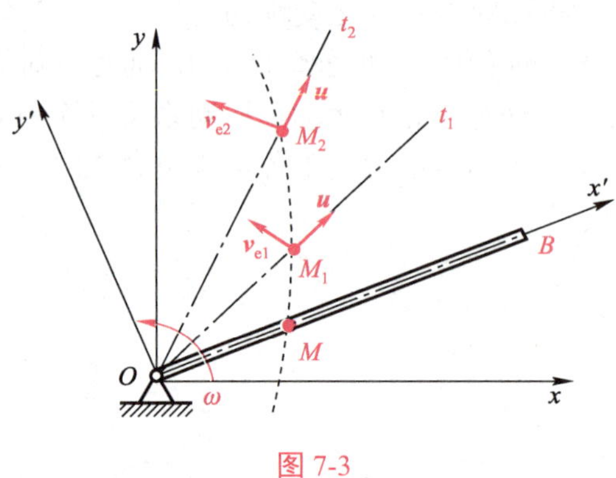

图 7-3

7.2.2 点的速度合成定理

如图 7-4 所示，有一个相对于地面做任意运动的刚体，刚体上有一个动点 M 沿刚体上曲线 AB 运动。以地面为定系，刚体为动系，点 M_1 为动点在瞬时 t 的牵连点。经过微小时间间隔 Δt，曲线 AB 运动到新位置 A_1B_1，与此同时，动点 M 沿着弧 MM' 运动到了点 M'，而点 M_1 则沿着弧 M_1M_1' 运动到了点 M_1'。

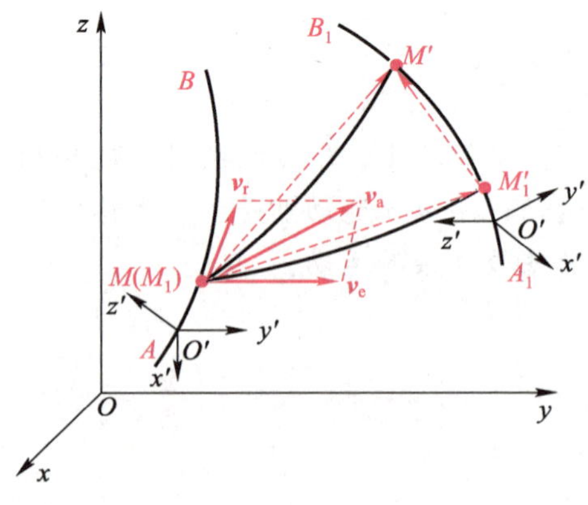

图 7-4

作矢量 $\overrightarrow{MM'}$，$\overrightarrow{M_1M_1'}$，$\overrightarrow{M_1'M'}$。矢量 $\overrightarrow{M_1M_1'}$ 表示动点 M 在瞬时 t 的牵连点 M_1 在 Δt 内相对于定系的位移，称为牵连位移，$\overrightarrow{MM'}$ 和 $\overrightarrow{M_1'M'}$ 则分别表示动点 M 的绝对位移和相对位移。

由图 7-4 所示可知

$$\overrightarrow{MM'}=\overrightarrow{M_1M_1'}+\overrightarrow{M_1'M'}$$

将上式中各项除以时间间隔 Δt，并取 $\Delta t \to 0$ 时的极限，可得

$$\lim_{\Delta t \to 0}\frac{\overrightarrow{MM'}}{\Delta t}=\lim_{\Delta t \to 0}\frac{\overrightarrow{M_1M_1'}}{\Delta t}+\lim_{\Delta t \to 0}\frac{\overrightarrow{M_1'M'}}{\Delta t}$$

根据速度的定义可知：上式左端项是动点 M 在瞬时 t 的绝对速度 $\boldsymbol{v}_a$，其方向为弧 MM' 在点 M 处的切线方向；上式右端第一项是牵连点 M_1 的速度，即动点 M 的牵连速度 $\boldsymbol{v}_e$，其方向为弧 M_1M_1' 在点 M_1 处的切线方向；上式右端第二项是动点 M 的相对速度 $\boldsymbol{v}_r$，由于当 $\Delta t \to 0$ 时，曲线 A_1B_1 的极限位置为曲线 AB，所以 $\boldsymbol{v}_r$ 的方向为曲线 AB 在点 M 处的切线方向。于是得

$$\boldsymbol{v}_a=\boldsymbol{v}_e+\boldsymbol{v}_r \tag{7-1}$$

式（7-1）称为**点的速度合成定理**，即**在任一瞬时，动点的绝对速度等于牵连速度和相对速度的矢量和**。式（7-1）满足平行四边形法则，对角线为绝对速度。

下面举例说明点的速度合成定理的应用。

例 7-1 如图 7-5 所示，半径为 R 的半圆凸轮以速度 v 向左匀速平动，推动杆 OA 绕轴 O 转动，当 $\angle AOD=\theta$ 时，求杆 OA 的角速度。

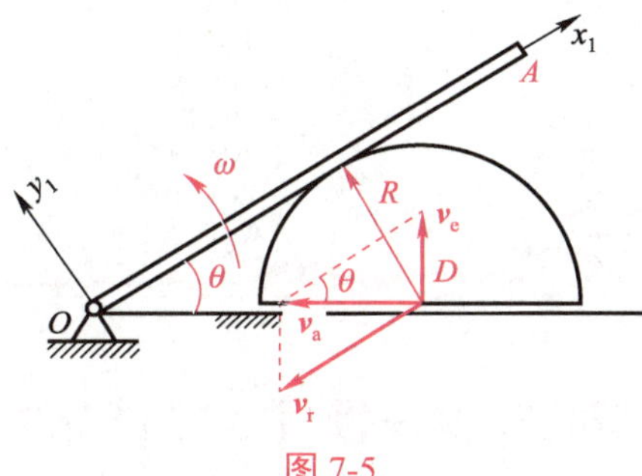

图 7-5

解： 动点为圆心 D，动系固连于绕点 O 转动的杆 OA 上。

绝对运动：圆心 D 以速度 v 向左匀速平动；

相对运动：大小未知，方向沿平行于 OA 的直线；

牵连运动：整个平面随杆 OA 绕点 O 以角速度 ω 转动，即 $v_e=\dfrac{\omega R}{\sin\theta}$，方向竖直向上。

三种运动的速度矢量如图 7-5 所示，由速度矢量方程 $\boldsymbol{v}_a=\boldsymbol{v}_e+\boldsymbol{v}_r$ 可得

$$\left.\begin{aligned} v_a&=v=v_r\cos\theta \\ v_e&=v_r\sin\theta \end{aligned}\right\}$$

解得 $\omega=\dfrac{v\sin^2\theta}{R\cos\theta}$。

提 示

由上例可以总结出利用点的速度合成定理求解问题的一般步骤。

（1）根据题意选取动点、动系和定系。其中，动点和动系应分别选在两个不同的刚体上，这样才能分解点的运动。

(2) 分析三种运动及其速度。由于绝对运动和相对运动是点的运动，因此绝对运动量和相对运动量通常由运动轨迹来确定；而牵连运动为刚体的运动，因此牵连运动量需要通过对动系所固连的刚体运动的分析，由牵连点的运动量确定。

(3) 应用点的速度合成定理求解。列出矢量方程，利用矢量的平行四边形法则或投影方程进行计算求解。

在工程实际中，可以利用合成运动的方法解决以下三种问题。

(1) 把复杂的运动分解成两种简单的运动，求得简单运动的运动量后，再加以合成。这种化繁为简的方法在解决工程实际问题时具有重要意义。

(2) 讨论机构中各运动构件运动量之间的关系。如图 7-6 所示的曲柄摇杆机构中，已知曲柄 OA 的角速度，可以利用合成运动的方法求得摇杆 O_1B 的角速度。

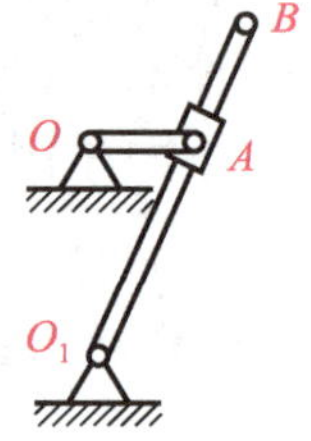

图 7-6

(3) 求解无直接联系的两运动物体运动量之间的关系。例如，大海上有甲、乙两艘行船，可以利用合成运动的方法求出在甲船上所看到的乙船的运动量。

素质启慧园

郑哲敏：此生惟愿全“力”报国

郑哲敏（1924—2021 年）是著名力学家、爆炸力学专家。他长期从事固体力学研究，开拓和发展了我国的爆炸力学事业；擅长运用力学理论解决工程实际问题，提出了流体弹塑性体模型和理论，并在爆炸加工、岩土爆破、核爆炸效应、穿甲破甲、材料动态破坏、瓦斯突出等方面取得重要成果；倡导海洋工程力学、材料力学性能、环境灾害力学的研究，创建了中国科学院力学研究所非线性连续介质力学实验室，为推动我国力学事业的发展做出了突出贡献。郑哲敏 1980 年当选为中国科学院院士，1993 年被选为美国工程院外籍院士，2012 年度荣获国家最高科学技术奖。

郑哲敏出生于山东省济南市，1937 年 7 月全面抗日战争开始时，年仅 13 岁的他辗转各地逃难，在战火中度过了自己的少年时代。战争的惨烈也激发了他的报国之心，他梦想着有朝一日自己能够成为战斗机飞行员，搏击长空，为国杀敌，或者投身工程事业，以工业报国。

1943 年，郑哲敏以优异的成绩考入西南联大，就读于工学院电机系，次年转入机械系。抗日战争胜利的第二年，他所在的工学院迁回清华大学。在那里，他遇到了自己的恩师钱伟长教授，并最终选择力学作为自己的研究方向。1948 年 8 月，在钱伟长等人的联名推荐之下，他踏上了赴美留学的旅程，也遇到了另一位影响他一生的老师——钱学森。“他们教了我很多科研精神、研究方法和做人的原则，让我终身受益。”郑哲敏曾在接受采访时说。

从美国回国后，郑哲敏成为中国科学院力学研究所的 18 位建所元老之一。1960 年的一天，在一次小型爆炸实验中，一块手掌大小的钢板被雷管炸成一个规整的小碗。这让时任力学所所长的钱学森预见一门新学科即将诞生，将其命名为爆炸力学，并将开创这门学科的任务交给了郑哲敏。

尽管当时的郑哲敏连炸药和雷管都不曾见过，但他还是毅然接受了任务：“虽然这是一个全新领域，但国家需要，我当然义不容辞。”从此，他苦心钻研、步履不停，带领着科研团队，提出“流体弹塑性模型”等爆炸力学经典理论，并在核爆效应、穿破甲机理、爆炸安全、防护工程、爆炸复合、热塑失稳、爆炸处理水下软基、瓦斯突出机理等爆炸力学领域取得了一系列具有重要影响的成果，成为“爆炸力学”的奠基人和开拓者。

郑哲敏一生淡泊名利，2013 年 1 月，他获得国家最高科学技术奖。但就在颁奖的前一天，他还像往常一样一大早就拎着包来上班了。他曾说：“我从过去走到现在并没有什么清晰的路线，但有一点是确定的，那就是强国富民的愿望。”

（资料来源：https://kepu.gmw.cn/2021-08/25/content_35110906.htm，有改动）

本章小结

1. 绝对速度、相对速度和牵连速度

（1）**绝对速度：**是指动点相对于定系运动的速度，用 $\boldsymbol{v}_{\mathrm{a}}$ 表示。

（2）**相对速度：**是指动点相对于动系运动的速度，用 $\boldsymbol{v}_{\mathrm{r}}$ 表示。

（3）**牵连速度：**是指某瞬时动系上与动点相重合的点相对于定系的速度，用 $\boldsymbol{v}_{\mathrm{e}}$ 表示。其中，相重合的点称为牵连点。

2. 点的速度合成定理

$$\boldsymbol{v}_{\mathrm{a}}=\boldsymbol{v}_{\mathrm{e}}+\boldsymbol{v}_{\mathrm{r}}$$

即在任一瞬时，动点的绝对速度等于牵连速度和相对速度的矢量和。

思考题

7-1　试举出几个工程实际中合成运动的实例。

7-2　什么是牵连速度？有人说动系的运动是牵连运动，因此动系的速度就是牵连速

度，这种说法是否正确？为什么？

7-3　点的速度合成定理是什么？当牵连运动为平动或转动时有没有区别？

7-4　简述利用点的速度合成定理解题的一般步骤。

练习题

题 7-1　如图 7-7 所示的曲柄滑块机构中，曲柄 OA 绕轴 O 转动，滑块 A 可在滑槽 DE 内滑动，并带动杆 BC 在水平方向上往复运动。设曲柄 OA 以角速度 ω 匀速转动，$OA=r$。试求图示位置时杆 BC 的速度。

题 7-2　如图 7-8 所示，半径为 R、偏心距为 e 的凸轮，以角速度 ω 绕轴 O 匀速转动，杆 AB 可在滑槽内上下移动，端点 A 始终与凸轮接触，且 OAB 成一条直线。求图示位置时杆 AB 的速度。

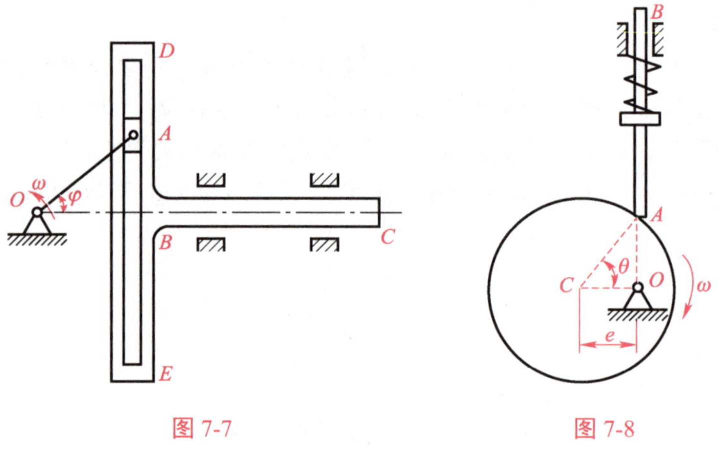

图 7-7　　图 7-8

题 7-3　如图 7-9 所示的两种机构中，已知 $O_1O_2=a=200\ \text{mm}$，$\omega_1=3\ \text{rad/s}$。求图示位置时杆 O_2A 的角速度。

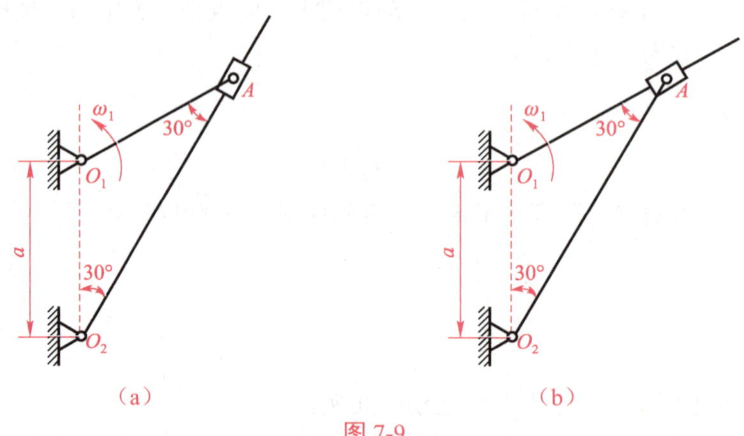

图 7-9

题 7-4　如图 7-10 所示的摇杆机构中，滑杆 AB 以速度 v 向上匀速运动，运动开始时杆 OC 水平，且已知摇杆长 $OC=a$，距离 $OD=l$。求当 $\varphi=45°$ 时，点 C 的速度大小。

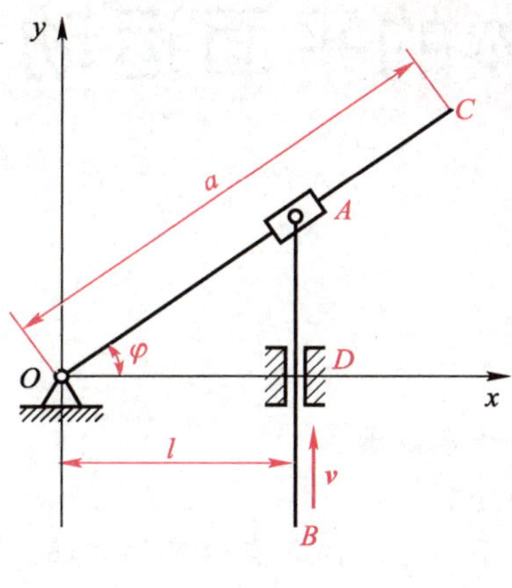

图 7-10

第 8 章 刚体的平面运动

学习目标

- 了解刚体平面运动的基本概念。
- 了解刚体平面运动的分解。
- 熟练掌握用基点法求平面图形内各点速度的方法。
- 熟练掌握用瞬心法求平面图形内各点速度的方法。

素质目标

★ 弘扬“两弹一星”精神，厚植爱国情怀。

★ 提高抽象的逻辑推理能力。

8.1 刚体平面运动的基本概念和运动分解

8.1.1 刚体平面运动的基本概念

在前面的章节中，我们介绍了刚体的平行移动和定轴转动，这两种基本运动最为常见且较为简单。然而，在工程实际中许多刚体的运动是一种较平行移动和定轴转动更为复杂的运动形式，可以看作为平行移动和定轴转动的合成。如图 8-1（a）所示为沿直线滚动车轮的运动，如图 8-1（b）所示为行星齿轮机构中动齿轮 A 的运动。这些运动有一个共同的特点，即在运动时，刚体上任意一点都与某一固定平面始终保持相等的距离，我们把这些运动称为刚体的平面运动。平面运动刚体上的各点都在平行于某一固定平面的平面内运动。

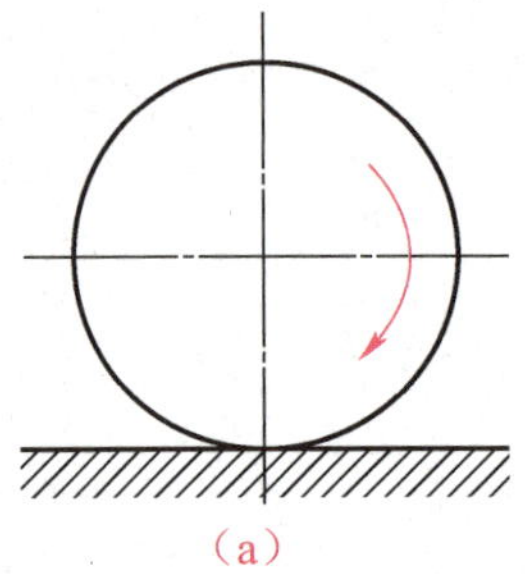

（a）

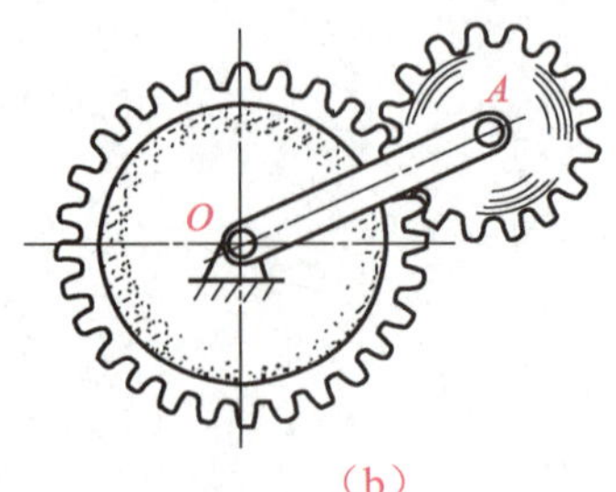

（b）

图 8-1

如图 8-2 所示，假设一刚体做平面运动，其上各点到固定平面 I 的距离保持不变。作平面 II 与平面 I 平行且与刚体相交，则在刚体上截出一个平面图形 S。根据刚体平面运动的定义可知，当刚体运动时，平面图形 S 始终保持在平面 II 中运动。若再在刚体内取与图形 S 垂直的直线 A_1A_2，将直线 A_1A_2 与图形 S 的交点记为 A，则当刚体运动时，直线 A_1A_2 显然做平行移动。因而，直线上各点的运动都相同，可以用其上一点 A 的运动来代表。由此可见，平面图形 S 的运动就代表整个刚体的运动。也就是说，刚体的平面运动可以简化为平面图形在其自身平面内的运动。

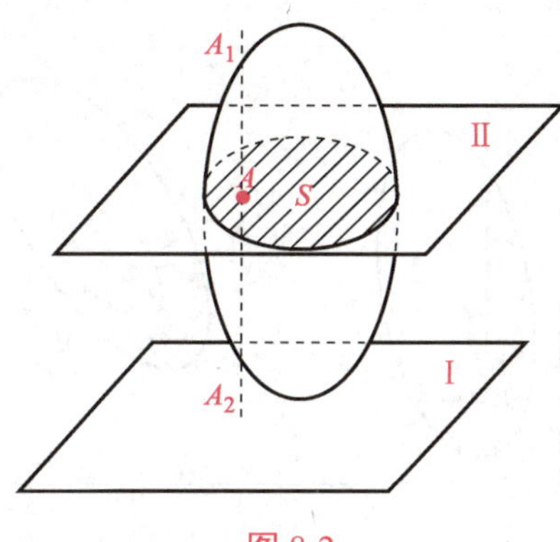

图 8-2

如图 8-3 所示，确定平面图形 S 在任意瞬时 t 的位置，只需确定平面图形 S 内线段 AB 的位置。在平面图形 S 所在的平面内取定参考系 Oxy，则线段 AB 的位置可由点 A 的坐标 x_A，y_A 以及线段 AB 与 x 轴的夹角 φ 来确定。当平面图形 S 运动时，x_A，y_A 以及 φ 都随时间而变化，并且可以表示为时间 t 的单值连续函数，即

$$\left.\begin{aligned} x_A &= f_1(t) \\ y_A &= f_2(t) \\ \varphi &= f_3(t) \end{aligned}\right\} \tag{8-1}$$

式（8-1）确定了平面图形 S 在任一瞬时的位置，也就确定了整个刚体的运动，因此式（8-1）称为刚体的平面运动方程。其中，点 A 称为基点。

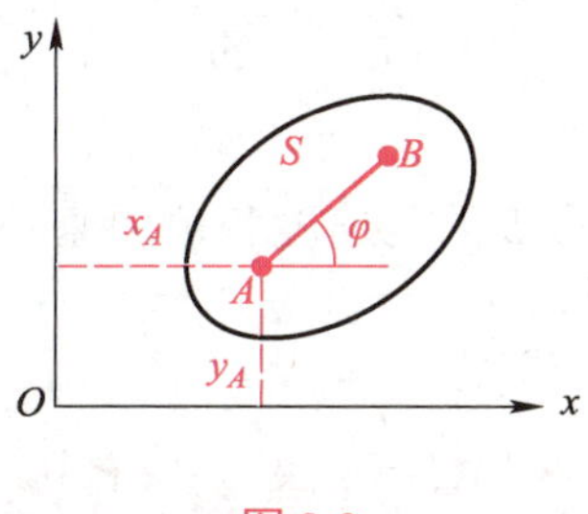

图 8-3

如果在运动过程中基点 A 固定不动，则平面图形的运动为定轴转动；如果在运动过程中夹角 φ 保持不变，则平面图形的运动为平行移动。因此，刚体的平行移动和定轴转动都是刚体平面运动的特殊情况。

8.1.2 刚体平面运动的分解

如图 8-4 所示，平面图形 S 相对于定参考系做平面运动，经过时间间隔 Δt，从位置 Ⅰ 运动到位置Ⅱ，确定图形位置的任一线段由 $O'A$ 运动至 $O_1'A_1$。如果以 O' 为基点，则线段 $O'A$ 的运动可看作是先随基点 O' 平动到位置 $O_1'A_2$，然后再绕点 O_1' 顺时针转过 $\Delta\varphi_1$ 到位置 $O_1'A_1$。如果以 A 为基点，则线段 $O'A$ 的运动可看作是先随基点 A 平动到位置 $O_2'A_1$，然后再绕点 A_1 顺时针转过 $\Delta\varphi_2$ 到位置 $O_1'A_1$。

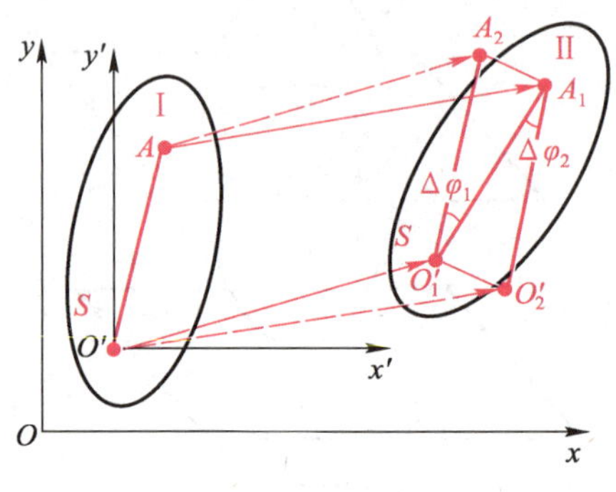

图 8-4

实际上平动和转动是同时进行的。当 $\Delta t \to 0$ 时，上述分析就趋近于真实情况。因此，平面图形的运动，即刚体的平面运动，可以分解为随基点的平动和绕基点的转动。

根据上述分析可知，在平面图形上选取不同的基点，平动的位移 $\overrightarrow{O'O_1'}$ 或 $\overrightarrow{AA_1}$ 是不同的。因而，平动的速度和加速度也是不同的，即平面图形随基点的平动规律与基点的选择有关。

同时，由于 $O'A \mathbin{/\!/} O_1'A_2 \mathbin{/\!/} O_2'A_1$，所以 $\Delta\varphi_2 = \Delta\varphi_1$ 且转向相同，于是有

$$\lim_{\Delta t\to 0}\frac{\Delta\varphi_2}{\Delta t} = \lim_{\Delta t\to 0}\frac{\Delta\varphi_1}{\Delta t}$$

即 $\omega_1 = \omega_2$，可以得出

$$\frac{d\omega_1}{dt} = \frac{d\omega_2}{dt}$$

于是有 $\alpha_1 = \alpha_2$。

因此，在同一瞬时，平面图形 S 的角速度和角加速度相同，即平面图形绕基点的转动规律与基点的选择无关。

8.2 用基点法求平面图形内各点的速度

扫一扫

用基点法求平面图形内各点的速度

任何平面图形的运动可分解为两个运动：① 牵连运动，即随基点的平动；② 相对运动，即绕基点的转动。所以，平面图形内各点的运动也是这两种运动的合成。因此，可以采用合成运动的方法求

出平面图形内各点的速度。

如图 8-5 所示，某瞬时平面图形内点 A 的速度为 $\boldsymbol{v}_A$，图形的角速度为 ω，现求平面图形内任意一点 B 的速度 $\boldsymbol{v}_B$。

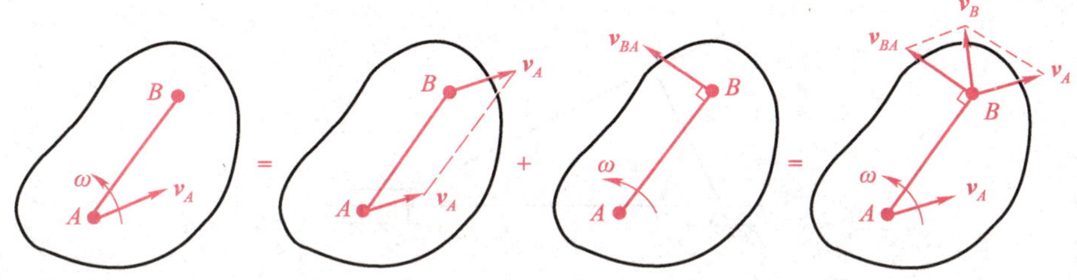

图 8-5

取点 A 为基点，点 B 的运动可以看成是牵连运动为随基点 A 平动和相对运动为绕基点 A 转动的合成运动。根据速度合成定理，可以得出点 B 的绝对速度为

$$\boldsymbol{v}_B = \boldsymbol{v}_e + \boldsymbol{v}_r$$

由于牵连运动是随基点 A 的速度 $\boldsymbol{v}_A$ 进行平动，因此有 $\boldsymbol{v}_e = \boldsymbol{v}_A$；相对运动是绕基点 A 的圆周运动，将点 B 的相对速度以 $\boldsymbol{v}_{BA}$ 表示，即 $\boldsymbol{v}_r = \boldsymbol{v}_{BA}$，其大小为 $v_r = v_{BA} = AB \cdot \omega$，方向垂直于转动半径 AB 且指向转动的方向。因此，根据点的速度合成定理可得

$$\boldsymbol{v}_B = \boldsymbol{v}_A + \boldsymbol{v}_{BA} \tag{8-2}$$

即平面图形内任意一点的速度等于基点的速度与该点随图形绕基点转动速度的矢量和。这种求平面图形内任意一点速度的方法称为基点法。

如图 8-6 所示，把式（8-2）投影到 AB 方向上，由于 $\boldsymbol{v}_{BA}$ 垂直于线段 AB，其投影为零。于是有

$$(\boldsymbol{v}_B)_{AB} = (\boldsymbol{v}_A)_{AB} \tag{8-3}$$

即同一平面图形上任意两点的速度在这两点连线上的投影相等。该定理为速度投影定理，其物理解释为：由于刚体上任意两点之间的距离始终保持不变，因此两点的速度在其连线方向上的分量必须相等。

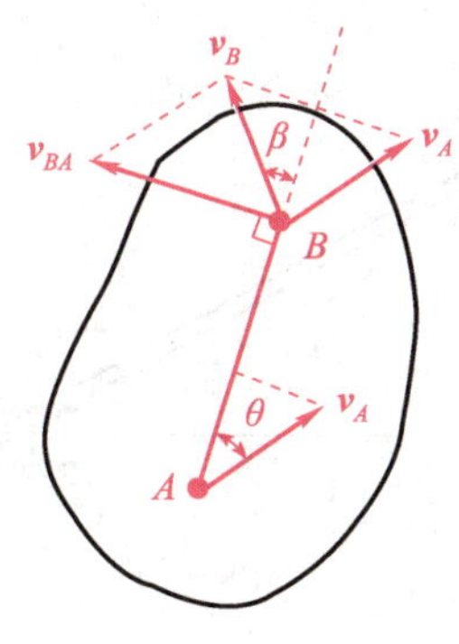

图 8-6

下面结合例题，说明基点法在求解平面图形上任意一点速度问题中的应用。

例 8-1 如图 8-7 所示的曲柄连杆机构中，已知曲柄 OA 长 $r = 30\text{ cm}$，并以 $n = 50\text{ r/min}$ 的速度逆时针转动，当 $\angle AOB = 75°$ 时，$OA \perp AB$，试求此时滑块 B 的速度。

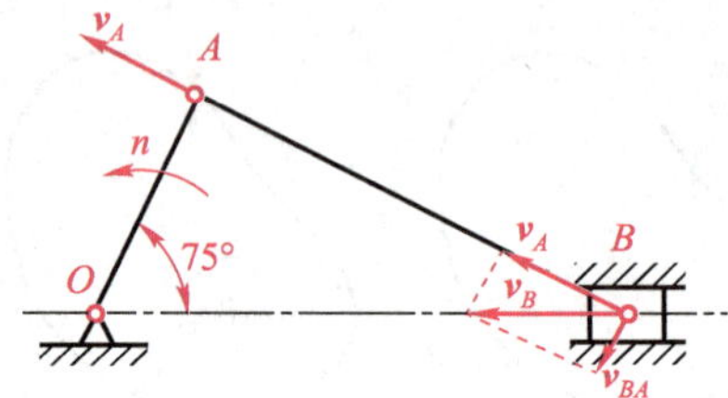

图 8-7

解： 曲柄 OA 绕轴 O 转动，滑块 B 沿水平方向运动，连杆 AB 做平面运动，因此选杆 AB 为研究对象。由于连杆上点 A 速度已知，所以选取点 A 为基点。由公式（8-2）可得

$$\boldsymbol{v}_B = \boldsymbol{v}_A + \boldsymbol{v}_{BA}$$

由题意可知，$\boldsymbol{v}_A$ 的大小为

$$v_A = r \cdot \frac{\pi n}{30} \approx 157.08\text{ (cm/s)}$$

其方向垂直于 OA；$\boldsymbol{v}_{BA}$ 垂直于杆 AB，大小未知；$\boldsymbol{v}_B$ 沿水平方向，大小未知。由此可以得出速度平行四边形，并由图中几何关系得

$$v_B = \frac{v_A}{\cos 15°} \approx 162.54\text{ (cm/s)}$$

其方向水平向左。

例 8-2 如图 8-8 所示的机构中，A 端以速度 $\boldsymbol{v}_A$ 沿 x 轴负方向运动，$AB = l$。试求：当杆 AB 与 x 轴负方向的夹角为 φ 时，B 端的速度以及杆 AB 的角速度。

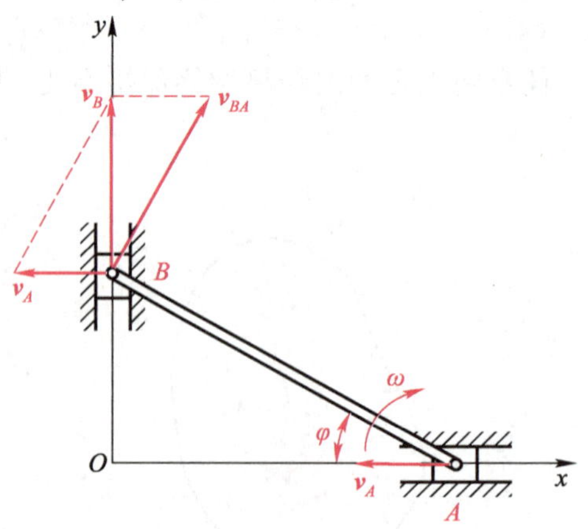

图 8-8

解： 杆 AB 做平面运动，因此选杆 AB 为研究对象。由于杆 AB 上点 A 速度已知，所以选取点 A 为基点。由公式（8-2）可得

$$\boldsymbol{v}_B = \boldsymbol{v}_A + \boldsymbol{v}_{BA}$$

$\boldsymbol{v}_A$ 的大小及方向均已知；$\boldsymbol{v}_{BA}$ 垂直于杆 AB，大小未知；$\boldsymbol{v}_B$ 沿竖直方向，大小未知。由此可得出速度平行四边形，并由图中几何关系得

$$\tan\varphi = \frac{v_A}{v_B}, \quad \sin\varphi = \frac{v_A}{v_{BA}}$$

因此，B 端的速度为

$$v_B = \frac{v_A}{\tan\varphi}$$

设杆 AB 的角速度为 ω，由于 $v_{BA} = AB\cdot\omega = l\omega$，则

$$v_{BA} = \frac{v_A}{\sin\varphi} = l\omega$$

因此，杆 AB 的角速度为

$$\omega = \frac{v_A}{l\sin\varphi}$$

8.3 用瞬心法求平面图形内各点的速度

我们知道，平面图形上任意一点的速度等于基点速度与绕基点转动速度的矢量和，而且基点的选择可以是任意的。那么，如果平面图形上存在瞬时速度为零的点，则以该点为基点进行计算就会方便很多。下面我们就来证明瞬时速度为零的点的存在性和唯一性。

如图 8-9 所示，设某一瞬时，平面图形的角速度为 ω，其上一点 A 的速度为 $\boldsymbol{v}_A$，则图形上任意一点 M 的速度可表示为

$$\boldsymbol{v}_M = \boldsymbol{v}_A + \boldsymbol{v}_{MA}$$

设点 M 在 $\boldsymbol{v}_A$ 的垂线上，由图中可以看出 $\boldsymbol{v}_A$ 与 $\boldsymbol{v}_{MA}$ 平行，但方向相反，故 $\boldsymbol{v}_M$ 的大小可表示为

$$v_M = v_A - v_{MA} = v_A - AM\cdot\omega$$

由上式可以看出点 M 的速度大小随其在垂线 AN 上的位置不同而发生变化，那么有且只有一点 C，满足

$$AC = \frac{v_A}{\omega}$$

此时，点 C 的速度为

$$v_C = v_A - AC\cdot\omega = 0$$

因此，一般情况下，平面图形上每一瞬时都唯一存在一个速度为零的点。该点称为瞬时速度中心，简称速度瞬心。

若取速度瞬心 C 作为基点，则平面图形内任意一点 M 的速度大小为

$$v_M = v_C + v_{MC} = v_{MC} = MC\cdot\omega \tag{8-4}$$

且 $\boldsymbol{v}_M$ 垂直于转动半径 MC 并指向图形绕基点 C 转动的方向，即平面图形内任意一点的速

度等于该点随图形绕速度瞬心转动的速度。因此，平面图形的运动可以看成绕速度瞬心的瞬时转动。这种取速度瞬心作为基点来求平面图形内各点速度的方法，称为瞬心法。如图 8-10 所示为图形上各点的速度分布情况。

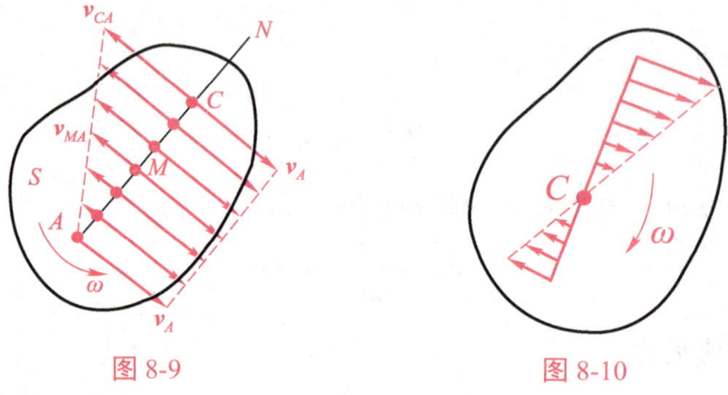

图 8-9　　图 8-10

用瞬心法求平面图形上各点的速度时，首先要知道该速度瞬心在图形中的位置和角速度。下面介绍各种情况下确定速度瞬心位置的一般方法。

（1）如图 8-11 所示，平面图形沿一固定表面做无滑动滚动，则图形与固定面的接触点 C 就是平面图形的速度瞬心。

（2）如图 8-12 所示，已知平面图形内任意两点 A，B 速度的方向，分别过这两点作速度的垂线，两垂线的交点 C 就是平面图形的速度瞬心。

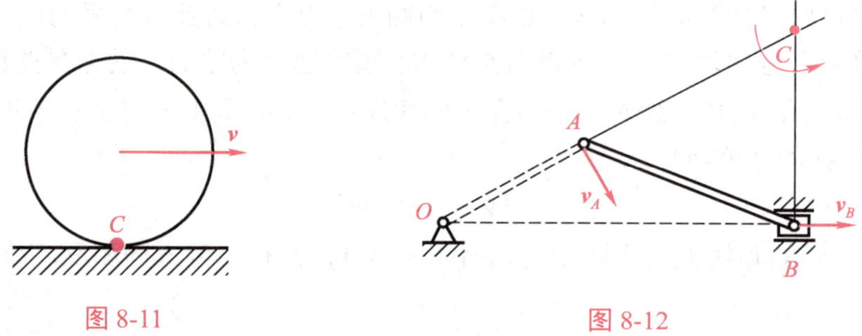

图 8-11　　图 8-12

（3）如图 8-13 所示，已知平面图形上 A，B 两点的速度相互平行，并且速度方向垂直于两点连线，则两点连线与两速度矢端点连线的交点 C 就是平面图形的速度瞬心。

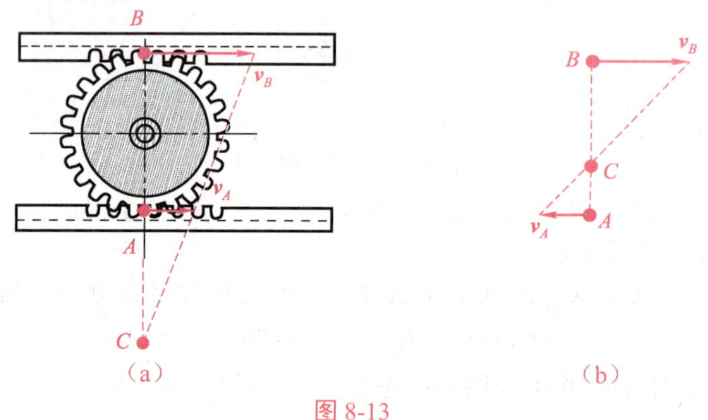

图 8-13

（4）如图 8-14 所示，在某一瞬时，平面图形上 A，B 两点的速度相等，则图形的速度瞬心在无穷远处。在该瞬时，图形上各点的速度分布与图形平移时的情形相同，故称为**瞬时平移**。

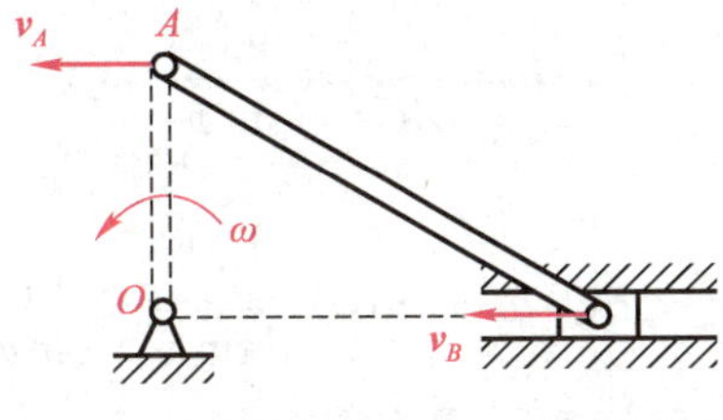

图 8-14

例 8-3 如图 8-15 所示，车轮沿直线轨道做纯滚动，点 C 与地面接触，轮心 O 的速度为 $v_O = v$，其中，$R = 4a$，$r = 3a$。求轮上点 A，B，C，D，E 的速度。

解： 由于车轮沿直线轨道做无滑动滚动，则车轮与轨道的接触点 C 为速度瞬心，其速度 $v_C = 0$。此时车轮的角速度为

$$\omega = \frac{v_O}{r} = \frac{v}{3a}$$

于是可求得点 A，B，D，E 的速度大小为

$$v_A = AC \cdot \omega = (R + r) \cdot \omega = (4a + 3a) \cdot \frac{v}{3a} = \frac{7v}{3}$$

$$v_B = BC \cdot \omega = \sqrt{R^2 + r^2} \cdot \omega = \sqrt{(4a)^2 + (3a)^2} \cdot \frac{v}{3a} = \frac{5v}{3}$$

$$v_D = DC \cdot \omega = (R - r) \cdot \omega = (4a - 3a) \cdot \frac{v}{3a} = \frac{v}{3}$$

$$v_E = EC \cdot \omega = \sqrt{R^2 + r^2} \cdot \omega = \sqrt{(4a)^2 + (3a)^2} \cdot \frac{v}{3a} = \frac{5v}{3}$$

各点速度方向如图 8-15 所示。

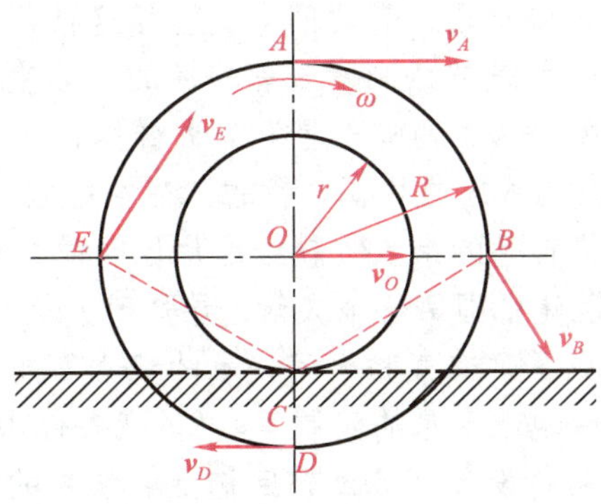

图 8-15

例 8-4 用瞬心法求解例 8-2。

解： 如图 8-16 所示，分别作 A 和 B 两点速度的垂线，两条直线的交点 C 就是图形 AB 的速度瞬心。故杆 AB 的角速度 ω 为

$$\omega = \frac{v_A}{AC} = \frac{v_A}{l\sin\varphi}$$

B 端的速度为

$$v_B = BC \cdot \omega = l\cos\varphi \cdot \frac{v_A}{l\sin\varphi} = \frac{v_A}{\tan\varphi}$$

上述结果与例 8-2 中利用基点法求得结果完全一致。

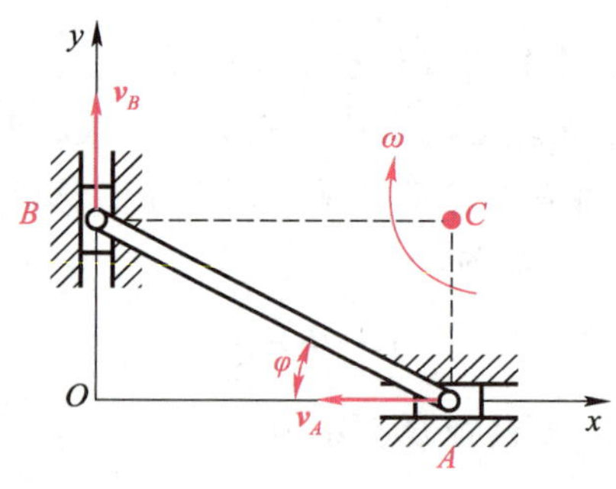

图 8-16

素质启慧园

精神之光，永不熄灭

在中国科学院力学所大楼三层，有两间办公室始终被保留着。一所是力学所首任所长钱学森的办公室，另一所是首任副所长郭永怀的办公室。钱学森、郭永怀都属于一个被历史铭记的英雄群体——“两弹一星”先进群体。

“我的事业在中国，我的成就在中国，我的归宿在中国。”1955 年，钱学森克服重重阻力和困难回到祖国，将自己的余生贡献给这片他热爱的土地。

回国后，钱学森受命组建中国第一个火箭、导弹研究机构——国防部第五研究院，并担任首任院长，主持完成了“喷气和火箭技术的建立”规划，参与了近程导弹、中近程导弹和中国第一颗人造地球卫星的研制等。“虽然条件艰苦，但是大家都很兴奋。”中国工程院院士、神舟飞船总设计师戚发轫回忆上钱学森的课，仍然记忆犹新。在那几期培训班的学员中，许多人后来都成为中国航天的领军人物，推动了“两弹一星”和中国航天事业的进步。

早一步归国的钱学森数次写信给同门师弟郭永怀："快来快来，我们拼命地欢迎你！"郭永怀归国后，便投身于我国"两弹一星"的建设。1968 年 12 月 5 日，郭永怀在完成第一次热核弹头试验准备工作返回北京时，因飞机着陆失事不幸遇难。当人们从机身残骸中找到郭永怀时，发现他同警卫员紧紧抱在一起，胸前保护着完好无损的装有绝密实验资料的公文包。

像钱学森、郭永怀这样的科学家还有很多，他们有人放弃国外优越的科研与工作条件，冲破重重阻力，义无反顾地投身新中国建设事业中；也有人隐姓埋名数十载，风雨兼程，为攻克科研技术难题而通宵达旦；还有人甚至为科研奉献了自己的生命。这些科学家们白手起家、攻坚克难，不被任何困难所压倒，创造了令世界瞩目的科技奇迹，让"东方巨响"震惊了世界！

伟大事业铸就伟大精神。"热爱祖国、无私奉献，自力更生、艰苦奋斗，大力协同、勇于登攀"的"两弹一星"精神，成为中华民族的宝贵精神财富，激励着一代又一代科研工作者勇攀高峰。

（资料来源：https://news.gmw.cn/2021-06/04/content_34899120.htm，有改动）

本章小结

1．刚体的平面运动

在运动时，刚体上任意一点都与某一固定平面始终保持相等的距离，这类运动称为刚体的平面运动。

2．刚体平面运动的分解

刚体的平面运动可以分解为随基点的平动和绕基点的转动。平面图形随基点的平动规律与基点的选择有关，而平面图形绕基点的转动规律与基点的选择无关。

3．基点法

平面图形内任意一点的速度等于基点的速度与该点随图形绕基点转动速度的矢量和，即

$$\boldsymbol{v}_B = \boldsymbol{v}_A + \boldsymbol{v}_{BA}$$

4．瞬心法

一般情况下，平面图形上每一瞬时都唯一存在一个速度为零的点。该点称为瞬时速度中心，简称速度瞬心。

平面图形的运动可以看成绕速度瞬心的瞬时转动。若取速度瞬心 C 作为基点，则平面图形内任意一点 M 的速度大小为

$$v_M = v_C + v_{MC} = v_{MC} = MC \cdot \omega$$

且 $\boldsymbol{v}_M$ 垂直于转动半径 MC 并指向图形绕基点 C 转动的方向，即平面图形内任意一点的速度等于该点随图形绕速度瞬心转动的速度。

拓展阅读

人体运动系统

人体运动系统是人体完成各种动作和从事生产劳动的器官系统，由骨、关节和肌肉三部分组成。骨通过关节连接构成骨骼；肌肉附着于骨，且跨过关节；肌肉的收缩与舒张牵动骨，通过关节的活动产生各种运动。在运动过程中，骨是运动的杠杆，关节是运动的枢纽，肌肉是运动的动力。所以，人体的实际运动是复杂的非刚体运动。

在分析人体的运动时，通常将人体简化为质点或刚体。当将人体简化为质点时，人体运动可分为直线运动和曲线运动；当将人体简化为刚体时，人体运动可分为平动、转动和复合运动。人体的绝大部分运动都包括平动和转动，即属于复合运动。例如，骑自行车时，躯干可以近似看作平动，下肢运动可以看作骨骼围绕关节轴进行多级转动。

思考题

8-1　什么是刚体的平面运动？试举例说明。

8-2　刚体的平面运动与刚体的平动和转动之间有什么区别和联系？

8-3　车辆在水平直线轨道上运行时，车厢和车轮是否做平面运动？

8-4　刚体的平面运动如何分解为平动和转动？基点位置的选择对图形的平动和转动效果有无影响？

8-5　求平面图形上各点速度的方法有哪几种？各种方法的要点是什么？

8-6　刚体做平面运动时，平面图形上任意两点的速度能否任意给定？如图 8-17 所示，平面图形上两点的速度方向可能是这样的吗？为什么？

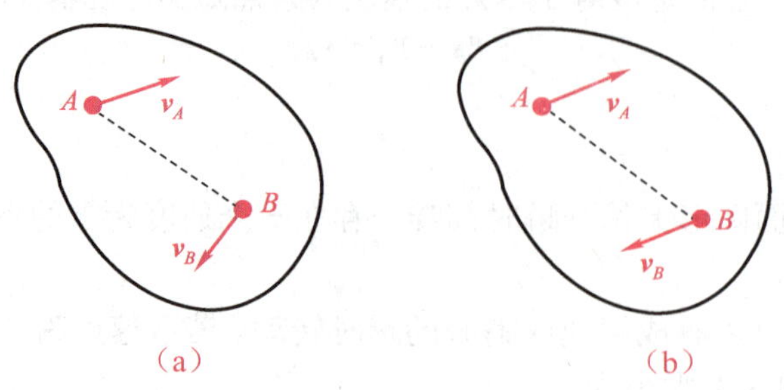

图 8-17

练习题

题 8-1 如图 8-18 所示的椭圆规尺机构中，曲柄 OC 以角速度 ω_O 绕轴 O 匀速转动，同时带动规尺运动。图中 $OC = BC = AC = r$，并取 C 为基点，试求规尺 AB 的平面运动方程。

题 8-2 如图 8-19 所示的曲柄连杆机构中，曲柄 OA 以角速度 ω 匀速转动，其中 $OA = r$，$AB = \sqrt{3}r$。试求：当曲柄 OA 与 OB 连线的夹角为 $\varphi = 60°$ 时点 B 的速度。

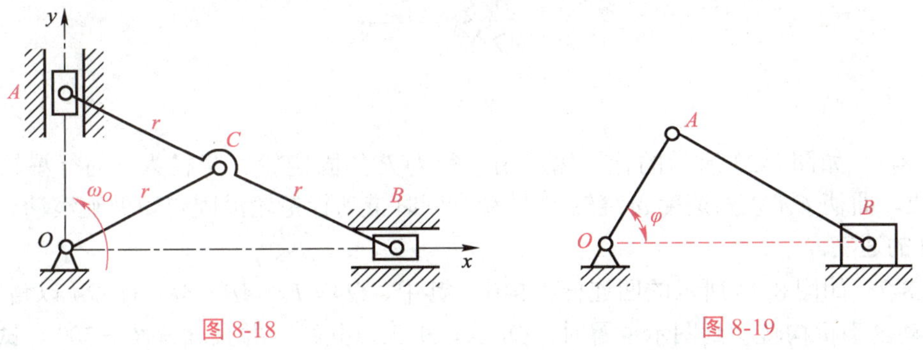

图 8-18　　图 8-19

题 8-3 如图 8-20 所示的四连杆机构中，其中 $O_1B = l$，$AB = 1.5l$，D 为 AB 中点，杆 OA 以角速度 ω 匀速转动。试求：当杆 OA 与 OO_1 连线的夹角为 45° 时，杆 AB 的角速度及点 B 和点 D 的速度。

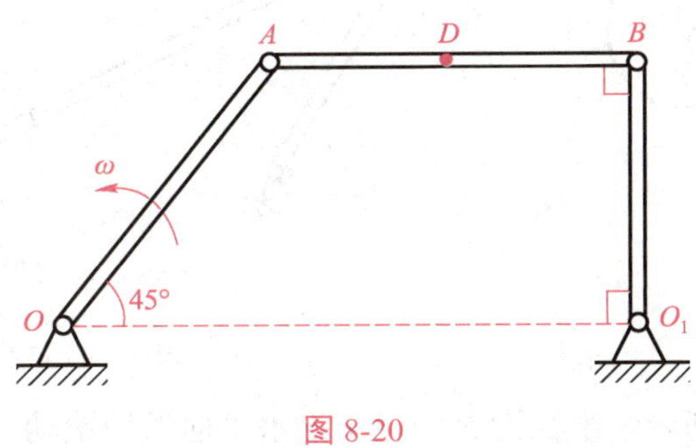

图 8-20

题 8-4 如图 8-21 所示，杆 AB 的 A 端沿水平线以速度 $\boldsymbol{v}$ 匀速运动，运动时杆 AB 恒与半圆相切，半圆的半径为 R。试求：当杆 AB 与水平线间夹角为 θ 时，杆 AB 的角速度。

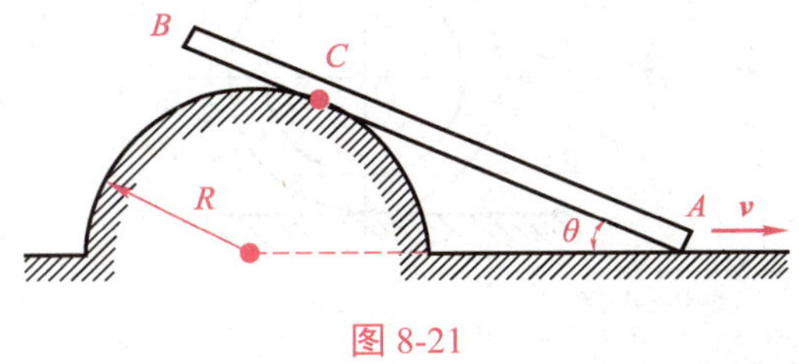

图 8-21

题 8-5　如图 8-22 所示的平面机构中，杆 AC 在导轨中以速度 $\boldsymbol{v}$ 匀速运动，通过铰链 A 带动杆 AB 沿导套 O 运动，其中导套 O 与杆 AC 的距离为 l。试求：当杆 AB 与杆 AC 间夹角为 $\varphi = 60°$ 时杆 AB 的角速度。

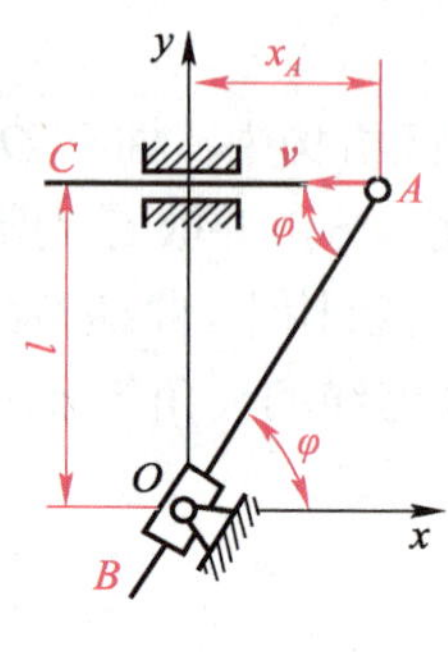

图 8-22

题 8-6　如图 8-23 所示的行星轮系由半径为 R 的固定轮、半径为 r 的行星轮及曲柄 OA 组成。曲柄 OA 以角速度 ω 绕轴 O 转动，同时带动行星轮沿固定轮做纯滚动。试求图示点 M 的速度。

题 8-7　如图 8-24 所示的四连杆机构中，其中，$OA = l$，$AB = 4l$，杆 OA 以角速度 ω_O 匀速转动。当机构转动到图示位置时，O，A，B 三点共线，并且 $\beta_1 = \beta_2 = 30°$。试求此时杆 O_1B 及杆 AB 的角速度。

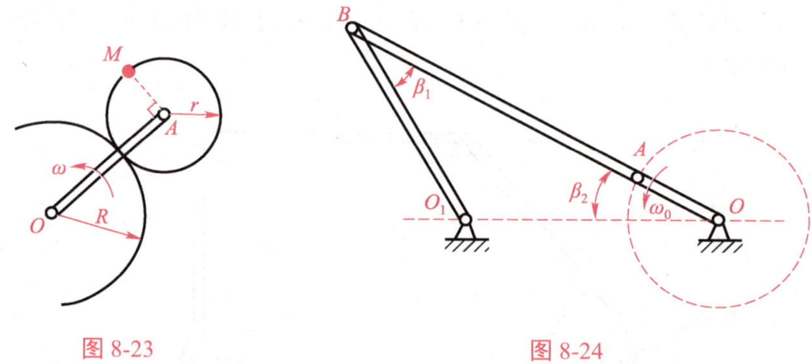

图 8-23　　图 8-24

题 8-8　如图 8-25 所示，半径为 R 的轮子沿水平面做纯滚动，轮子上圆柱部分的直径为 r。将线绕在圆柱上，线的 B 端以速度 $\boldsymbol{v}$ 沿水平方向运动。试求轴心 O 的速度。

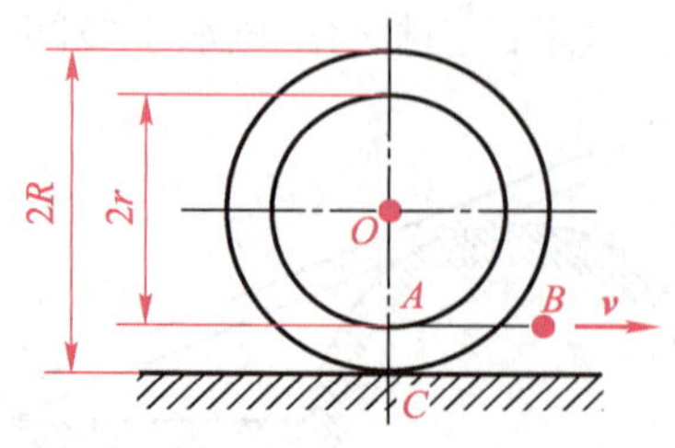

图 8-25

第三篇

动力学

在静力学中，我们研究了力系的简化和平衡，但并未讨论物体在非平衡力系作用下的运动。在运动学中，我们只从几何观点来分析物体的运动，而未考虑物体所受的力。在动力学中，我们将把这两方面联系起来，研究物体的运动与作用在物体上的力之间的关系。因此，从三者的研究任务可知，静力学和运动学只研究了物体运动的两个不同侧面，它们是动力学的基础；而动力学则研究物体机械运动的普遍定律，它是静力学和运动学的综合。

在动力学中，物体的抽象模型有质点和质点系。

质点是具有一定质量而几何形状和尺寸大小可以忽略不计的物体。一个物体能否抽象为质点，关键是看物体的形状和尺寸在所研究的问题中能否被忽略。例如，在研究地球的公转规律时，相对于公转轨道的尺寸而言，地球直径可以忽略，即不必考虑地球上各点之间的运动差别，可以将地球视为质点；刚体平动时，因其内各点的运动情况完全相同，也可以不考虑这个刚体的形状和大小，将它抽象为一个质点。

质点系是由几个或无限个相互联系的质点所组成的系统。如果物体的形状和大小在所研究的问题中不可忽略，则物体应抽象为质点系。静力学中引入的抽象模型刚体就是质点系的特殊情况，即刚体是各质点间距离保持不变的质点系。

第 9 章 质点动力学基本方程

学习目标

- 了解动力学基本定律。
- 掌握质点运动微分方程。
- 掌握应用质点运动微分方程求解质点动力学两类基本问题的方法。

素质目标

★ 践行执着专注、求真务实的科学精神。
★ 养成严谨细致、勤奋上进的学习品质。

9.1 动力学基本定律

质点动力学的基础是三个基本定律，这些定律是牛顿在总结前人，特别是伽利略研究成果的基础上提出来的，因此也称为牛顿三定律。

第一定律（惯性定律）：质点如果不受力作用，则保持其运动状态不变，即保持静止状态或做匀速直线运动。

此定律表明任何物体运动状态的改变，都必须有外力作用，即力是改变物体运动状态的原因。此定律还表明物体具有保持原有运动状态不变的特性，这个特性称为惯性。惯性是质点的重要力学性质。

第二定律（力与加速度关系定律）：质点因受力作用而产生加速度，其大小与力的大小成正比，与质点的质量成反比，其方向与力的方向相同。

如图 9-1 所示，设质点 M 受到力 $\boldsymbol{F}$ 的作用而做曲线运动，其加速度为 $\boldsymbol{a}$，则此定律可表示为

$$\boldsymbol{F} = m\boldsymbol{a} \tag{9-1}$$

式中，m 为质点的质量。式（9-1）称为质点动力学基本方程。

牛顿第二定律给出了质点的质量、质点所受作用力以及质点的加速度三者之间的关系，即质点的加速度与作用在质点上的力成正比，与质点的质量成反比。因此，相同的作用力作用在不同的质点上，质量大的质点加速度小，质量小的质点加速度大。也就是说，质点的质量越大，其运动状态越难改变。所以，质量是质点惯性大小的度量。

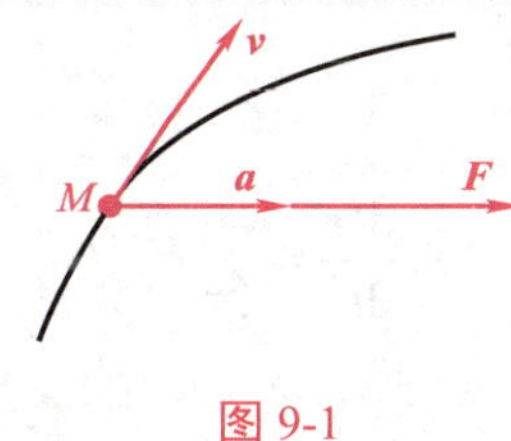

图 9-1

物体仅受重力作用而自由下落的加速度 $\boldsymbol{g}$ 称为重力加速度。设物体的重力为 $\boldsymbol{P}$，质量为 m，根据牛顿第二定律有

$$\boldsymbol{P}=m\boldsymbol{g}$$

根据国际计量委员会规定的标准，重力加速度 $\boldsymbol{g}$ 的大小为 9.806 65 m/s^2，一般取 9.8 m/s^2。实际上在地球表面的不同地区，$\boldsymbol{g}$ 值略有不同。

第三定律（作用与反作用定律）：两个物体间的作用力与反作用力总是大小相等、方向相反、沿着同一直线，并同时分别作用在这两个物体上。

此定律就是静力学的公理四，它不仅适用于平衡的物体，也适用于任何运动的物体。

在动力学中，把动力学基本定律适用的参考系称为惯性参考系。本书中如无特殊说明，均以固定于地球表面或相对于地球表面做匀速直线运动的坐标系作为惯性参考系。

知识链接

以牛顿三定律为基础的力学，称为古典力学。古典力学是以时间和空间的绝对性，以及质量不变为前提的。近代物理已经证明，质量、时间和空间都与物体的运动速度有关。在研究微观粒子或速度极大且接近光速的物体运动时，古典力学已不再适用。但对于一般工程中的机械运动问题，应用古典力学仍可以得到足够精确的结果。

9.2　质点运动微分方程

牛顿第二定律建立了质点的加速度与所受作用力之间的关系，给出了解决质点动力学问题的基本方程。但是，在解决工程实际问题时，一般都需要根据已知条件建立质点运动微分方程。

9.2.1　质点运动微分方程的矢量形式

根据牛顿第二定律，当质点受到 n 个力 $\boldsymbol{F}_1$，$\boldsymbol{F}_2$，…，$\boldsymbol{F}_n$ 作用时，质点动力学基本方程可以写成

$$m\boldsymbol{a}=\sum_{i=1}^{n}\boldsymbol{F}_i \tag{9-2}$$

因为$\boldsymbol{a}=\frac{\mathrm{d}\boldsymbol{v}}{\mathrm{d}t}=\frac{\mathrm{d}^2\boldsymbol{r}}{\mathrm{d}t^2}$，所以得出

$$m\frac{\mathrm{d}^2\boldsymbol{r}}{\mathrm{d}t^2}=\sum_{i=1}^{n}\boldsymbol{F}_i \tag{9-3}$$

式中，$\boldsymbol{r}$为矢径。式（9-3）称为质点运动微分方程的矢量形式。

9.2.2 质点运动微分方程的直角坐标形式

设矢径$\boldsymbol{r}$在直角坐标轴上的投影分别为x,y,z，力$\boldsymbol{F}_i$在直角坐标轴上的投影分别为F_{xi}，F_{yi}，F_{zi}，则式（9-3）在直角坐标轴上的投影形式为

$$\left.\begin{aligned}m\frac{\mathrm{d}^2x}{\mathrm{d}t^2}&=\sum_{i=1}^{n}F_{xi}\\m\frac{\mathrm{d}^2y}{\mathrm{d}t^2}&=\sum_{i=1}^{n}F_{yi}\\m\frac{\mathrm{d}^2z}{\mathrm{d}t^2}&=\sum_{i=1}^{n}F_{zi}\end{aligned}\right\} \tag{9-4}$$

9.2.3 质点运动微分方程的自然坐标形式

当质点的运动轨迹已知时，采用自然坐标来描述点的运动较为方便，将式（9-3）的两端分别向自然轴系$O\tau nb$的三个坐标轴上投影，有

$$\left.\begin{aligned}m\frac{\mathrm{d}^2s}{\mathrm{d}t^2}&=\sum_{i=1}^{n}F_{\tau i}\\\frac{m}{\rho}\left(\frac{\mathrm{d}s}{\mathrm{d}t}\right)^2&=\sum_{i=1}^{n}F_{\mathrm{n}i}\\0&=\sum_{i=1}^{n}F_{\mathrm{b}i}\end{aligned}\right\} \tag{9-5}$$

式中，$F_{\tau i}$，$F_{\mathrm{n}i}$，$F_{\mathrm{b}i}$分别为作用于质点的各力在切线、主法线和副法线上的投影，ρ为轨迹的曲率半径。

质点动力学的两类基本问题

9.3 质点动力学的两类基本问题

应用质点运动微分方程可求解质点动力学的两类基本问题。

第一类问题：已知质点的运动，求作用在质点上的力。这类问题比较简单。例如，已知质点的运动方程，将其对时间求两次导数得到质点的加速度，于是由质点运动微分方程即可求得作用在质点上的力。第一类问题的求解可归结为求导问题。

第二类问题：已知作用在质点上的力，求质点的运动。这类问题从数学角度看，是解微分方程的问题，即积分问题。通常需要根据作用力的函数规律以及具体问题中的运动条件进行积分并确定积分常数。

求解质点动力学问题的一般步骤如下。

（1）根据题意确定研究对象。

（2）分析研究对象的受力情况，包括主动力和约束反力。

（3）分析研究对象的运动情况，若运动规律已知，则求出其加速度。

（4）列出质点运动微分方程，并进行求解。

下面结合例题，说明如何利用质点运动微分方程求解有关质点动力学的问题。

例 9-1　如图 9-2 所示，质量为 m 的小球在水平面内做曲线运动，运动轨迹为一椭圆。已知其运动方程为

$$\left.\begin{aligned} x &= a\cos\omega t \\ y &= b\sin\omega t \end{aligned}\right\}$$

其中 a，b，ω 为常数。求小球所受到的力。

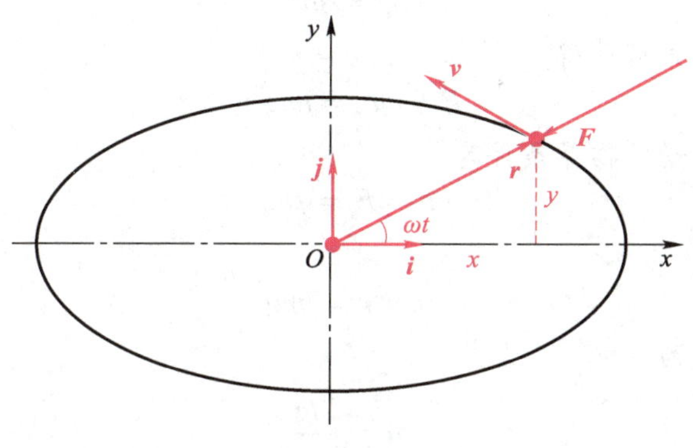

图 9-2

解：本题属于质点动力学的第一类问题，即已知质点的运动，求作用在质点上的力。

由于小球的运动方程已知，故其加速度为

$$\left.\begin{aligned} a_x &= \frac{\mathrm{d}^2 x}{\mathrm{d}t^2} = -a\omega^2\cos\omega t = -\omega^2 x \\ a_y &= \frac{\mathrm{d}^2 y}{\mathrm{d}t^2} = -b\omega^2\sin\omega t = -\omega^2 y \end{aligned}\right\}$$

由质点运动微分方程可得

$$\left.\begin{aligned} F_x &= ma_x = -m\omega^2 x \\ F_y &= ma_y = -m\omega^2 y \end{aligned}\right\}$$

因此，作用在小球上的力 $\boldsymbol{F}$ 为

$$\boldsymbol{F} = F_x\boldsymbol{i} + F_y\boldsymbol{j} = -m\omega^2(x\boldsymbol{i} + y\boldsymbol{j}) = -m\omega^2\boldsymbol{r}$$

由此可见，力 $\boldsymbol{F}$ 与矢径 $\boldsymbol{r}$ 共线、反向，其大小为 $m\omega^2 r$。

例 9-2　如图 9-3 所示，已知物块质量为 m，摩擦系数为 f，与转轴间的距离为 r。求物块不滑出时，转台的最大角速度。

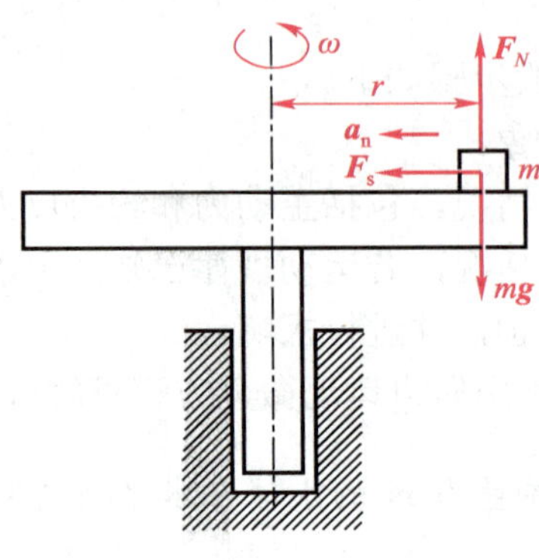

图 9-3

解：本题属于质点动力学的第一类问题，即已知质点的运动，求作用在质点上的力。

设转台的最大角速度为 ω，则此时距转轴 r 处物块的法向加速度为

$$a_n = r\omega^2$$

由质点运动微分方程可得

$$F = ma_n = m\omega^2 r$$

所以，物块不滑动的临界条件为

$$F = F_s = fF_N$$

于是，得出

$$m\omega^2 r = fmg$$

则转台的最大角速度为

$$\omega = \sqrt{\frac{fg}{r}}$$

例 9-3　如图 9-4 所示，质量为 m 的质点受到力 $F = F_0\cos\omega t$ 的作用而沿直线运动。其中，F_0 与 ω 为常数，初始速度为 v_0。求质点的运动规律。

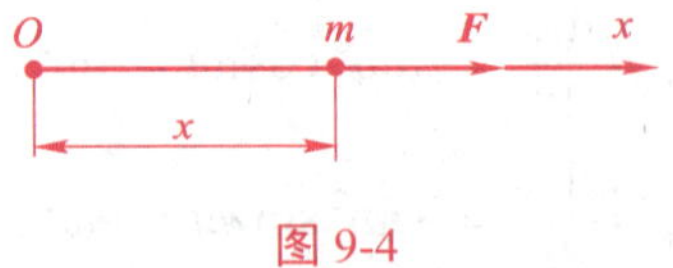

图 9-4

解：本题属于质点动力学的第二类问题，即已知作用在质点上的力，求质点的运动。

取质点为研究对象，由质点运动微分方程可得

$$m\frac{d^2x}{dt^2} = F_0\cos\omega t$$

于是，得出

$$\frac{dv}{dt} = \frac{F_0}{m}\cos\omega t$$

对上式积分，并注意初始速度为 v_0，则

$$\int_{v_0}^{v} \mathrm{d}v = \frac{F_0}{m}\int_0^t \cos\omega t \mathrm{d}t$$

可以得出

$$v = v_0 + \frac{F_0}{m\omega}\sin\omega t$$

于是，得出

$$\frac{\mathrm{d}x}{\mathrm{d}t} = v_0 + \frac{F_0}{m\omega}\sin\omega t$$

再次对上式积分，则

$$\int_0^x \mathrm{d}x = \int_0^t \left(v_0 + \frac{F_0}{m\omega}\sin\omega t\right)\mathrm{d}t$$

即质点的运动规律为

$$x = v_0 t + \frac{F_0}{m\omega^2}(1-\cos\omega t)$$

例 9-4 如图 9-5 所示为一圆锥摆。质量为 m 的小球系于长为 l 的绳子上，绳子的另一端系在固定点 O 上，绳子与竖直方向的夹角为 θ，小球在水平面内做匀速圆周运动。求小球的速度 $\boldsymbol{v}$ 和绳子拉力 $\boldsymbol{F}$ 的大小。

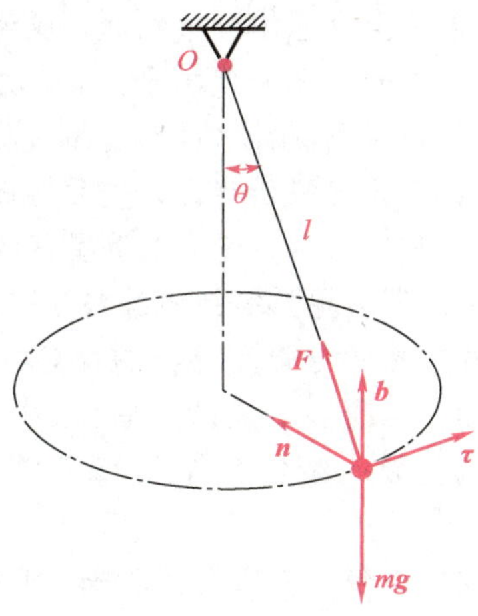

图 9-5

解：本题属于第一类和第二类质点动力学问题的综合。

取小球为研究对象，题中小球可以看作质点，其所受的作用力为重力 $m\boldsymbol{g}$ 和绳子的拉力 $\boldsymbol{F}$。由自然坐标形式下的质点运动微分方程可得

$$\left.\begin{aligned} m\frac{v^2}{\rho} &= F\sin\theta \\ 0 &= F\cos\theta - mg \end{aligned}\right\}$$

其中曲率半径 $\rho = l\sin\theta$，可解得

$$F = \frac{mg}{\cos\theta}, \quad v = \sqrt{\frac{gl\sin^2\theta}{\cos\theta}}$$

此例说明，对于某些综合问题，选用质点运动微分方程的自然坐标形式，可以使质点动力学的两类基本问题分开求解。

素质启慧园

童秉纲："要给学生一勺水，自己就要先有一缸水"

童秉纲，中国科学院院士，著名力学家、教育家，1927 年 9 月生于江苏省张家港市，1950 年毕业于南京大学工学院机械工程系。1953 年，他于哈尔滨工业大学力学专业研究生毕业并留校任教，曾任讲师及理论力学教研室主任。1958 年在教了 5 年理论力学之后，童秉纲主编了《理论力学》讲义。这本教科书自 1961 年第一次出版以来至今已出到第八版，成为极富生命力的经典教材，影响了一代又一代学子，并多次获得优秀教材奖同时入选高等教育出版社"百部精品教材"。1972 年，45 岁的童秉纲正式开启科研生涯，先后协助航天五院、航天二院、航天一院等机构，解决了卫星回收舱、导弹导数的计算方法问题，为我国侦察卫星、反导弹、洲际导弹等战术战略导弹的研制提供了理论支持。

整个科研生涯中，他率先开拓了导弹动导数的计算方法，并发展了气动热力学理论和新方法，在航天工程应用中取得显著成绩；倡导和引领了我国非定常流和涡运动的研究，推动了空气动力学的发展；建立了飞行与游动的生物运动力学交叉学科，产生广泛持久的国际影响。

童秉纲也从未离开他挚爱的讲台。在执教生涯中，他始终坚持"要给学生一勺水，自己就要先有一缸水"。回顾自己的一生，他用十六个字进行了总结：逆境很长、服务很多，很晚创业、小有成就。

（资料来源：
http://www.stdaily.com/index/kejixinwen/2021-10/02/content_1223670.shtml，有改动）

本章小结

1. 动力学基本定律

质点动力学的基础是三个基本定律，即牛顿三定律。

（1）**惯性定律：**质点如果不受力作用，则保持其运动状态不变，即保持静止状态或做匀速直线运动。

（2）**力与加速度关系定律：**质点因受力作用而产生加速度，其大小与力的大小成正比，与质点的质量成反比，其方向与力的方向相同。

（3）**作用与反作用定律：**两个物体间的作用力与反作用力总是大小相等、方向相反、沿着同一直线，并同时分别作用在这两个物体上。

2. 质点动力学基本方程

质点动力学基本方程可以写成

$$m\boldsymbol{a}=\sum_{i=1}^{n}\boldsymbol{F}_i$$

具体求解时，通常选用直角坐标系或自然轴系下的投影形式。

3. 质点动力学的两类基本问题

第一类问题：已知质点的运动，求作用在质点上的力。

第二类问题：已知作用在质点上的力，求质点的运动。

从数学角度看，第一类问题可归结为求导问题；第二类问题可归结为积分问题。

思考题

9-1　动力学基本定律的内容是什么？

9-2　质量和重量有什么区别和联系？

9-3　试判断以下两种说法是否正确，为什么？

（1）质点要运动就必须有力的作用。

（2）不受力作用的质点必然静止。

9-4　当突然刹车时，车里的人会向前倾倒。试利用牛顿定律解释这一现象。

9-5　试比较图 9-6 所示的两种不同情况下重物 B 的加速度。其中 $F=P_A=100\ \text{N}$，$P_B=200\ \text{N}$。

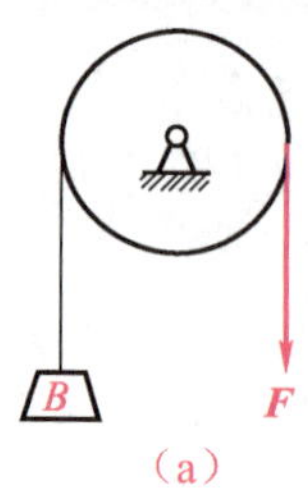

（a）

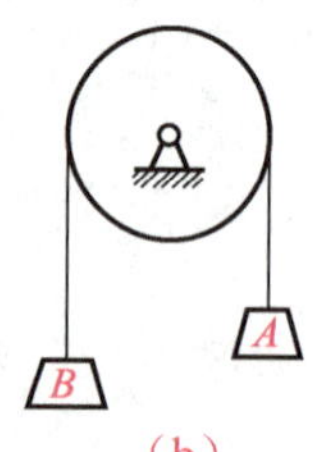

（b）

图 9-6

练习题

题 9-1　如图 9-7 所示，质量分别为 m_1 和 m_2 的物体 A 和 B 分别系于绳子的两端，绳子跨过半径为 r 的滑轮，开始时两物体的高度差为 h，且 $m_1 > m_2$ 。求由静止释放后，两物体到达相同高度所需的时间。

题 9-2　如图 9-8 所示，半径为 r、偏心距为 e 的偏心轮绕轴 O 以角速度 ω 顺时针匀速转动，推动挺杆 AB 沿垂直滑道滑动，挺杆顶部放有一质量为 m 的物体 D。已知偏心轮开始运动时，OC 位于竖直线上。求任一瞬时挺杆对物体的压力。

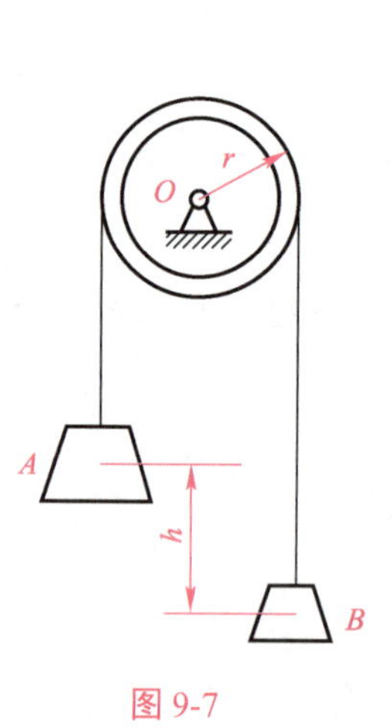

图 9-7

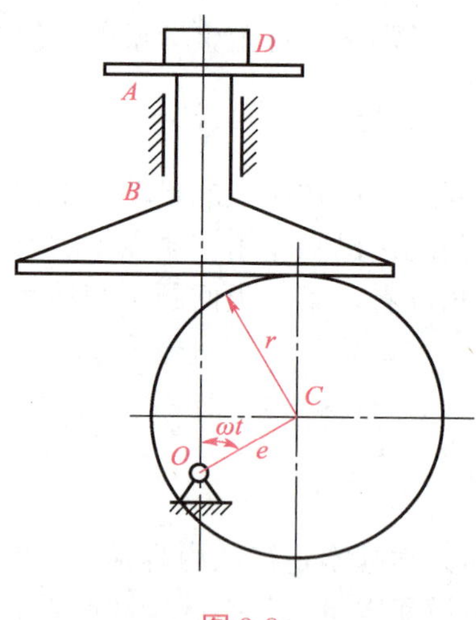

图 9-8

题 9-3　如图 9-9 所示，质量为 m 的套筒 A 受绳子的牵引沿竖直杆向上滑动，绳子的另一端绕过滑轮 B 而缠在鼓轮上。已知鼓轮转动时，其边缘上各点的速度大小为 v，几何关系如图所示。求绳子拉力与距离 x 之间的关系。

题 9-4　如图 9-10 所示，已知地球半径 $R = 6\,371\text{ km}$ 。求飞船脱离地球引力场进行宇宙飞行所需的初速度。（提示：万有引力公式为 $F = f\dfrac{m_1 \cdot m_2}{r^2}$；飞船脱离地球引力进行宇宙飞行的条件为 $r\to\infty$， $v\geqslant 0$，其中 r 为飞船距地心的距离）

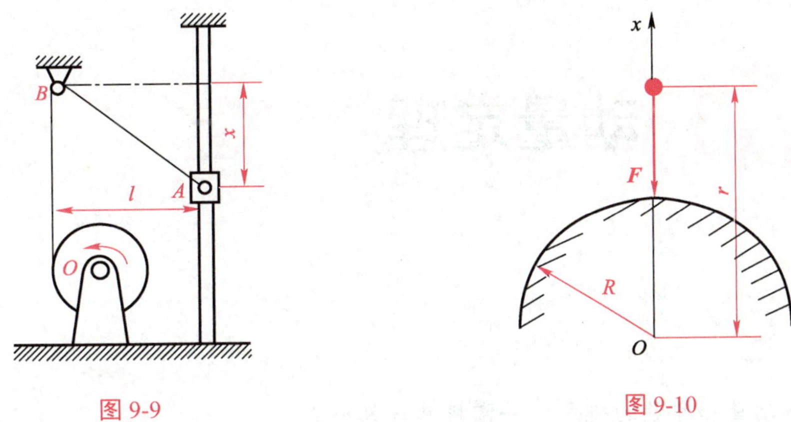

图 9-9　　　　图 9-10

题 9-5　如图 9-11 所示，炮弹以初速度 $\boldsymbol{v}_0$ 与水平面成 α 角发射，不计空气阻力，求炮弹在重力作用下的运动方程。

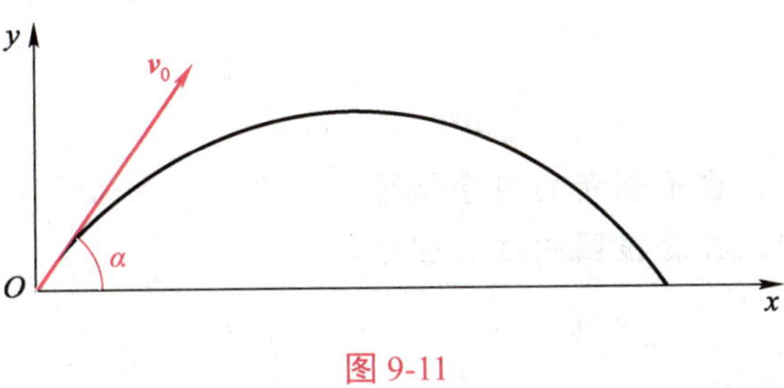

图 9-11

第 10 章 动量定理

学习目标

- 了解动量和冲量的概念，并掌握其计算公式。
- 熟练掌握动量定理。
- 熟练掌握质心运动定理。

素质目标

★ 践行求真务实、勇于创新的科学精神。
★ 树立科技强国、技能报国的远大理想。

10.1 动量和冲量

10.1.1 动量

动量是度量物体机械运动强度的物理量。物体动量的大小，不仅取决于它的速度，还取决于它的质量。例如，子弹质量虽小，但当速度很大时，可以击穿钢板；轮船靠岸时速度很慢，但是它的质量很大，如果操作不慎与岸发生碰撞，会产生很大的冲击力。

基于上述情况，我们把质点的质量 m 与速度 $\boldsymbol{v}$ 的乘积称为质点的动量，用 $m\boldsymbol{v}$ 表示。动量是矢量，其方向与质点速度方向相同。在国际单位制中，动量的单位是 $\text{kg}\cdot\text{m/s}$ 或 $\text{N}\cdot\text{s}$ 。

质点系的动量等于质点系中各质点动量的矢量和，若以 $\boldsymbol{P}$ 表示质点系的动量，则

$$\boldsymbol{P}=\sum m_i\boldsymbol{v}_i \tag{10-1}$$

10.1.2 冲量

冲量是度量力在作用时间内的累积效应的物理量。例如，人推车子时，经过一段时间可使车子达到一定的速度；若改用汽车来牵引车子，则只需经过很短的时间就可以使车子达到这一速度。因此可以用力和作用时间的乘积来表示力在作用时间内的累积效应。我们把作用在物体上的力与其作用时间的乘积称为力的冲量，用 $\boldsymbol{I}$ 表示，即

$$\boldsymbol{I}=\boldsymbol{F}t \tag{10-2}$$

力的冲量是矢量，它的方向与力的作用方向一致。冲量的单位是 N·s，与动量的单位一致。

当作用力 $\boldsymbol{F}$ 为变力时，其冲量等于力在一定时间间隔内的积分，即

$$\boldsymbol{I}=\int_0^t \mathrm{d}\boldsymbol{I}=\int_0^t \boldsymbol{F}\mathrm{d}t \tag{10-3}$$

其中，$\mathrm{d}\boldsymbol{I}=\boldsymbol{F}\mathrm{d}t$ 称为该力的元冲量。

将式（10-3）对三个坐标轴投影可得

$$\left.\begin{aligned} I_x &= \int_0^t F_x \mathrm{d}t \\ I_y &= \int_0^t F_y \mathrm{d}t \\ I_z &= \int_0^t F_z \mathrm{d}t \end{aligned}\right\}$$

式中，F_x，F_y，F_z 分别表示力 $\boldsymbol{F}$ 在 x，y，z 轴上的投影；I_x，I_y，I_z 分别表示冲量 $\boldsymbol{I}$ 在 x，y，z 轴上的投影。

应当指出，尽管动量和冲量都是矢量，而且单位相同，但二者的物理意义是不同的。其中，动量是针对某一瞬时（或状态）而言的，而冲量则是针对某一时间间隔（或过程）而言的。

例 10-1　如图 10-1（a）所示，质量分别为 m 和 $\sqrt{2}m$ 的两物块 A 和 B 由不计质量的绳子连接，并绕过质量为 $2m$、半径为 R 的均质圆盘 C。物块 A 的速度为 $\boldsymbol{v}$，$\theta=45°$。求该系统的动量。

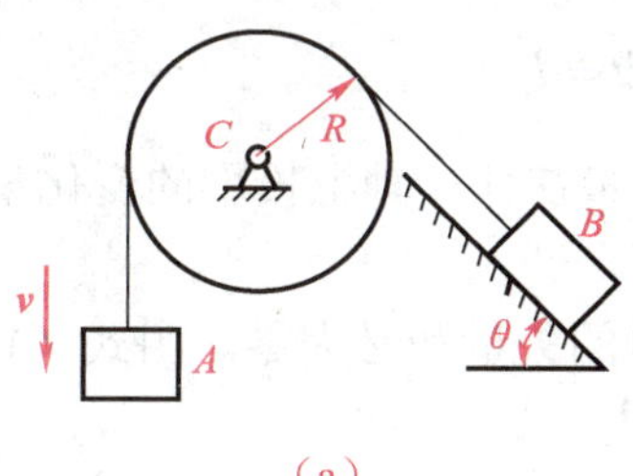

（a）

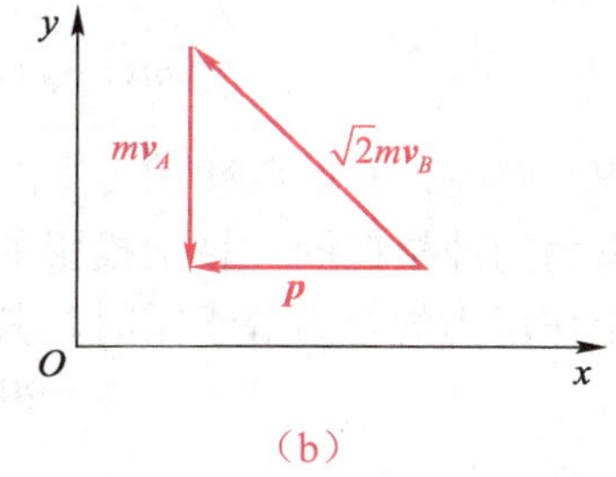

（b）

图 10-1

解：系统的动量等于物块 A，B 以及圆盘 C 动量的矢量和，即

$$\boldsymbol{P}=m\boldsymbol{v}_A+\sqrt{2}m\boldsymbol{v}_B+2m\boldsymbol{v}_C$$

由于 $v_C=0$，将上式在图 10-1（b）所示坐标轴上投影后可得

$$\left.\begin{aligned} P_x &= \sqrt{2}mv\cos135° = -mv \\ P_y &= -mv+\sqrt{2}mv\cos45° = 0 \end{aligned}\right\}$$

因此，该系统的动量为

$$\boldsymbol{P}=-mv\boldsymbol{i}$$

10.2 动量定理

10.2.1 质点的动量定理

设质量为 m 的质点 M 在力 $\boldsymbol{F}$ 的作用下运动，其速度为 $\boldsymbol{v}$，根据牛顿第二定律，有

$$\boldsymbol{F}=m\boldsymbol{a}=m\frac{\mathrm{d}\boldsymbol{v}}{\mathrm{d}t}$$

若质点同时受多个力的作用，则力 $\boldsymbol{F}$ 应理解为它们的合力。由于 m 为常量，上式可写为

$$\mathrm{d}(m\boldsymbol{v})=\boldsymbol{F}\mathrm{d}t \tag{10-4}$$

式（10-4）是微分形式的质点动量定理，即质点动量的变化量等于作用在质点上的力的元冲量。

将式（10-4）在时间间隔 0 到 t 内积分，可得到

$$m\boldsymbol{v}-m\boldsymbol{v}_0=\int_0^t\boldsymbol{F}\mathrm{d}t=\boldsymbol{I} \tag{10-5}$$

式（10-5）是积分形式的质点动量定理，即在某一时间间隔内，质点动量的变化量等于作用在质点上的力在同一时间间隔内的冲量。该结论称为质点的动量定理。具体计算时，常采用其在直角坐标系上的投影形式，即

$$\left.\begin{aligned}mv_x-mv_{0x}&=\int_0^tF_x\mathrm{d}t=I_x\\mv_y-mv_{0y}&=\int_0^tF_y\mathrm{d}t=I_y\\mv_z-mv_{0z}&=\int_0^tF_z\mathrm{d}t=I_z\end{aligned}\right\} \tag{10-6}$$

式（10-6）是投影形式的质点动量定理，即质点动量在任一轴上投影的变化量等于作用在质点上的所有力的冲量在同一轴上投影的代数和。

当质点上作用力的合力等于零时，其各力冲量的矢量和必为零。由式（10-5）可得

$$m\boldsymbol{v}-m\boldsymbol{v}_0=\boldsymbol{0}$$

于是，得出

$$mv=mv_0=\text{常量}$$

上式表明，若质点上作用力的合力为零，则该质点的动量保持不变。该结论称为质点动量守恒定律。

同理，若作用于质点上的合力在某一轴上的投影恒为零，则质点的动量在同一轴上的投影保持不变，即

$$mv_x=mv_{0x}=\text{常量}$$

10.2.2 质点系的动量定理

设质点系由 n 个质点组成，第 i 个质点的质量和速度分别为 m_i，v_i；外界物体对该质点的作用力为 $\boldsymbol{F}_i^{(e)}$，称为外力；质点系内其他质点对该质点的作用力为 $\boldsymbol{F}_i^{(i)}$，称为内力。由质点的动量定理可得

$$\mathrm{d}(m_i\boldsymbol{v}_i)=(\boldsymbol{F}_i^{(e)}+\boldsymbol{F}_i^{(i)})\mathrm{d}t=\boldsymbol{F}_i^{(e)}\mathrm{d}t+\boldsymbol{F}_i^{(i)}\mathrm{d}t$$

在质点系中，这样的方程共有 n 个。将这 n 个方程两端分别相加，可得

$$\sum\mathrm{d}(m_i\boldsymbol{v}_i)=\sum\boldsymbol{F}_i^{(e)}\mathrm{d}t+\sum\boldsymbol{F}_i^{(i)}\mathrm{d}t$$

由于质点系内质点相互作用的内力总是大小相等，方向相反，成对出现，相互抵消，因此内力冲量的矢量和为零，即 $\sum\boldsymbol{F}_i^{(i)}\mathrm{d}t=0$。又因为

$$\sum\mathrm{d}(m_i\boldsymbol{v}_i)=\mathrm{d}\sum(m_i\boldsymbol{v}_i)=\mathrm{d}\boldsymbol{P}$$

于是，得出

$$\mathrm{d}\boldsymbol{P}=\sum\boldsymbol{F}_i^{(e)}\mathrm{d}t=\sum\mathrm{d}\boldsymbol{I}_i^{(e)} \tag{10-7}$$

式（10-7）是微分形式的质点系动量定理，即质点系动量的变化量等于作用在质点系上的外力元冲量的矢量和。

将式（10-7）在时间间隔 0 到 t 内积分，可得到

$$\boldsymbol{P}-\boldsymbol{P}_0=\sum\int_0^t\boldsymbol{F}_i^{(e)}\mathrm{d}t=\sum\boldsymbol{I}_i^{(e)} \tag{10-8}$$

式（10-8）是积分形式的质点系动量定理，即某一时间间隔内，质点系动量的变化量等于这段时间间隔内作用在质点系上的外力冲量的矢量和。具体计算时，常采用其在直角坐标系上的投影形式，即

$$\left.\begin{aligned}P_x-P_{0x}&=\sum I_{xi}^{(e)}\\P_y-P_{0y}&=\sum I_{yi}^{(e)}\\P_z-P_{0z}&=\sum I_{zi}^{(e)}\end{aligned}\right\} \tag{10-9}$$

式（10-9）是投影形式的质点系动量定理，即某一时间间隔内，质点系动量在坐标轴上投影的变化量等于作用在该质点系上的所有外力在同一时间间隔内的冲量在同一轴上投影的代数和。

10.2.3 质点系动量守恒定律

质点系动量守恒定律

由式（10-8）可知，如果作用在质点系上的外力主矢恒为零，则质点系的动量保持不变，即

$$P = P_0 = 常量 \tag{10-10}$$

式（10-10）表明，当作用于质点系上的外力的矢量和恒等于零时，质点系的动量保持不变。该结论称为质点系动量守恒定律。

同理，若作用于质点系上的外力在某一轴上投影的代数和恒为零，则质点系的动量在同一坐标轴上的投影保持不变，即

$$P_x = P_{0x} = 常量 \tag{10-11}$$

例 10-2　如图 10-2（a）所示，质量为 M 的小车以速度 $\boldsymbol{v}_1$ 向右运动，质量为 m 的人站在小车上，人相对于小车以速度 $\boldsymbol{u}$ 从车后向左跳下，不计摩擦阻力。求此后小车的速度 $\boldsymbol{v}_2$ 的大小。

解：以人和小车组成的系统为研究对象，画出受力图如图 10-2（b）所示。可以看出，该系统在水平方向上动量守恒。

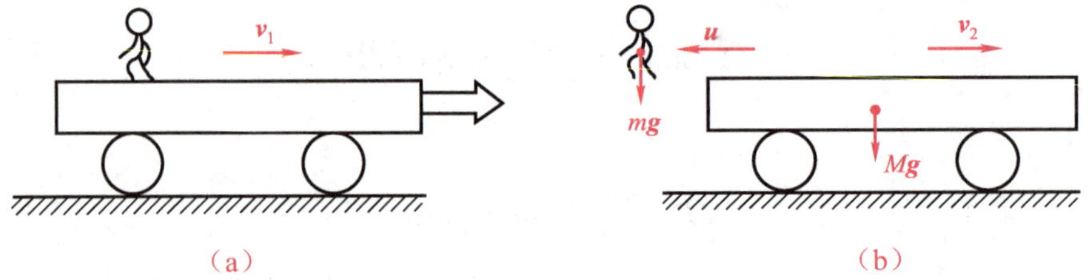

图 10-2

人下车之前，系统的动量为

$$P_{0x} = (M+m)v_1$$

人下车时，人的绝对速度为 $(v_2 - u)$，故系统的动量为

$$P_{1x} = m(v_2 - u) + Mv_2$$

由水平方向上的动量守恒定理可知

$$P_{0x} = P_{1x}$$

于是，得出

$$(M+m)v_1 = m(v_2 - u) + Mv_2$$

可以解得

$$v_2 = v_1 + \frac{m}{M+m}u$$

例 10-3　如图 10-3 所示，重为 $F_m = 98\ \text{N}$ 的物体从某一高度自由下落，物体刚接触沙地时的速度为 $v_0 = 10\ \text{m/s}$，在随后的 0.02 s 内，该物体的速度逐渐减为零。求沙地对物体的平均阻力 F_s 的大小。

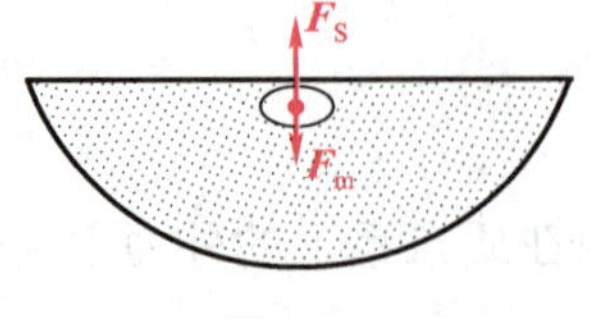

图 10-3

解： 以题中物体为研究对象，分析其运动过程和受力情况。

已知物体刚接触沙地时的速度为 $v_0 = 10\ \text{m/s}$，以该时刻为初始时刻，则物体在这一时刻的动量为

$$P_0 = mv_0 = \frac{F_\text{m}}{g}v_0 = \frac{98}{9.8} \times 10 = 100\ (\text{N} \cdot \text{s})$$

如图 10-3 所示，在接触沙地后的 0.02 s 内，物体受到重力和沙地阻力的作用，其速度 v 逐渐变为零，即

$$P = mv = 0$$

这一过程中，重力的冲量为

$$I_1 = \int_0^{0.02} F_\text{m}\text{d}t = 0.02 \times 98 = 1.96\ (\text{N} \cdot \text{s})$$

由于题目中所求的是沙地的平均阻力，因此可以把沙地对物体的阻力视为常力，该力在上述时间间隔内的冲量为

$$I_2 = \int_0^{0.02} (-F_\text{s})\text{d}t = -0.02F_\text{s}$$

根据质点系的动量定理，可得

$$P - P_0 = I_1 + I_2$$
$$0 - 100 = 1.96 - 0.02F_\text{s}$$

可以解得

$$F_\text{s} = 5\,098\ \text{N}$$

10.3　质心运动定理

10.3.1　质量中心

设质点系由 n 个质点组成，其中第 i 个质点的质量为 m_i，其坐标为 x_i，y_i，z_i，矢径为 $\boldsymbol{r}_i$，则此质点系的质量中心（简称质心 C）的坐标公式为

$$\left.\begin{aligned} x_C &= \frac{\sum m_i x_i}{M} \\ y_C &= \frac{\sum m_i y_i}{M} \\ z_C &= \frac{\sum m_i z_i}{M} \end{aligned}\right\} \tag{10-12}$$

或者

$$\boldsymbol{r}_C = \frac{\sum m_i \boldsymbol{r}_i}{M} \tag{10-13}$$

式中 $M=\sum m_i$ 为质点系的质量。

根据式（10-13）对时间 t 的一阶导数可得

$$M\frac{\mathrm{d}\boldsymbol{r}_C}{\mathrm{d}t}=\frac{\mathrm{d}}{\mathrm{d}t}\sum m_i\boldsymbol{r}_i=\sum m_i\frac{\mathrm{d}\boldsymbol{r}_i}{\mathrm{d}t}$$

于是，得出

$$M\boldsymbol{v}_C=\sum m_i\boldsymbol{v}_i \tag{10-14}$$

将式（10-14）代入质点系的动量公式 $\boldsymbol{P}=\sum m_i\boldsymbol{v}_i$ 中得出

$$\boldsymbol{P}=M\boldsymbol{v}_c \tag{10-15}$$

式（10-15）表明，质点系的动量等于质点系的质量与其质心速度的乘积。

例 10-4 如图 10-4(a)所示，均质曲柄 OC 的质量为 m_1，均质尺 AB 的质量为 $2m_1$，滑块 A，B 的质量均为 m_2，$OC=AC=CB=l$，OC 的角速度 ω 为常量。求曲柄水平向右时系统的动量。

解： 曲柄水平向右时，系统状态如图 10-4（b）所示。曲柄 OC 的质心速度为

$$v_1=\frac{\omega l}{2}\ \text{（方向竖直向上）}$$

杆 AB 与滑块 A，B 的质心为点 C，其速度为

$$v_2=\omega l\ \text{（方向竖直向上）}$$

由于质点系的动量等于质点系的质量与其质心速度的乘积，因此

$$P=m_1v_1+(2m_1+m_2+m_2)v_2$$

于是，得出

$$P=\frac{\omega l}{2}(5m_1+4m_2)\ \text{（方向竖直向上）}$$

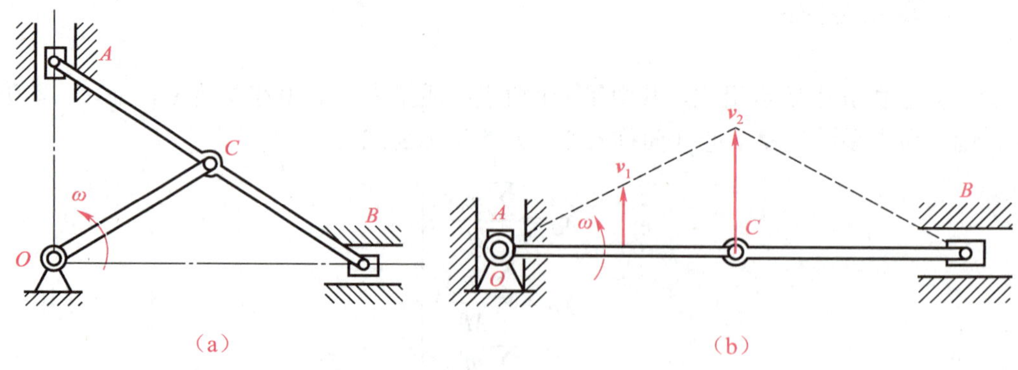

图 10-4

例 10-5 如图 10-5 所示，坦克履带质量为 m_1，两均质轮的质量均为 m_2，半径为 R，坦克前进速度为 v。求系统的动量。

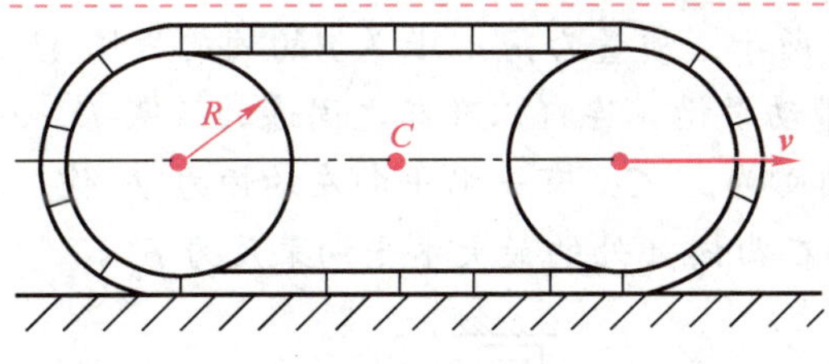

图 10-5

解：该系统的质心为点 C，质心速度为 v。由于质点系的动量等于质点系的质量与其质心速度的乘积，因此

$$P = Mv_C = (m_1 + 2m_2)v$$

10.3.2　质心运动定理

将式（10-15）代入微分形式的质点系动量定理公式（10-7）中，得

$$\frac{\mathrm{d}}{\mathrm{d}t}(M\boldsymbol{v}_C) = \sum \boldsymbol{F}_i^{(\mathrm{e})}$$

对于质量不变的质点系，有

$$M\frac{\mathrm{d}\boldsymbol{v}_C}{\mathrm{d}t} = M\boldsymbol{a}_C = \sum \boldsymbol{F}_i^{(\mathrm{e})} \tag{10-16}$$

式中，$\boldsymbol{a}_C$ 为质心的加速度。

式（10-16）表明，质点系的质量与质心加速度的乘积等于作用于质点系上的外力的矢量和，即等于外力的主矢。该结论称为质心运动定理。具体计算时，常采用其投影形式。质心运动定理在直角坐标系上的投影式为

$$\left.\begin{aligned} M\frac{\mathrm{d}v_{Cx}}{\mathrm{d}t} &= Ma_{Cx} = \sum F_{xi}^{(\mathrm{e})} \\ M\frac{\mathrm{d}v_{Cy}}{\mathrm{d}t} &= Ma_{Cy} = \sum F_{yi}^{(\mathrm{e})} \\ M\frac{\mathrm{d}v_{Cz}}{\mathrm{d}t} &= Ma_{Cz} = \sum F_{zi}^{(\mathrm{e})} \end{aligned}\right\} \tag{10-17}$$

此外，质心运动定理在自然轴系上的投影式为

$$\left.\begin{aligned} M\frac{\mathrm{d}v_C}{\mathrm{d}t} &= \sum F_{\tau i}^{(\mathrm{e})} \\ M\frac{v_C^2}{\rho} &= \sum F_{\mathrm{n}i}^{(\mathrm{e})} \\ 0 &= \sum F_{\mathrm{b}i}^{(\mathrm{e})} \end{aligned}\right\} \tag{10-18}$$

例 10-6 如图 10-6 所示，质量为 m_1、长为 r 的均质曲柄 AB 在力偶的作用下，以角速度 ω 匀速转动，并带动滑槽、连杆以及与之固连的活塞 D 一起运动。滑槽、连杆和活塞的总质量为 m_2，质心为点 C，有一水平向左的恒力 $\boldsymbol{F}$ 作用在活塞上，不计摩擦及滑块 B 的质量。求作用在曲柄 A 处的最大水平约束反力 $\boldsymbol{F}_x$。

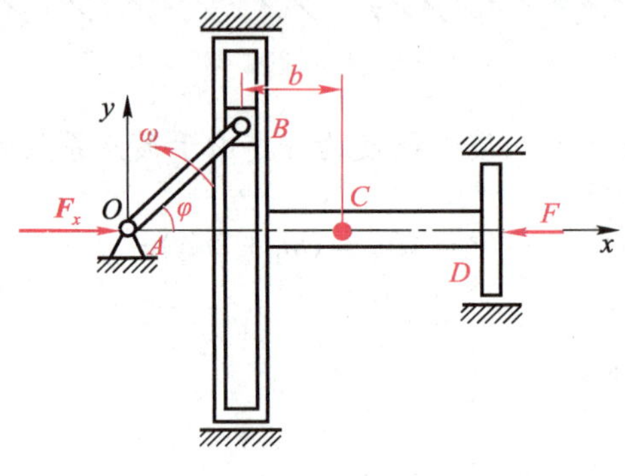

图 10-6

解： 以系统对研究对象，系统在水平方向上受到的外力有水平向左的恒力 $\boldsymbol{F}$ 和作用在曲柄 A 处的水平约束反力 $\boldsymbol{F}_x$。

根据质心运动定理在水平 x 轴上的投影式可得

$$(m_1+m_2)a_{Cx}=F_x-F$$

为求质心加速度在 x 轴上的投影，需要先计算质心的坐标，即

$$x_C=\left[m_1\frac{r}{2}\cos\varphi+m_2(r\cos\varphi+b)\right]\frac{1}{m_1+m_2}$$

由 $\varphi=\omega t$，然后求质心 x_C 对时间 t 的二阶导数，得

$$a_{Cx}=\frac{\mathrm{d}^2x_C}{\mathrm{d}t^2}=\frac{-r\omega^2}{m_1+m_2}\left(\frac{m_1}{2}+m_2\right)\cos\omega t$$

根据质心运动定理可得

$$F_x=F-r\omega^2\left(\frac{m_1}{2}+m_2\right)\cos\omega t$$

因此，当 $\cos\omega t=-1$ 时，F_x 存在最大值，即作用在曲柄 A 处的最大水平约束反力为

$$F_x=F+r\omega^2\left(\frac{m_1}{2}+m_2\right)$$

其方向为水平向右。

10.3.3 质心运动守恒定律

根据质心运动定理可知：如果作用在质点系上的外力主矢恒等于零，则质心做匀速直线运动，若开始时静止，则质心位置始终保持不变；如果作用在质点系上的所有外力在某轴上投影的代数和等于零，则质心速度在该轴上的投影保持不变，若开始时速度在该轴上

的投影为零，则质心在该轴上的坐标保持不变。该结论称为质心运动守恒定律。

注　意

若要改变质心的运动，必须有外力的作用，作用于质点系的内力不能改变质心的运动。

例 10-7　如图 10-7 所示，物块 A，B 的质量分别为 m_1 和 m_2，且 $m_1=3m_2$，系统初始时刻静止，不计各处摩擦。求当物块 B 沿物块 A 下滑到水平面时，物块 A 移动的距离。

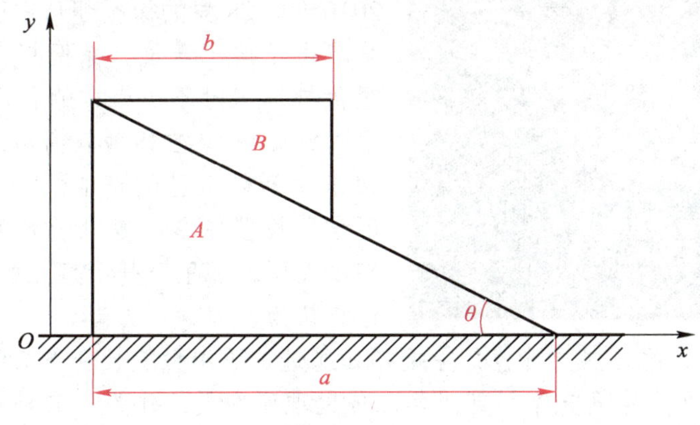

图 10-7

解：以物块 A，B 组成的系统为研究对象，设初始时刻物块 A，B 的质心位置分别为 x_1，x_2，则初始时刻系统的质心位置为

$$x_{C1}=\frac{m_1x_1+m_2x_2}{m_1+m_2}$$

当物块 B 下滑到水平面时，物块 B 相对于物块 A 的位移在 x 轴方向上的投影为 $a-b$，设物块 A 在 x 轴方向的绝对位移为 Δx，方向水平向左，则物块 B 在 x 轴方向上的绝对位移为 $a-b-\Delta x$，方向水平向右。此时系统的质心位置为

$$x_{C2}=\frac{m_1(x_1-\Delta x)+m_2(x_2+a-b-\Delta x)}{m_1+m_2}$$

由于系统在 x 轴方向上所受的外力为零，即系统质心位置在 x 轴方向上保持不变，即

$$x_{C1}=x_{C2}$$

于是，得出

$$\frac{m_1x_1+m_2x_2}{m_1+m_2}=\frac{m_1(x_1-\Delta x)+m_2(x_2+a-b-\Delta x)}{m_1+m_2}$$

因 $m_1=3m_2$，故可解得

$$\Delta x=\frac{1}{4}(a-b)$$

素质启慧园

徐振邦：创新脚步不停歇

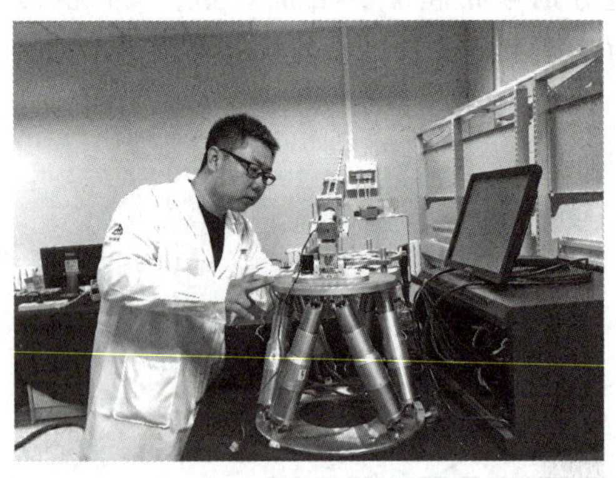

青年就应该到最需要的地方发光发热。2010 年，28 岁的徐振邦从中国科技大学力学系取得了博士学位。徐振邦在校期间的表现很优异，当时不少南方的科研机构向他递来了“橄榄枝”。在短暂权衡后，徐振邦选择了回东北开创自己的事业。“中科院长春光机所学科设置完备、基础设施条件良好、科研底蕴深厚，那里正是干事业的地方。”徐振邦这样认为。

2010 年 9 月，经过层层选拔，徐振邦如愿进入了中科院长春光机所工作。当时他被安排到长春光机所空间光学一部工作，任助理研究员。作为一名科研新兵，徐振邦知道自己要学的东西太多了，要格外勤奋才能打好科研基础。徐振邦天天泡在实验室里，向有经验的研究员请教学习，像海绵吸水一般不断吸收着新知识、新技能。很快，他的努力收到了回报。2012 年，中科院长春光机所组建空间机器人中心，徐振邦凭借着过硬的科研素质被选中，参与到空间机器人的相关研究中去。

夜幕降临，华灯初上。在本该休息的时刻，中科院长春光机所空间机器人中心内依然是一派忙碌景象。空间机器人中心副主任徐振邦和他的团队完全沉浸在空间智能机器人、空间结构动力学等领域的研究中，努力攻关着一批“卡脖子”技术，实现核心技术自主研发、自主掌握。

在徐振邦的脑海里，这样忙碌的夜晚很平常，已记不清有多少个了。可在别人的眼里，他和团队近几年取得的一连串科研成果让人印象深刻：自 2010 年至今，徐振邦在空间智能机器人、空间结构动力学与微振动控制、多维精密调整机构等领域进行了深入的研究，取得了一系列成果；他研制出的“九自由度模块化超冗余空间机器人”解决了多项技术难题，满足了多项实验需求，在业界引起了不小反响。

“科学研究没有终点，创新脚步不能停歇。”2018 年 12 月，徐振邦获得吉林省青年科技奖时，这样鞭策自己，“在今后的科研工作中我将更努力更勤奋，争取取得更多成绩，为国家发展做出更大的贡献。”

（资料来源：
http://jlrbszb.cnjiwang.com/pc/paper/c/201905/26/content_81263.html，有改动）

本章小结

1. 动量和冲量

质点的动量：$m\boldsymbol{v}$；质点系的动量：$\boldsymbol{P}=\sum m_i\boldsymbol{v}_i$。

常力的冲量：$\boldsymbol{I}=\boldsymbol{F}t$；变力的冲量：$\boldsymbol{I}=\int_0^t \mathrm{d}\boldsymbol{I}=\int_0^t \boldsymbol{F}\mathrm{d}t$。

2. 动量定理

质点的动量定理：$\mathrm{d}(m\boldsymbol{v})=\boldsymbol{F}\mathrm{d}t$，$m\boldsymbol{v}-m\boldsymbol{v}_0=\int_0^t \boldsymbol{F}\mathrm{d}t=\boldsymbol{I}$。

质点动量定理的投影形式为

$$\left.\begin{aligned} mv_x-mv_{0x}&=\int_0^t F_x\mathrm{d}t=I_x\\ mv_y-mv_{0y}&=\int_0^t F_y\mathrm{d}t=I_y\\ mv_z-mv_{0z}&=\int_0^t F_z\mathrm{d}t=I_z \end{aligned}\right\}$$

质点系的动量定理为

$$\mathrm{d}\boldsymbol{P}=\sum \boldsymbol{F}_i^{(\mathrm{e})}\mathrm{d}t=\sum \mathrm{d}\boldsymbol{I}_i^{(\mathrm{e})}，\quad \boldsymbol{P}-\boldsymbol{P}_0=\sum\int_0^t \boldsymbol{F}_i^{(\mathrm{e})}\mathrm{d}t=\sum \boldsymbol{I}_i^{(\mathrm{e})}$$

质点系动量定理的投影形式为

$$\left.\begin{aligned} P_x-P_{0x}&=\sum I_{xi}^{(\mathrm{e})}\\ P_y-P_{0y}&=\sum I_{yi}^{(\mathrm{e})}\\ P_z-P_{0z}&=\sum I_{zi}^{(\mathrm{e})} \end{aligned}\right\}$$

质点系动量守恒定理：$P=P_0=$常量。

质点系动量守恒定理的投影形式：$P_x=P_{0x}=$常量。

3. 质心运动定理

质心的坐标公式为

$$\left.\begin{aligned} x_C&=\frac{\sum m_i x_i}{M}\\ y_C&=\frac{\sum m_i y_i}{M}\\ z_C&=\frac{\sum m_i z_i}{M} \end{aligned}\right\}\text{或者 } \boldsymbol{r}_C=\frac{\sum m_i\boldsymbol{r}_i}{M}$$

质心运动定理：$M\dfrac{\mathrm{d}\boldsymbol{v}_C}{\mathrm{d}t}=M\boldsymbol{a}_C=\sum \boldsymbol{F}_i^{(\mathrm{e})}$。

质心运动守恒定律：如果作用在质点系上的外力主矢恒等于零，则质心做匀速直线运动，若开始时静止，则质心位置始终保持不变；如果作用在质点系上的所有外力在某轴上投影的代数和等于零，则质心速度在该轴上的投影保持不变，若开始时速度在该轴上的投影为零，则质心在该轴上的坐标保持不变。

拓展阅读

动量与动量守恒定律

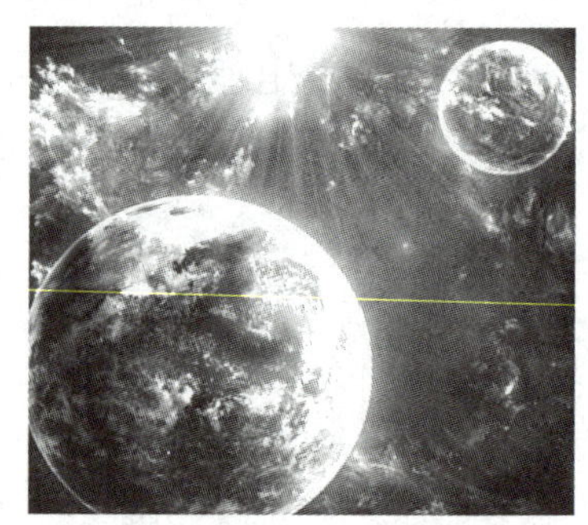

动量守恒定律是最早发现的一条守恒定律，它起源于16～17世纪西欧的哲学家们对宇宙运动的哲学思考。

观察周围运动着的物体，如跳动的皮球、飞行的子弹、走动的时钟、运转的机器，你会发现它们大多数都会停下来，似乎宇宙间运动的总量在减少。整个宇宙是不是也像机器一样，总有一天会停下来呢？但是，通过千百年来对天体运动的观测，并没有发现宇宙运动有减少的迹象。生活在16～17世纪的许多哲学家认为，宇宙间运动的总量是不会减少的，只要能找到一个合适的物理量来度量运动，就会看到运动的总量是守恒的。

法国哲学家兼数学家、物理学家笛卡儿提出，质量和速率的乘积是一个合适的物理量。但是后来，荷兰数学家、物理学家惠更斯在研究碰撞问题时发现，按照笛卡儿的定义，两个物体运动的总量在碰撞前后不一定守恒。

牛顿在总结前人工作的基础上，把笛卡儿的定义作了重要的修改，即不用质量和速率的乘积，而用质量和速度的乘积，这样就找到了度量运动的合适的物理量。牛顿把它叫作“运动量”，也就是现在所说的动量。

思考题

10-1　什么是动量，它的单位是什么？如何计算质点和质点系的动量？

10-2　什么是力的冲量，它的单位是什么？如何计算常力和变力的冲量？

10-3　质点动量定理和质点系动量定理的内容是什么？

10-4　系统内力对系统的动量有无影响？对质心的运动有无影响？

10-5　质点系动量守恒的条件是什么？

10-6　什么是质量中心？如何确定质量中心？质心和重心有无区别？

10-7　什么是质心运动定理？在什么条件下质心位置保持不变？

练习题

题 10-1　如图 10-8 所示，各均质物体的质量均为 m。求图中各物体的动量。

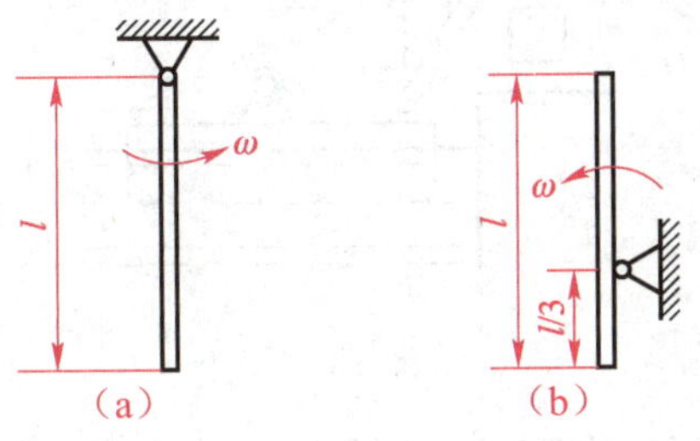

图 10-8

题 10-2　如图 10-9 所示，汽车以 36 km/h 的速度在水平直道上行驶，驾驶员在发现前面有危险时立即制动，车轮同时停止转动，6 s 后汽车停止。求车轮与地面之间的滑动摩擦系数 f。

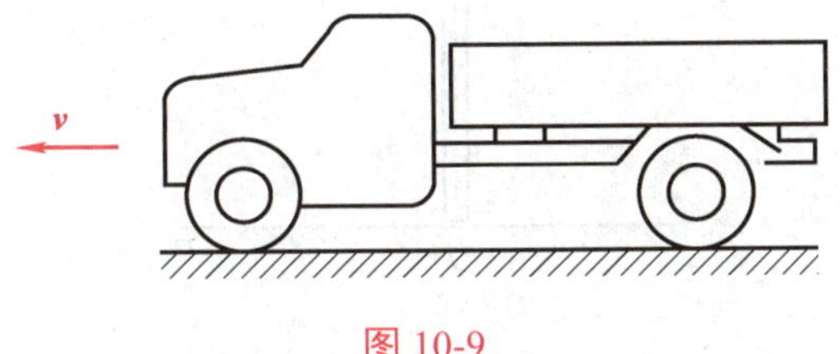

图 10-9

题 10-3　如图 10-10 所示，两重物 M_1 和 M_2 由轻质绳相连，轻质绳绕过滑轮 A。其中均质轮 A、重物 M_1 及 M_2 的重力分别为 $\boldsymbol{Q}$，$\boldsymbol{P}_1$，$\boldsymbol{P}_2$，设重物 M_2 的加速度为 $\boldsymbol{a}$，θ 角已知，不计摩擦。求滑轮对转轴 O 的压力。

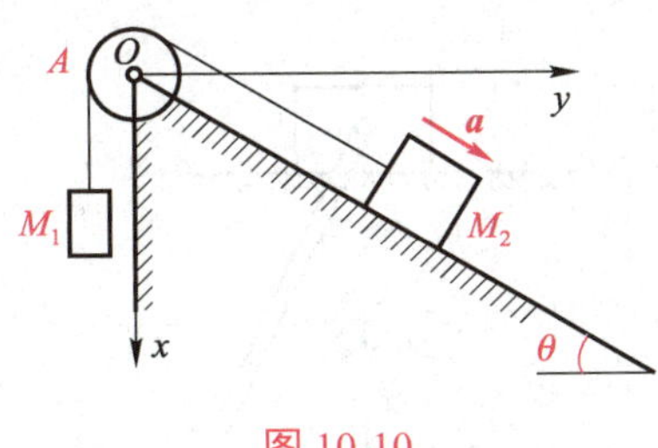

图 10-10

题 10-4　如图 10-11 所示，浮动起重机举起质量为 $m_1=2000\ \text{kg}$ 的重物。已知起重机质量为 $m_2=20000\ \text{kg}$，杆长 $OA=8\ \text{m}$；开始时杆与竖直位置成 60°角，不计杆重及水的阻力。求当杆 OA 转动至与竖直位置成 30°角时起重机的位移。

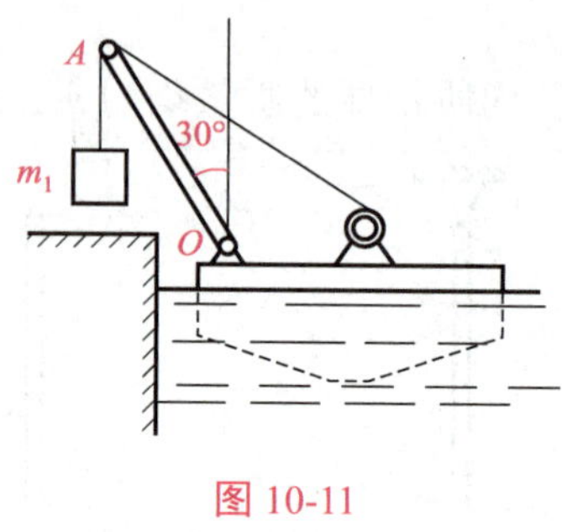

图 10-11

题 10-5　如图 10-12 所示，均质杆 AB 长为 l，直立在光滑的水平面上。求它从竖直位置无初速度地倒下时，端点 A 相对于图示坐标系的轨迹。

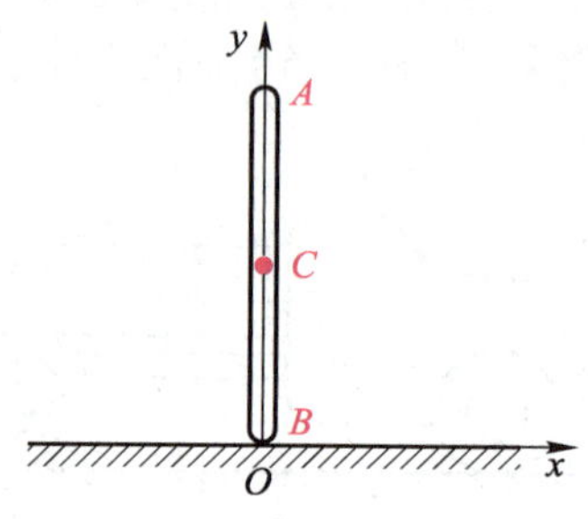

图 10-12

题 10-6　如图 10-13 所示，物块 A 的质量为 m_A，可在光滑水平面上自由滑动，小球 B 的质量为 m_B，二者用杆长为 l 的轻质杆铰接。系统初始时静止，并有初始摆角 φ_0。释放后，细杆近似以规律 $\varphi=\varphi_0\cos\omega t$ 摆动，求物块 A 的最大速度。

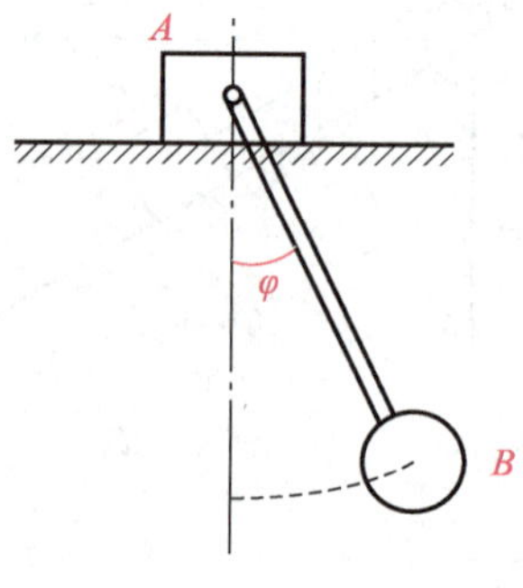

图 10-13

题 10-7 如图 10-14 所示，已知物块 m_1，m_2，m_3 的质量分别为 20 kg，15 kg，10 kg，四棱柱的质量为 $m = 100$ kg，不计滑轮及绳子的质量，不计摩擦，系统初始时静止。求当物块 m_1 下降 1 m 时，四棱柱在水平面上的位移。

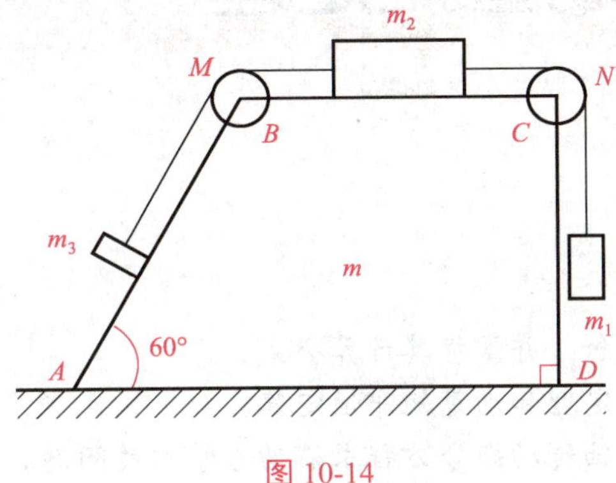

图 10-14

第 11 章 动量矩定理

学习目标

- 了解动量矩的概念，并掌握其计算公式。
- 熟练掌握动量矩定理和动量矩守恒定律。
- 熟练运用刚体定轴转动微分方程求解动力学相关问题。

素质目标

★ 养成谦虚谨慎、不骄不躁的工作作风。
★ 提高善于思考、勇于实践的科学素质。

11.1 动量矩

动量是描述质点系机械运动强度的物理量，但是它只能反映质点系随质心的平动，而不能反映质点系相对于质心的转动。例如，圆轮绕质心转动时，无论它怎样转动，圆轮的动量恒为零。此时，动量已经无法描述该圆轮的运动，而必须用动量矩进行描述。

11.1.1 质点的动量矩

动量矩是度量质点绕某轴转动的机械运动强度的物理量。如图 11-1 所示，设质点 Q 的质量为 m，某瞬时的动量为 $m\boldsymbol{v}$，质点 Q 相对点 O 的位置用矢径 $\boldsymbol{r}$ 表示。质点 Q 的动量对于点 O 之矩定义为质点 Q 对点 O 的动量矩，即

$$\boldsymbol{M}_O(m\boldsymbol{v})=\boldsymbol{r}\times m\boldsymbol{v} \tag{11-1}$$

质点 Q 对点 O 的动量矩是矢量，它垂直于矢径 $\boldsymbol{r}$ 和 $m\boldsymbol{v}$ 所形成的平面，指向由右手法则确定，如图 11-1 所示。

质点动量 $m\boldsymbol{v}$ 在 Oxy 平面内的投影 $(m\boldsymbol{v})_{xy}$ 对于点 O 之矩定义为质点动量对 z 轴之矩，简称对 z 轴的动量矩。根据力矩关系定理，动量矩也有类似关系，即质点对点 O 的动量矩在通过点 O 的任意轴上的投影等于质点对该轴的动量矩，即

$$[\boldsymbol{M}_O(m\boldsymbol{v})]_z=M_z(m\boldsymbol{v}) \tag{11-2}$$

质点对轴的动量矩是代数量，其正负号规定为：从轴的正端看向负端，使质点绕轴做逆时针转动的动量矩为正，反之为负。在国际单位制中，动量矩的单位是 $kg \cdot m^2/s$。

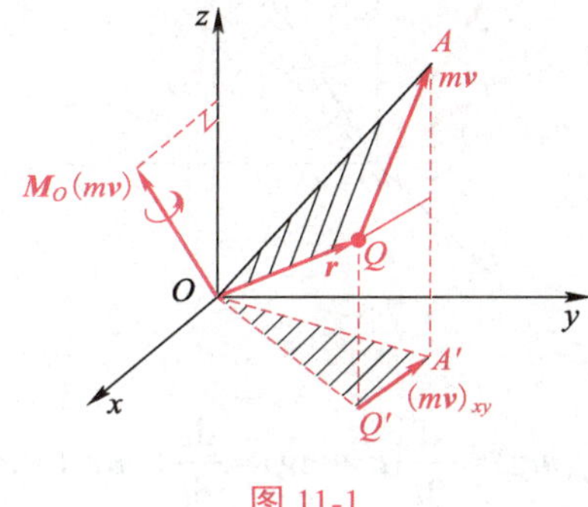

图 11-1

11.1.2 质点系的动量矩

质点系对点 O 的动量矩等于各质点对点 O 的动量矩的矢量和，或称为质点系的动量对点 O 的主矩，用 $\boldsymbol{L}_O$ 表示，即

$$\boldsymbol{L}_O = \sum \boldsymbol{M}_O(m_i \boldsymbol{v}_i) \tag{11-3}$$

质点系对 z 轴的动量矩等于各质点对 z 轴的动量矩的代数和，即

$$L_z = \sum M_z(m_i \boldsymbol{v}_i) \tag{11-4}$$

由式（11-2）可得

$$[\boldsymbol{L}_O]_z = L_z \tag{11-5}$$

即质点系对点 O 的动量矩在通过点 O 的任意轴上的投影等于质点系对该轴的动量矩。

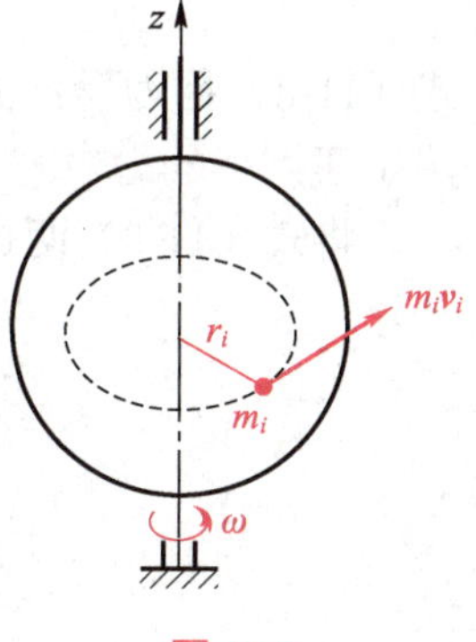

图 11-2

如图 11-2 所示，定轴转动的刚体对于其转轴的动量矩为

$$L_z = \sum M_z(m_i \boldsymbol{v}_i) = \sum m_i v_i r_i = \sum m_i \omega r_i^2 = \omega \sum m_i r_i^2$$

令 $\sum m_i r_i^2 = J_z$，J_z 称为刚体对 z 轴的转动惯量，于是有

$$L_z = J_z \omega \tag{11-6}$$

即定轴转动的刚体对于其转轴的动量矩等于刚体对转轴的转动惯量与转动角速度的乘积。关于转动惯量，后文中有更具体的介绍。

11.2 动量矩定理

11.2.1 质点的动量矩定理

如图 11-3 所示，设质点 Q 对点 O 的动量矩为 $\boldsymbol{M}_O(m\boldsymbol{v})$，力 $\boldsymbol{F}$ 对同一点 O 之矩为 $\boldsymbol{M}_O(\boldsymbol{F})$。将动量矩对时间 t 求一阶导数，得

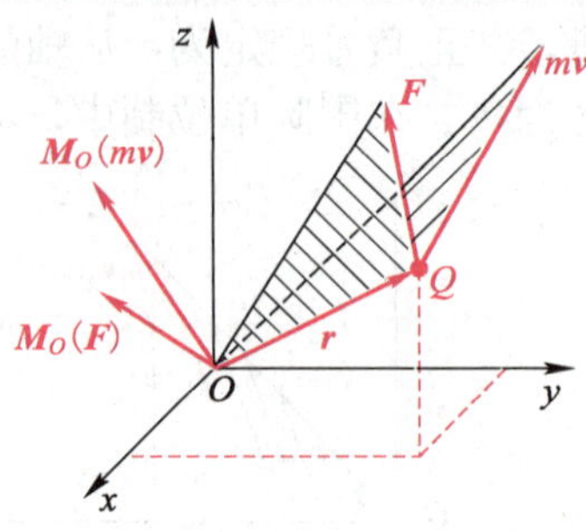

图 11-3

$$\frac{\mathrm{d}}{\mathrm{d}t}\boldsymbol{M}_O(m\boldsymbol{v})=\frac{\mathrm{d}}{\mathrm{d}t}(\boldsymbol{r}\times m\boldsymbol{v})=\frac{\mathrm{d}\boldsymbol{r}}{\mathrm{d}t}\times m\boldsymbol{v}+\boldsymbol{r}\times\frac{\mathrm{d}(m\boldsymbol{v})}{\mathrm{d}t} \tag{11-7}$$

根据质点动量定理，有

$$\frac{\mathrm{d}(m\boldsymbol{v})}{\mathrm{d}t}=\boldsymbol{F}$$

又因为点 O 为定点，故

$$\frac{\mathrm{d}\boldsymbol{r}}{\mathrm{d}t}=\boldsymbol{v}$$

则式（11-7）可改写为

$$\frac{\mathrm{d}}{\mathrm{d}t}\boldsymbol{M}_O(m\boldsymbol{v})=\boldsymbol{v}\times m\boldsymbol{v}+\boldsymbol{r}\times\boldsymbol{F}$$

因为 $\boldsymbol{v}\times m\boldsymbol{v}=\boldsymbol{0}$，$\boldsymbol{r}\times\boldsymbol{F}=\boldsymbol{M}_O(\boldsymbol{F})$，故

$$\frac{\mathrm{d}}{\mathrm{d}t}\boldsymbol{M}_O(m\boldsymbol{v})=\boldsymbol{M}_O(\boldsymbol{F}) \tag{11-8}$$

式（11-8）称为质点的动量矩定理，即质点对某定点的动量矩对时间的一阶导数，等于作用于质点上的力对同一点之矩。

将式（11-8）两边投影到直角坐标轴上，再根据力矩关系定理，可以得到

$$\left.\begin{aligned}\frac{\mathrm{d}}{\mathrm{d}t}M_x(m\boldsymbol{v})=M_x(\boldsymbol{F})\\\frac{\mathrm{d}}{\mathrm{d}t}M_y(m\boldsymbol{v})=M_y(\boldsymbol{F})\\\frac{\mathrm{d}}{\mathrm{d}t}M_z(m\boldsymbol{v})=M_z(\boldsymbol{F})\end{aligned}\right\} \tag{11-9}$$

即质点对某定轴的动量矩对时间的一阶导数等于作用于质点上的力对同一轴之矩。

11.2.2　质点系的动量矩定理

设质点系由 n 个质点组成，第 i 个质点的质量和速度分别为 m_i，$\boldsymbol{v}_i$，作用在每个质点上的外力为 $\boldsymbol{F}_i^{(e)}$，内力为 $\boldsymbol{F}_i^{(i)}$。根据质点的动量定理得

$$\frac{\mathrm{d}}{\mathrm{d}t}\boldsymbol{M}_O(m_i\boldsymbol{v}_i)=\boldsymbol{M}_O(\boldsymbol{F}_i^{(i)})+\boldsymbol{M}_O(\boldsymbol{F}_i^{(e)})$$

在质点系中，这样的方程共有 n 个，将这 n 个方程两端分别相加，可得

$$\sum\frac{\mathrm{d}}{\mathrm{d}t}\boldsymbol{M}_O(m_i\boldsymbol{v}_i)=\sum\boldsymbol{M}_O(\boldsymbol{F}_i^{(i)})+\sum\boldsymbol{M}_O(\boldsymbol{F}_i^{(e)})$$

由于质点系内质点相互作用的内力总是大小相等，方向相反，成对出现，相互抵消，因此内力之矩的矢量和为零，即 $\sum\boldsymbol{M}_O(\boldsymbol{F}_i^{(i)})=\boldsymbol{0}$。又因为

$$\sum\frac{\mathrm{d}}{\mathrm{d}t}\boldsymbol{M}_O(m_i\boldsymbol{v}_i)=\frac{\mathrm{d}}{\mathrm{d}t}\sum\boldsymbol{M}_O(m_i\boldsymbol{v}_i)=\frac{\mathrm{d}\boldsymbol{L}_O}{\mathrm{d}t}$$

因此，有

$$\frac{\mathrm{d}\boldsymbol{L}_O}{\mathrm{d}t}=\sum\boldsymbol{M}_O(\boldsymbol{F}_i^{(e)}) \tag{11-10}$$

式（11-10）称为质点系的动量矩定理，即质点系对某定点的动量矩对时间的一阶导数，等于作用在质点系上的所有外力对同一点之矩的矢量和。具体计算时，常采用其在直角坐标轴上的投影形式，即

$$\left.\begin{aligned}\frac{\mathrm{d}L_x}{\mathrm{d}t}&=\sum M_x(\boldsymbol{F}_i^{(e)})\\ \frac{\mathrm{d}L_y}{\mathrm{d}t}&=\sum M_y(\boldsymbol{F}_i^{(e)})\\ \frac{\mathrm{d}L_z}{\mathrm{d}t}&=\sum M_z(\boldsymbol{F}_i^{(e)})\end{aligned}\right\} \tag{11-11}$$

应当指出，上述动量矩定理的表达式只适用于固定点或固定轴，对于一般的动点或动轴，其动量矩具有更复杂的表达式，对于这种情况，本书不进行讨论。

11.2.3　动量矩守恒定律

由式（11-10）可知，若 $\sum\boldsymbol{M}_O(\boldsymbol{F}_i^{(e)})=\boldsymbol{0}$，则 $\boldsymbol{L}_O$ 为恒矢量；由式（11-11）可知，若 $\sum M_z(\boldsymbol{F}_i^{(e)})=0$，则 L_z 为恒量，即如果作用在质点系上的所有外力对定点（或定轴）之矩的矢量和（或力矩的代数和）等于零，则质点系对该点（或该轴）的动量矩保持不变，该结论称为动量矩守恒定律。

例 11-1　如图 11-4 所示，绳 OM 长为 l 且不可伸长，其一端固定在点 O，另一端系有一重力为 $\boldsymbol{P}$ 的小球 M，绳和球可在竖直面内摆动，不计绳的质量，小球可视为质点，该装置称为单摆。设单摆的初始摆角为 α，初速度为零。求该单摆的运动规律。

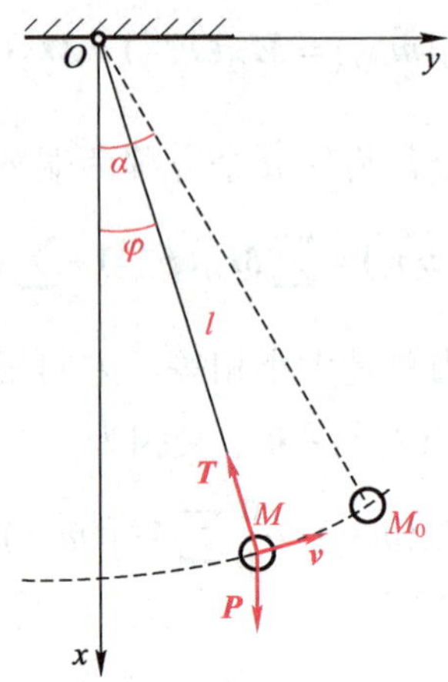

图 11-4

解：如图 11-4 所示，以摆锤（即小球 M）为研究对象，画出受力图。摆锤的运动轨迹是以点 O 为圆心、以 l 为半径的圆弧，故摆锤的速度 $\boldsymbol{v}$ 始终垂直于 OM。取直角坐标系 Oxy，则过点 O 且垂直于运动平面的轴为 z 轴。在任意瞬时 t，摆锤 M 的速度为 $\boldsymbol{v}$，单摆的摆角为 φ，则其对 z 轴的动量矩为

$$M_z(m\boldsymbol{v}) = mvl = \frac{P}{g}vl = \frac{P}{g}\cdot\omega l\cdot l = \frac{Pl^2}{g}\frac{\mathrm{d}\varphi}{\mathrm{d}t}$$

作用于摆锤的力有重力 $\boldsymbol{P}$ 和绳的约束力 $\boldsymbol{T}$，力 $\boldsymbol{T}$ 始终通过点 O 与 z 轴相交，即力 $\boldsymbol{T}$ 对 z 轴之矩恒等于零，因此摆锤 M 所受的力对 z 轴的力矩为

$$M_z(\boldsymbol{P}) = -Pl\sin\varphi$$

根据质点动量矩定理可知

$$\frac{\mathrm{d}}{\mathrm{d}t}M_z(m\boldsymbol{v}) = M_z(\boldsymbol{P})$$

于是，得出

$$\frac{\mathrm{d}\left(\dfrac{Pl^2}{g}\dfrac{\mathrm{d}\varphi}{\mathrm{d}t}\right)}{\mathrm{d}t} = -Pl\sin\varphi$$

将上式进行整理，可得

$$\frac{\mathrm{d}^2\varphi}{\mathrm{d}t^2} + \frac{g}{l}\sin\varphi = 0$$

当单摆做微小摆动时，摆角 φ 很小，可取 $\sin\varphi\approx\varphi$，于是上式可写成

$$\frac{\mathrm{d}^2\varphi}{\mathrm{d}t^2} + \frac{g}{l}\varphi = 0$$

此微分方程解的一般形式为

$$\varphi = A\cos\left(\sqrt{\frac{g}{l}}t + a\right)$$

其中，A 和 a 为积分常数，需要由初始条件确定。根据 $\varphi(0)=\alpha$，$\dot{\varphi}(0)=0$ 可以解得

$$\varphi=\alpha\cos\sqrt{\frac{g}{l}}t$$

这就是单摆的运动方程，说明单摆的微幅摆动为简谐运动，其角速度 $\omega=\sqrt{\frac{g}{l}}$，所以运动周期 T 为

$$T=\frac{2\pi}{\omega}=2\pi\sqrt{\frac{l}{g}}$$

例 11-2　如图 11-5 所示，力偶矩 M 作用在半径为 R、转动惯量为 J 的鼓轮上，鼓轮通过绳子拉动质量为 m 的小车沿斜面向上运动，已知斜面倾角为 θ，不计绳重及各处摩擦。求小车的加速度。

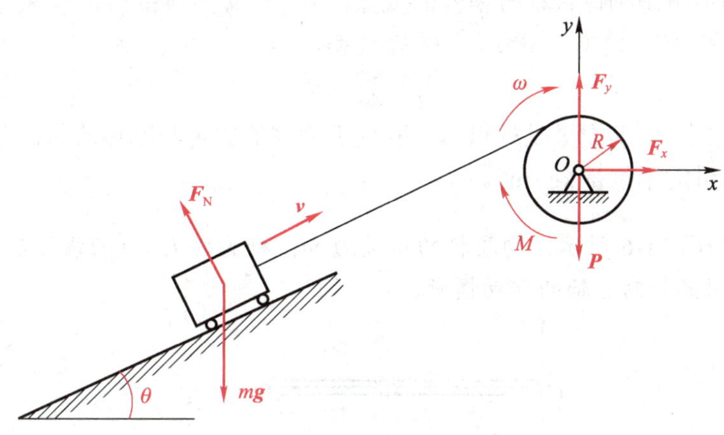

图 11-5

解：如图 11-5 所示，以鼓轮和小车组成的质点系为研究对象，其中小车可视为质点，并画出受力图。取直角坐标系 Oxy，则过点 O 且垂直于运动平面的轴为 z 轴。鼓轮和小车组成的质点系的动量矩为

$$L_z=J\omega+mvR$$

作用于鼓轮和小车上的外力包括二者的重力 $\boldsymbol{P}$ 和 $m\boldsymbol{g}$、鼓轮在点 O 处受到的约束反力 $\boldsymbol{F}_x$ 和 $\boldsymbol{F}_y$ 及斜面对小车的支持力 $\boldsymbol{F}_N$。力 $\boldsymbol{P}$，$\boldsymbol{F}_x$，$\boldsymbol{F}_y$ 始终通过点 O 与 z 轴相交，即这些力对 z 轴之矩恒等于零，力 $\boldsymbol{F}_N$ 以及重力 $m\boldsymbol{g}$ 在垂直于斜面方向上的分力对 z 轴之矩大小相等、方向相反、相互抵消，因此该质点系所受的外力对 z 轴的力矩为

$$\sum M_z(\boldsymbol{F}_i^{(e)})=mgR\sin\theta-M$$

根据质点系动量矩定理可知

$$\frac{\mathrm{d}L_z}{\mathrm{d}t}=\sum M_z(\boldsymbol{F}_i^{(e)})$$

于是，得出

$$\frac{\mathrm{d}}{\mathrm{d}t}(J\omega+mvR)=mgR\sin\theta-M$$

由于 $\omega=\dfrac{v}{R}$，$\dfrac{dv}{dt}=a$，可解得

$$a=\frac{mgR^2\sin\theta-MR}{J+mR^2}$$

11.3 刚体对轴的转动惯量

11.3.1 转动惯量

刚体的转动惯量是刚体转动时惯性的度量，刚体对任意轴的转动惯量等于刚体内各质点的质量与质点到转轴距离平方的乘积的代数和，即

$$J_z=\sum m_i r_i^2 \tag{11-12}$$

由式（11-12）可知，转动惯量是标量，它取决于刚体的质量与刚体质量的分布。在国际单位制中，转动惯量的单位是 $\mathrm{kg\cdot m^2}$。

例 11-3 如图 11-6 所示，均质杆的质量为 m，杆长为 l，杆的线密度（单位长度的质量）为 ρ_l。求此杆对 z 轴的转动惯量。

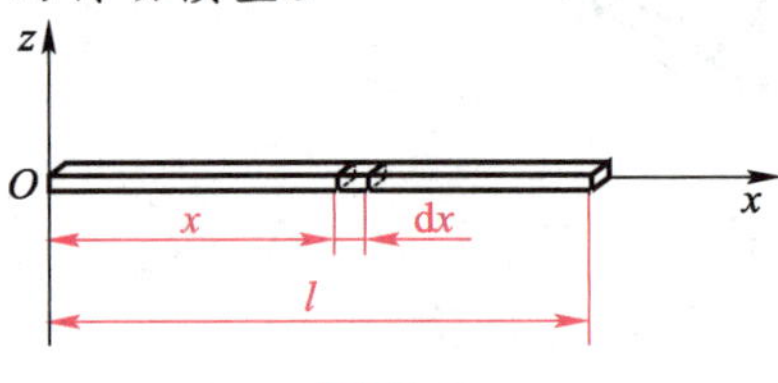

图 11-6

解：取杆上的微段 dx，其质量为 $dm=\rho_l dx$，则此杆对于 z 轴的转动惯量为

$$J_z=\int_0^l(x^2\cdot\rho_l dx)=\rho_l\cdot\frac{l^3}{3}$$

由于杆的质量 $m=\rho_l\cdot l$，于是可得

$$J_z=\frac{ml^2}{3}$$

11.3.2 回转半径

在工程上通常把转动惯量表达成刚体的质量 m 与某一当量长度 ρ_z 平方的乘积，即

$$J_z=m\rho_z^2 \tag{11-13}$$

式中，ρ_z 称为回转半径或惯性半径，由式（11-13）可得

$$\rho_z=\sqrt{\frac{J_z}{m}} \tag{11-14}$$

其物理意义是：若把刚体质量全部集中于一点上，并令该质点对 z 轴的转动惯量等于刚体的转动惯量，则质点到 z 轴的垂直距离就是回转半径。因此，如果已知刚体质量和刚体对某轴的回转半径，就可根据式（11-13）计算此刚体的转动惯量。

一般形状简单的均质物体的转动惯量和回转半径可以直接从有关工程手册中查到。常见均质物体的转动惯量和回转半径如表 11-1 所示。

表 11-1 常见均质物体的转动惯量和回转半径

物体形状	物体简图	转动惯量 J_z	回转半径 ρ_z
细直杆		$\frac{m}{3}l^2$	$\frac{l}{\sqrt{3}}$
薄壁圆筒		mR^2	R
实心圆柱或圆盘		$\frac{1}{2}mR^2$	$\frac{R}{\sqrt{2}}$
空心圆柱		$\frac{1}{2}m(R^2+r^2)$	$\sqrt{\frac{R^2+r^2}{2}}$
薄壁空心球		$\frac{2}{3}mR^2$	$\sqrt{\frac{2}{3}}R$
实心球		$\frac{2}{5}mR^2$	$\sqrt{\frac{2}{5}}R$

11.3.3 平行移轴定理

工程手册中给出的转动惯量通常是刚体对通过质心轴的转动惯量，如果需要求解对不通过质心轴的转动惯量，则可用平行移轴定理。平行移轴定理给出了刚体对通过质心轴的转动惯量和与它平行的轴的转动惯量之间的关系。

平行移轴定理：刚体对任意一轴的转动惯量 J_z，等于刚体对通过质心且与该轴平行的轴的转动惯量 J_{zC} 加上刚体的质量 m 与两轴间距离平方 d^2 的乘积，即

$$J_z = J_{zC} + md^2 \tag{11-15}$$

由平行移轴定理可知：对平行于某个方向的所有轴来说，刚体对其质心轴的转动惯量

最小。

例 11-4　如图 11-7 所示为一个钟摆，均质杆和均质圆盘的质量分别为 m_1，m_2，杆长为 l，圆盘直径为 d。求钟摆对通过悬挂点 O 的水平轴的转动惯量。

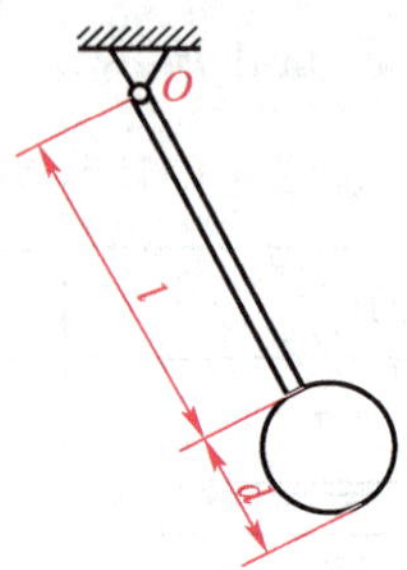

图 11-7

解：钟摆对水平轴 O 的转动惯量为

$$J_O = J_{O1} + J_{O2}$$

其中，J_{O1} 为均质杆对轴 O 的转动惯量，J_{O2} 为均质圆盘对轴 O 的转动惯量。由转动惯量的计算公式及平行移轴定理，可得

$$\left.\begin{aligned} J_{O1} &= \frac{m_1}{3}l^2 \\ J_{O2} &= \frac{m_2}{2}\left(\frac{d}{2}\right)^2 + m_2\left(l + \frac{d}{2}\right)^2 \end{aligned}\right\}$$

于是，得出

$$J_O = \frac{m_1}{3}l^2 + m_2\left(\frac{3d^2}{8} + l^2 + ld\right)$$

11.4　刚体定轴转动微分方程

刚体定轴转动
微分方程

如图 11-8 所示，设刚体在外力 $\boldsymbol{F}_1$，$\boldsymbol{F}_2$，…，$\boldsymbol{F}_n$ 作用下绕固定轴 z 转动，其角速度为 ω，对 z 轴的转动惯量为 J_z。于是，刚体对 z 轴的动量矩为 $J_z\omega$。将其代入质点系对轴的动量矩定理式（11-11），可得

$$\frac{\mathrm{d}}{\mathrm{d}t}(J_z\omega) = \sum M_z(\boldsymbol{F}_i)$$

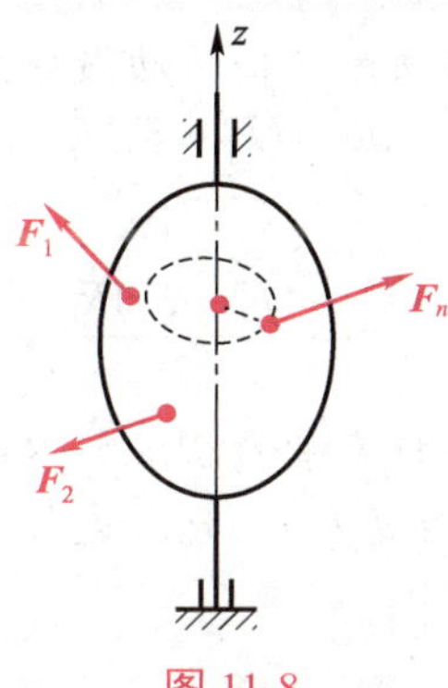

图 11-8

考虑到刚体对 z 轴的转动惯量为常量，则有

$$J_z\frac{\mathrm{d}\omega}{\mathrm{d}t}=\sum M_z(\boldsymbol{F}_i) \tag{11-16}$$

式（11-16）也可以写成

$$J_z\frac{\mathrm{d}^2\varphi}{\mathrm{d}t^2}=\sum M_z(\boldsymbol{F}_i)\text{或}J_z\alpha=\sum M_z(\boldsymbol{F}_i) \tag{11-17}$$

式（11-16）和式（11-17）均称为**刚体定轴转动微分方程**，即**定轴转动刚体的转动惯量与角加速度的乘积，等于作用在刚体上的外力对转轴之矩的代数和**。轴承约束反力也是作用在转动刚体上的外力，但它们对转轴之矩恒等于零。因此，在刚体定轴转动微分方程中不必考虑轴承约束反力。上述对转轴的力矩简称**转矩**。

刚体定轴转动微分方程表明，当作用于刚体上的外力对转轴之矩一定时，刚体的转动惯量越大，其转动状态变化就越小；刚体转动惯量越小，其转动状态变化就越大。也就是说，刚体转动惯量的大小体现了刚体转动状态改变的难易程度。因此，**转动惯量是刚体转动时惯性的度量**。

刚体定轴转动微分方程 $J_z\alpha=\sum M_z(\boldsymbol{F}_i)$ 和质点运动微分方程 $m\boldsymbol{a}=\sum\boldsymbol{F}$ 在形式上完全相似。因此，刚体定轴转动微分方程可以解决刚体绕定轴转动时的两类动力学问题。在应用上式解题时，应注意力矩的正负号，可以先规定转角的正向，力矩的转向与转角正向一致时为正，反之为负。

例 11-5　如图 11-9 所示，滑轮半径为 R，转动惯量为 J，胶带两端拉力分别为 $\boldsymbol{F}_1$ 和 $\boldsymbol{F}_2$。求滑轮的角加速度 α。

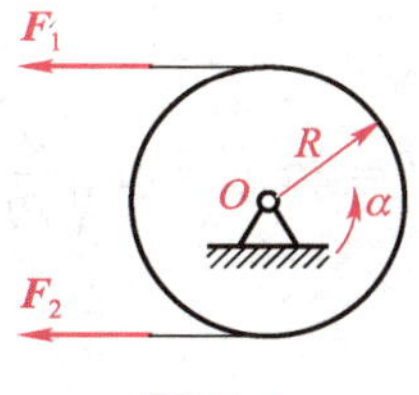

图 11-9

解： 取逆时针方向为正，根据刚体定轴转动微分方程可得

$$J\alpha=(F_1-F_2)R$$

于是，得出

$$\alpha=\frac{(F_1-F_2)R}{J}$$

例 11-6 如图 11-10 所示，连杆重量为 P，重心位置为点 C，连杆可在刃口支承上做微幅摆动，点 C 距转动点 O 的距离为 l，此时连杆对轴 O 的转动惯量为 J。求连杆摆动的周期 T。

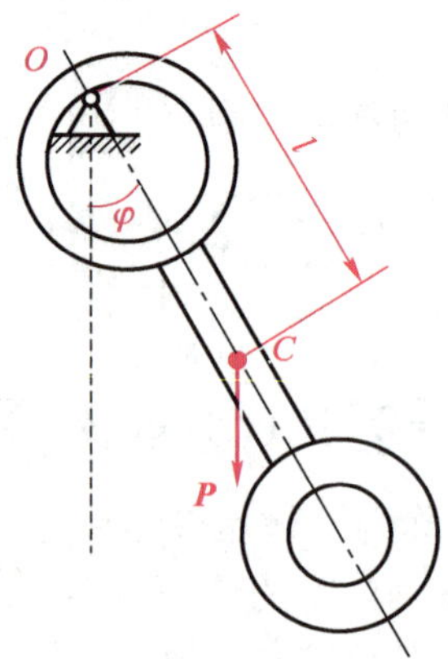

图 11-10

解： 取逆时针方向为正，根据刚体定轴转动微分方程可得

$$J\frac{\mathrm{d}^2\varphi}{\mathrm{d}t^2}=-Pl\sin\varphi$$

连杆做微幅摆动时有 $\sin\varphi\approx\varphi$，于是上式可写成

$$\frac{\mathrm{d}^2\varphi}{\mathrm{d}t^2}+\frac{Pl}{J}\varphi=0$$

此微分方程解的一般形式为

$$\varphi=\varphi_0\cos\left(\sqrt{\frac{Pl}{J}}t+\theta\right)$$

其中，φ_0 和 θ 为积分常数，需由初始条件确定。连杆摆动的角速度为 $\omega=\sqrt{\frac{Pl}{J}}$，所以连杆摆动的周期 T 为

$$T=2\pi/\omega=2\pi\sqrt{\frac{J}{Pl}}$$

例 11-7　如图 11-11（a）所示，均质梁 AB 长为 l，重力为 $\boldsymbol{W}$，其两端分别通过铰链 A 和绳支承。求连接点 B 处软绳突然剪断的瞬间铰链 A 的约束反力。

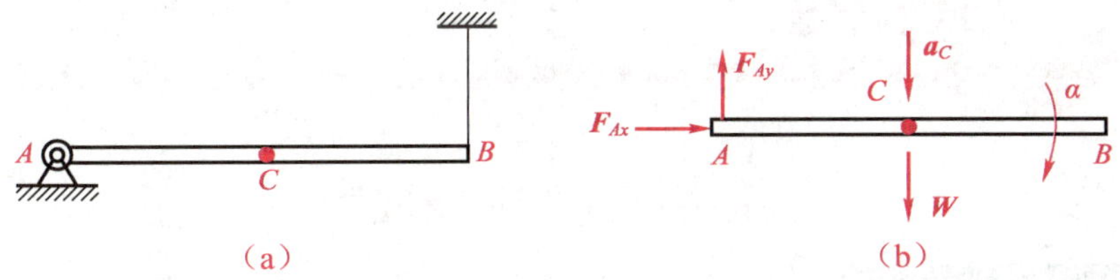

图 11-11

解： 取顺时针方向为正。绳断之后，梁 AB 将绕点 A 转动，剪断软绳的瞬间有

$$\omega=0\,,\quad J_A=\frac{1}{3}\frac{W}{g}l^2\,,\quad M_A(\boldsymbol{F}_i)=W\frac{l}{2}$$

设梁 AB 绕点 A 转动的角加速度为 α，根据刚体定轴转动微分方程可得

$$J_A\alpha=\sum M_A(\boldsymbol{F}_i)$$

于是，得出

$$\frac{1}{3}\frac{W}{g}l^2\alpha=W\frac{l}{2}$$

可解得

$$\alpha=\frac{3g}{2l}$$

再根据质心运动定理求约束反力。如图 11-11(b)所示，均质梁 AB 的质量为 $M=\dfrac{W}{g}$，质心 C 的法向加速度和切向加速度分别为

$$a_{Cx}=a_{Cn}=\frac{l}{2}\omega^2=0\,,\quad a_{Cy}=a_{C\tau}=\frac{l}{2}\alpha=\frac{3g}{4}$$

根据质心运动定理可得

$$\left.\begin{aligned}Ma_{Cx}&=\sum F_x\\ Ma_{Cy}&=\sum F_y\end{aligned}\right\}$$

于是，得出

$$\left.\begin{aligned}\frac{W}{g}\cdot 0&=F_{Ax}\\ \frac{W}{g}\cdot\frac{3g}{4}&=W-F_{Ay}\end{aligned}\right\}$$

可以解得

$$F_{Ax}=0\,,\quad F_{Ay}=\frac{1}{4}W$$

素质启慧园

拉格朗日的“谦虚之花”

拉格朗日（1736—1813 年）是法国著名数学家、物理学家。拉格朗日总结了 18 世纪的数学成果，同时又为 19 世纪的数学研究开辟了道路，堪称法国最杰出的数学大师。同时，他的关于月球运动（三体问题）、行星运动、轨道计算、两个不动中心问题、流体力学等方面的成果，在使天文学力学化、力学分析化上也起到了历史性的作用，促进了力学和天体力学进一步发展，成为这些领域的开创性或奠基性研究成果。

从拉格朗日时代到今天，拉格朗日的许多结论仍然几乎一字不差地被引用着，并使数学和力学得到了突飞猛进的发展。他的科学工作的准确性和深刻性，不仅受到同时代科学家的一致赞誉，也为后人所广泛传诵。尽管这样，拉格朗日不止一次地对自己的工作表示不满。在给另一位老朋友拉普拉斯的信中，他这样写道：“我把数学看作是一件有意思的工作，而不是想为自己建立什么纪念碑。可以肯定地说，我对别人的工作比自己的更认可。我对自己的工作总是不满意。”这是拉格朗日在自我标榜？还是在故作谦虚？都不是，这是他的肺腑之言。拉格朗日完全知道自己工作的意义，他也不是在同行们面前故意贬低自己。但是，作为一位进取不息的科学家，他的目光始终注视着未来。日夜萦绕于他心间的，不是自己已经越过的障碍，而是他所要面对的新的更伟大的挑战。这就是拉格朗日总是对自己的工作感到不满意的真正原因。

不盛开“谦虚”之花，结不出“伟大”之果。谦虚和伟大就是这样紧紧地联系在一起的。正如他自己所说：“一个人的贡献和他的自负严格地成反比，这似乎是品行上的一个公理。”

（资料来源：https://idea.cas.cn/viewscientists.action?docid=51707，有改动）

本章小结

1. 动量矩

质点对点 O 的动量矩：$\boldsymbol{M}_O(m\boldsymbol{v})=\boldsymbol{r}\times m\boldsymbol{v}$。

质点对 z 轴的动量矩：$M_z(m\boldsymbol{v})=[\boldsymbol{M}_O(m\boldsymbol{v})]_z$。

质点系对点 O 的动量矩：$\boldsymbol{L}_O=\sum \boldsymbol{M}_O(m_i\boldsymbol{v}_i)$。

质点系对 z 轴的动量矩：$L_z=[\boldsymbol{L}_O]_z$。

定轴转动的刚体对于其转轴的动量矩：$L_z=J_z\omega$。

2. 动量矩定理

质点动量矩定理：质点对某定点的动量矩对时间的一阶导数，等于作用于质点上的力对同一点之矩，即

$$\frac{\mathrm{d}}{\mathrm{d}t}\boldsymbol{M}_O(m\boldsymbol{v})=\boldsymbol{M}_O(\boldsymbol{F})$$

其投影形式为

$$\left.\begin{aligned}\frac{\mathrm{d}}{\mathrm{d}t}M_x(m\boldsymbol{v})=M_x(\boldsymbol{F})\\\frac{\mathrm{d}}{\mathrm{d}t}M_y(m\boldsymbol{v})=M_y(\boldsymbol{F})\\\frac{\mathrm{d}}{\mathrm{d}t}M_z(m\boldsymbol{v})=M_z(\boldsymbol{F})\end{aligned}\right\}$$

质点系动量矩定理：质点系对于某定点的动量矩对时间的导数，等于作用在质点系上的所有外力对同一点之矩的矢量和，即

$$\frac{\mathrm{d}\boldsymbol{L}_O}{\mathrm{d}t}=\sum \boldsymbol{M}_O(\boldsymbol{F}_i^{(e)})$$

其投影形式为

$$\left.\begin{aligned}\frac{\mathrm{d}L_x}{\mathrm{d}t}=\sum M_x(\boldsymbol{F}_i^{(e)})\\\frac{\mathrm{d}L_y}{\mathrm{d}t}=\sum M_y(\boldsymbol{F}_i^{(e)})\\\frac{\mathrm{d}L_z}{\mathrm{d}t}=\sum M_z(\boldsymbol{F}_i^{(e)})\end{aligned}\right\}$$

动量矩守恒定律：如果作用在质点系上的所有外力对定点（或定轴）之矩的矢量和（或力矩的代数和）等于零，则质点系对该点（或该轴）的动量矩保持不变。

3. 转动惯量

刚体的转动惯量：$J_z=\sum m_i r_i^2$。

刚体的回转半径：$\rho_z=\sqrt{\dfrac{J_z}{m}}$。

平行移轴定理：刚体对任意一轴的转动惯量 J_z，等于刚体对通过质心且与该轴平行的轴的转动惯量 J_{zC} 加上刚体的质量 m 与两轴间距离平方 d^2 的乘积，即

$$J_z=J_{zC}+md^2$$

4. 刚体定轴转动微分方程

刚体定轴转动微分方程为

$$J_z \frac{\mathrm{d}\omega}{\mathrm{d}t} = \sum M_z(\boldsymbol{F}_i) \text{ 或 } J_z \frac{\mathrm{d}^2\varphi}{\mathrm{d}t^2} = \sum M_z(\boldsymbol{F}_i) \text{ 或 } J_z\alpha = \sum M_z(\boldsymbol{F}_i)$$

即定轴转动刚体的转动惯量与角加速度的乘积，等于作用在刚体上的外力对转轴之矩的代数和。

跳水与体操中的转动惯量

刚体的转动惯量问题与我们身边的许多活动息息相关，现在以体操和跳水中的竞技运动动作为例进行说明。运动员在做空翻或翻腾动作时，其身体的姿势或形态决定了其动作的难度，从而裁判会根据难度系数来打分。

跳水运动员做团身空翻时，身体呈三段折叠，各部分身体重量最靠近于重心，此时转动惯量最小，可以使翻腾速度最快。所以，在 10 m 台跳水做翻腾三周半的动作时多采用团身翻腾。跳水运动员做曲体空翻时，身体呈两段折叠，其转动惯量比团身空翻时稍大，难度系数也较大。体操运动员做直体空翻时，由于直体的转动惯量最大，空翻最费力，难度系数最大。同时，由于直体空翻姿态优美，打分也会较高。

思考题

11-1　什么是动量矩，其单位是什么？如何计算质点和质点系的动量矩？

11-2　如何计算定轴转动刚体对其转轴的动量矩？

11-3　质点的动量矩定理和质点系的动量矩定理的内容分别是什么？

11-4　系统内力对系统的动量矩有无影响？为什么？

11-5　质点系动量矩守恒的条件是什么？

11-6　动量守恒和动量矩守恒有无区别？动量守恒时，动量矩是否一定守恒？反之是否成立？并分别说明其原因。

11-7　什么是刚体的转动惯量？其物理意义是什么？如何计算转动惯量？

11-8　什么是刚体对已知轴的回转半径？均质圆盘的回转半径是否等于其半径？

11-9　什么是转动惯量的平行移轴定理？

11-10　刚体定轴转动微分方程是什么？它与质点运动微分方程有什么异同？

练习题

题 11-1　如图 11-12 所示，质量分别为 m 和 $\sqrt{2}m$ 的两物块 A 和 B 由不计质量的绳子连接，并绕过质量为 $2m$、半径为 R 的均质圆盘，物块 A 的速度为 $\boldsymbol{v}$，$\theta = 45°$。求该系统对转轴 O 的动量矩。

题 11-2　如图 11-13 所示，质量分别为 m_1 和 m_2 的两物块 A 和 B 由滑轮装置连接，已知均质滑轮 D 和 E 的质量分别为 m_4 和 m_3，物块 B 沿斜面下滑的速度为 $\boldsymbol{v}$，斜面倾角 $\theta = 45°$。求该系统对轴 D 的动量矩。

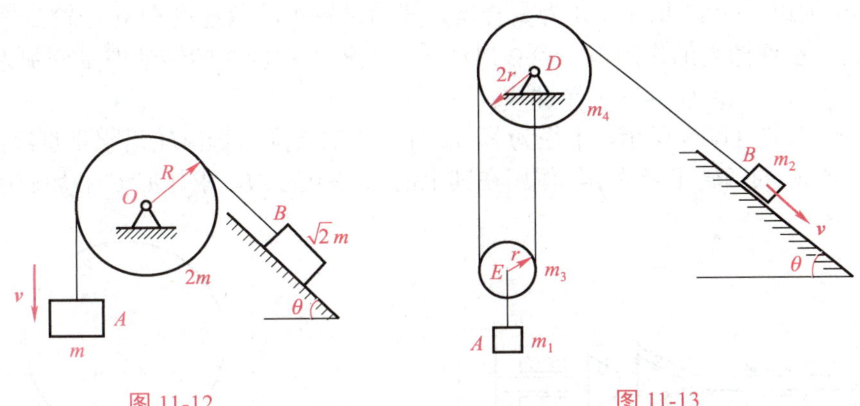

图 11-12　　　　图 11-13

题 11-3　如图 11-14 所示，质量为 m 的均质空心圆柱体外径为 R_1，内径为 R_2。求该圆柱体对中心轴 z 的转动惯量。

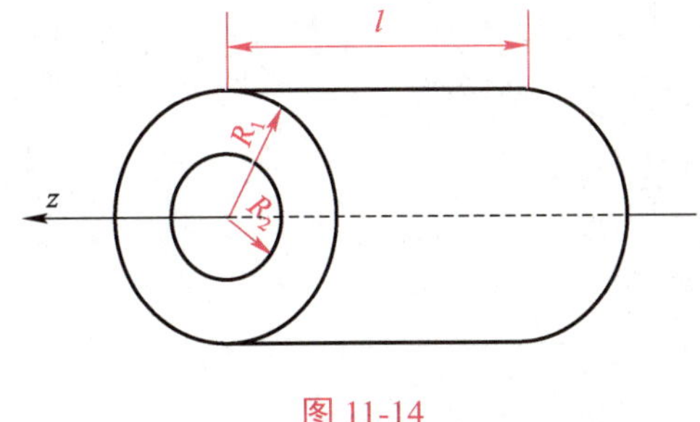

图 11-14

题 11-4　如图 11-15 所示，质量为 $m=25\ \text{kg}$ 、半径为 $R=200\ \text{mm}$ 的均质圆盘与一个无重杆 OA 焊接在一起，杆 OA 以角速度 $\omega_O=4\ \text{rad/s}$ 绕轴 O 转动。求圆盘对轴 O 的动量矩。

题 11-5　如图 11-16 所示，飞轮重力为 $\boldsymbol{P}$，半径为 R，转动惯量为 J_O，以角速度 ω_O 绕水平轴 O 转动。已知闸块与飞轮之间的动滑动摩擦系数为 f，不计轴承的摩擦以及闸块与滑槽之间的摩擦。求使飞轮经过 T 秒后停止转动所需在闸块上施加的压力 $\boldsymbol{Q}$ 的大小。

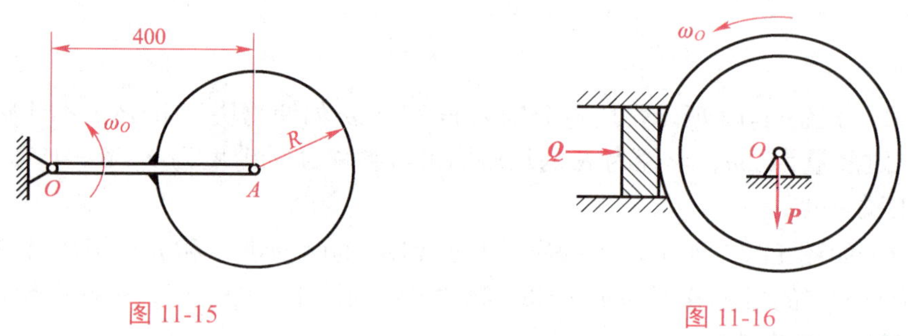

图 11-15　　图 11-16

题 11-6　如图 11-17 所示，A 为离合器，开始时轮 1 的角速度为 ω_1，轮 2 静止。当离合器接合后，在摩擦力的作用下，轮 2 启动。已知轮 1 和轮 2 的转动惯量分别为 J_1 和 J_2。求当离合器接合后，两轮共同的角速度。

题 11-7　如图 11-18 所示，半径为 r、重为 P 的均质圆盘形滚轮沿水平直线做纯滚动。设滚轮对轮心 C 的回转半径为 ρ，作用在其上的力偶矩为 M。求轮心 C 的加速度。

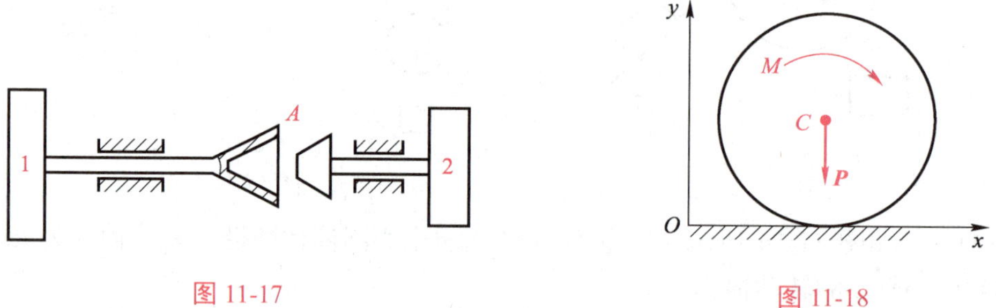

图 11-17　　图 11-18

第 12 章 动能定理

学习目标

- 了解常力功、变力功、合力功和几种常见功的计算公式。
- 掌握质点和质点系的动能的概念及其计算公式。
- 熟练掌握动能定理。

素质目标

★ 养成正确认识自我的积极态度。

★ 提高自我学习、自我管理的意识和能力。

12.1 力的功

实践表明，一个物体受力的作用而引起的运动状态的变化，不仅取决于力的大小和方向，而且还与物体在力的作用下经过的路径有关。于是在力学中引入了力的功这个物理量，用来度量力在其作用点的运动路程中对物体作用的累积效应。

12.1.1 常力的功

如图 12-1 所示，滑块 M 在常力 $\boldsymbol{F}$ 的作用下，沿直线走过一段路程 s。力 $\boldsymbol{F}$ 在这段路程中的累积效应用力的功来度量，记为 W，并定义为

$$W = Fs \cdot \cos\theta \tag{12-1}$$

式中，θ 为力 $\boldsymbol{F}$ 与位移方向之间的夹角。当 $\theta < 90°$ 时，力在运动方向上的投影为正值，力做正功；当 $\theta > 90°$ 时，力在运动方向上的投影为负值，力做负功；当 $\theta = 90°$ 时，力在运动方向上的投影为零，力不做功。可见，功只有大小和正负，没有方向。因此，功是代数量。功的单位由力和路程的单位来决定。在国际单位制中，功的单位是 J。

如果路程用矢量 $\boldsymbol{s}$ 表示，则力 $\boldsymbol{F}$ 的功可以写成

$$W = \boldsymbol{F} \cdot \boldsymbol{s} \tag{12-2}$$

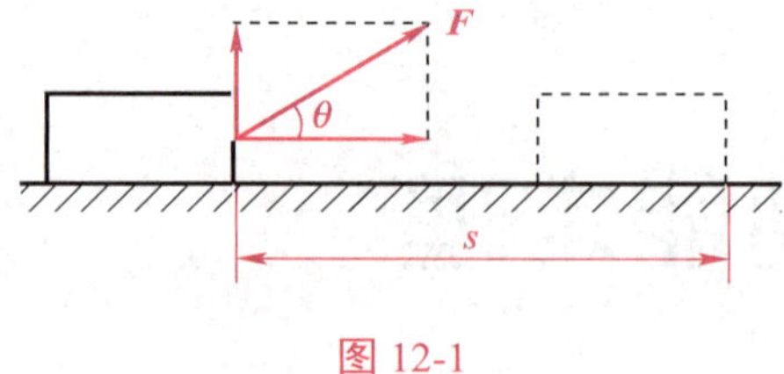

图 12-1

12.1.2 变力的功

如图 12-2 所示，设质点 M 在变力 $\boldsymbol{F}$ 作用下，沿曲线从位置 M_1 运动到位置 M_2，现求力 $\boldsymbol{F}$ 在路径 M_1M_2 上做的功。由于从 M_1 运动到 M_2 的过程中，力 $\boldsymbol{F}$ 的大小和方向在不断变化，因此，力 $\boldsymbol{F}$ 的功不能直接用式（12-1）来计算。

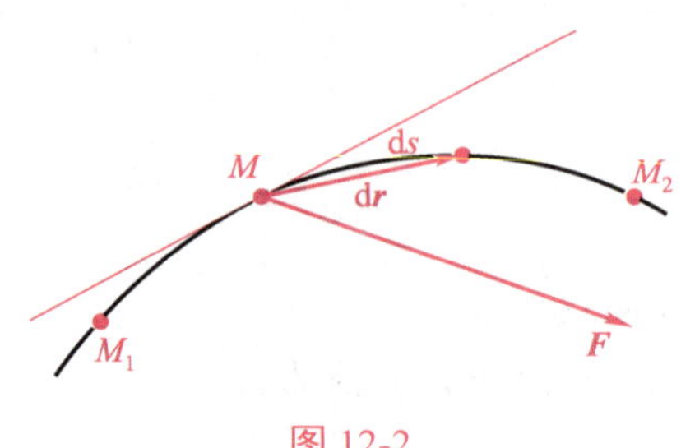

图 12-2

这时可将路程 s 分为无限多个微段 ds，则微段路程 ds 可以近似为直线，且力 $\boldsymbol{F}$ 在位移 d$\boldsymbol{r}$ 中可视为常力，d$\boldsymbol{r}$ 可视为沿点 M 的切线。力 $\boldsymbol{F}$ 在该微小路径上所做的功称为元功，用 δW 表示，且有

$$\delta W = \boldsymbol{F} \cdot \mathrm{d}\boldsymbol{r} \tag{12-3}$$

质点 M 沿曲线由 M_1 运动到 M_2 的过程中，变力 $\boldsymbol{F}$ 做的功为

$$W_{12} = \int_{M_1}^{M_2} \boldsymbol{F} \cdot \mathrm{d}\boldsymbol{r} \tag{12-4}$$

式（12-4）表明，变力在某一曲线运动中做的功，等于该力在运动方向的投影沿这段曲线路径的定积分。如果力始终与质点位移垂直，则该力不做功。具体计算时，常采用其在直角坐标轴上的投影形式，即

$$W_{12} = \int_{M_1}^{M_2} (F_x \mathrm{d}x + F_y \mathrm{d}y + F_z \mathrm{d}z) \tag{12-5}$$

12.1.3 合力的功

如图 12-3 所示，设质点同时受到几个力 $\boldsymbol{F}_1$，$\boldsymbol{F}_2$，…，$\boldsymbol{F}_n$ 的作用，它们的合力为 $\boldsymbol{F}_{\mathrm{R}}$，现求合力的功与分力的功之间的关系。

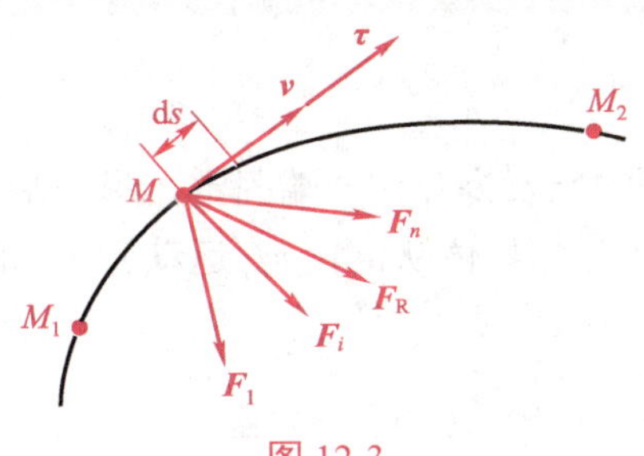

图 12-3

由于

$$\boldsymbol{F}_{R} = \boldsymbol{F}_1 + \boldsymbol{F}_2 + \cdots + \boldsymbol{F}_n$$

将上式投影到质点 M 的运动方向上，根据合力投影定理，可得

$$F_{R\tau} = F_{1\tau} + F_{2\tau} + \cdots + F_{n\tau}$$

因此，合力的功为

$$\begin{aligned} W &= \int_0^s F_{R\tau} \mathrm{d}s = \int_0^s (F_{1\tau} + F_{2\tau} + \cdots + F_{n\tau}) \mathrm{d}s \\ &= \int_0^s F_{1\tau} \mathrm{d}s + \int_0^s F_{2\tau} \mathrm{d}s + \cdots + \int_0^s F_{n\tau} \mathrm{d}s \\ &= W_1 + W_2 + \cdots + W_n = \sum_{i=1}^{n} W_i \end{aligned} \tag{12-6}$$

式（12-6）表明，作用在物体上的各力在一段路程中所做的功，等于各力在同一段路程中所做功的代数和。

12.1.4 几种常见力的功

以上讨论的是求功的一般方法，下面再讨论几种常见力的功。

1. 重力的功

如图 12-4 所示，设重为 G 的质点 M，沿曲线由位置 M_1 运动到位置 M_2，M_1 与 M_2 的高度差为 $h = y_1 - y_2$，则重力 G 所做的功为

$$W = \int_{y_1}^{y_2} (-G) \mathrm{d}y = G(y_1 - y_2) = Gh$$

上式表明，**重力的功等于质点的重量与起止位置间高度差的乘积，而与质点的运动路径无关**。

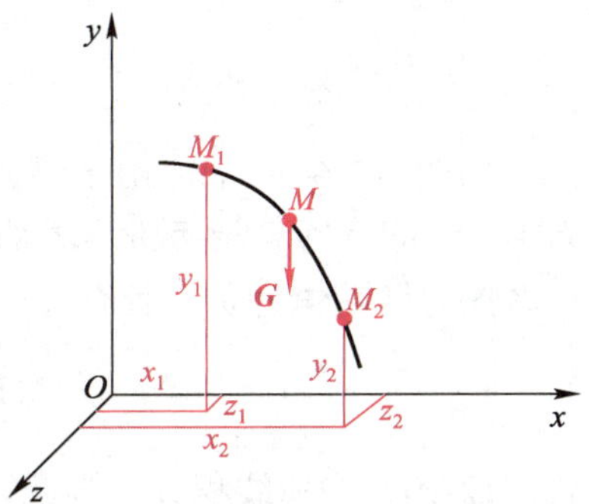

图 12-4

上面讨论的是物体向下运动的情况，由于重力与物体在竖直方向上的运动方向相同，故重力对物体做正功。如果物体向上运动，由于重力与物体在竖直方向上的运动方向相反，阻碍物体向上运动，故重力对物体做负功。因此，重力功的表达式可以写成

$$W = \pm Gh \tag{12-7}$$

2. 弹性力的功

如图 12-5 所示，设弹簧的原长为l_0，一端固定，另一端与物体 M 相连，弹簧的刚性系数为 k（单位为 N/m）。试计算当物体从位置 M_1 运动到 M_2 的过程中，弹簧力对物体所做的功。

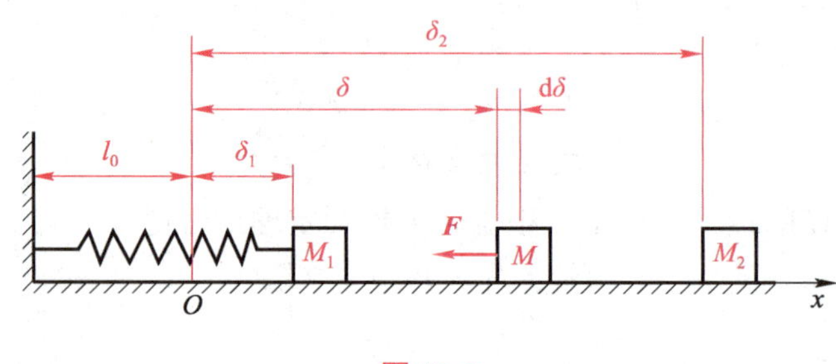

图 12-5

取弹簧的自然位置 O 为坐标原点，x 轴和物体运动轨迹重合，坐标表示物体在任一位置 M 时弹簧的变形。当弹簧的变形较小时，弹簧作用于质点上的弹性力 $\boldsymbol{F}$ 的大小与弹簧的变形量 δ 成正比，即

$$F = k\delta \tag{12-8}$$

因此，当质点 M 由弹簧变形为 δ_1 处运动至变形为 δ_2 处时，弹性力的功为

$$W = \int_{\delta_1}^{\delta_2}(-F)\mathrm{d}\delta = \int_{\delta_1}^{\delta_2}(-k\delta)\mathrm{d}\delta$$

可解得

$$W = \frac{k}{2}(\delta_1^2 - \delta_2^2) \tag{12-9}$$

式（12-9）表明，**弹性力的功等于弹簧始末位置变形量的平方差与刚性系数乘积的一半**。可以证明，当物体做曲线运动时，弹簧力的功只取决于弹簧始末位置的变形量，而与物体的运动轨迹无关。

3. 摩擦力的功

如图 12-6 所示，由于质点受到的滑动摩擦力 $F' = \mu F_{\mathrm{N}}$ 的方向总是与质点运动的方向相反，所以滑动摩擦力做功恒为负，且有

图 12-6

$$W = -\int_{M_1}^{M_2} F'\mathrm{d}s = -\int_{M_1}^{M_2} \mu F_{\mathrm{N}}\mathrm{d}s \tag{12-10}$$

式（12-10）为曲线积分，因此，**滑动摩擦力的功，不仅与起止位置有关，还与路径有关**。

12.2　质点和质点系的动能

12.2.1　质点的动能

动能是指物体由于本身的运动而具有的能量。实践表明，物体动能的大小与物体的质量及运动速度有关。一切做机械运动的物体，质量越大，运动速度越快，其动能也就越大。因此，动能是度量物体机械运动强度的物理量。

研究表明，质点的动能等于它的质量 m 与速度 v 平方的乘积的一半，即质点的动能为 $mv^2/2$ 。动能是一个恒为正值的标量。在国际单位制中，动能的单位与功的单位相同，都为 J。

12.2.2　质点系的动能

设质点系由 n 个质点组成，则质点系内各质点动能的代数和就是质点系的动能，即

$$T=\sum\frac{1}{2}m_iv_i^2 \tag{12-11}$$

式中，T 为质点系的动能，m_i，v_i 分别表示质点系内第 i 个质点的质量和速度。

12.2.3　刚体的动能

刚体是由无数个质点组成的质点系。在不同的运动形式下，刚体内部质点速度的分布是不同的，因此刚体动能的表达式也就不同。

1．平动刚体的动能

刚体平动时，其各质点的速度都与质心速度 $\boldsymbol{v}_C$ 相同，故平动刚体的动能为

$$T=\sum\frac{1}{2}m_iv_i^2=\sum\frac{1}{2}m_iv_C^2=\frac{1}{2}\left(\sum m_i\right)v_C^2$$

于是，得出

$$T=\frac{1}{2}mv_C^2 \tag{12-12}$$

式（12-12）表明，平动刚体的动能等于刚体质量与其质心速度平方的乘积的一半。因此，平动刚体的动能与质量集中于质心的质点的动能相同。

2．定轴转动刚体的动能

设刚体以角速度 ω 绕固定轴 z 转动，刚体内第 i 个质点的质量为 m_i，到 z 轴的距离为 r_i，则该质点的速度为 $v_i=r_i\omega$，于是刚体的动能为

$$T=\sum\frac{1}{2}m_iv_i^2=\frac{1}{2}\left(\sum m_ir_i^2\right)\omega^2$$

于是，得出

$$T=\frac{1}{2}J_z\omega^2 \tag{12-13}$$

式中，J_z 为刚体对转轴 z 的转动惯量，且 $J_z=\sum m_ir_i^2$ 。式（12-13）表明，**定轴转动刚体的动能等于刚体对转轴的转动惯量与其角速度平方的乘积的一半**。

3．平面运动刚体的动能

如图 12-7 所示，刚体做平面运动时，可视为绕瞬时轴（通过速度瞬心 P，并与运动平面垂直的轴）的转动，其动能表达式为

$$T=\frac{1}{2}J_P\omega^2 \tag{12-14}$$

式中，J_P 为刚体对瞬时轴的转动惯量，ω 为刚体角速度。

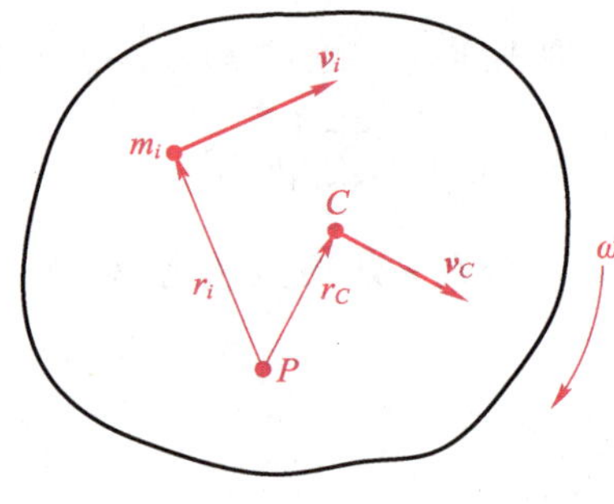

图 12-7

若刚体对通过质心 C 且与瞬时轴平行的转轴的转动惯量为 J_C，且有 $PC=r_C$，则由转动惯量的平行移轴定理，可得

$$J_P=J_C+mr_C^2$$

于是，得出

$$T=\frac{1}{2}J_P\omega^2=\frac{1}{2}(J_C+mr_C^2)\omega^2=\frac{1}{2}J_C\omega^2+\frac{1}{2}mr_C^2\omega^2$$

由于 $r_C\omega=v_C$，因此

$$T=\frac{1}{2}J_C\omega^2+\frac{1}{2}mv_C^2 \tag{12-15}$$

式（12-15）表明，**平面运动刚体的动能等于随质心平动的动能与绕通过质心的转轴转动的动能之和**。

12.3　动能定理

动能定理

12.3.1　质点的动能定理

质点运动方程的微分形式为

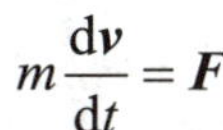

$$m\frac{\mathrm{d}\boldsymbol{v}}{\mathrm{d}t}=\boldsymbol{F}$$

将方程两边同时乘以 d$\boldsymbol{r}$，可得

$$m\frac{\mathrm{d}\boldsymbol{v}}{\mathrm{d}t}\cdot\mathrm{d}\boldsymbol{r}=\boldsymbol{F}\cdot\mathrm{d}\boldsymbol{r}$$

由于 $\mathrm{d}\boldsymbol{r}=\boldsymbol{v}\mathrm{d}t$， $\boldsymbol{F}\cdot\mathrm{d}\boldsymbol{r}=\delta W$ ，因此有

$$m\boldsymbol{v}\cdot\mathrm{d}\boldsymbol{v}=\delta W$$

于是，得出

$$\mathrm{d}\left(\frac{1}{2}mv^2\right)=\delta W \tag{12-16}$$

式（12-16）称为质点动能定理的微分形式，即质点动能的变化量等于作用在质点上的力的元功。

对上式积分，可得

$$\frac{1}{2}mv_2^2-\frac{1}{2}mv_1^2=W_{12} \tag{12-17}$$

式（12-17）称为质点动能定理的积分形式，即质点动能在某一路程中的变化量，等于作用在质点上的力在同一路程中所做的功。

12.3.2　质点系的动能定理

设质点系由 n 个质点组成，对每个质点写出其动能定理的微分形式，即

$$\mathrm{d}\left(\frac{1}{2}m_iv_i^2\right)=\delta W$$

这样的方程共有 n 个，将这 n 个方程相加可得

$$\sum\mathrm{d}\left(\frac{1}{2}m_iv_i^2\right)=\sum\delta W$$

于是，得出

$$\mathrm{d}\left[\sum\left(\frac{1}{2}m_iv_i^2\right)\right]=\sum\delta W$$

由于$T=\sum\frac{1}{2}m_iv_i^2$，可得

$$dT=\sum\delta W \tag{12-18}$$

式（12-18）称为质点系动能定理的微分形式，即质点系动能的变化量等于作用在质点上的所有力的元功之和。

对上式积分，可得

$$T_2-T_1=\sum W \tag{12-19}$$

式（12-19）称为质点系动能定理的积分形式，即质点系动能在某一路程中的变化量，等于作用在质点系上的所有力在同一路程中所做的功之和。

例 12-1 如图 12-8 所示为一桥式起重机，吊车吊着质量为 m 的重物 A 沿横向匀速运动，其速度为 v，吊绳长度为 l。由于紧急情况，吊车急刹车并导致重物绕悬挂点向前摆动。求最大摆角 φ_{max}。

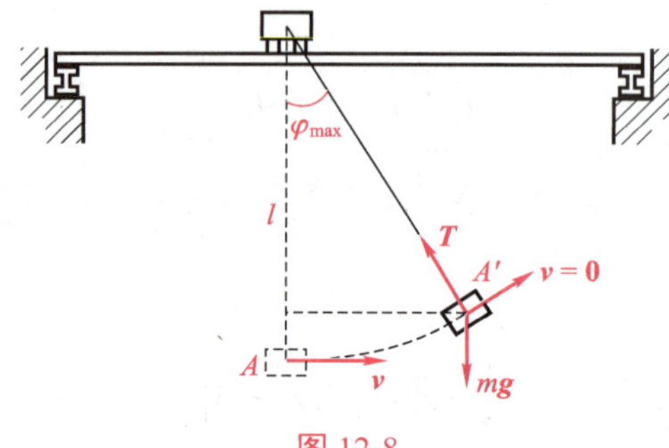

图 12-8

解：以重物 A 为研究对象，对摆角从 0 到 φ_{max} 的过程进行分析。

重物 A 的受力情况如图 12-8 所示。由于绳子的拉力 $\boldsymbol{T}$ 始终垂直于重物的运动方向，故拉力不做功。重力做功为

$$W_{12}=-mgl(1-\cos\varphi_{max})$$

重物 A 的始、末动能分别为

$$T_1=\frac{1}{2}mv^2,\quad T_2=0$$

根据积分形式的动能定理可得

$$0-\frac{1}{2}mv^2=-mgl(1-\cos\varphi_{max})$$

解得

$$\varphi_{max}=\arccos\left(1-\frac{v^2}{2gl}\right)$$

例 12-2 如图 12-9 所示，质量为 m 的质点从高 h 处下落，落至下面弹簧支持的平板上，设弹簧刚性系数为 k，不计平板及弹簧质量。求弹簧的最大压缩量 δ_{max}。

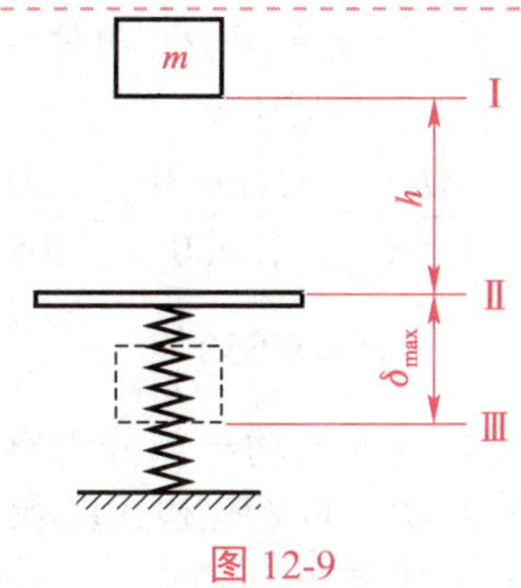

图 12-9

解：以质点为研究对象，对质点从开始到下落至最低点（对应弹簧最大压缩量的位置）的过程进行分析。

在这一过程中，始、末位置质点的动能都为零；质点下落过程中，重力做功为正，其值为 $mg(h+\delta_{max})$；弹簧被压缩，弹簧弹性力做功为负，其值为 $-\frac{k}{2}\delta_{max}^2$。根据动能定理可得

$$0-0=mg(h+\delta_{max})-\frac{k}{2}\delta_{max}^2$$

可以解出

$$\delta_{max}=\frac{mg\pm\sqrt{m^2g^2+2kmgh}}{k}$$

由于压缩量应为正值，因此上式中应取正号，从而有

$$\delta_{max}=\frac{mg+\sqrt{m^2g^2+2kmgh}}{k}$$

12.4 功率与机械效率

在工程中不仅要计算功，而且还要知道在一定时间内做了多少功。力在单位时间内做的功称为功率，它是衡量机械力学性能的一项重要指标。

设作用于质点上的力为 $\boldsymbol{F}$，在时间 $\mathrm{d}t$ 内力 $\boldsymbol{F}$ 的元功为 δW，质点速度为 $\boldsymbol{v}$，则功率 P 可表示为

$$P=\frac{\delta W}{\mathrm{d}t}=\boldsymbol{F}\cdot\frac{\mathrm{d}\boldsymbol{r}}{\mathrm{d}t}=\boldsymbol{F}\cdot\boldsymbol{v}=F_\tau v \tag{12-20}$$

式（12-20）表明，作用于质点上的力的功率，等于力在速度方向上的投影与速度的乘积。功率的单位为 W，$1\ \mathrm{W}=1\ \mathrm{J/s}$。

如果用力矩或力偶矩计算功，则由元功表达式 $\delta W=\boldsymbol{F}\mathrm{d}\boldsymbol{r}=F_\tau \mathrm{d}s=F_\tau r\mathrm{d}\varphi=M\mathrm{d}\varphi$ 得

$$P=\frac{\delta W}{\mathrm{d}t}=\frac{M\mathrm{d}\varphi}{\mathrm{d}t}=M\omega \tag{12-21}$$

式（12-21）表明，转矩的功率等于转矩与物体转动角速度的乘积。

若转速用 n（单位为r/min）表示，功率用 P（单位为kW）表示，力偶或力偶矩用 M（单位为N·m）表示，则式（12-21）可改写为

$$P=\frac{M\omega}{1\,000}=\frac{M(\pi n/30)}{1\,000}=\frac{Mn}{9\,550} \tag{12-22}$$

$$M=9\,550\frac{P}{n} \tag{12-23}$$

机器工作时必须输入一定的功，输入的功一部分为有用功，另一部分消耗在克服无用阻力上。以 δW_0 表示驱动力输入的元功，以 δW_1 和 δW_2 表示工作阻力和无用阻力消耗的元功，则根据质点系动能定理的微分形式得出

$$\mathrm{d}T=\delta W_0-\delta W_1-\delta W_2$$

将上式两边同时除以 dt，可得

$$\frac{\mathrm{d}T}{\mathrm{d}t}=P_0-P_1-P_2 \tag{12-24}$$

式（12-24）称为机器的功率方程，它表明了机器的输入功率和输出功率与机器功能转化之间的关系。在机器起动或加速转动时，$\mathrm{d}T/\mathrm{d}t>0$，要求 $P_0>P_1+P_2$；当机器正常运转时（一般为匀速转动），$\mathrm{d}T/\mathrm{d}t=0$，要求 $P_0=P_1+P_2$；在制动过程中，机器做减速转动，$\mathrm{d}T/\mathrm{d}t<0$，要求 $P_0<P_1+P_2$。

机器在稳定运转时的有用功率 P_1 和输入功率 P_0 之比称为机械效率，用 η 表示，即

$$\eta=\frac{P_1}{P_0} \tag{12-25}$$

一般情况下，有用功率总比输入功率小，所以 $\eta<1$。若 η 接近于1，则说明机器的工作性能较好；若 $\eta<0$，则说明机器处于自锁状态。因此，机械效率表示机器对输入功率的有效利用程度，是评价机器质量好坏的指标之一。

素质启慧园

阿基米德："给我一个支点，我可以撬起地球"

阿基米德（公元前287—公元前212年），伟大的古希腊哲学家、百科式科学家、数学家、物理学家、力学家，发现浮力定理、杠杆原理，是静态力学和流体静力学的奠基人，享有"力学之父"的美称。

公元前287年，阿基米德诞生于希腊西西里岛叙拉古附近的一个小村庄，他出生于贵族，与叙拉古的赫农王有亲戚关系，家庭十分富有。阿基米德的父亲是天文学家兼数学家，学识渊博，为人谦逊。阿基米德受家庭的影响，从小就对数学、天文学特别是古希腊的几何学产生了浓厚的兴趣。

“给我一个支点，我可以撬起地球。”这是一句家喻户晓的阿基米德名言，也是当代青年充满激情与自信，勇往直前、无所畏惧的成功宣言。阿基米德为何能有如此气魄，道理很简单，因为他找到了一个可供支撑的支点。

你能撬动地球吗？答案是能，条件是找到一个合适的支点。无论你是天之骄子，还是满面灰尘的打工仔，无论你是才高八斗，还是目不识丁，无论你是大智若愚，还是大愚若智，如果没有找到自己的人生支点，一切都会徒劳无益。找到了适合自己的支点，英雄才有用武之地。

一个人不可能面面俱到，每个人都有各自的优点和缺点，需要认真对待的是要确定自己的长处。与其费尽心机地去改变自己的短处，还不如努力把自己的特长发挥到极致。人生就是要站好自己的位置，一个人如果选错了自己的位置，在对自己不利的环境中，就难以发挥自己的长处，那是十分可怕的。阿基米德自信地认为给他一个支点，他就可以撬动整个地球。其实，我们可以相信，给谁一个支点，谁都可以把地球撬起来。人本来没有多大的区别，关键在于是否能正确把握一个最佳的支点，找到一个能使你全力以赴，能使你的长处得以充分发展的职业和环境。

成功之路是由一个点支撑起来的。大多数人成功不是因为他们是天才，而是因为他们找到了正确的支点。人生也需要一个支点，一个能给你智慧、勇气、方向、力量的支点，如果你找到那个属于自己的支点，你也可以自信地说：“给我一个支点，我也可以撬起整个地球！”

（资料来源：https://idea.cas.cn/viewscientists.action?docid=51703，有改动）

本章小结

1．力的功

常力 $\boldsymbol{F}$ 所做的功：$W = Fs\cdot\cos\theta$ 或 $W=\boldsymbol{F}\cdot\boldsymbol{s}$。

变力 $\boldsymbol{F}$ 所做的功：$W_{12}=\int_{M_1}^{M_2}\boldsymbol{F}\cdot\mathrm{d}\boldsymbol{r}$ 或 $W_{12}=\int_{M_1}^{M_2}(F_x\mathrm{d}x+F_y\mathrm{d}y+F_z\mathrm{d}z)$。

合力的功：$W=\sum_{i=1}^{n}W_i$。

重力的功：$W=\pm Gh$。

弹性力的功：$W=\frac{k}{2}(\delta_1^2-\delta_2^2)$。

摩擦力的功：$W=-\int_{M_1}^{M_2}\mu F_{\mathrm{N}}\mathrm{d}s$。

2．质点和质点系的动能

质点的动能：$mv^2/2$。

质点系的动能：$T=\sum\frac{1}{2}m_i v_i^2$。

平动刚体的动能：$T=\frac{1}{2}mv_C^2$。

定轴转动刚体的动能：$T=\frac{1}{2}J_z\omega^2$。

平面运动刚体的动能：$T=\frac{1}{2}J_C\omega^2+\frac{1}{2}mv_C^2$。

3. 动能定理

质点动能定理的微分形式：$\mathrm{d}\left(\frac{1}{2}mv^2\right)=\delta W$。

质点动能定理的积分形式：$\frac{1}{2}mv_2^2-\frac{1}{2}mv_1^2=W_{12}$。

质点系动能定理的微分形式：$\mathrm{d}T=\sum\delta W$。

质点系动能定理的积分形式：$T_2-T_1=\sum W$。

4. 功率与机械效率

功率：$P=F_\tau v$ 或 $P=M\omega$。

机械效率：$\eta=\frac{P_1}{P_0}$。

拓展阅读

为什么飞机害怕小鸟

小鸟的飞行速度并不快，质量也不大，但是与高速飞行的飞机相撞时，会造成严重的空难事故。如果小鸟撞坏飞机挡风玻璃，会直接影响飞行员操纵飞机，甚至威胁飞行员生命安全；如果小鸟撞坏发动机，会造成发动机空中停转，甚至引起发动机空中失火，直至引燃整个飞机。当飞机与小鸟发生相撞后，飞行员一般要对飞机及其发动机的工作情况做一次全面细致的检查，判断它能正常工作后才能继续飞行。若有异常，便要根据飞行所处的位置和损坏程度，迅速到附近机场着陆或迫降。

我们知道，物体的动能与其质量和速度有关，而且物体的运动是相对的。例如，一架飞机在空中以300 m/s的速度匀速飞行，而一只质量为1 kg的小鸟以10 m/s的速度迎面飞来，那么此时小鸟相对于飞机的动能就为 48.05 kJ。相撞后这些动能几乎完全转化成了小鸟对飞机的冲量，而且相撞时间极短，约为 3 ms，那么相撞时作用于飞机上的冲击力约为 103 kN，这无异于一颗炮弹的能量。

1962 年 11 月，赫赫有名的“子爵号”飞机在美国马里兰州伊利奥特市上空平稳地飞行，突然一声巨响，飞机从高空坠落，机上人员全部遇难。事后发现，酿成这场空中悲剧的罪魁祸首就是一只在空中翱翔的天鹅。

思考题

12-1 功的物理意义是什么？功与冲量有什么区别和联系？

12-2 试推导弹性力做功的表达式。

12-3 什么是动能？如何计算质点和质点系的动能？

12-4 动能和动量有什么区别和联系？

12-5 试推导平面运动刚体的动能表达式。

12-6 质点的动能定理和质点系的动能定理的内容是什么？

练习题

题 12-1 如图 12-10 所示，不可伸长的无重绳子绕过重为 W 的轮 A，绳的一端连接在与轮 A 具有相同半径和质量的轮 B 的轮心，另一端吊住重为 P 的重物 C。重物由静止开始运动，带动轮 A 转动，并使轮 B 做纯滚动。已知轮 A 和轮 B 质量分布均匀，轮与绳之间无相对滑动，且不计轮轴的摩擦。若重物 C 下落高度为 h 时的速度为 $\boldsymbol{v}$，求此时系统的动能。

题 12-2 如图 12-11 所示，在绞盘 O 作用下质量为 m 的重物 A 以速度 $\boldsymbol{v}_0$ 下降，设钢绳的刚性系数为 k，质量不计。求当钢绳的上端突然被卡死时钢绳的最大拉力。

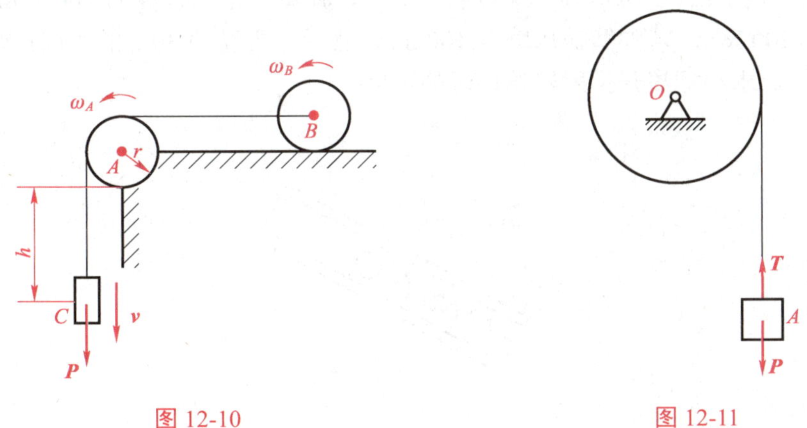

图 12-10　　图 12-11

题 12-3 如图 12-12 所示，行星轮系的曲柄 OO_1 在力矩 M 的作用下绕固定轴 O 以角速度 ω 匀速转动，同时带动齿轮 I 在固定齿轮 II 上做纯滚动。已知曲柄 OO_1 长为 l，质量为 m，可视为均质杆；齿轮 I 的半径为 r_1，质量为 m_1，可视为均质圆盘。求系统的动能。

题 12-4　如图 12-13 所示，车轮在地面上做纯滚动，车轮轮心做直线运动，速度为 v_C，车轮半径为 R，质量为 m，且其质量均匀分布在轮缘上，不计轮辐质量。求车轮的动能。

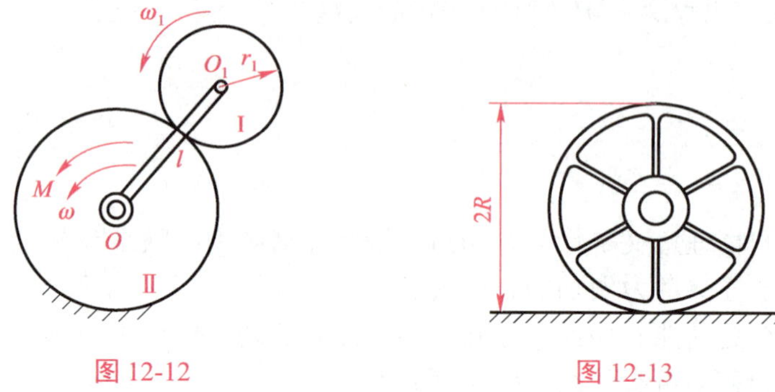

图 12-12　　　　图 12-13

题 12-5　如图 12-14 所示，长为 l、质量为 m 的均质杆 OA 固定在球铰链 O 处，并以角速度 ω 绕竖直线匀速转动，已知杆 OA 与垂线的夹角为 θ。求杆的动能。

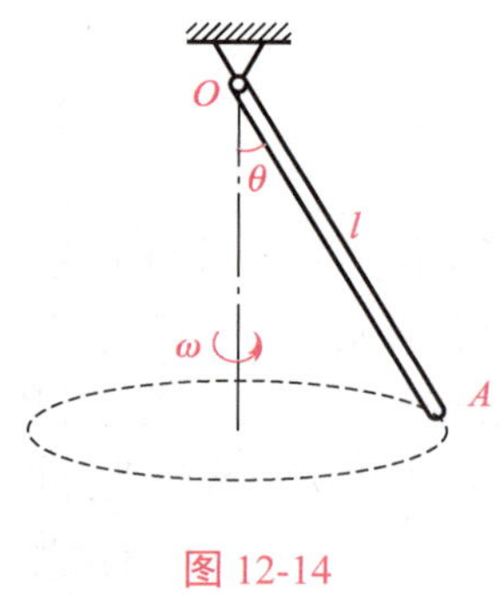

图 12-14

题 12-6　如图 12-15 所示为一个自动弹射器，弹簧的自然长度为 200 mm，弹簧的刚性系数为 $k = 200\ \text{N/m}$。若弹簧被压缩至 100 mm，然后让质量为 30 g 的小球自弹射器弹出，不计各处摩擦。求小球离开弹射器端口时的速度。

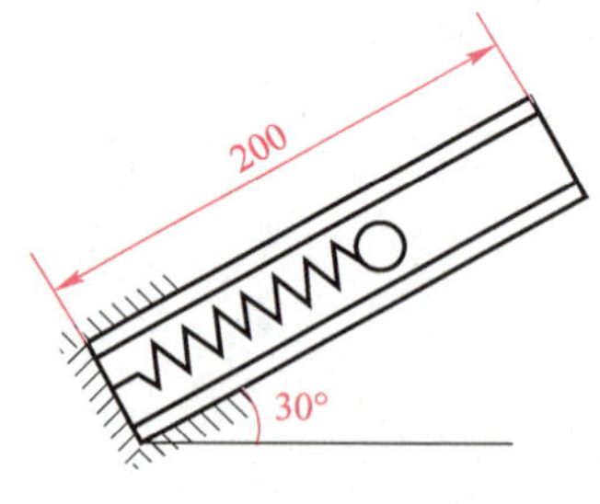

图 12-15

题 12-7　如图 12-16 所示为一个可变几何结构，杆 AC 和杆 BC 在 C 处铰接。销钉 C 上挂着质量为 m 的重物 D，刚性系数为 k 的弹簧两端分别与杆 AC 和杆 BC 的中点连接。已知弹簧原长为 $l = AC/2 = BC/2$ 。求当 $\angle CAB$ 由 $60°$ 变为 $30°$ 时，重物 D 的重力和弹簧的弹性力所做的功。

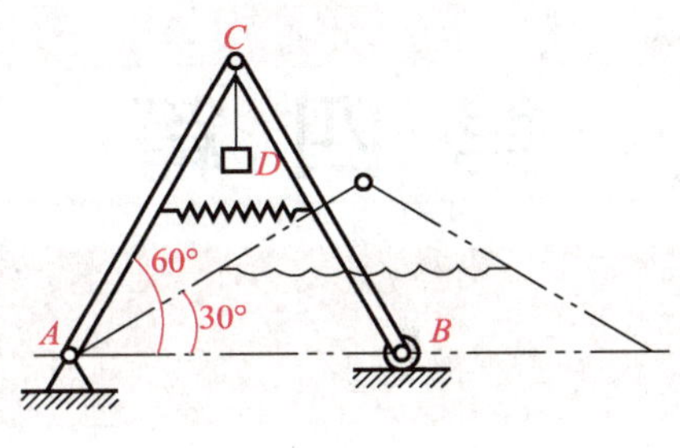

图 12-16

第四篇

材料力学

1. 材料力学的任务

机械设备或工程结构的各基本组成部分统称为构件。构件在受到载荷作用时，其形状和尺寸会发生一定的变化，称为变形；同时，构件内部会产生一定的内力。随着载荷的不断增加，构件的变形和内力也逐渐增加，但这种增加是有一定限度的。大多数构件若产生过大的变形，将不能正常工作；构件的内力若超过一定限度，就会破坏构件。因此，为了保证机械设备和工程结构的正常工作，每个构件都应具有足够的承受载荷的能力，这种承载能力通常从以下三个方面来衡量。

（1）强度：指构件在载荷作用下抵抗断裂和过度变形的能力，即构件抵抗破坏的能力。例如，起重机上的吊索在吊起重物时不能被拉断；机床主轴不能因承受载荷而发生断裂；齿轮传动中，轮齿和传动轴都不能发生断裂等。因此，强度是保证构件正常工作的最基本要求。

（2）刚度：指构件在载荷作用下产生的变形不超过允许范围的能力，即构件抵抗变形的能力。在某些情况下，构件虽然有足够的强度，但若变形过大，仍不能正常工作。例如，机床主轴在运转时因受载荷作用而发生弯曲，若弯曲变形超过一定限度，就会造成工件的加工精度降低以及轴承的不均匀磨损等。因此，对于有些构件，除了要有足够的强度外，还应具有足够的刚度。

（3）稳定性：指构件在承受载荷作用时，能够在其原有形态下保持稳定平衡的能力，即构件保持其原有几何平衡状态的能力。例如，千斤顶的螺杆随着轴向压力的增加，会由直线平衡状态突然变弯而丧失工作能力，这种现象称为压杆丧失稳定性，简称失稳。因此，细长压杆类的构件应具有足够的稳定性。

设计构件时，不仅要满足上述强度、刚度和稳定性的要求，还应合理地选择材料以降低材料消耗，从而达到节约成本、降低能耗和减轻构件自重的目的。

综上所述，材料力学的任务就是为设计既安全又经济的构件提供必要的理论基础、计算方法和实验手段。

2. 变形固体的基本假设

用于制造构件的各种材料，虽然可能在物质结构与性质上存在差别，但它们都有一个共同的特点，即均为固体，而且在载荷作用下都会发生变形，因此这些材料可统称为变形固体。对于变形固体制成的构件，在进行强度、刚度和稳定性分析时，通常会忽略一些次要因素，而将其抽象为理想化材料。为了便于研究，在材料力学中通常对变形固体做出如下基本假设。

（1）连续性假设：认为变形固体的整个体积内毫无空隙地充满了物质，其结构是密实的。基于这一假设，就可在受力构件内任意一点处截取一个体积单元进行研究。实际上，在一般工程材料中都存在着不同程度的空隙，只是其尺寸与构件尺寸相比微不足道，故可以忽略不计。

（2）均匀性假设：认为变形固体内部各点处的力学性能完全相同。工程中使用的金属材料是由极小的晶粒组成的，各晶粒的性质并不完全相同。但是，由于材料力学研究的是构件或构件的一部分，它所包含的晶粒数目极多，且排列不规则，其力学性能是所有晶粒性质的统计平均值，因此可以认为构件内部各点的性质是相同的。

（3）各向同性假设：认为变形固体材料内部各个方向上的力学性能完全相同。具备这种属性的材料称为各向同性材料，如玻璃、橡胶等。实际上，有些材料并不具有各向同性，如木材等。对于工程上常用的金属材料，其每个晶粒的力学性能都是具有方向性的，但因构件中晶粒极多，而且排列不规则，因此从统计平均的观点来看，可以把金属材料看作是各向同性材料。材料力学所研究的问题仅限于各向同性的变形固体。

（4）小变形假设：认为变形固体材料在外力作用下产生的变形量远远小于构件的原始尺寸。从大量试验中可知，当外力不超过一定限度（该限度因材料而异）时，解除外力后，绝大多数材料可恢复原状；当外力超过一定限度时，解除外力后，材料的变形只能部分消失。随外力解除而消失的变形称为弹性变形；外力解除后不能消失的变形称为塑性变形，也称残余变形或永久变形。工程构件通常要反复承受载荷的作用，为了保证构件的固有形态，一般不允许产生塑性变形，即使是弹性变形也必须限制在微小的范围内。因此，在研究构件的平衡与运动时，可将这种微小变形忽略不计，按照构件的原始尺寸进行分析计算。

综上所述，材料力学一般将实际构件看作是连续、均匀、具有各向同性的变形固体，并在弹性力学行为是小变形的条件下进行研究。

3. 杆件变形的基本形式

材料力学所研究的主要构件为杆件。杆件是纵向（轴线方向）尺寸远大于横向（横截面方向）尺寸的构件。决定杆件几何形状的因素有两个，即横截面和轴线。

横截面是指垂直于杆的长度方向的截面；轴线是指杆的横截面形心的连线。杆件根据横截面的不同，可分为等截面杆和变截面杆；根据轴线的不同，可分为直杆和曲杆。例如，梁、柱和传动轴等均可抽象为直杆。材料力学研究的重点是横截面面积相等、轴线为直线的杆件，即等直杆。

由于杆件的受力情况不同，其变形情况是多种多样的，但这些变形都可以看成以下几种基本变形之一或者几种基本变形的组合。

（1）轴向拉伸与压缩：当变形杆件所受外力（或外力的合力）的作用线与杆件轴线重合时，杆件的变形表现为轴向伸长或缩短，如图△Ⅰ（a）和图Ⅰ（b）所示。例如，桁架结构的杆件、气缸的活塞杆、千斤顶的螺杆等均会承受轴向拉伸或压缩变形。

（2）剪切与挤压：在一对大小相等、方向相反，且作用线相距很近的力作用下，杆件的两部分沿外力方向发生相对错动，如图Ⅰ（c）所示。例如，键、销钉、铆钉、螺栓等连接件均会承受剪切与挤压变形。

（3）扭转：在垂直于杆件轴线的两个平面内，若作用有一对大小相等、方向相反的力偶，则杆件的变形表现为任意两个横截面发生绕轴线的相对转动，如图Ⅰ（d）所示。例如，汽车方向盘的转向轴、电机的主轴等传动轴均会承受扭转变形。

（4）弯曲：在杆件轴线所在的纵向平面内，若作用有一对大小相等、方向相反的力偶，或作用有一个与轴线垂直的横向力，则杆件的变形表现为轴线由直线变为曲线，如图Ⅰ（e）所示。例如，汽车车轴、起重机大梁、房屋结构中的横梁等均会承受弯曲变形。

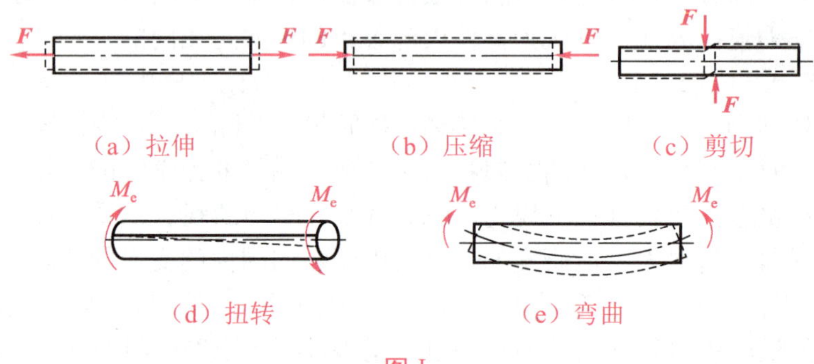

图Ⅰ

工程中常用构件在载荷作用下的变形，大多为上述几种基本变形的组合。例如，齿轮传动轴在齿轮啮合力的作用下，将同时产生扭转与弯曲变形；船舶推进轴在航行时将同时产生扭转、压缩与弯曲变形等。本篇将先讨论四种基本变形，然后再讨论组合变形。

第 13 章　轴向拉伸与压缩

学习目标

- 了解轴向拉伸与压缩的概念。
- 了解轴向拉伸与压缩时截面上的内力和应力。
- 掌握拉压变形与胡克定律。
- 了解材料在拉伸与压缩时的力学性能。
- 掌握许用应力与安全系数的概念和计算公式。
- 熟练掌握轴向拉伸与压缩时的强度计算。
- 了解应力集中的概念。

素质目标

★ 践行崇尚科学、求真求实的科学精神。

★ 提高分析比较、概括推理的思维能力。

13.1　轴向拉伸与压缩的概念

在工程实际中，许多构件都会受到拉力与压力的作用。如图 13-1 所示的起重机吊架中，杆 *AB* 受到轴线方向的拉力作用，沿轴线伸长；而杆 *BC* 则受到轴线方向的压力作用，沿轴线缩短。此外，如图 13-2 所示，连接螺栓的受力情况也属于此类。

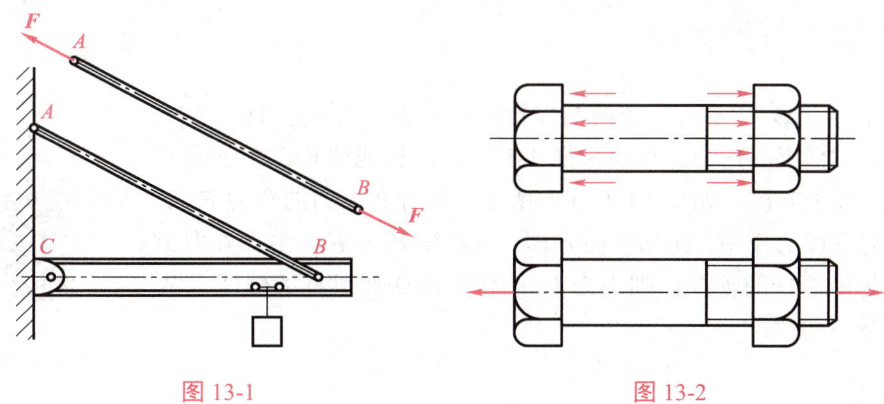

图 13-1　　图 13-2

虽然这些杆件的形状不同，加载和连接方式也有所差异，但都可以简化成如图 13-3 所示的计算简图，其共同特点为：作用于直杆两端的两个外力等值、反向，且作用线与杆的轴线重合，从而使杆件沿轴线方向伸长（或缩短）。这种变形形式称为轴向拉伸（或轴向压缩），这类杆件称为拉杆（或压杆）。

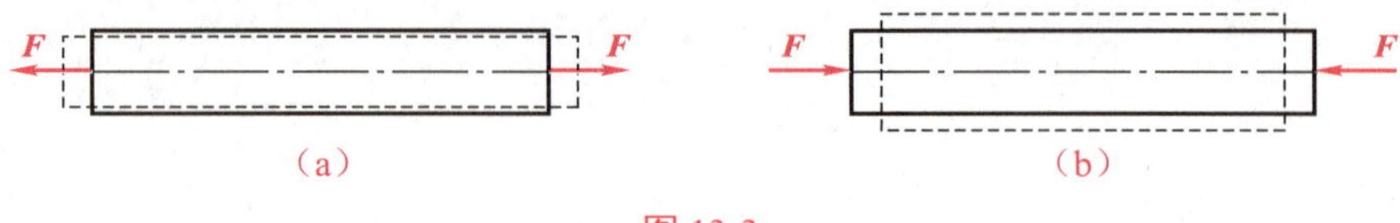

图 13-3

13.2 轴向拉伸与压缩时截面上的内力

13.2.1 内力的概念

构件的重力及其所承受的载荷和约束反力等均属于外力。当构件受到外力作用时，构件的形状、尺寸以及内部各质点间的相对位置将发生变化，同时构件内各部分之间的相互作用力也将随之改变。这种由于外力作用而引起的构件内部的相互作用力，称为附加内力，简称内力。内力的大小及其在构件内部的分布规律随外力的变化而变化，同时与构件的强度、刚度以及稳定性等问题密切相关。

13.2.2 截面法

将构件假想地切开以显示其内力的分布情况，并由平衡条件建立内力与外力之间的关系方程，进而求解内力的方法，称为截面法。利用截面法求解内力的一般步骤如下。

（1）在构件需要求解内力处，用一个垂直于轴线的截面将构件假想地截成两部分。

（2）任取其中一部分（通常取受力情况较简单的部分）为研究对象，弃去另一部分，在截面处用内力代替弃去部分对保留部分的作用。

（3）建立保留部分的平衡方程，并求解该截面上的未知内力。

13.2.3 轴力与轴力图

如图 13-4（a）所示为一个两端受轴向拉力 $\boldsymbol{F}$ 作用的拉杆。若求杆中任意横截面上的内力，可用截面 1-1 将杆假想地截开，取左段为研究对象，弃去右段。如图 13-4（b）所示，用分布内力的合力 $\boldsymbol{F}_{\mathrm{N}}$ 来替代右段对左段的作用。建立平衡方程，可解得 $\boldsymbol{F}_{\mathrm{N}}=\boldsymbol{F}$ 。由于外力 $\boldsymbol{F}$ 的作用线是沿着杆的轴线，则内力 $\boldsymbol{F}_{\mathrm{N}}$ 的作用线必通过杆的轴线，故内力 $\boldsymbol{F}_{\mathrm{N}}$ 又称为轴力。

轴力与轴力图

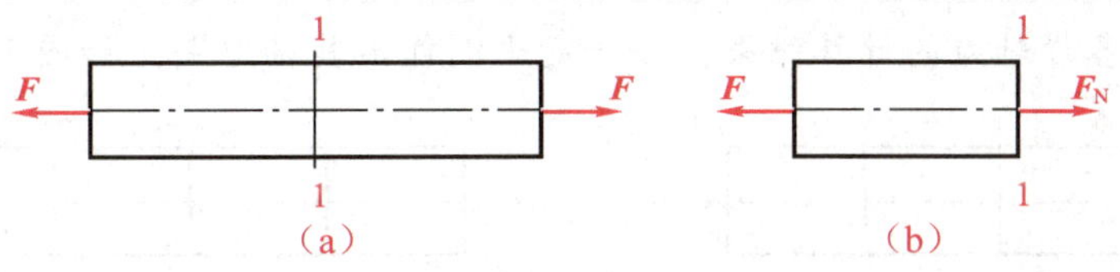

图 13-4

轴力的正负由杆的变形确定。**当轴力的方向与横截面的外法线方向一致时，杆件受拉伸长，其轴力为正；反之，杆件受压缩短，其轴力为负。**通常规定，未知轴力均假设为正。

例如，求解图 13-4（a）中拉杆任意截面上的内力时，若取右段为研究对象，采用该正负规定，所求得轴力的大小、方向与上述结果相同。

应当指出，截面上的内力是分布在整个截面上的分布力系，利用截面法求得的内力是这些分布力系的合力。

在实际问题中，杆件所受外力的情况比较复杂，这时杆件各段的轴力可能会不同。为了表示轴力随横截面位置的变化情况，通常用平行于杆件轴线的坐标表示各横截面的位置，并用垂直于杆件轴线的坐标表示轴力的数值，所得到的图像则称为**轴力图**。

例 13-1 直杆 AE 的受力情况如图 13-5（a）所示，试求 AB，BC，CD，DE 各段的轴力，并作出轴力图。

解：（1）计算 A 端的约束反力。以杆 AE 为研究对象，其受力图如图 13-5（b）所示，则

$$R = 80 - 40 + 30 - 20 = 50\ (\text{kN})$$

（2）计算各段的轴力。AB 段：取 AB 段任意截面的左侧为研究对象，根据平衡方程得

$$\sum F_x = F_{AB} - R = 0$$

则

$$F_{AB} = R = 50\ (\text{kN})$$

BC 段：取 BC 段任意截面的左侧为研究对象，根据平衡方程得

$$\sum F_x = F_{BC} - R + 80 = 0$$

则

$$F_{BC} = R - 80 = -30\ (\text{kN})$$

CD 段：取 CD 段任意截面的右侧为研究对象，根据平衡方程得

$$\sum F_x = -F_{CD} - 20 + 30 = 0$$

则

$$F_{CD} = 10\ (\text{kN})$$

DE 段：取 DE 段任意截面的右侧为研究对象，根据平衡方程得

$$\sum F_x = -F_{DE} - 20 = 0$$

则

$$F_{DE} = -20\ (\text{kN})$$

以上结果中，正数表示拉力，负数表示压力。

（3）根据各段轴力的计算结果，按一定比例作出其轴力图，如图 13-5（c）所示。

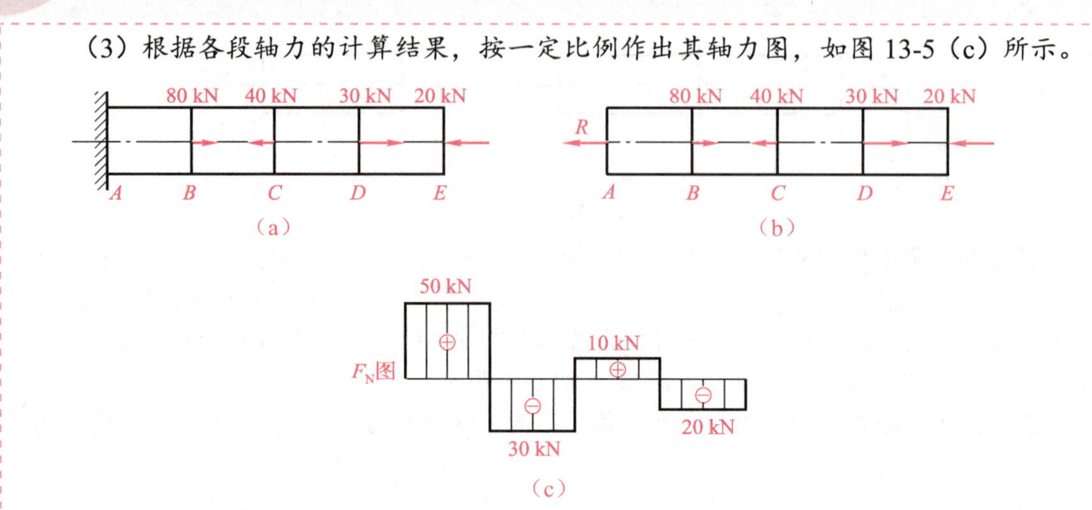

图 13-5

13.3 轴向拉伸与压缩时截面上的应力

用截面法求得的内力是杆件截面上分布内力的合力，因此它不能确切地反映截面上各点受力的强弱。由于材料的破坏通常是从受力最大的点开始的，因此内力的大小不足以判断杆件是否具有足够的强度。要表达截面上某一点的受力强弱，就必须引入应力的概念。

应力是指截面上某点内力分布的密集程度，通常将垂直于截面的应力或应力分量称为正应力，将相切于截面的的应力或应力分量称为切应力。

一般情况下，受力构件截面上的应力是逐点变化的。尽管求出了构件截面上的内力，但若不知道应力在截面上的分布规律，各点的应力也是无法确定的。由于受力构件内各点的应力是伴随着各点的变形同时发生的，因此应力的情况可以从变形的情况中反映出来。

13.3.1 横截面上的应力

为了确定拉伸或压缩时杆件横截面上的应力，必须研究杆件的变形情况。首先，取一等直杆，在它的侧面画上两条垂直于杆件轴线的横向线 ab 与 cd，如图 13-6（a）所示。然后，在杆的两端施加一对轴向拉力 $\boldsymbol{F}$，使杆发生伸长变形。可以观察到，两条横向线仍为垂直于杆件轴线的直线，只是平行移动到 a_1b_1 与 c_1d_1 的位置，如图 13-6（b）所示。根据这一变形现象可作出平面假设：原为平面的横截面，在杆件变形后仍为平面。

设想杆件是由无数纵向纤维组成的，则根据平面假设，可以推断出从杆的表面到内部所有纵向纤维的伸长变形都相等，所以各纵向纤维的受力也相等。由此可知，应力在横截面上是均匀分布的，并且是垂直于横截面的正应力 σ，如图 13-6（c）所示。拉杆横截面上正应力 σ 的计算公式为

$$\sigma = \frac{F_N}{A} \tag{13-1}$$

式中，F_N 为横截面上的轴力；A 为横截面面积。

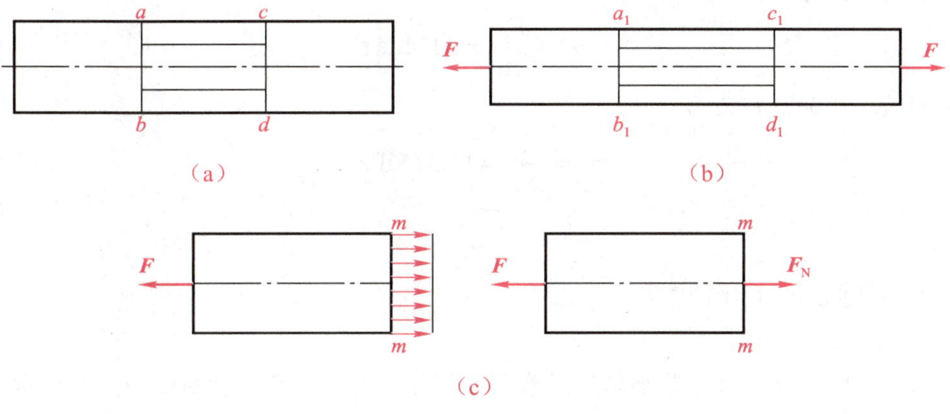

图 13-6

前面已经对轴力的正负做了规定，由式（13-1）可知，正应力也有正负之分，即**拉应力为正，压应力为负**。

例 13-2 圆截面杆的受力情况如图 13-7（a）所示，已知 $F_1 = 500\ \text{N}$，$F_2 = 750\ \text{N}$，杆 AB 段的横截面面积 $A_1 = 50\ \text{mm}^2$，杆 BD 段的横截面面积 $A_2 = 100\ \text{mm}^2$，试求杆各段横截面上的正应力。

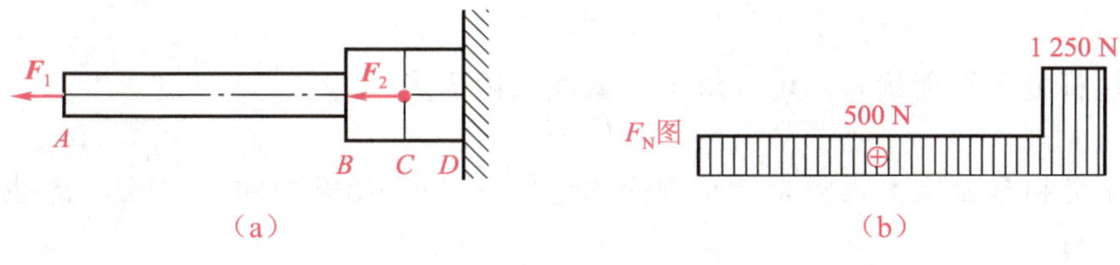

图 13-7

解：（1）计算各段的轴力，画出轴力图。AB 段与 BC 段的受力情况相同，应用截面法得出平衡方程为

$$\sum F_x = F_{N1} - F_1 = 0$$
$$F_{N1} = F_1 = 500\ (\text{N})$$

根据 CD 段的受力情况，应用截面法得出平衡方程为

$$\sum F_x = F_{N2} - F_1 - F_2 = 0$$
$$F_{N2} = F_1 + F_2 = 1\,250\ (\text{N})$$

根据各段轴力的计算结果，按一定比例可作出其轴力图，如图 13-7（b）所示。

（2）求各段的正应力。AB 段横截面上的正应力为

$$\sigma_1 = \frac{F_{N1}}{A_1} = 10\ (\text{MPa})$$

BC 段横截面上的正应力为

$$\sigma_2 = \frac{F_{N1}}{A_2} = 5\ (\text{MPa})$$

CD 段横截面上的正应力为

$$\sigma_3 = \frac{F_{N2}}{A_2} = 12.5\ (\text{MPa})$$

13.3.2 斜截面上的应力

轴向拉（压）杆的破坏并不总是沿横截面发生，有时也会沿斜截面发生。因此，有必要研究轴向拉（压）杆在斜截面上的应力。

如图 13-8（a）所示的拉杆，利用截面法，可用任意斜截面 K-K 假想地将杆件分为两段，若取左半段为研究对象，则其受力情况如图 13-8（b）所示。

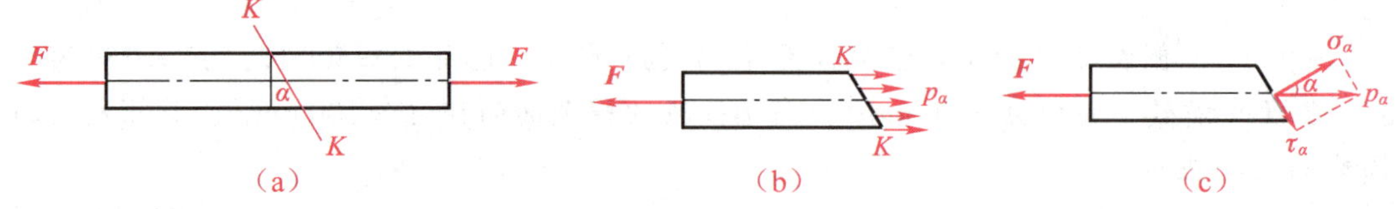

图 13-8

由于拉杆处于平衡状态，可以求出该截面的内力为

$$F_N = F$$

类似于分析横截面上正应力分布规律的过程，可以得出斜截面上的应力 p_α 也是均匀分布的。于是有

$$p_\alpha = \frac{F_N}{A_\alpha} \tag{13-2}$$

式中，A_α 为斜截面面积。

由于斜截面面积 A_α 与横截面面积 A 的关系为 $A_\alpha = \dfrac{A}{\cos\alpha}$，代入上式可得

$$p_\alpha = \frac{F_N}{A}\cos\alpha = \sigma\cos\alpha \tag{13-3}$$

如图 13-8（c）所示，将 p_α 分解为垂直于斜截面的正应力 σ_α 和相切于斜截面的切应力 τ_α，可得

$$\left.\begin{aligned}\sigma_\alpha &= p_\alpha \cos\alpha = \sigma\cos^2\alpha \\ \tau_\alpha &= p_\alpha \sin\alpha = \sigma\cos\alpha\sin\alpha = \frac{\sigma}{2}\sin 2\alpha\end{aligned}\right\} \quad (13\text{-}4)$$

式（13-4）表明，杆件任意斜截面上的正应力σ_α和切应力τ_α均是截面方位角α的函数。这说明，过杆内同一点的不同斜截面上的应力是不同的。

当$\alpha = 0°$时，正应力σ_α达到最大，其值为$\sigma_{max} = \sigma$，即最大正应力发生在横截面上；当$\alpha = 45°$时，切应力τ_α达到最大，其值为$\tau_{max} = \sigma/2$，即最大切应力发生在与杆轴线成 45°的斜截面上。

13.4 拉压变形与胡克定律

13.4.1 纵向变形与横向变形

如图 13-9 所示，设圆截面拉杆原长为l，直径为d，受到轴向拉力$\boldsymbol{F}$后，变形为图中虚线的形状。纵向长度由l变为l_1，横向尺寸由d变为d_1，则杆的纵向绝对变形为

$$\Delta l = l_1 - l$$

横向绝对变形为

$$\Delta d = d_1 - d$$

图 13-9

为了度量杆件的变形程度，引入了线应变的定义，它表示单位长度内杆件的变形量。于是拉杆的纵向线应变为

$$\varepsilon = \frac{\Delta l}{l} = \frac{l_1 - l}{l}$$

横向线应变为

$$\varepsilon' = \frac{\Delta d}{d} = \frac{d_1 - d}{d}$$

线应变表示杆件的相对变形，是一个无量纲的量。可以看出，拉杆的纵向线应变为正，横向线应变为负。

试验表明，当应力不超过某一限度时，纵向线应变ε和横向线应变ε'之间存在比例关系，且符号相反，即

$$\varepsilon' = -\mu\varepsilon \quad (13\text{-}5)$$

式中，比例系数μ称为材料的泊松比。泊松比是无量纲的量，其值与材料有关。

13.4.2　胡克定律

胡克定律：当应力不超过材料的比例极限，即在材料的线弹性范围内时，变形固体的单向绝对变形量 Δl 与轴力 $\boldsymbol{F}$ 和杆长 l 成正比，而与横截面面积 A 成反比，即

$$\Delta l \propto \frac{Fl}{A}$$

引入比例常数 E，则有

$$\Delta l = \frac{Fl}{EA} = \frac{F_N}{A} \cdot \frac{l}{E} = \frac{\sigma l}{E} \tag{13-6}$$

式中，比例常数 E 称为材料的**弹性模量**。

对于杆件来说，EA 越大，则杆件的绝对变形量 Δl 越小，所以 EA 称为杆件的**抗拉（压）刚度**，它表示杆件抵抗拉伸（压缩）变形能力的大小。

将纵向线应变 $\varepsilon = \dfrac{\Delta l}{l}$ 代入式（13-6），可以得出胡克定律的另一种表达形式为

$$\sigma = E\varepsilon \tag{13-7}$$

横向线应变同样适用以上推论，由此表明，**当应力不超过材料的比例极限时，应力与变形固体的线应变成正比**。

不同材料的弹性模量不同，工程中常用材料的泊松比和弹性模量如表 13-1 所示。

表 13-1　工程中常用材料的泊松比和弹性模量

材料名称	泊松比 μ	弹性模量 E/GPa
碳钢	0.24～0.28	196～216
合金钢	0.25～0.30	186～206
灰铸铁	0.23～0.27	78.5～157
铜及铜合金	0.31～0.42	72.6～128
铝合金	0.33	70

例 13-3　对于例 13-2 中的圆截面杆，已知 $l_{AB} = 100\text{ mm}$，$l_{BC} = l_{CD} = 20\text{ mm}$，弹性模量 $E = 200\text{ GPa}$，如图 13-10 所示。试求整个杆的变形量。

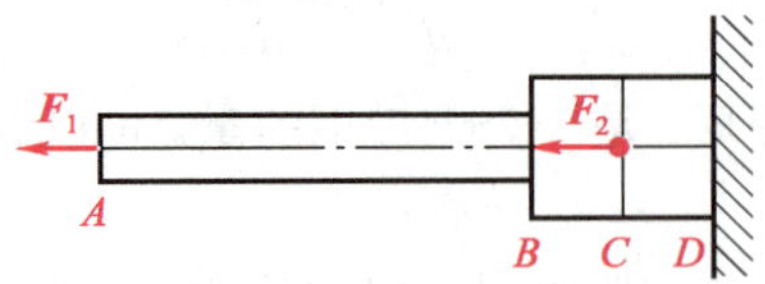

图 13-10

解：由于例 13-2 中已经求出了各段的正应力，因此可以通过胡克定律求解各段的变形量，然后再求整个杆的变形量。

AB 段的变形量为

$$\Delta l_1 = \frac{\sigma_1 l_{AB}}{E} = 0.005\ (\text{mm})$$

BC 段的变形量为

$$\Delta l_2 = \frac{\sigma_2 l_{BC}}{E} = 0.000\,5\ (\text{mm})$$

CD 段的变形量为

$$\Delta l_3 = \frac{\sigma_3 l_{CD}}{E} = 0.001\,25\ (\text{mm})$$

因此，整个杆的变形量为

$$\Delta l = \Delta l_1 + \Delta l_2 + \Delta l_3 = 0.006\,75\ (\text{mm})$$

13.5　材料拉伸与压缩时的力学性能

13.5.1　材料的拉伸与压缩试验

构件的强度、刚度和稳定性都与材料的力学性能有关。**力学性能**是指材料在外力作用下，在强度和变形等方面所表现出的一些特性，主要通过各种试验测定。这里只讨论常温（室温）、静载（加载速度平稳缓慢）条件下材料轴向拉压时的力学性能。

拉压试验通常在万能材料试验机上进行，其所用试件是按国家有关标准加工而成的。如图 13-11 所示为常用的圆截面拉伸标准试件，其中试件的规格常取 $l=5d$ 和 $l=10d$ 两种。

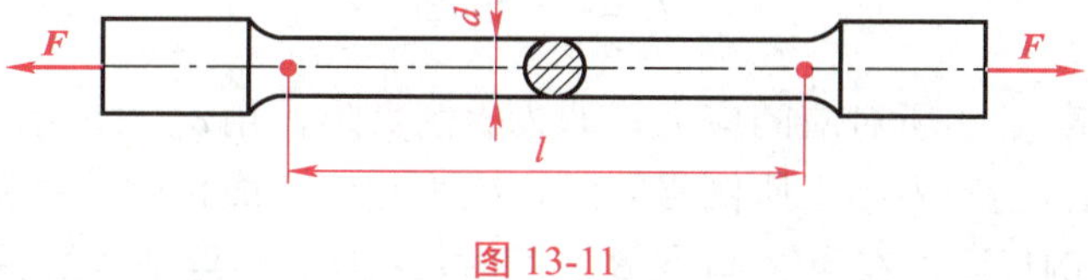

图 13-11

试验时，将标准试件装夹在试验机上，试验机对试件缓慢加载，使试件产生变形直至破坏。通过试验机上的测量装置，测定试验过程中试件所受载荷及变形情况等数据，并由此测出材料的力学性能。

13.5.2　材料拉伸时的力学性能

1. 塑性材料拉伸时的力学性能

低碳钢一般是指含碳量在 0.3%以下的碳素钢。由于低碳钢在工程上应用广泛，其力学性能又具有典型性，因此常用来作为塑性材料的代表，以描述塑性材料的特性。

在进行拉伸试验时，试验机上的自动绘图装置能自动绘出载荷 F 与相应的伸长变形量

Δl 之间的关系曲线，此曲线称为拉伸曲线或 F-Δl 曲线，如图 13-12（a）所示。

由于试件的拉伸曲线不仅与试件的材料有关，还与试件的横截面面积及标距有关。因此，为了消除试件尺寸的影响，用拉力 F 除以试件横截面的原始面积 A，得到试件横截面上的正应力 $\sigma = F/A$；同时，用伸长量 Δl 除以标距的原始长度 l，得到试件的纵向线应变 $\varepsilon = \Delta l / l$。以 σ 为纵坐标，ε 为横坐标，可以得到一条关系曲线，称为应力-应变曲线或 σ-ε 曲线，如图 13-12（b）所示为 Q235 钢的 σ-ε 曲线。

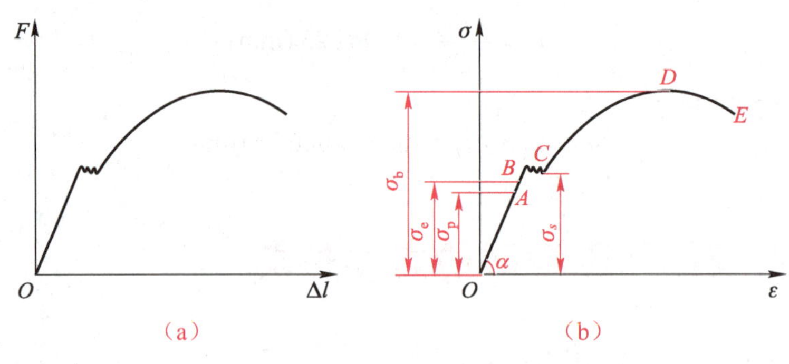

图 13-12

从图 13-12（b）中可以看出，整个拉伸过程大致可以分为以下四个阶段。

1）弹性阶段

在拉伸的初始阶段，σ 与 ε 的关系为直线 OA，表示在这一阶段内 σ 与 ε 成正比，即该阶段材料的拉伸或压缩满足胡克定律，所以

$$\sigma = E\varepsilon$$

从 σ-ε 曲线的直线部分可以看出

$$E = \frac{\sigma}{\varepsilon} = \tan\alpha$$

直线 OA 的最高点 A 所对应的应力，即为比例极限，用 σ_p 来表示。Q235 钢的比例极限 σ_p 约为 200 MPa。当应力小于比例极限时，应力与应变成正比，材料服从胡克定律。

当应力超过比例极限，在点 A 与点 B 之间时，σ 与 ε 不再是直线关系。但此时试件仍然是弹性变形，即解除拉力后变形会完全消失。点 B 所对应的应力是材料出现弹性变形的极限值，称为弹性极限，用 σ_e 表示。在 σ-ε 曲线上可以看出，A，B 两点非常接近，因此工程上对比例极限与弹性极限并不严格区分。

当应力大于弹性极限时，解除拉力后，试件的一部分变形会随之消失，但还残留一部分不能消失的变形。其中前者称为弹性变形，后者称为塑性变形。

2）屈服阶段

当应力超过点 B 而增加到某一数值时，应变明显增加，此时应力先是下降，然后在很小的范围内波动，在 σ-ε 曲线上出现接近于水平线的锯齿线。这种应力先是下降然后基本保持不变，而应变显著增加的现象，称为屈服。屈服阶段内的最大应力和最小应力分别称为上屈服极限和下屈服极限。上屈服极限的数值与试件形状、加载速度等因素有关，一般是不稳定的；下屈服极限则有比较稳定的数值，能够反映材料的性质。通常把下屈服极限

作为材料的屈服极限，用 σ_s 来表示。Q235 钢的屈服极限 σ_s 约为 240 MPa。

在屈服阶段，材料会发生显著的塑性变形，而零件的塑性变形将影响机器的正常工作，所以屈服极限 σ_s 是衡量材料强度的重要指标。

3）强化阶段

经过屈服阶段之后，材料又恢复了抵抗变形的能力，此时，若使它继续变形必须增加应力，这种现象称为材料的强化。在图 13-12（b）中，曲线 CE 表示强化阶段，该阶段的最高点 D 所对应的应力是材料所能承受的最大应力，称为强度极限，用 σ_b 表示。Q235 钢的强度极限 σ_b 约为 400 MPa。

4）颈缩阶段

经过点 E 之后，试件的某一局部范围内，横向尺寸突然急剧缩小，出现颈缩现象，如图 13-13 所示。颈缩部分横截面面积迅速减小，最终导致断裂。

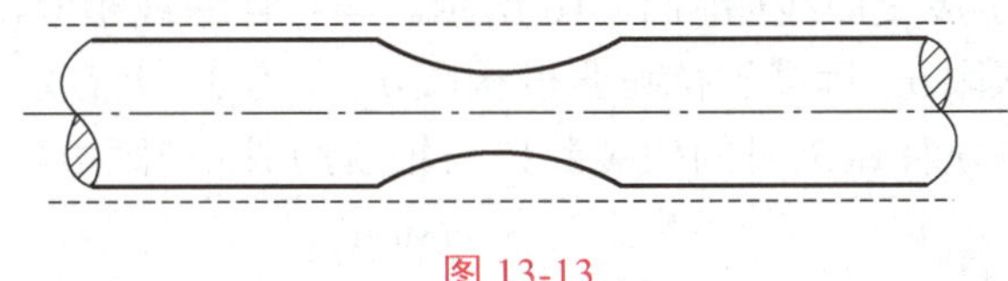

图 13-13

2. 材料的塑性

试件拉断后，弹性变形消失，而塑性变形依然保留。工程上常用试件拉断后残留的塑性变形来表示材料的塑性。衡量材料塑性的指标为伸长率 δ 和断面收缩率 ψ 。

伸长率可表示为

$$\delta = \frac{l_1 - l}{l} \times 100\% \tag{13-8}$$

式中，l 为标距的原长；l_1 为拉断后标距的长度。

断面收缩率可表示为

$$\psi = \frac{A - A_1}{A} \times 100\% \tag{13-9}$$

式中，A 为试件初始横截面面积；A_1 为拉断后颈缩处的最小横截面面积。

工程上通常把伸长率 $\delta \geqslant 5\%$ 的材料称为塑性材料，如钢材、铜和铝等；把 $\delta < 5\%$ 的材料称为脆性材料，如铸铁等。低碳钢的伸长率 $\delta = 20\%\sim30\%$，断面收缩率 $\psi = 60\%\sim70\%$，故低碳钢是很好的塑性材料。

3. 脆性材料拉伸时的力学性能

对于脆性材料，如铸铁等，从受拉到断裂的过程中，其变形始终很小，既无屈服阶段，也无颈缩现象。如图 13-14 所示为铸铁拉伸时的 σ-ε 曲线，其在断裂时的应变仅为 0.4%～0.5%，断口垂直于试件轴线。通常将断裂时曲线最高点对应的应力称为强度极限，用 σ_b 表示。在实际使用的应力范围内，该 σ-ε 曲线的曲率

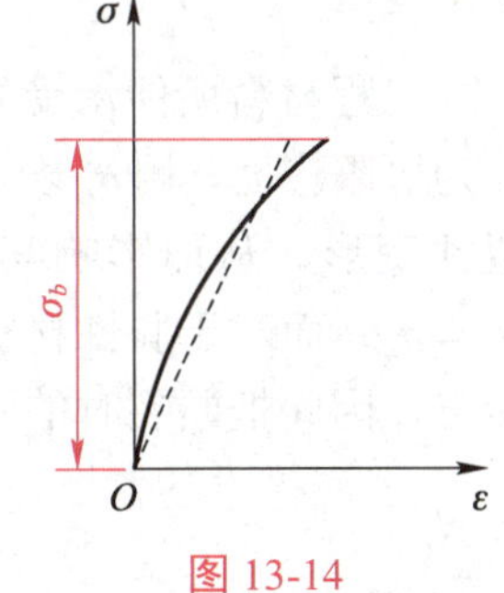

图 13-14

很小，可将该曲线近似地视为直线（图 13-14 中的虚线），认为其服从符合胡克定律。强度极限 σ_b 是衡量铸铁等脆性材料抗拉强度的唯一指标。

13.5.3 材料压缩时的力学性能

一般细长试件在轴向压缩时容易因为失稳而折损，所以在金属的压缩试验中，通常选用短粗圆柱形试件，其高度为直径的 1.5～3 倍。

低碳钢压缩时的应力-应变曲线如图 13-15 所示。可以看出，在屈服阶段以前，压缩曲线与拉伸曲线基本重合，压缩时的屈服应力与拉伸时的屈服应力大致相同。但是，随着压力继续增大，低碳钢试件被越压越“扁”，可以产生很大的塑性变形而不破裂，故无法测出材料的抗压强度极限。

铸铁压缩时的应力-应变曲线如图 13-16 所示。与拉伸曲线相似，其正比阶段也较短。不同的是，抗压强度极限 σ_{b2} 远高于抗拉强度极限 σ_{b1}（约 3～4 倍），所以铸铁等脆性材料宜用作受压构件。铸铁试件压缩时的破裂断口与轴线约成 45°倾角。

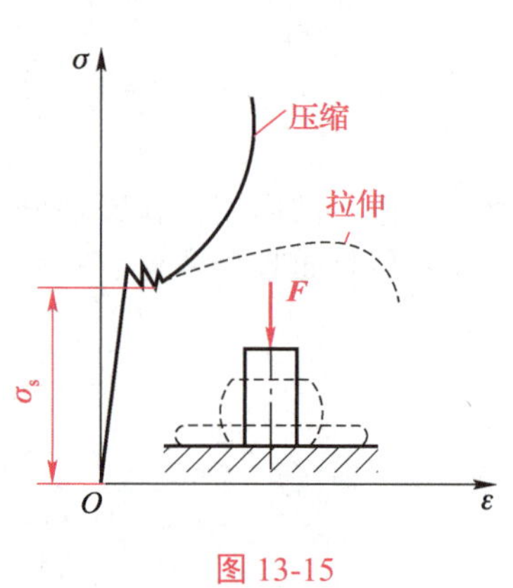

图 13-15

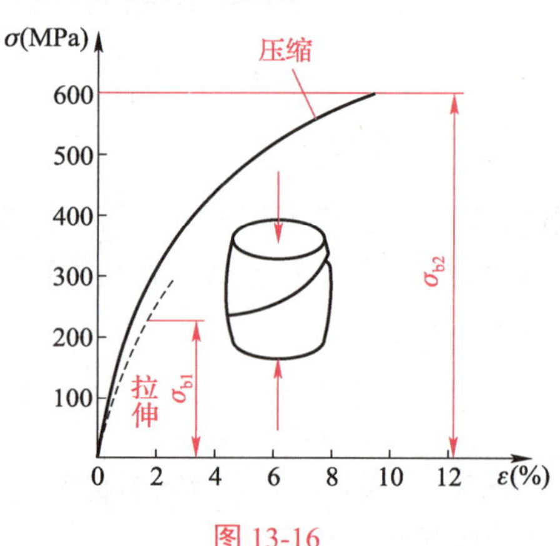

图 13-16

13.6 许用应力与安全系数

13.6.1 极限应力

工程材料所能承受的应力是有一定限度的。使材料丧失正常工作能力时所达到的应力称为极限应力，用 σ_0 表示。对于塑性材料，当应力达到屈服极限 σ_s 时，构件将发生明显的塑性变形，从而影响其正常工作，因此一般把屈服极限作为塑性材料的极限应力，即 $\sigma_0 = \sigma_s$；而对于脆性材料，直到断裂也没有明显的塑性变形，断裂是脆性材料破坏的唯一标志，因此把断裂时的强度极限 σ_b 作为脆性材料的极限应力，即 $\sigma_0 = \sigma_b$。

13.6.2 许用应力与安全系数

在工程计算中允许材料承受的最大应力称为许用应力，用$[\sigma]$表示。在设计构件时，为了保证构件的安全性和可靠性，要求材料必须具有一定的强度储备。由于构件承受的载荷难以精确估计、材料质地不均匀、计算过程中的近似与忽略以及构件使用中的腐蚀与磨损等，故规定材料的许用应力应低于其极限应力，许用应力值等于极限应力值除以一个大于 1 的系数。

对于塑性材料，其许用应力为

$$[\sigma]=\frac{\sigma_s}{n_s}$$

对于脆性材料，其许用应力为

$$[\sigma]=\frac{\sigma_b}{n_b}$$

上述两式中，n_s和n_b均为大于 1 的系数，称为安全系数，表示材料的安全储备程度。

安全系数的选择直接关系着构件的安全性和经济性。为了选择合适的安全系数，必须掌握影响构件强度的各个因素，如材料的均匀性、载荷和应力计算的精确度等。因此，许用应力和安全系数都会在国家有关部门制定的设计规范中予以规定，在实际计算与设计时应遵循这些规定。

一般塑性材料的抗拉和抗压是等强度的，所以塑性材料拉伸和压缩时的许用应力相同；由于脆性材料的抗拉能力远低于抗压能力，所以脆性材料的许用拉应力要小于其许用压应力。

13.7 轴向拉伸与压缩时的强度计算

13.7.1 强度条件

在轴向拉伸和压缩时，为了保证拉（压）杆件具有足够的强度，必须要求其最大工作应力σ_{max}不得超过材料的许用应力，即

$$\sigma_{max}=\left(\frac{F_N}{A}\right)_{max}\leqslant[\sigma] \tag{13-10}$$

该条件称为拉（压）杆的强度条件。

对于等直杆，由于其横截面面积为常数，此时式（13-10）变为

$$\sigma_{max}=\frac{F_{N\max}}{A}\leqslant[\sigma]$$

如果拉（压）杆上的轴力相等，则式（13-10）变为

$$\sigma_{max}=\frac{F_N}{A_{min}}\leqslant[\sigma]$$

13.7.2　强度计算

根据强度条件，可以解决下列三种形式的强度计算问题。

（1）强度校核：已知构件所受的外力、构件的横截面面积和材料的许用应力，检验其是否满足强度条件，从而判断构件是否具有足够的强度。

（2）截面尺寸设计：在满足强度条件的前提下，为构件设计合理的截面尺寸。已知构件所受的外力和材料的许用应力，在满足强度条件的前提下，应有

$$A\geqslant\frac{F_N}{[\sigma]} \tag{13-11}$$

（3）许可载荷计算：在满足强度条件的前提下，计算构件的许可载荷。已知构件的横截面面积和材料的许用应力，根据强度条件确定许可荷载，即

$$F_N\leqslant A\cdot[\sigma] \tag{13-12}$$

例 13-4　如图 13-17（a）所示的三角架由材料相同的两根圆截面杆 AB，BC 构成。已知材料的许用应力 $[\sigma]=120\ \text{MPa}$，载荷 $P=20\ \text{kN}$。试设计两杆的直径。

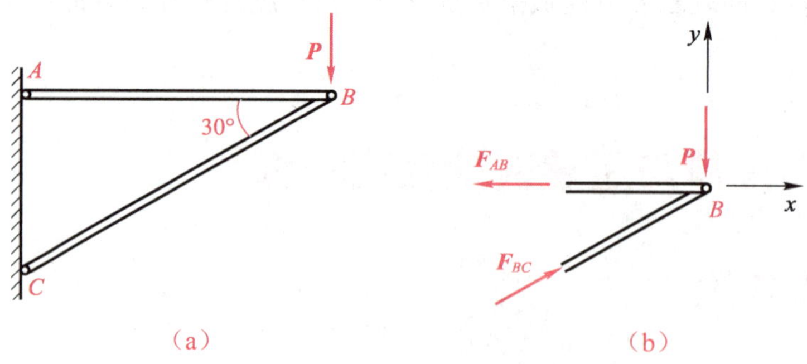

图 13-17

解：（1）计算轴力。以点 B 为研究对象，其受力情况如图 13-17（b）所示。根据平衡方程

$$\left.\begin{aligned}\sum F_x&=F_{BC}\cos30^\circ-F_{AB}=0\\ \sum F_y&=F_{BC}\sin30^\circ-P=0\end{aligned}\right\}$$

可解得

$$F_{AB} \approx 34.64\ (\text{kN}),\quad F_{BC} = 40\ (\text{kN})$$

（2）确定两杆的直径。根据强度条件可得

$$A = \frac{\pi d^2}{4} \geqslant \frac{F_{\text{N}}}{[\sigma]}$$

于是，得出

$$d \geqslant \sqrt{\frac{4F_{\text{N}}}{\pi[\sigma]}}$$

对于杆 AB，有

$$d_{AB} \geqslant \sqrt{\frac{4F_{AB}}{\pi[\sigma]}} = \sqrt{\frac{4\times 34.64\times 10^3}{3.14\times 120}} \approx 19.176\ (\text{mm})$$

所以，取杆 AB 的直径为 $d_{AB} = 20\ \text{mm}$。

对于杆 BC，有

$$d_{BC} \geqslant \sqrt{\frac{4F_{BC}}{\pi[\sigma]}} = \sqrt{\frac{4\times 40\times 10^3}{3.14\times 120}} \approx 20.607\ (\text{mm})$$

所以，取杆 BC 的直径为 $d_{BC} = 21\ \text{mm}$。

13.8　拉压超静定问题简介

13.8.1　超静定的概念

在前面所讨论的问题中，约束反力和内力均可由静力平衡条件求得，这类问题称为**静定问题**，如图 13-18（a）所示。有时为了提高系统的强度和刚度，可在中间增加一根杆 3，如图 13-18（b）所示。这时未知力有三个，但点 A 处只能列出两个平衡方程，因而未知力不能全部解出，即仅根据平衡方程不能确定全部未知力，这类问题称为**超静定问题**。未知力个数与独立平衡方程个数之差称为**超静定次数**。如图 13-18（b）所示为一次超静定问题。

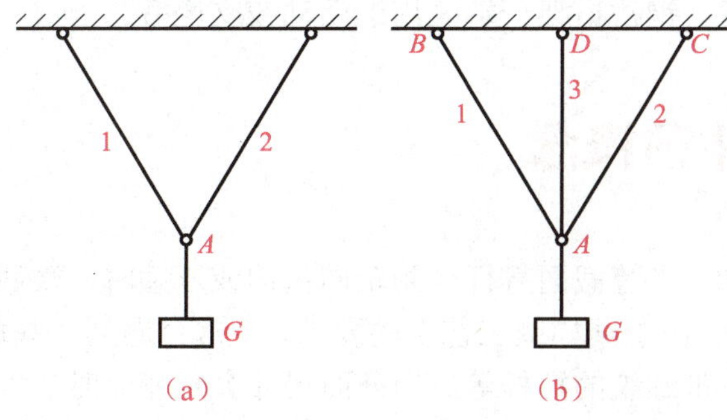

图 13-18

求解超静定问题时，除列出静力平衡方程外，还应建立足够个数的补充方程，从而联立求得全部未知力。这些补充方程可以根据结构变形的几何条件以及变形和内力之间的物理规律来建立。

13.8.2 装配应力

构件在制造过程中一般都会出现一些误差，这种误差在静定结构中不会引起任何内力，但在超静定结构中则会有不同的特点。如图 13-19 所示的三杆桁架结构，若杆 3 在制造时出现的误差为 δ，为了能将三杆装配在一起，则必须将杆 3 拉长，并将杆 1 和 2 压短。这种强行装配会在杆 3 中产生拉应力，而在杆 1 和杆 2 中产生压应力。如果误差 δ 较大，该应力会达到很大的数值。这种由于装配而使杆内产生的应力，称为装配应力。

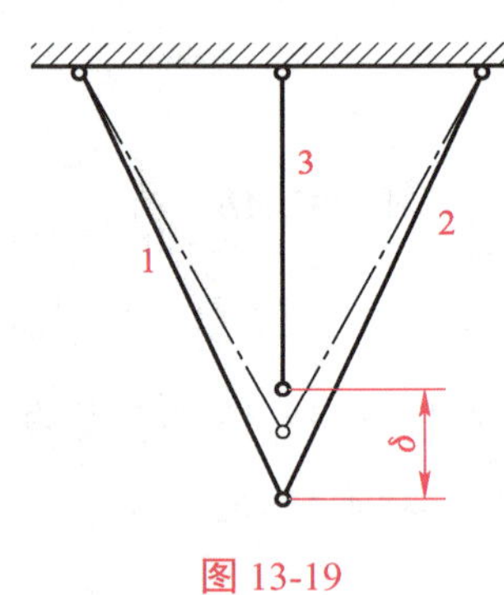

图 13-19

装配应力是在载荷作用之前结构中就已经具有的应力，因而是一种初应力。在工程实际中，装配应力的存在有时是不利的，应予以避免；但有时也可以有意识地利用装配应力，如机械制造中的紧密配合、土木结构中的预应力钢筋混凝土等。

13.8.3 温度应力

在工程实际中，温度的变化将会使杆件尺寸发生微小的变化。在静定结构中，由于杆件能自由变形，不会在杆内产生应力。但在超静定结构中，由于杆件相互约束而不能自由变形，则会在杆内产生应力。这种因温度变化而引起的杆内应力称为温度应力。

温度应力也是一种初应力。对于两端固定的杆件，当温度升高 ΔT 时，杆内产生的温度应力为

$$\sigma = E\alpha_l \Delta T \tag{13-13}$$

式中，E 为材料的弹性模量；α_l 为材料的线胀系数。

工程中通常采取一些措施来减小或消除温度应力，如蒸汽管道中的伸缩节、铁道两段钢轨间预留的适当空隙、钢桥桁架一端采用的活动铰支座等。

13.9 应力集中的概念

由前面的章节可知，当等截面直杆受到轴向拉伸或压缩时，横截面上的应力是均匀分布的。但在工程实际中，由于结构或工艺上的要求，经常会遇到一些截面骤然变化的杆件，如具有螺栓孔的钢板、带螺纹的拉杆等。当截面尺寸突然变化时，截面突变处的应力则是不均匀分布的。在杆件截面突变处，会出现局部应力骤增的现象；而在较远处，应力又迅

速减小并趋于均匀，如图 13-20 所示。这种由于构件截面尺寸的突然变化而产生的局部应力增大的现象称为**应力集中**。

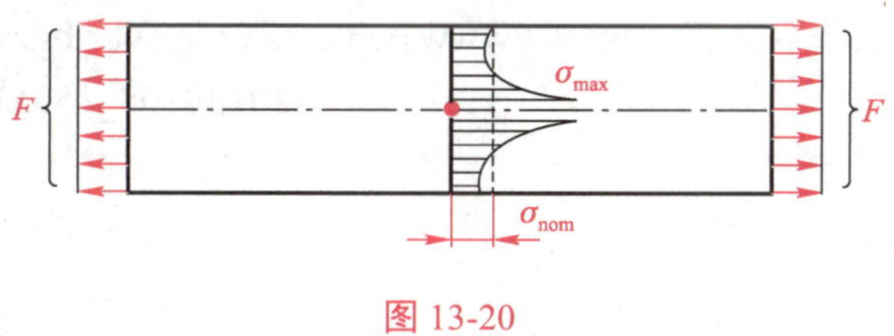

图 13-20

胡克：英国的“双眼和双手”

胡克是 17 世纪英国最杰出的科学家之一，他在力学、光学、天文学等方面都取得了重大成就。其中，胡克定律作为固体力学的基本规律之一，就是由胡克于 1678 年提出的。

1635 年 7 月 18 日，胡克出生在英国南部怀特岛的一个牧师家庭。幼年时，他喜欢摆弄机械物品，如钟表、玩具等。13 岁时，胡克的父亲去世，但幸运的是他被所就读中学的校长收留，并在此后受到了良好的教育。胡克学习刻苦，仅用了一周的时间便读完了 6 本欧几里得的书，而且将书中的知识学以致用，做了许多设计模型。

由于胡克的勤奋好学和良好的实践运用能力，他得到了威斯敏斯特市的全力资助，并转到牛津大学读书。在牛津大学期间，他受到了英国皇家学会中一些科学精英的赏识，不久便成为近代化学奠基人、物理学家波义耳的助手。在波义耳发现波义耳气体定律和发明空气泵的过程中，胡克起了很大的作用。与此同时，胡克还对当时急需的用于测量经纬度的航海计时仪进行了研究，并确立了将弹簧装在摆轮上的钟表原理。1665 年，胡克的《显微照相》一书出版了。胡克还用自制的复合显微镜观察木栓而发现了细胞，并将其命名为“cell”，这个名称至今仍被使用。1670 年，胡克的《论刀具切削》一书出版了，此书准确地陈述了应力与应变成正比的弹性定律。

胡克一生从事科学研究的领域极为广泛，最突出的成就是在机械、仪器方面，他设计制造了万向接头、螺旋调节器、望远镜等，还研制出了用于测量湿度、风速和雨量的气候仪。由于这些机械、仪器在当时是无与伦比的，因此胡克被誉为英国的“双眼和双手”。

胡克热爱科学事业，并为此奉献了一生。1702 年 3 月 3 日，胡克在他居住了近 40 年的房间里与世长辞。

（资料来源：https://www.pep.com.cn/gzwl/rjbgzwl/rjgzwlwd/201301/t20130108_1505198.html，有改动）

本章小结

1. 拉（压）杆的内力及应力计算

拉（压）杆的内力：由于外力作用而引起的构件内部的相互作用力。

轴力的计算可采用截面法和静力平衡关系求得。

拉（压）杆的正应力 σ 在横截面上均匀分布，其计算公式为

$$\sigma = \frac{F_N}{A}$$

2. 拉压变形与胡克定律

纵向线应变 ε 和横向线应变 ε' 之间存在比例关系，且符号相反，即

$$\varepsilon' = -\mu\varepsilon$$

胡克定律建立了应力和应变之间的关系，其表达式为

$$\Delta l = \frac{F_N l}{EA} \text{ 或 } \sigma = E\varepsilon$$

3. 材料拉伸与压缩时的力学性能

低碳钢拉伸时的应力-应变曲线可分为四个阶段：弹性阶段、屈服阶段、强化阶段和颈缩阶段。重要的强度指标为屈服极限 σ_s 和强度极限 σ_b。衡量材料塑性的指标为伸长率 δ 和断面收缩率 ψ。

4. 许用应力与安全系数

在工程计算中允许材料承受的最大应力称为许用应力，用 $[\sigma]$ 表示。

对于塑性材料，许用应力为

$$[\sigma] = \frac{\sigma_s}{n_s}$$

对于脆性材料，许用应力为

$$[\sigma] = \frac{\sigma_b}{n_b}$$

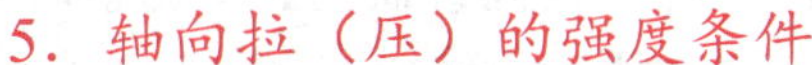

5. 轴向拉（压）的强度条件

轴向拉（压）的强度条件为

$$\sigma_{\max} = \left(\frac{F_N}{A}\right)_{\max} \leqslant [\sigma]$$

根据强度条件，可以解决强度校核、截面尺寸设计和许可载荷计算等三种形式的强度计算问题。

6. 超静定问题与应力集中

仅根据平衡方程不能确定全部未知力的问题称为超静定问题。

由于构件截面尺寸的突然变化而产生的局部应力增大的现象称为应力集中。

思考题

13-1　指出下列概念的区别。

（1）内力与应力；　　（2）变形与应变；

（3）弹性变形与塑性变形；　　（4）极限应力与许用应力。

13-2　胡克定律有哪几种常用的形式？

13-3　低碳钢拉伸时的应力-应变曲线分为哪些阶段？它们各有什么特点？

13-4　两个拉杆的轴力和横截面面积相等，但截面形状和杆件材料不同，它们的应力是否相等？许用应力是否相等？

练习题

题 13-1　如图 13-21 所示为一个阶梯直轴，已知横截面积 $A_1 = 400\ \text{mm}^2$，$A_2 = 300\ \text{mm}^2$，$A_3 = 200\ \text{mm}^2$，轴上受力情况如图中所示。试求各横截面上的应力。

题 13-2　如图 13-22 所示的等直杆，在 B，C，D，E 处分别作用有外力 $\boldsymbol{F}_4$，$\boldsymbol{F}_3$，$\boldsymbol{F}_2$，$\boldsymbol{F}_1$，且 $F_4 = 8\ \text{kN}$，$F_3 = 15\ \text{kN}$，$F_2 = 20\ \text{kN}$，$F_1 = 10\ \text{kN}$。试画出该杆件的轴力图。

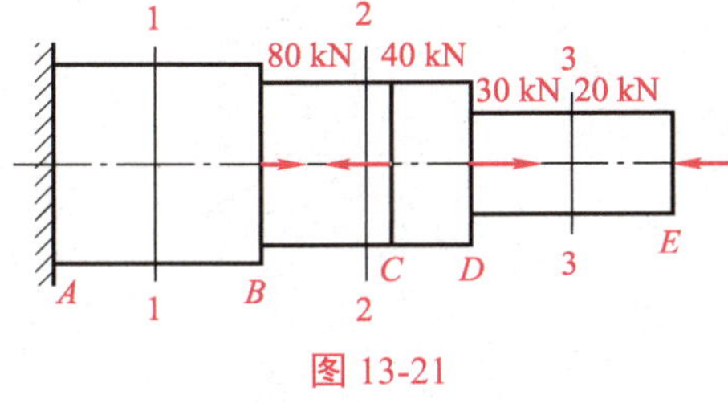

图 13-21

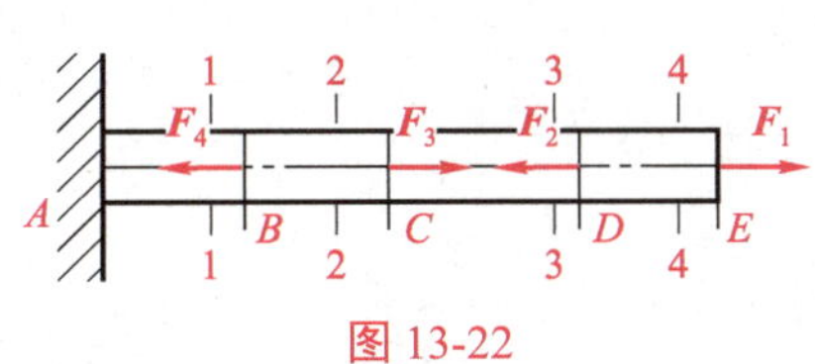

图 13-22

题 13-3　如图 13-23 所示为一个在中线处开槽的直杆，轴向载荷为 $F = 20\ \text{kN}$ ，且已知 $h = 25\ \text{mm}$ ， $h_0 = 10\ \text{mm}$ ， $b = 20\ \text{mm}$ 。试求杆内的最大正应力。

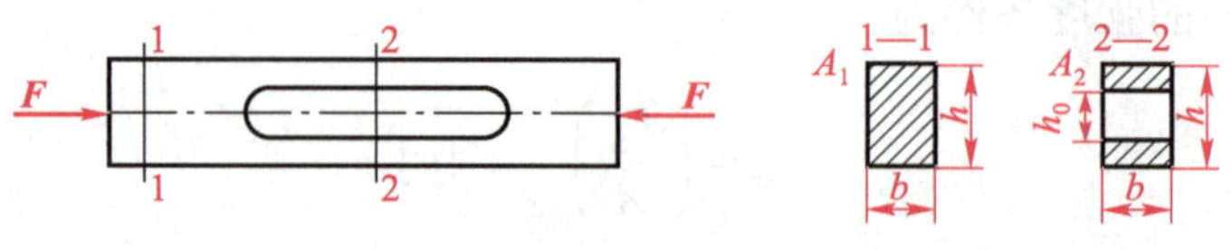

图 13-23

题 13-4　如图 13-24 所示为一个阶梯直轴，已知该轴所受的载荷分别为 $P_1 = 30\ \text{kN}$ ， $P_2 = 10\ \text{kN}$ ，横截面面积 $A_{AC} = 500\ \text{mm}^2$ ， $A_{CD} = 200\ \text{mm}^2$ ，弹性模量 $E = 200\ \text{GPa}$ 。试求各段杆横截面上的内力和应力，以及杆件的总变形。

题 13-5　如图 13-25 所示的三角架由木杆 AB 和钢杆 BC 构成，两杆的横截面面积分别为 $A_{AB} = 10^4\ \text{mm}^2$ ， $A_{BC} = 600\ \text{mm}^2$ ；两杆的许用应力分别为 $[\sigma]_{AB} = 7\ \text{MPa}$ ， $[\sigma]_{BC} = 160\ \text{MPa}$ 。试求点 B 处可吊起的最大许可载荷 F。

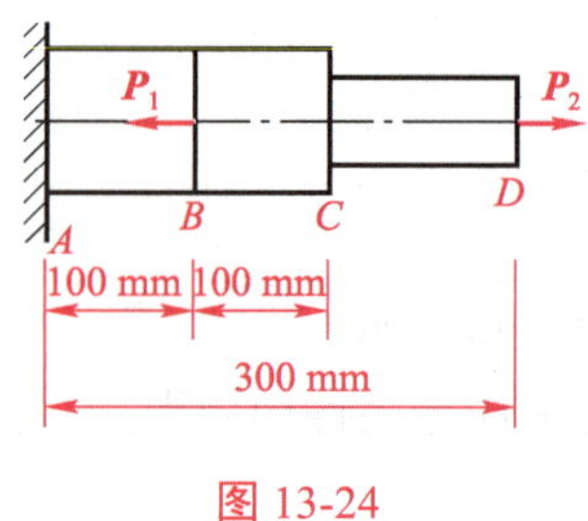

图 13-24

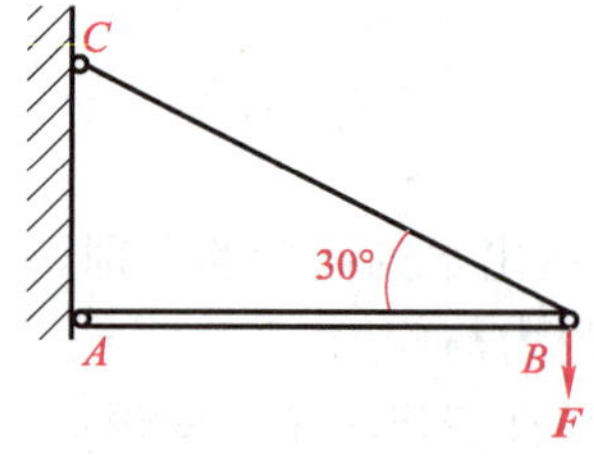

图 13-25

第 14 章 剪切与挤压

学习目标

- 了解剪切与挤压的概念。
- 熟练掌握剪切与挤压的实用计算。

素质目标

★ 践行勇于探索、开拓创新的科学精神。
★ 具备敢于担当、乐于奉献的爱国情怀。

14.1 剪切与挤压的概念

14.1.1 剪切

在工程中，经常需要将构件相互连接，而在构件连接处起连接作用的部件，如铆钉、螺栓、键等，统称为连接件。如图 14-1（a）所示为铆钉连接简图，其受力特点是：作用在构件两个侧面上的横向外力大小相等，方向相反，作用线相距很近；其变形特点是：介于两个作用力之间的各截面有沿着作用线方向产生相对错动的趋势，如图 14-1（b）所示。

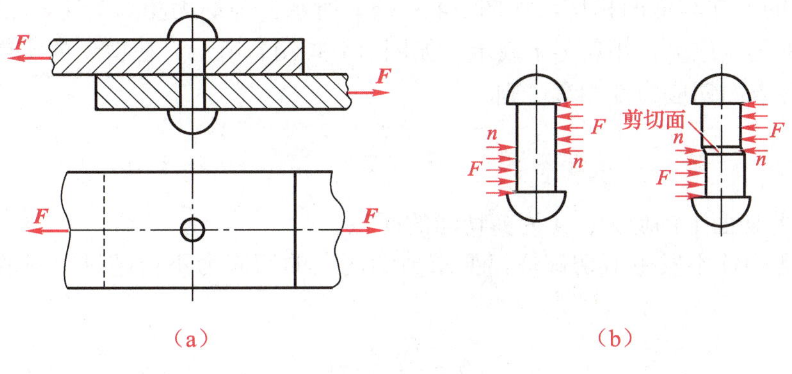

图 14-1

在这种情况下，当外力达到一定值时，螺栓将沿两外力之间与外力作用线平行的截面 *n-n* 发生相对错动，这种变形形式称为**剪切**。发生剪切变形的截面 *n-n* 称为**剪切面**。剪切变形严重时可将铆钉剪断，从而使其失去铆接功能。

14.1.2 挤压

连接件在发生剪切变形的同时，在连接件和被连接件的接触面上还会相互压紧，由于局部受到压力作用，致使接触面处的局部区域产生塑性变形，这种变形形式称为**挤压**。例如，在铆钉连接中，由于铆钉孔与铆钉之间存在挤压，可能会使钢板的铆钉孔或铆钉产生显著的局部性变形。如图 14-2 所示为钢板上铆钉孔被挤压成椭圆孔的情况。

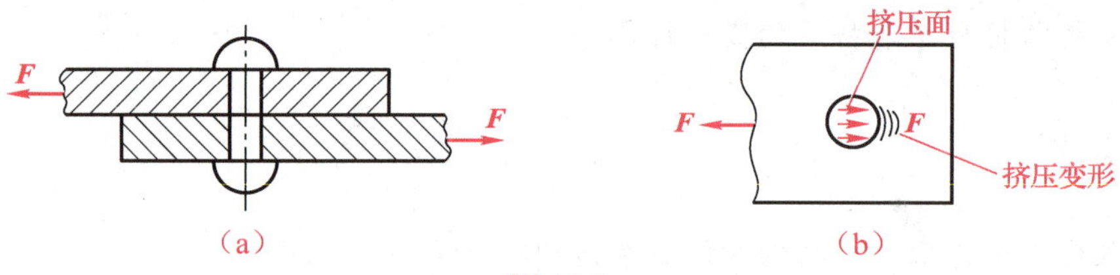

图 14-2

14.2 剪切与挤压的实用计算

14.2.1 剪切的实用计算

设两块钢板用螺栓连接后承受拉力 $\boldsymbol{F}$，如图 14-3（a）所示。显然，螺栓在两个侧面上分别受到大小相等、方向相反、作用线相距很近的两组分布外力系的作用，如图 14-3（b）所示。应用截面法，可以得到剪切面上的内力，即**剪力 F_Q**，且有

剪切与挤压的实用计算

$$F_Q = F$$

剪力 $\boldsymbol{F}_Q$ 的方向与截面相切，如图 14-3（c）所示。与剪力相对应的应力称为**切应力**，用符号 τ 表示，如图 14-3（d）所示。在剪切的实用计算中，假设剪切面上各点的切应力都相等，则

$$\tau = \frac{F_Q}{A} \tag{14-1}$$

式中，F_Q 为剪切面上的剪力；A 为剪切面的面积。

为了保证构件不发生剪切破坏，要求剪切面上的切应力不得超过材料的许用切应力 $[\tau]$，即

$$\tau = \frac{F_Q}{A} \leqslant [\tau] \tag{14-2}$$

式（14-2）称为剪切强度条件。式中，$[\tau]$ 为许用切应力，其数值可在有关手册中查得。

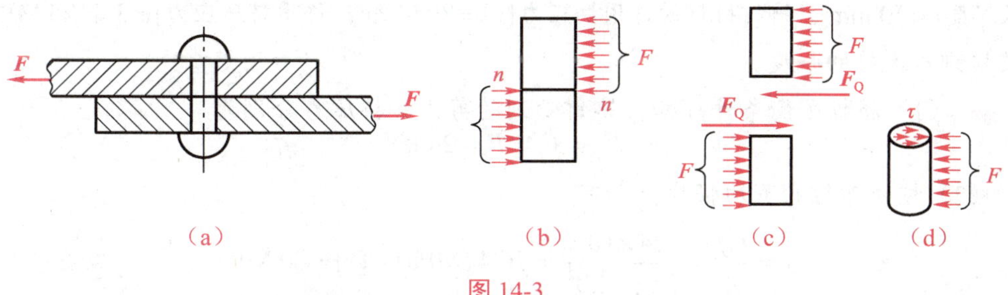

图 14-3

14.2.2　挤压的实用计算

由于挤压而引起的应力称为挤压应力，用 σ_j 表示。挤压应力仅分布在接触面附近的区域，且其分布情况比较复杂。在挤压的实用计算中，假设挤压面上的挤压应力是均匀分布的，则

$$\sigma_j = \frac{F_j}{A_j} \tag{14-3}$$

式中，F_j 为接触面上的挤压力；A_j 为挤压计算面积。

于是，挤压强度条件为

$$\sigma_j = \frac{F_j}{A_j} \leqslant [\sigma_j] \tag{14-4}$$

式中，$[\sigma_j]$ 为许用挤压应力，其数值可在有关手册中查得。

挤压计算面积应根据接触面的具体情况而定。当接触面为平面（如平键连接）时，挤压计算面积即为实际接触面面积；当接触面为曲面（如螺栓或铆钉连接）时，挤压计算面积则为实际接触面在垂直于挤压力方向上投影的面积，即如图 14-4 所示的四边形 $ABCD$ 的面积。

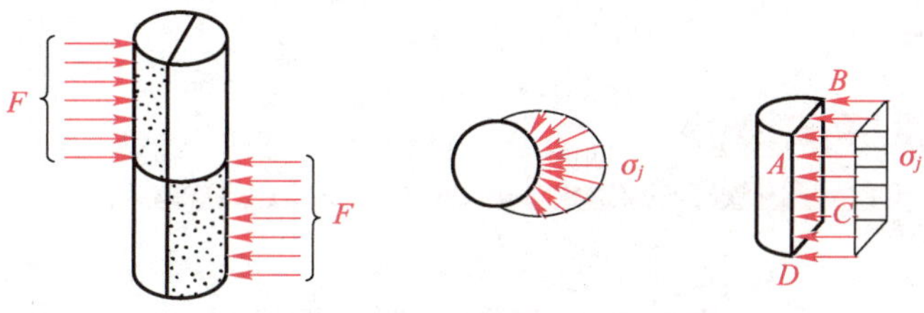

图 14-4

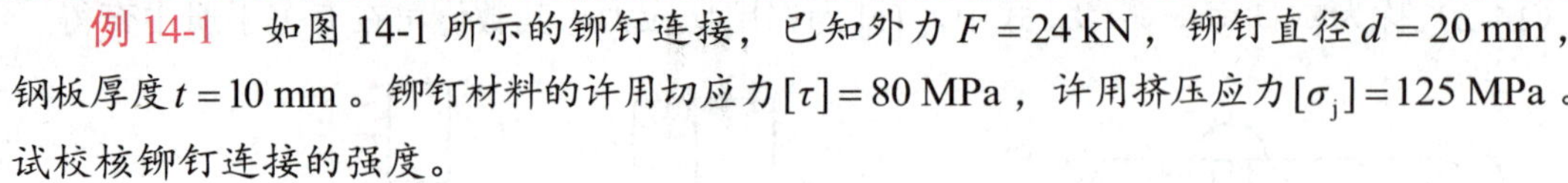

例 14-1　如图 14-1 所示的铆钉连接，已知外力 $F = 24\ \text{kN}$，铆钉直径 $d = 20\ \text{mm}$，钢板厚度 $t = 10\ \text{mm}$。铆钉材料的许用切应力 $[\tau] = 80\ \text{MPa}$，许用挤压应力 $[\sigma_j] = 125\ \text{MPa}$。试校核铆钉连接的强度。

解：（1）根据平衡条件可知，铆钉受到的剪力和挤压力分别为

$$F_Q = F_j = F = 24\ \text{kN}$$

（2）校核铆钉的剪切强度，则有

$$\tau = \frac{F_Q}{A} = \frac{24 \times 10^3}{3.14 \times \dfrac{20^2}{4}} = 76.4\ (\text{MPa}) < [\tau] = 80\ \text{MPa}$$

（3）校核铆钉的挤压强度，则有

$$\sigma_j = \frac{F_j}{A_j} = \frac{F}{\mathrm{d} \cdot t} = \frac{24 \times 10^3}{20 \times 10} = 120\ (\text{MPa}) < [\sigma_j] = 125\ \text{MPa}$$

因此，铆钉连接的剪切强度与挤压强度均满足要求。

14.3　剪切胡克定律

在剪力的作用下，两个相互垂直的平面之间的夹角发生了变化，即不在保持直角，则此角度的改变量 γ 的正切值 $\tan\gamma$ 称为切应变。切应变是剪切变形的一个度量标准。在小变形情况下，取 $\gamma \approx \tan\gamma$。

试验证明，当切应力不超过材料的剪切比例极限时，切应力 τ 与切应变 γ 成正比，即

$$\tau = G\gamma \tag{14-5}$$

式（14-5）即为剪切胡克定律。式中，比例常数 G 称为材料的剪切弹性模量或切变模量，该常数由试验确定。常用碳钢的剪切弹性模量约为 80 GPa。

在构件内部任意两个相互垂直的平面上，切应力必然成对存在，且大小相等，方向同时指向或背离这两个截面的交线。此即为切应力互等定理。

素质启慧园

钱令希：要有“闯”的精神

钱令希（1916—2009 年），著名工程力学家和教育家，是将结构力学与现代科学技术在中国密切结合的先行者。他提出发展计算力学，倡导结构优化，运用工程力学在桥梁工程、水利工程、舰船工程、港湾工程等领域做出了重要贡献。

钱令希出生于江苏无锡，1938年获比利时布鲁塞尔自由大学工程师学位，回国后他曾从事铁路桥梁工程设计工作，1942年任云南大学教授，1943年任浙江大学教授。1952年起他到大连工学院执教，历任数理力学系主任、研究部主任、工程力学研究所所长、大连工学院院长等职。1955年，钱令希被选聘为中国科学院首批学部委员（院士），与同为中国科学院首批学部委员的物理学家钱临照，水利学家钱正英被誉为中国科技界的“小三钱”。

在学术研究上，钱令希重视“闯”的精神，他敢于接受新知识和新鲜事物，在国内倡导计算力学和结构优化设计。钱令希的治学之道以国家利益为先，注重将理论应用于实践，将结构力学理论用于建筑、桥梁、船舶等结构工程中的大型计算任务。同时，作为著名力学家，钱令希拥有众多的学术成果，在学术界产生了深远的影响。

钱令希对倡导和发展我国计算力学也起了重要作用。早在20世纪60年代初，钱令希就已敏锐地观察到电子计算机的应用将会给科学技术领域带来一场深刻的变革，它会影响到各门学科的进程。他预感到计算机将给结构力学带来全新的面貌和前景，于是带领自己的研究生，共同勤奋学习数学和电子计算机的有关知识，进行知识更新；他在力学界竭力倡导把古典的结构力学和现代化的电子计算机结合起来，努力在我国兴建计算力学这一新学科。在1973年中国科学院力学规划座谈会上，他做了题为《结构力学中最优化设计理论与方法的近代发展》的学术报告，引起了力学界和工程界的关注和响应。

此外，钱令希还非常惜才爱才，培养了胡海昌、潘家诤、钟万勰、程耿东等国内外著名的力学与水利工程大师。这些弟子也秉承着钱令希“闯”的精神，延续他的思路“闯”出了一般变分原理、耐压壳稳定性、辛数学方法等一系列原理和方法。

时代需要大师精神，钱令希科学报国的情怀、开拓创新的精神和严谨治学的风范值得广大科研工作者学习。

（资料来源：
http://www.xinhuanet.com/science/2018-10/28/c_137559445.htm，有改动）

本章小结

1. 剪切与挤压的概念

剪切：作用在构件两个侧面上的横向外力大小相等，方向相反，作用线相距很近；介于两个作用力之间的各截面有沿着作用线方向产生相对错动的趋势。

挤压：连接件在发生剪切变形的同时，在连接件和被连接件的接触面上还会相互压紧，由于局部受到压力作用，致使接触面处的局部区域产生塑性变形。

2. 剪切的实用计算

假设剪切面上各点处的切应力都相等，则

$$\tau = \frac{F_Q}{A}$$

剪切强度条件为

$$\tau = \frac{F_Q}{A} \leqslant [\tau]$$

3. 挤压的实用计算

假设挤压面上的挤压应力是均匀分布的，则

$$\sigma_j = \frac{F_j}{A_j}$$

挤压强度条件为

$$\sigma_j = \frac{F_j}{A_j} \leqslant [\sigma_j]$$

4. 剪切胡克定律

当切应力不超过材料的剪切比例极限时，切应力τ与切应变γ成正比，即

$$\tau = G\gamma$$

思考题

14-1　简述剪切的受力特点和变形特点。

14-2　什么是挤压应力？挤压应力与轴向压缩应力有什么区别？

14-3　挤压面积和挤压计算面积有什么区别和联系？

14-4　如何计算切应力？剪切的强度校核准则是什么？

14-5　如何计算挤压应力？挤压的强度校核准则是什么？

练习题

题 14-1　试画出如图 14-5 所示的受拉圆杆的剪切面和挤压面。

题 14-2　如图 14-6 所示为下料机构装置，已知棒料直径 $d = 12$ mm，其抗剪强度 $\tau_b = 320$ MPa。试计算最小切断力。

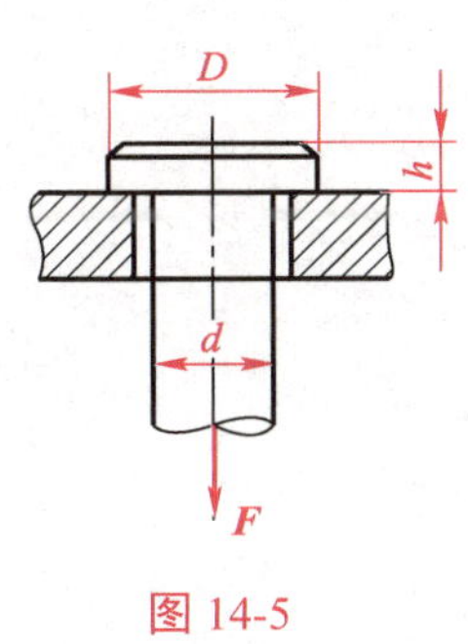

图 14-5

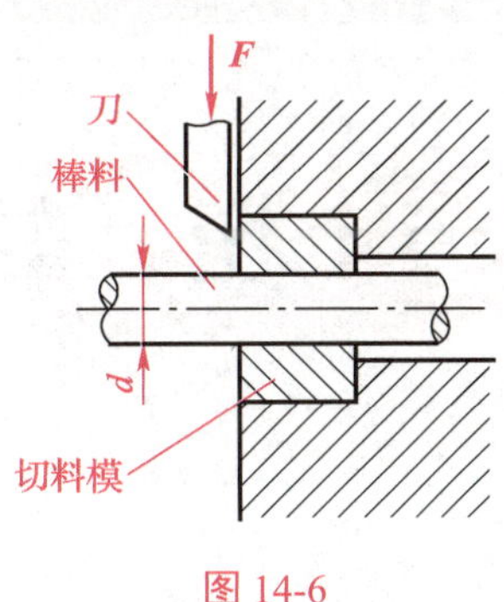

图 14-6

题 14-3 如图 14-7 所示的拉杆，通过四个直径相同的铆钉固定在格板上，拉杆与格板的材料及厚度均相同。已知拉杆所受载荷 $F=80\ \text{kN}$，宽度 $b=80\ \text{mm}$，厚度 $\delta=10\ \text{mm}$，铆钉直径 $d=16\ \text{mm}$，许用切应力 $[\tau]=100\ \text{MPa}$，许用挤压应力 $[\sigma_{\text{j}}]=300\ \text{MPa}$。试校核铆钉的剪切强度和挤压强度。

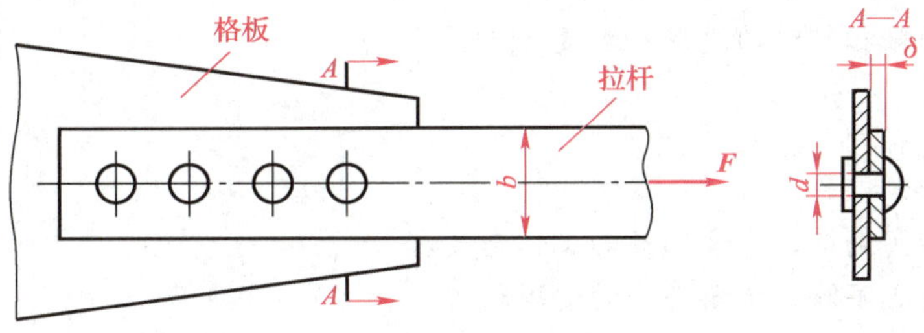

图 14-7

题 14-4 如图 14-8 所示的连接，已知 $a=30\ \text{mm}$，$b=80\ \text{mm}$，$c=10\ \text{mm}$，$F=120\ \text{kN}$，许用切应力 $[\tau]=80\ \text{MPa}$，许用挤压应力 $[\sigma_{\text{j}}]=200\ \text{MPa}$。试校核该构件的剪切强度和挤压强度。

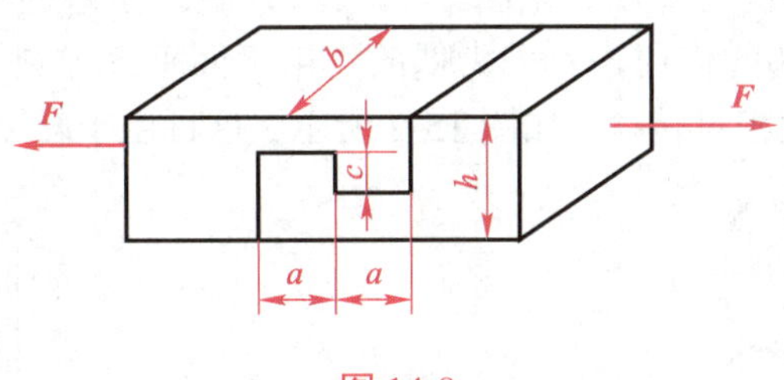

图 14-8

第 15 章　扭　转

学习目标

- 了解扭转的概念。
- 了解扭矩的概念，掌握扭矩图的绘制。
- 熟练掌握圆轴扭转时横截面上的应力计算。
- 熟练掌握圆轴扭转时的强度计算。
- 掌握圆轴扭转时的变形及刚度计算。

素质目标

★ 养成踏实勤奋、严谨细致的工作态度。

★ 弘扬矢志不渝、不懈奋斗的爱国精神。

15.1　扭转的概念

在日常生活和工程实际中，存在着许多等直圆轴的应用实例，如机器的传动轴（见图 15-1（a））、水轮发电机的主轴（见图 15-1（b））等。在这些实例中，圆轴受力的共同特点是：圆轴受到外力偶的作用，且外力偶的作用平面垂直于圆轴的轴线，从而使圆轴的任意横截面都绕轴线发生相对转动，如图 15-2 所示。这种由于转动而产生的变形称为**扭转**。

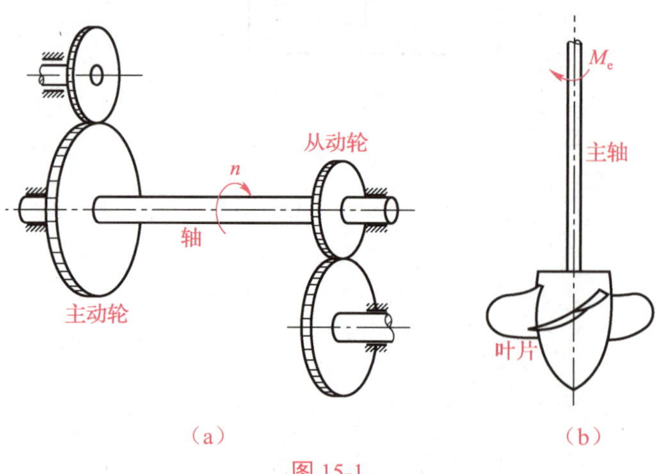

图 15-1

图 15-2

15.2 扭矩和扭矩图

15.2.1 外力偶矩的计算

作用在圆轴上的外力偶的力偶矩通常不是直接给出的，而是需要根据轴的传递功率和轴的转速计算出来的，其换算关系为

$$M = 9\,550\frac{P}{n} \tag{15-1}$$

式中，M 为外力偶矩（N·m）；P 为轴的传递功率（kW）；n 为轴的转速（r/min）。

在确定外力偶矩的方向时应注意：输入力偶矩为主动力矩，其方向与轴的转向相同；输出力偶矩为阻力矩，其方向与轴的转向相反。

15.2.2 扭矩和扭矩图

若已知圆轴上的外力偶矩，可用截面法来研究圆轴扭转时横截面上的内力。如图 15-3（a）所示的圆轴，在任意截面 m-m 处，将轴分为两段。如图 15-3（b）所示，取左段为研究对象，因 A 端有外力偶的作用，为保持左段平衡，故在 m-m 截面上必有一个内力偶矩 T 与之平衡，则该内力偶矩 T 称为扭矩。根据平衡方程可得

$$\sum M_x = T - M = 0$$

于是，得出

$$T = M$$

如图 15-3（c）所示，若取右段为研究对象，则求得的扭矩与左端的扭矩大小相等、转向相反，它们是作用与反作用的关系。

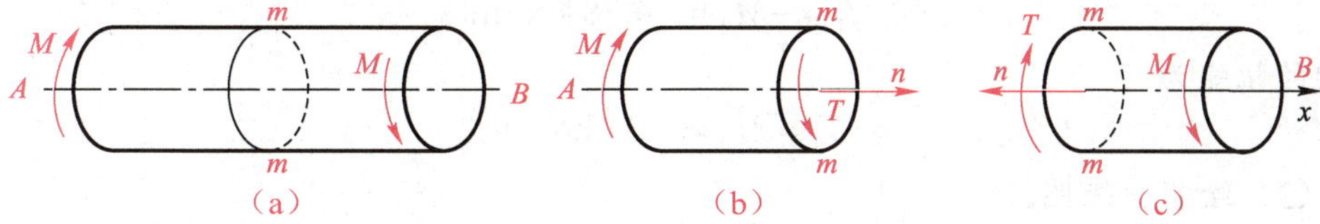

图 15-3

关于扭矩的正负，规定：采用右手螺旋法则，拇指指向横截面的外法线方向，扭矩转向与四指握向一致时，扭矩为正；反之为负。如图 15-4 所示。

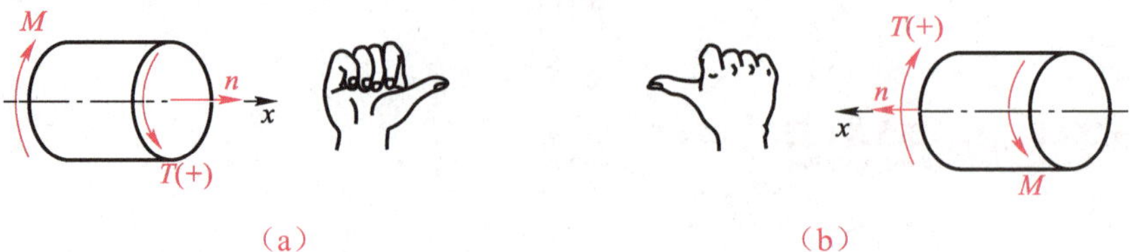

图 15-4

当圆轴上作用有多个外力偶时，需要根据外力偶所在的截面将轴分成数段，然后逐段求出其扭矩。为了形象地表示扭矩沿轴线的变化情况，可仿照轴力图的方法绘制扭矩图。作图时，横坐标表示各横截面的位置，纵坐标表示扭矩。

下面举例说明扭矩图的作图方法。

例 15-1　如图 15-5（a）所示的传动轴，转速为 $n = 300\ \text{r/min}$，主动轮的功率为 $P_1 = 500\ \text{kW}$，三个从动轮的功率分别为 $P_2 = 150\ \text{kW}$，$P_3 = 150\ \text{kW}$，$P_4 = 200\ \text{kW}$，不计摩擦。试绘出该轴的扭矩图。

解：（1）如图 15-5（b）所示，计算外力偶矩。

$$M_1 = 9\,550 \times \frac{P_1}{n} \approx 15.9 \times 10^3\ (\text{N}\cdot\text{m}) = 15.9\ (\text{kN}\cdot\text{m})$$

$$M_2 = 9\,550 \times \frac{P_2}{n} \approx 4.78 \times 10^3\ (\text{N}\cdot\text{m}) = 4.78\ (\text{kN}\cdot\text{m})$$

$$M_3 = 9\,550 \times \frac{P_3}{n} \approx 4.78 \times 10^3\ (\text{N}\cdot\text{m}) = 4.78\ (\text{kN}\cdot\text{m})$$

$$M_4 = 9\,550 \times \frac{P_4}{n} \approx 6.37 \times 10^3\ (\text{N}\cdot\text{m}) = 6.37\ (\text{kN}\cdot\text{m})$$

（2）利用截面法，求出各段轴内的扭矩。在 CA 段内，沿横截面 2-2 将轴截开，并以左段为研究对象，假设 T_2 为正，根据平衡方程可得

$$\sum M_x = M_2 + M_3 + T_2 = 0$$

于是，得出

$$T_2 = -M_2 - M_3 = -9.56\ (\text{kN}\cdot\text{m})$$

结果为负，说明 T_2 为负值扭矩，如图 15-5（c）所示。

同理，可以求出 BC 段的扭矩为

$$T_1 = -M_2 = -4.78\ \text{kN}\cdot\text{m}$$

AD 段的扭矩为

$$T_3 = M_4 = 6.37\ \text{kN}\cdot\text{m}$$

（3）绘制扭矩图。

根据上述求得的扭矩绘制扭矩图，该轴的扭矩图如图 15-5（d）所示。

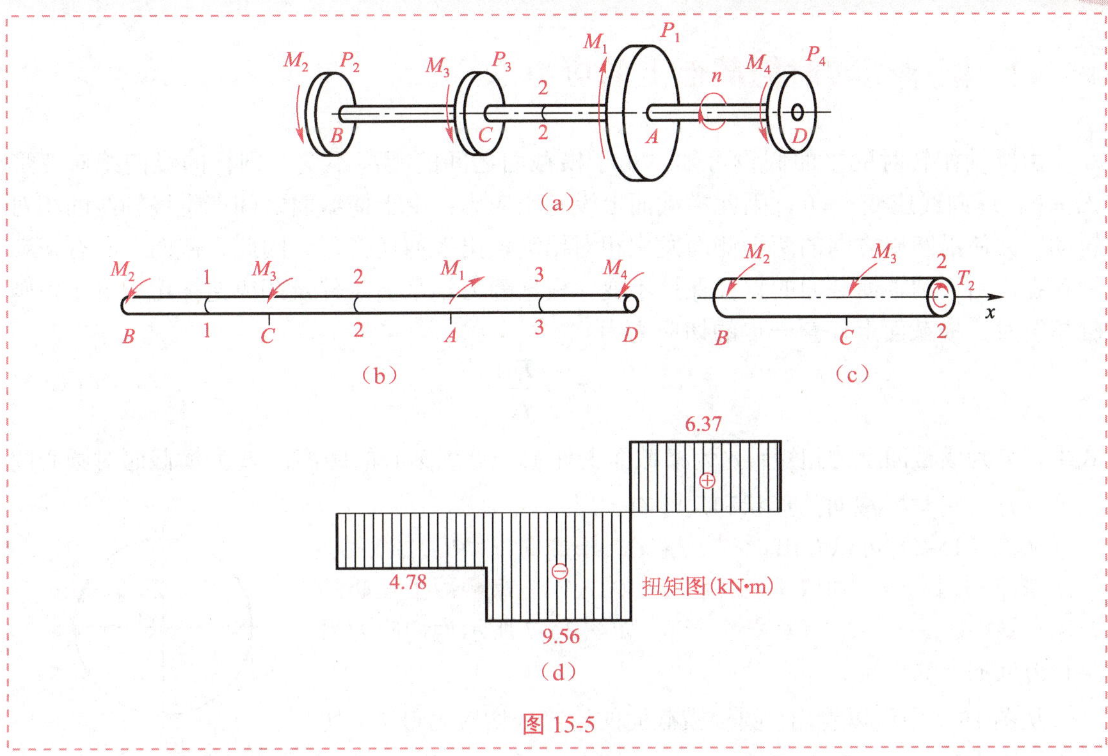

图 15-5

15.3 圆轴扭转时横截面上的应力

15.3.1 平面假设

圆轴扭转时，为了研究其横截面上应力的分布情况，可进行扭转实验。如图 15-6 所示，先在圆轴表面画上若干条垂直于轴线的圆周线和平行于轴线的纵向线；然后在其两端施加一对大小相等、方向相反的力偶矩 M，使圆轴扭转。当扭转变形很小时，可以观察到：各圆周线的形状、大小以及两条圆周线之间的距离均不改变，仅绕轴线做相对转动；各纵向线仍为直线，但均倾斜同一角度 γ。

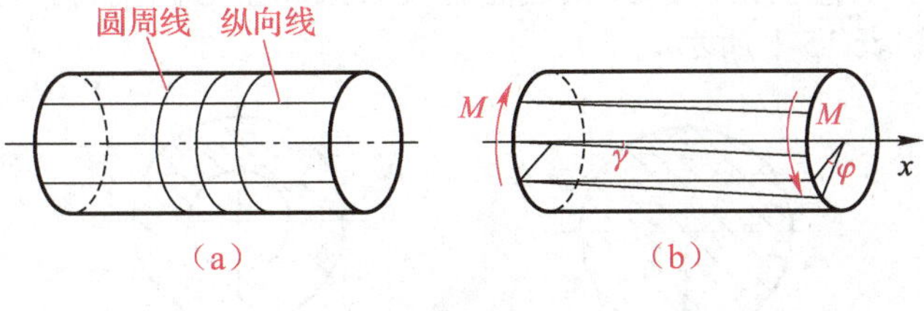

图 15-6

由此可以认为：**圆轴发生扭转变形后，轴的横截面仍保持平面，其形状、大小及间距不变**。该结论称为**圆轴扭转时的平面假设**。

15.3.2 圆轴扭转时横截面上的应力

由圆轴扭转时的平面假设可知，由于横截面之间的距离不变，则杆的纵向绝对变形 $\Delta l = 0$，纵向线应变 $\varepsilon = 0$，因此横截面上没有正应力；由于横截面之间产生绕轴线的相对转动，并使沿圆周方向的两个侧面发生相对错动，出现剪切变形，因此横截面上必有切应力存在。由于圆轴横截面的直径保持不变，根据静力学平衡条件及胡克定律可以导出，圆轴扭转时，横截面上任意一点的切应力为

$$\tau_\rho = \frac{T\rho}{I_\mathrm{P}} \tag{15-2}$$

式中，T 为横截面上的扭矩；ρ 为横截面上任意一点到圆心的距离；I_P 为横截面对圆心的**极惯性矩**，它与横截面的形状和尺寸有关。

从式（15-2）可以看出，**对于确定的横截面，切应力的大小与所求点到圆心的距离成正比，切应力的方向与横截面上扭矩的方向一致，并沿半径方向呈线性分布**。如图 15-7 所示为切应力沿半径方向的分布情况。

图 15-7

从图 15-7 中可以看出，圆轴横截面的边缘处切应力最大，切应力的最大值 $\tau_{\max}$ 为

$$\tau_{\max} = \frac{TD}{2I_\mathrm{P}} = \frac{T}{W_\mathrm{n}} \tag{15-3}$$

式中，D 为圆轴横截面的半径；W_n 为**抗扭截面系数**（m^3 或 mm^3），且 $W_\mathrm{n} = 2I_\mathrm{P}/D$。

注　意

式（15-2）和式（15-3）只适用于圆轴截面，而且截面上的最大切应力不得超过材料的许用切应力。

15.3.3 圆截面的极惯性矩和抗扭截面系数

如图 15-8 所示，工程上常用的圆轴截面有实心圆和空心圆两种，它们所对应的极惯性矩和抗扭截面系数如表 15-1 所示。

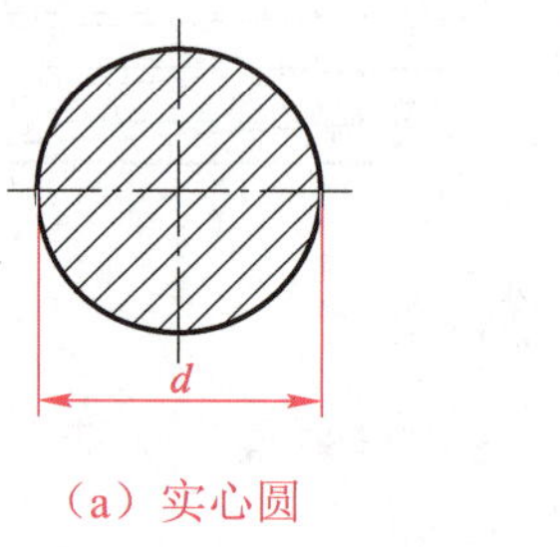

（a）实心圆

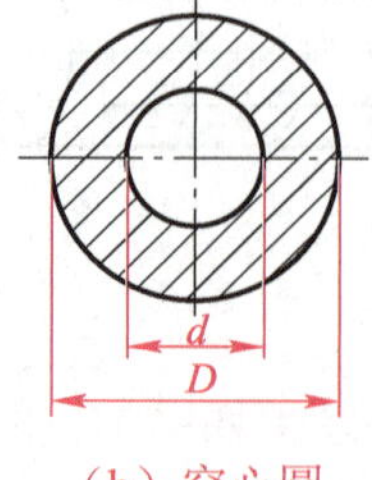

（b）空心圆

图 15-8

表 15-1 圆轴截面的极惯性矩和抗扭截面系数

截面形状	极惯性矩 I_P	抗扭截面系数 W_n
实心圆	$I_P=\dfrac{\pi D^4}{32}$	$W_n=\dfrac{I_P}{D/2}=\dfrac{\pi D^3}{16}$
空心圆	$I_P=\dfrac{\pi}{32}(D^4-d^4)$	$W_n=\dfrac{I_P}{D/2}=\dfrac{\pi(D^4-d^4)}{16D}$

例 15-2　如图 15-9（a）所示的圆轴，已知直径 $D=80\ \text{mm}$，横截面上的扭矩 $T=40.2\ \text{kN}\cdot\text{m}$。试求：

（1）圆轴的极惯性矩；

（2）$\rho=20\ \text{mm}$ 处切应力的大小和方向；

（3）圆轴截面上的最大切应力。

解：（1）由表 15-1 可知，实心圆轴的极惯性矩为

$$I_P=\frac{\pi D^4}{32}\approx 4.02\times10^6\ (\text{mm}^4)$$

（2）$\rho=20\ \text{mm}$ 处的切应力为

$$\tau_a=\tau_{\rho=20\ \text{mm}}=\frac{T\rho}{I_P}=200\ (\text{MPa})$$

方向如图 15-9（b）所示。

（3）圆轴截面上的最大切应力为

$$\tau_{max}=\tau_{\rho=\frac{D}{2}}=\frac{T\cdot\dfrac{D}{2}}{I_P}=400\ (\text{MPa})$$

即最大切应力出现在圆轴截面的边缘上，方向与圆周相切，指向与扭矩 T 方向一致，如图 15-9（b）所示。

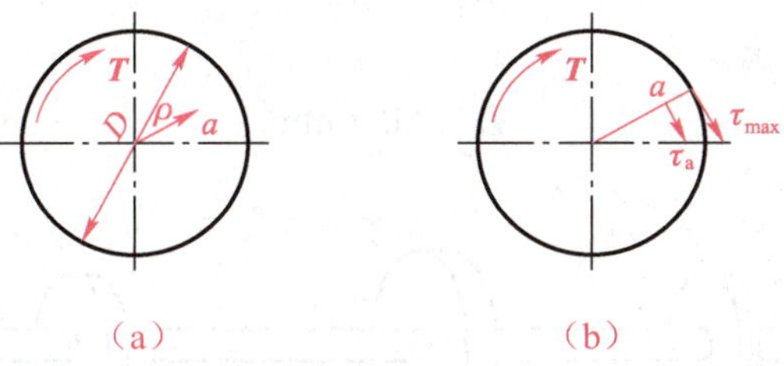

图 15-9

15.4 圆轴扭转时的强度计算

为了保证受扭转作用的圆轴安全可靠地工作，必须使圆轴横截面上的最大切应力 τ_{max} 不超过材料的许用切应力，即

$$\tau_{max}=\frac{T}{W_n}\leqslant[\tau] \quad (15\text{-}4)$$

式（15-4）即为圆轴扭转时的强度计算准则或强度条件。式中，$[\tau]$为许用切应力，其值可在相关手册中查得。

对于等截面圆轴，最大切应力位于由扭矩图确定的T_{max}所在截面的边缘上；对于阶梯轴，由于各段轴的抗扭截面系数不同，最大切应力的位置需要综合考虑扭矩和抗扭截面系数两者的变化情况来确定。

根据式（15-4）可以进行圆轴扭转时的三类强度问题的计算。

（1）扭转强度校核：已知圆轴的截面尺寸、圆轴所受的外力偶矩和材料的许用切应力，校核圆轴扭转时是否满足强度条件。

（2）圆轴截面尺寸设计：已知圆轴所受的外力偶矩和材料的许用切应力，根据强度条件确定圆轴的截面尺寸。

（3）圆轴许可载荷计算：已知圆轴的截面尺寸和材料的许用切应力，根据强度条件确定圆轴所能承受的许可载荷。

例 15-3　传动轴的受力情况如图 15-10（a）所示。已知材料的许用切应力$[\tau]=50\ \text{MPa}$。试由扭转强度条件设计该轴的直径 D。

解：（1）根据受力情况，画出扭矩图。BC 段的扭矩为

$$T_{BC}=M_2=600\ \text{N}\cdot\text{m}$$

CD 段的扭矩为

$$T_{CD}=-M_3=-1\,280\ \text{N}\cdot\text{m}$$

故该轴的扭矩图如图 15-10（b）所示。从扭矩图中可以看出，危险截面在 CD 段内，且

$$T_{max}=|T_{CD}|=1\,280\ \text{N}\cdot\text{m}$$

（2）根据扭转强度条件确定轴的直径。由该传动轴扭转时的强度条件可得

$$\tau_{max}=\frac{T_{max}}{W_n}=\frac{T_{max}}{\pi D^3/16}\leqslant[\tau]$$

从而解得该轴的直径应满足

$$D\geqslant 50.7\ \text{mm}$$

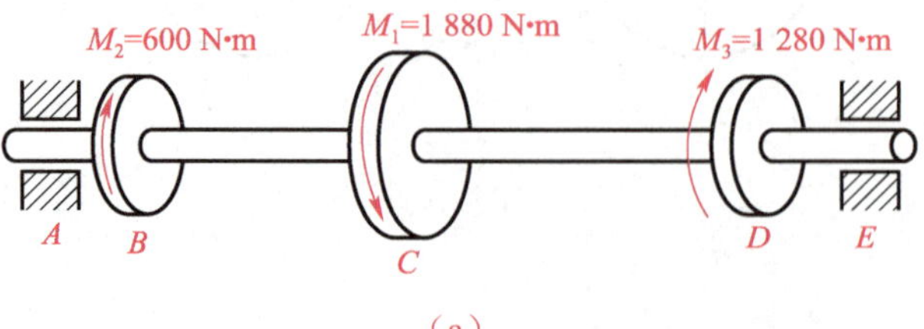

（a）

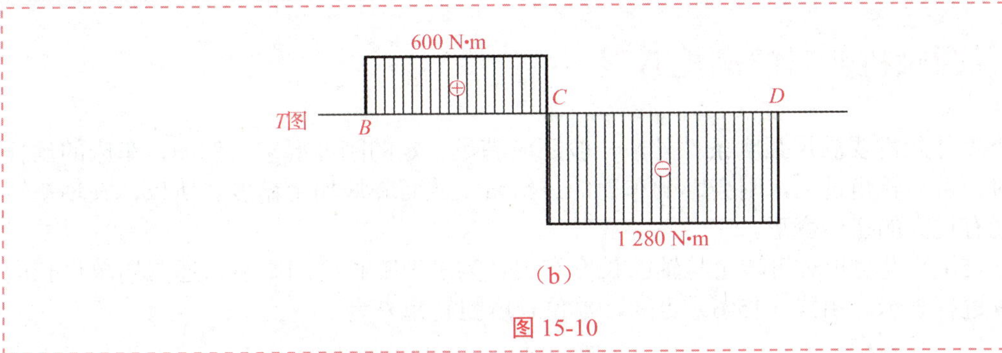

(b)

图 15-10

15.5 圆轴扭转时的变形及刚度计算

圆轴扭转时的变形及刚度计算

15.5.1 圆轴扭转时的变形

如图 15-6（b）所示，圆轴扭转时，两个截面之间绕轴线相对转动的角度 φ，称为这两个截面的相对扭转角。联立圆轴扭转时横截面上的切应力公式及剪切胡克定律，可得

$$\left.\begin{aligned} \tau_\rho &= \frac{T\rho}{I_P} \\ \tau_\rho &= G\gamma_\rho = G\rho\frac{d\varphi}{dx} \end{aligned}\right\} \tag{15-5}$$

由式（15-5）可知，相距 dx 的两个横截面的相对扭转角为

$$d\varphi = \frac{T}{GI_P}dx$$

若在长度 l 范围内，T 及 GI_P 均为常量，则两个截面的相对扭转角为

$$\varphi = \int_0^l \frac{T}{GI_P}dx = \frac{Tl}{GI_P} \tag{15-6}$$

式中，相对扭转角 φ 的单位为 rad；GI_P 反映了材料以及圆轴的截面形状和尺寸对扭转变形的影响，称为圆轴的抗扭刚度。

若圆轴上各段的扭矩不等或截面不等（如阶梯轴），则应分段按式（15-6）计算出各段两端截面之间的相对扭转角，然后相加，即

$$\varphi = \sum_{i=1}^{n}\varphi_i = \sum_{i=1}^{n}\frac{Tl_i}{GI_{Pi}} \tag{15-7}$$

15.5.2 圆轴扭转时的刚度计算

轴类零件除需要满足强度条件外，一般还应满足一定的刚度要求。例如，车床的丝杆在工作时，若扭转角过大，则会影响车刀的进给量，从而降低加工精度。所以，圆轴扭转时，不能有过大的扭转变形。

式（15-6）说明相对扭转角与轴的长度有关。为了消除长度的影响，通常用单位长度扭转角 θ 进行表示。由式（15-6）可知，单位长度扭转角 θ 为

$$\theta = \frac{\varphi}{l} = \frac{T}{GI_{\mathrm{P}}}\ (\mathrm{rad/m})$$

由于工程上常以°/m 作为单位长度扭转角 θ 的单位，因此上式可改写为

$$\theta = \frac{\varphi}{l} = \frac{T}{GI_{\mathrm{P}}} \cdot \frac{180}{\pi}\ (°/\mathrm{m}) \tag{15-8}$$

为了保证受扭转作用的圆轴具有足够的刚度，工程上要求单位长度扭转角的最大值 $\theta_{\max}$ 不得超过许用单位长度扭转角$[\theta]$，即

$$\theta_{\max} = \frac{T}{GI_{\mathrm{P}}} \cdot \frac{180}{\pi} \leqslant [\theta] \tag{15-9}$$

式（15-9）即为圆轴扭转时的刚度计算准则或刚度条件。式中，$[\theta]$的数值由对机器的要求和轴的工作条件来确定，具体数值可从相关手册中查到。

例 15-4　传动轴的受力情况如图 15-10（a）所示。已知材料的许用单位长度扭转角 $[\theta] = 0.6\ °/\mathrm{m}$，切变模量 $G = 8 \times 10^4\ \mathrm{MPa}$。试由扭转刚度条件设计轴的直径 D。

解：由例 15-3 可知

$$T_{\max} = 1\,280\ \mathrm{N \cdot m}$$

由该传动轴扭转时的刚度条件可得

$$\theta_{\max} = \frac{T_{\max}}{GI_{\mathrm{P}}} \cdot \frac{180}{\pi} = \frac{T_{\max}}{G \cdot \dfrac{\pi D^4}{32}} \cdot \frac{180}{\pi} \leqslant [\theta]$$

则该轴的直径应满足

$$D \geqslant 62.5\ \mathrm{mm}$$

综合例 15-3、例 15-4 可知，要使轴同时满足扭转强度条件和刚度条件，轴的直径应满足 $D \geqslant 62.5\ \mathrm{mm}$，可取 $D = 63\ \mathrm{mm}$。

黄克智：生命不息，奋斗不止

黄克智，著名力学家与力学教育家，长期从事弹塑性力学、薄壳理论和塑性理论的研究和教育工作。他在压力容器、智能材料本构关系、应变梯度塑性理论、可伸展柔性电子元件力学等研究中，做出了重要贡献。

1927 年，黄克智出生在江西南昌的一个职员家庭。上大学后，黄克智师从土木工程界权威蔡方荫老师，打下了坚实的工程与力学基础。毕业后，黄克智被蔡老师推荐到北洋大学（今天津大学）土木工程系任助教，辅导力学课程。1948 年，黄克智报考清华大学土木系的研究生，之后留在清华大学基础课部力学教研组任讲师。1955 年 10 月，我国教育部派遣黄克智在内的第一批大学教师赴苏联进修。

正当黄克智准备博士学位答辩之时，却紧急受召回国，参加组建清华大学工程力学数学系的工作。为此，他毅然放弃答辩，回到清华大学后立即投身到教学与科研工作之中，为中国第一个工程力学系的创建与发展做出了贡献。

黄克智院士认为，作为一个合格的科学研究者，必须具备两个条件：首先，研究是为了国家发展的需要，个人的研究方向必须与国家的需求相结合；其次，研究的水平必须紧跟国际先进水平，科研人员不能固守一个研究成果而几十年不变。黄克智院士一直密切关注国际前沿的研究工作，整个研究生涯一共主持过 7 项国家重大科研项目。他说：“科学研究不是固定的，需要与时俱进，我每 10 年左右都会改变一个研究领域。”

投身固体力学研究领域 70 余年，黄克智不曾觉得寂寞，而总觉得时间不够用，怕赶不上发展。黄克智说：“固体力学的每一个领域都足够让我奋斗一生。”

（资料来源：https://www.thepaper.cn/newsDetail_forward_9952001，有改动）

本章小结

1．圆轴扭转时的应力

圆轴扭转时，横截面上任意一点的切应力为

$$\tau_\rho = \frac{T\rho}{I_P}$$

对于确定的横截面，切应力的大小与所求点到圆心的距离成正比，切应力的方向与横截面上扭矩的方向一致，并沿半径方向呈线性分布。

圆轴横截面的边缘处切应力最大，切应力的最大值为

$$\tau_{max} = \frac{TD}{2I_P} = \frac{T}{W_n}$$

2. 圆轴扭转时的强度条件

$$\tau_{max} = \frac{T}{W_n} \leqslant [\tau]$$

根据该式可以进行扭转强度校核、圆轴截面尺寸设计和圆轴许可载荷计算等三类强度问题的计算。

3. 圆轴扭转时的变形及刚度计算

圆轴扭转时的变形计算公式为

$$\varphi = \frac{Tl}{GI_P}$$

圆轴扭转时的刚度条件为

$$\theta_{max} = \frac{T}{GI_P} \cdot \frac{180}{\pi} \leqslant [\theta]$$

拓展阅读

最早的材料力学实验课

从 1838 年到 1871 年，魏斯巴赫一直在德国弗莱贝格矿业学院从事力学和机械设计方面的研究和教学工作，他很重视材料力学课程的讲授。根据 1868 年的一份刊物介绍，魏斯巴赫建立了教学实验室，让学生通过实验来证实静力学、动力学和材料力学的各项理论。当时的实验内容有固定实心梁的弯曲、桁架模型、轴的扭转、扭转与弯曲的联合作用等，这些实验都是用木制的模型来进行的。为了便于测量，模型的尺寸设计都十分精确，能在不大的载荷下产生相当大的变形。魏斯巴赫开创了学生通过实验来学习材料力学的有效途径。

思考题

15-1　什么是扭转？扭矩的正负是如何规定的？如何计算扭矩及绘制扭矩图？

15-2　在什么类型的载荷作用下，圆轴会产生扭转变形？

15-3 在外力偶矩的计算公式中，功率的单位是什么？外力偶矩的单位是什么？外力偶矩与功率及转速之间是什么关系？

15-4 扭转变形产生何种应力？其分布规律是什么？

15-5 判断如图 15-11 所示的切应力分布图是否正确。

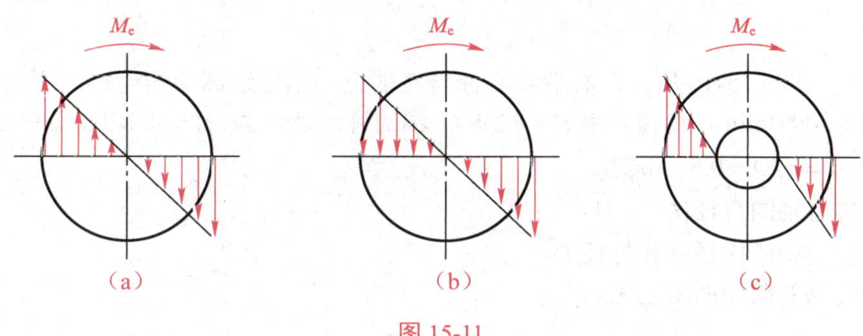

图 15-11

15-6 圆轴扭转时，与圆心距离相等的各点的应力是否相等？

练习题

题 15-1 如图 15-12 所示为一个直径为 D 的圆轴，已知极惯性矩的定义式为 $I_P = \int_0^A \rho^2 \mathrm{d}A$。试推导该圆轴的极惯性矩及抗扭截面系数的表达式。

题 15-2 传动轴的受力情况如图 15-13 所示。已知转速 $n = 300\ \mathrm{r/min}$，主动轮的功率为 $P_A = 30\ \mathrm{kW}$，三个从动轮的功率分别为 $P_B = 5\ \mathrm{kW}$，$P_C = 10\ \mathrm{kW}$，$P_D = 15\ \mathrm{kW}$。试绘制出该轴的扭矩图。

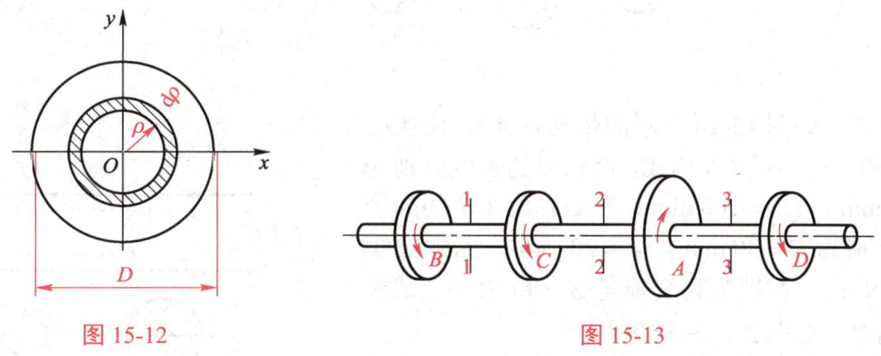

图 15-12　　图 15-13

题 15-3 如图 15-14 所示的阶梯轴，已知 $M_1 = 5\ \mathrm{kN \cdot m}$，$M_2 = 3.2\ \mathrm{kN \cdot m}$，$M_3 = 1.8\ \mathrm{kN \cdot m}$，材料的许用切应力 $[\tau] = 60\ \mathrm{MPa}$，其余尺寸如图所示，单位为 mm。试校核该轴的强度。

题 15-4 如图 15-15 所示的阶梯轴，已知 AB 段直径 $d_1 = 120\ \mathrm{mm}$，BC 段直径 $d_2 = 100\ \mathrm{mm}$；扭转力偶矩 $M_A = 22\ \mathrm{kN \cdot m}$，$M_B = 36\ \mathrm{kN \cdot m}$，$M_C = 14\ \mathrm{kN \cdot m}$；材料的许用切应力 $[\tau] = 80\ \mathrm{MPa}$。试校核该轴的强度。

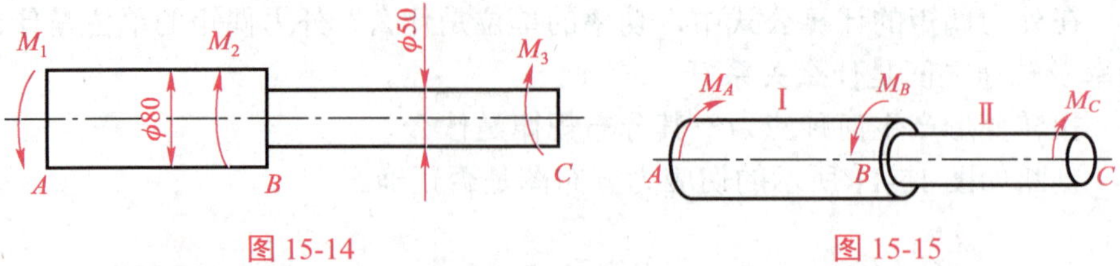

图 15-14　　　　图 15-15

题 15-5　如图 15-16 所示，右端实心轴与左端空心轴通过离合器连接。两轴的材料相同，已知 $n = 100\ \text{r/min}$，传递功率 $P = 8\ \text{kW}$，轴的许用切应力 $[\tau] = 80\ \text{MPa}$，空心轴的内、外径之比为 $\alpha = d/D = 0.5$。试求：

（1）实心轴的直径 d_1；

（2）空心轴的内径 d 和外径 D；

（3）两轴的截面面积之比。

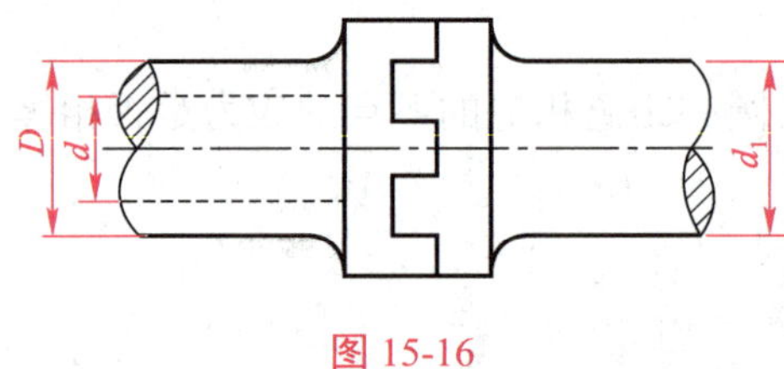

图 15-16

题 15-6　传动轴的受力情况如图 15-17 所示。已知 $n = 500\ \text{r/min}$，主动轮的功率为 $P_B = 30\ \text{kW}$，三个从动轮的功率分别为 $P_A = 15\ \text{kW}$，$P_C = 10\ \text{kW}$，$P_D = 5\ \text{kW}$，轴的许用切应力 $[\tau] = 40\ \text{MPa}$，不计摩擦。试根据扭转强度条件设计轴的直径 d。

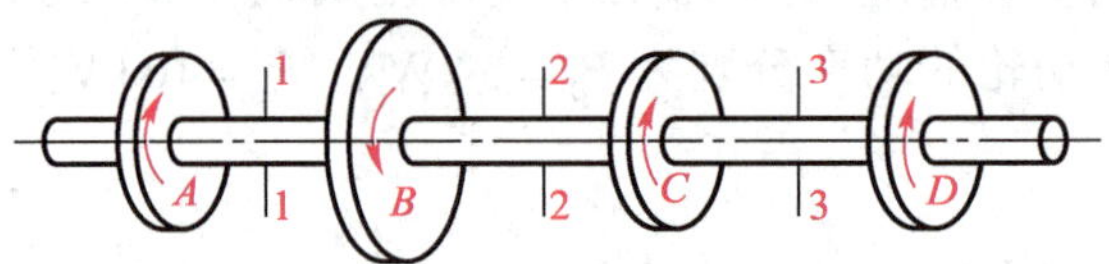

图 15-17

题 15-7　如图 15-18 所示的传动轴 AB，由实心轴段 AC 和空心轴段 CB 构成，两轴段的长度分别为 $l_{AC} = 100\ \text{mm}$，$l_{BC} = 200\ \text{mm}$；空心轴段 CB 的外径和内径分别为 $D = 30\ \text{mm}$，$d = 20\ \text{mm}$；已知扭矩 $M = 199\ \text{N} \cdot \text{m}$，材料的切变模量 $G = 80\ \text{GPa}$。试求截面 B 相对于截面 A 的扭转角。

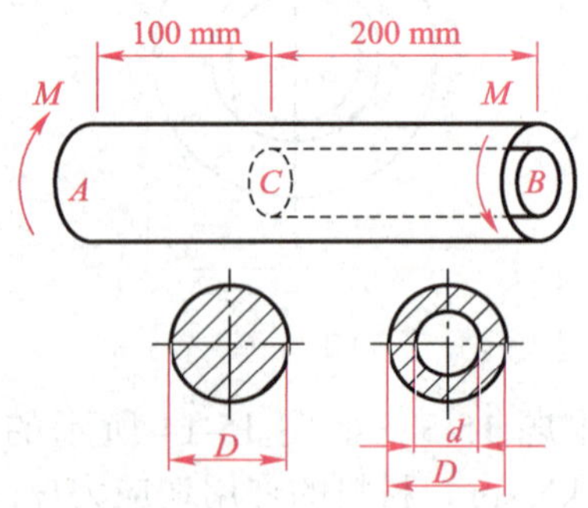

图 15-18

第 16 章 弯 曲

学习目标

- 了解平面弯曲的概念及梁的计算简图。
- 了解梁的剪力和弯矩的概念，并掌握其计算方法。
- 熟练掌握绘制剪力图和弯矩图的方法。
- 了解剪力、弯矩与载荷集度间的关系。
- 熟练掌握纯弯曲正应力的分布规律和计算公式。
- 熟练掌握正应力强度条件及其应用。
- 掌握梁的弯曲变形及刚度条件。
- 了解梁的合理设计方法。

素质目标

★ 提升民族自信心和自豪感，厚植爱国主义情怀。
★ 提高分析、判断、推理的综合思维能力。

16.1 平面弯曲的概念及梁的计算简图

16.1.1 平面弯曲的概念

在工程中经常遇到如图 16-1 所示的火车轮轴和如图 16-2 所示的桥式起重机大梁等杆件，这类杆件所受到的外力都垂直于杆的轴线或所受到的力偶都与轴线在同一平面内，从而使杆的轴线由原来的直线变为曲线，这种变形形式称为**弯曲**。以弯曲为主要变形形式的杆件称为**梁**。

实际工程问题中，梁的轴线一般为直线，绝大多数梁的横截面上都有 1 根或 2 根对称轴，如图 16-3 所示。

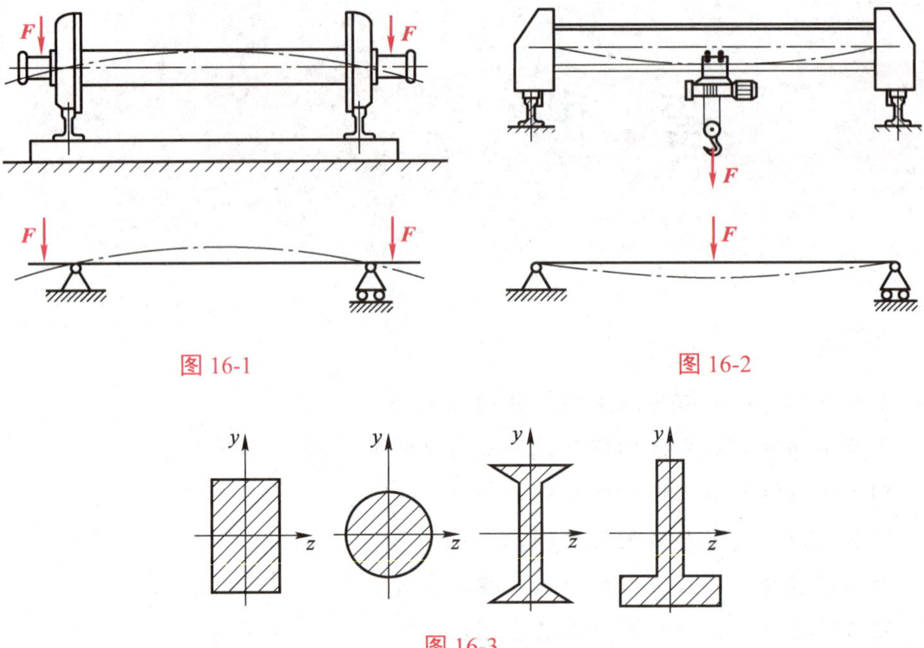

图 16-1　　图 16-2

图 16-3

由横截面的纵向对称轴和梁的轴线所组成的平面，称为**纵向对称面**，如图 16-4 所示。如果梁上的所有外力（包括约束反力）都作用在这个对称面内，那么梁变形后，其轴线也将变成这个对称面内的一条平面曲线，这种弯曲变形称为**平面弯曲**。平面弯曲是最常见、最简单的弯曲变形。本章仅讨论直梁的平面弯曲问题。

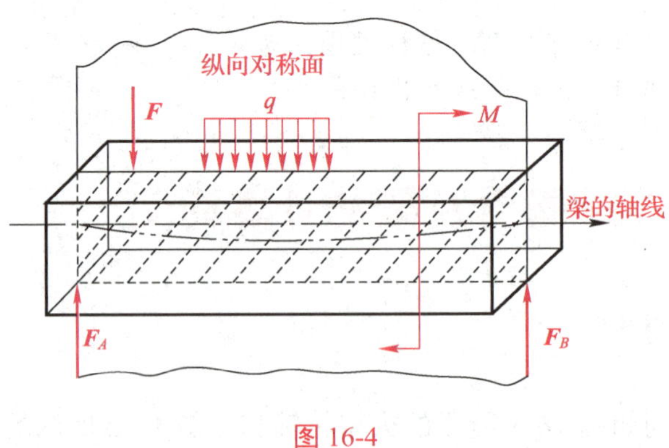

图 16-4

16.1.2　梁的计算简图

为了便于分析和计算梁的平面弯曲问题，需要对梁的力学模型进行简化，以得到梁的计算简图。工程中梁的支座和载荷有多种情况，下面分别讨论不同支座和载荷的简化。

1. 支座的简化

根据支座对梁约束作用的不同，可将支座简化为活动铰支座、固定铰支座和固定端约束三种基本形式。其中，活动铰支座和固定铰支座在第1章静力学基础中的约束和约束反力部分已有介绍，此处不再赘述；固定端约束使梁既不能向任何方向移动，也不能转动，其约束反力包括两个正交分力和一个力偶。

根据梁两端支座类型的不同，一般可将静定梁简化为以下三种形式。

1）简支梁

如果在梁的两端支座中，一端为固定铰支座，另一端为活动链支座，则这种梁称为简支梁，如图16-5（a）所示。图16-2中的桥式起重机大梁即为简支梁。

2）外伸梁

如果梁的两端支座与简支梁的相同，只是梁的一端或两端伸出到支座之外，则这种梁称为外伸梁，如图16-5（b）所示。图16-1中的火车轮轴即为外伸梁。

3）悬臂梁

如果梁的一端固定，另一端自由，则这种梁称为悬臂梁，如图16-5（c）所示。

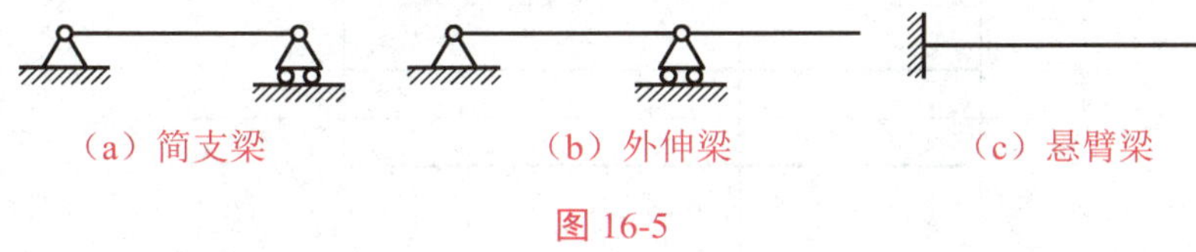

（a）简支梁　（b）外伸梁　（c）悬臂梁

图16-5

2. 载荷的简化

作用在梁上的载荷可以简化为以下三种形式。

1）集中载荷

集中载荷是将通过微小梁段（与梁的总长相比可以忽略不计）作用在梁上的力，近似地简化为作用在一点上的集中力，如图16-1和图16-2中所示的力 $\boldsymbol{F}$。

2）集中力偶

集中力偶是将通过微小梁段作用在梁上的力偶，近似地简化为一个集中力偶，如图16-4中所示的力偶矩 M。

3）分布载荷

分布载荷是沿着梁的轴线方向在一定长度上连续分布且垂直于轴线的力系，其大小一般用载荷集度表示，单位为N/m或kN/m。如果该力系是均匀分布的，则此时的分布载荷称为均布载荷，如图16-4中所示的均布载荷 q。

16.2 梁的剪力和弯矩

为了进一步研究梁的强度和刚度问题，当作用于梁上的外力确定后，可以采用截面法来分析梁任意截面上的内力。此时内力包括剪力和弯矩。

如图 16-6（a）所示的简支梁，受到主动力 F 的作用，下面通过求解距离梁的左端为 x 处的横截面 m-m 上的内力来研究剪力和弯矩。

首先根据平衡方程求出约束反力 $F_B = F$，$M_B = Fl$；然后采用截面法，沿截面 m-m 假想地将梁截开，并以左段为研究对象，如图 16-6（b）所示。由于该梁处于平衡状态，所以梁的左段也处于平衡状态。列出平衡方程为

$$\left.\begin{aligned}\sum F_y = F - F_Q = 0 \\ \sum M_O(\boldsymbol{F}) = M - Fx = 0\end{aligned}\right\}$$

解得

$$F_Q = F,\ M = Fx$$

式中，F_Q 称为横截面 m-m 上的剪力，它是与横截面平行的分布内力的合力；M 称为横截面 m-m 上的弯矩，它是与横截面垂直的分布内力的合力偶矩。

若以右段为研究对象，同样可以求出横截面 m-m 上的剪力 F_Q 和弯矩 M，但与上述结果等值反向，如图 16-6（c）所示。这反映了力的作用与反作用的关系。

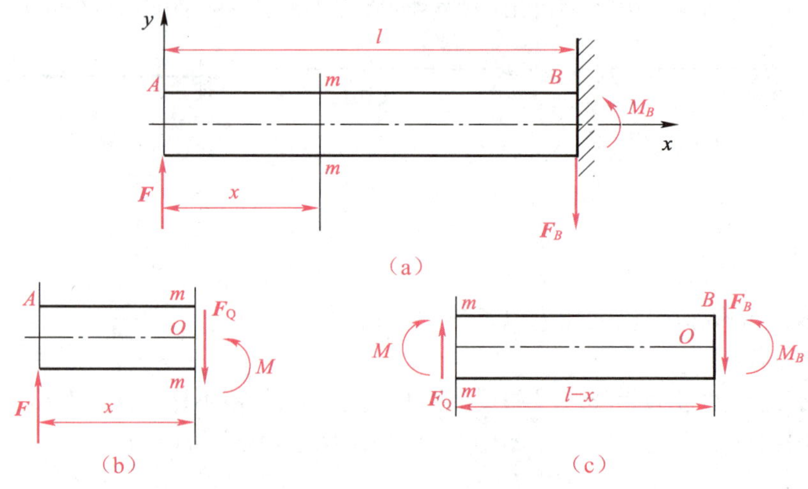

图 16-6

为了使以上两种方法得到的同一截面上的剪力和弯矩不仅数值相等，而且符号也一致，现对剪力和弯矩的正负规定如下：凡使梁具有顺时针转动趋势的剪力为正，反之为负，如图 16-7 所示；凡使梁产生向下弯曲变形的弯矩为正，反之为负，如图 16-8 所示。简而言之，由外力确定内力正负的规定可概括为“左上右下，剪力为正；左顺右逆，弯矩为正”。

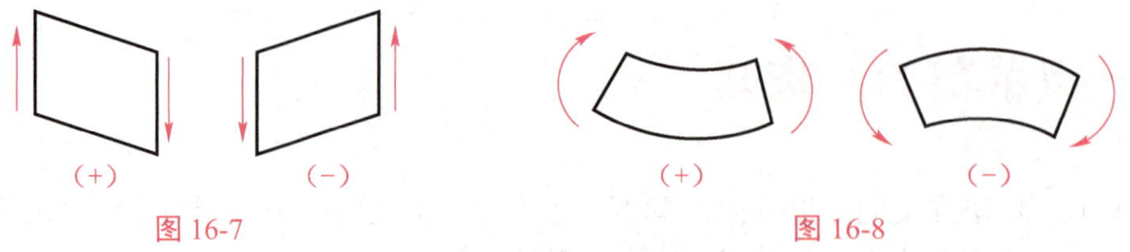

图 16-7　　图 16-8

例 16-1 如图 16-9（a）所示的悬臂梁上作用有均布载荷 q。试求截面 D-D 上的剪力和弯矩。

解：以悬臂梁的右段为研究对象，其受力情况如图 16-9（b）所示。列出平衡方程为

$$\left.\begin{aligned}\sum F_y &= F_{\mathrm{Q}} - q\cdot\frac{2l}{3} = 0\\ \sum M_O(\boldsymbol{F}) &= M_D + q\cdot\frac{2l}{3}\cdot\frac{l}{3} = 0\end{aligned}\right\}$$

可以解得

$$F_{\mathrm{Q}} = \frac{2ql}{3},\ M_D = -\frac{2ql^2}{9}$$

式中，F_{Q} 为正，说明其方向与图示方向一致；M_D 为负，说明其方向与图示方向相反。

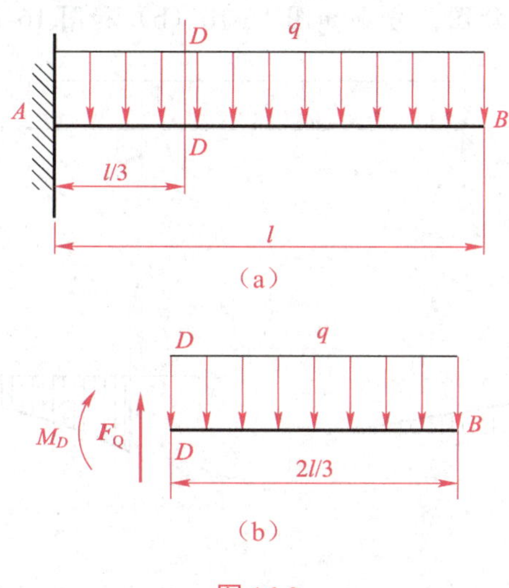

图 16-9

16.3 剪力图和弯矩图

通常情况下，梁横截面上的剪力和弯矩是随截面位置的不同而变化的。如果在梁的轴线方向上选取坐标 x 来表示横截面的位置，则梁任意截面上的剪力和弯矩都可表示为 x 的函数，即

$$F_{\mathrm{Q}} = F_{\mathrm{Q}}(x),\ M = M(x)$$

上述两式分别称为梁的剪力方程和弯矩方程。

剪力图和弯矩图

为了形象地表明剪力和弯矩沿梁轴线的变化情况，可以用横坐标表示横截面的位置，用纵坐标表示相应截面上的剪力和弯矩，然后按照一定比例绘制 $F_{\mathrm{Q}} = F_{\mathrm{Q}}(x)$ 的图形和 $M = M(x)$ 的图形，即剪力图和弯矩图。

下面举例说明剪力图和弯矩图的作法。

例 16-2　如图 16-10（a）所示的悬臂梁上作用有均布载荷 q，试作该梁的剪力图和弯矩图。

解：为了方便计算，将坐标原点取在梁的右端点 B。取距离右端为 x 处的横截面，并以该截面右侧梁段为研究对象，则该梁段的剪力方程和弯矩方程分别为

$$F_Q(x)=qx\ (0\leqslant x\leqslant l)$$

$$M(x)=-qx\cdot\frac{x}{2}=-\frac{qx^2}{2}\ (0\leqslant x\leqslant l)$$

由上式可知，剪力图在 $0\leqslant x\leqslant l$ 范围内为一条直线，在 $x=0$ 处，$F_Q=0$；在 $x=l$ 处，$F_Q=ql$。弯矩图在 $0\leqslant x\leqslant l$ 范围内为一条抛物线，需要确定至少三点方可绘制出其弯矩图，在 $x=0$ 处，$M=0$；在 $x=l/2$ 处，$M=-ql^2/8$；在 $x=l$ 处，$M=-ql^2/2$。由此绘制梁的剪力图和弯矩图，分别如图 16-10（b）和图 16-10（c）所示。

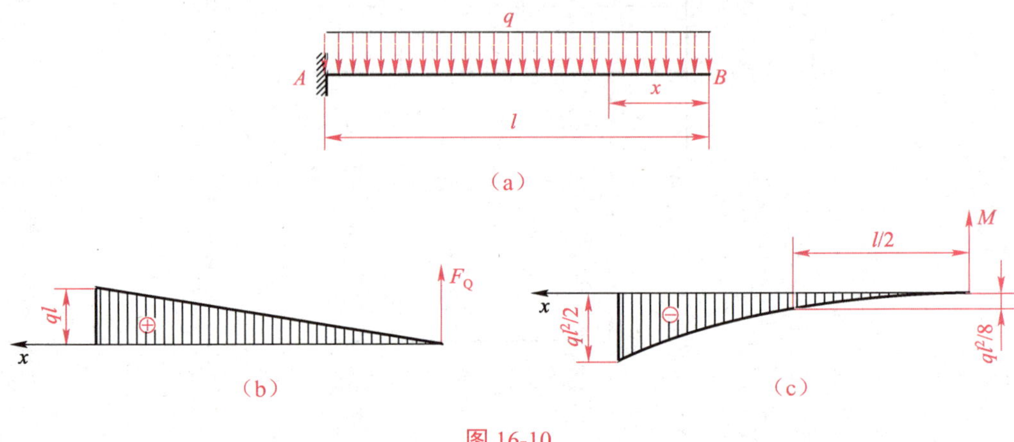

图 16-10

例 16-3　如图 16-11（a）所示，起重机大梁的跨度为 l，其自重可以看成均布载荷 q，试作该梁的剪力图和弯矩图。

解：（1）求约束反力。该起重机大梁可简化为简支梁，如图 16-11（a）所示，可以求得

$$F_A=F_B=\frac{ql}{2}$$

（2）列出剪力方程和弯矩方程。以点 A 为坐标原点，取距离点 A 为 x 处的横截面，并以该截面左侧梁段为研究对象，则该梁段的剪力方程和弯矩方程分别为

$$F_Q(x)=\frac{ql}{2}-qx=q\left(\frac{l}{2}-x\right)\ (0\leqslant x\leqslant l)$$

$$M(x)=\frac{ql}{2}\cdot x-qx\cdot\frac{x}{2}=\frac{q}{2}(lx-x^2)\ (0\leqslant x\leqslant l)$$

(3) 根据方程作图。由剪力方程可知，剪力图为一条直线，在 $x=l/2$ 时，$F_Q=0$。由弯矩方程可知，弯矩图为一条抛物线，最高点在 $x=l/2$ 处，$M_{max}=ql^2/8$。梁的剪力图和弯矩图分别如图 16-11（b）和图 16-11（c）所示。

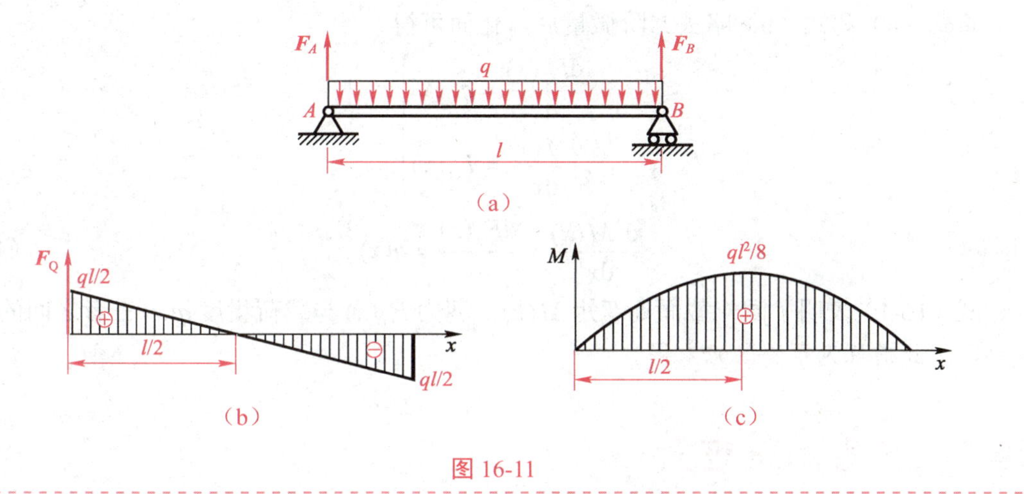

图 16-11

16.4 弯矩、剪力与载荷集度间的关系

梁的弯矩方程与剪力方程均可表示为横截面位置坐标 x 的函数。一般情况下，梁上不同截面的弯矩 M 和剪力 F_Q 是不同的。研究表明，横截面上的弯矩、剪力与作用于该截面的载荷集度之间存在一定的关系。

如图 16-12（a）所示，设梁上作用有任意载荷，坐标原点选在梁的左端截面形心处（即 A 处），建立平面坐标系，分布载荷以向上为正，载荷集度为 $q(x)$。

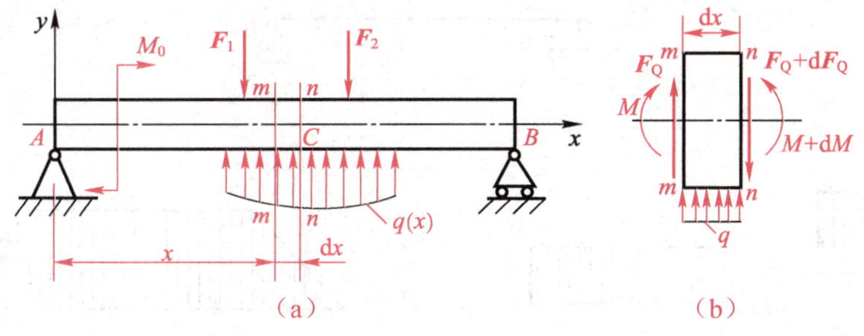

图 16-12

取距离点 A 为 x 处的横截面，并在该截面处截取微段 dx 进行分析，如图 16-12（b）所示。分布载荷在微段 dx 上可以看作是均匀分布的；左截面上作用有剪力 $F_Q(x)+dF_Q(x)$ 和弯矩 $M(x)+dM(x)$。根据平衡条件可得

$$\sum F_y=0$$

即

$$F_Q(x)-[F_Q(x)+dF_Q(x)]+q(x)dx=0 \tag{a}$$

$$\sum M_C(F)=0$$

即
$$M(x)+\mathrm{d}M(x)-M(x)-F_Q(x)\mathrm{d}x-q(x)\mathrm{d}x\frac{\mathrm{d}x}{2}=0 \tag{b}$$

将式（a）和式（b）略去二阶微量后，化简可得

$$\left.\begin{aligned}\frac{\mathrm{d}F_Q(x)}{\mathrm{d}x}&=q(x)\\ \frac{\mathrm{d}M(x)}{\mathrm{d}x}&=F_Q(x)\end{aligned}\right\}$$

即
$$\frac{\mathrm{d}^2M(x)}{\mathrm{d}x^2}=\frac{\mathrm{d}F_Q(x)}{\mathrm{d}x}=q(x) \tag{16-1}$$

式（16-1）表明了同一截面处弯矩 $M(x)$、剪力 $F_Q(x)$ 与载荷集度 $q(x)$ 三者之间的微分关系，因此被称为平衡微分方程。

16.5 纯弯曲正应力

梁在发生平面弯曲时，工程上可以近似地认为弯矩是由横截面上的正应力形成的，而剪力是由横截面上的切应力形成的。

如图 16-13（a）所示的简支梁 *AB* 上对称作用有两个集中载荷 *F*，则由该梁的剪力图（见图 16-13（b））和弯矩图（见图 16-13（c））可知，在梁的两端 *AC*，*BD* 上同时作用有剪力和弯矩，则这两段梁既产生弯曲变形，又产生剪切变形，这种变形形式称为剪切弯曲，也称为横力弯曲；在梁的中间段 *CD* 上只作用有弯矩而无剪力，则该梁段只产生弯曲变形，这种变形形式称为纯弯曲。

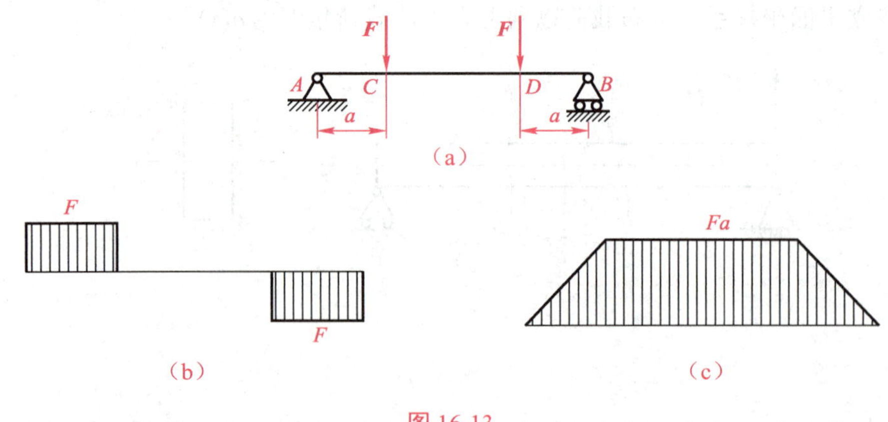

图 16-13

16.5.1 实验观察与假设

为了确定发生纯弯曲时梁的横截面上的正应力，需要进行纯弯曲实验。实验前，在梁

的侧面画上一些垂直于轴线的横向线和平行于轴线的纵向线，如图 16-14 所示；然后加载使梁发生纯弯曲变形。通过梁的纯弯曲实验可观察到以下现象。

（1）纵向线弯曲成圆弧：各纵向线的间距不变，靠近梁顶部凹面的纵向线缩短，靠近梁底部凸面的纵向线伸长。

（2）横向线仍为直线：横向线与纵向线正交，各横向线之间相对转过一个微小的角度。

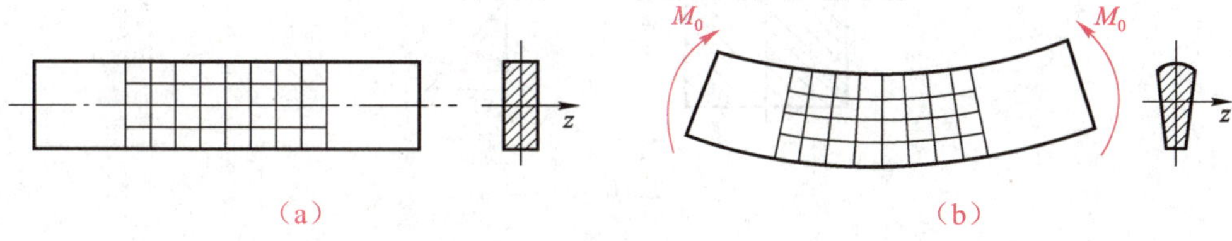

图 16-14

对上述实验结果进行分析、判断和推理，可以作出如下假设：梁发生弯曲变形时，其横截面在变形前后仍保持为平面，并且仍垂直于变形后的轴线，只是绕某轴转动了一个微小的角度。该假设称为弯曲变形的平面假设。

如果设想梁是由无数层纵向纤维组成的，则弯曲变形后，靠近顶部凹面的纤维受压缩短，靠近底部凸面的纤维受拉伸长。由于变形的连续性，从缩短层过渡到伸长层时，中间必定有一层纤维既不伸长也不缩短，这个长度不变的过渡层称为中性层，中性层与横截面的交线称为中性轴，如图 16-15 所示。中性轴与横截面对称轴垂直，并且通过横截面的形心。梁发生弯曲变形时，横截面便会绕中性轴转动一个微小角度。

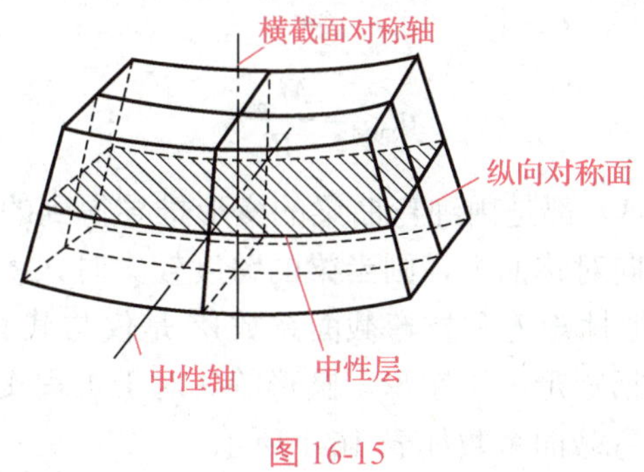

图 16-15

16.5.2 纯弯曲正应力的分布规律

由弯曲变形的平面假设可知，矩形截面梁发生纯弯曲变形时的应力分布有如下特点。

（1）中性轴上的线应变为零，所以其正应力亦为零。

（2）横截面上距中性轴距离相等的各点，其线应变相等。根据胡克定律可知，这些点上的正应力也相等。

（3）在图 16-16 所示的受力情况下，中性轴上部各点的正应力为负值（受压），中性轴下部各点的正应力为正值（受拉）。

（4）如图 16-16 所示，正应力沿 y 轴呈线性分布，即 $\sigma = Ky$，其中，K 为待定常数。正应力绝对值的最大值出现在距中性轴最远的上、下边缘处。

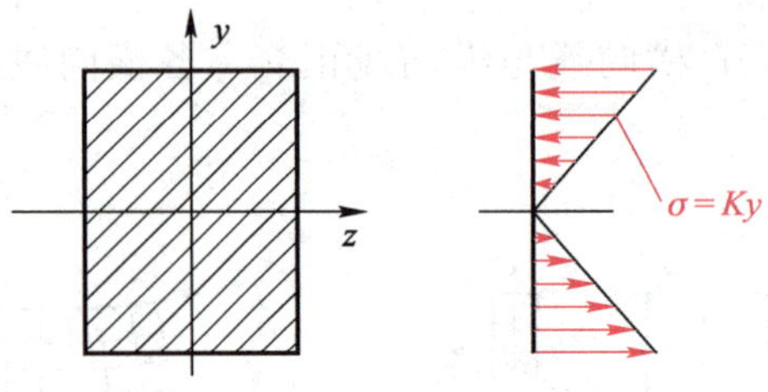

图 16-16

16.5.3　纯弯曲正应力的计算公式

根据推导证明可以得出，发生纯弯曲变形时横截面上正应力的计算公式为

$$\sigma = \frac{My}{I_z} \tag{16-2}$$

式中，σ 为横截面上距离中性轴为 y 的各点的正应力；M 为横截面上的弯矩；y 为所求点到中性轴的距离；I_z 为横截面对中性轴 z 的惯性矩，表示截面的几何性质，是一个仅与截面形状和尺寸有关的几何量，用来反映截面的抗弯能力，常用单位为 m^4 或 mm^4。

为了计算梁横截面上的最大正应力，可定义抗弯截面系数为 $W_z = I_z / y_{\max}$，则式（16-2）可以写为

$$\sigma_{\max} = \frac{M_{\max}}{W_z} \tag{16-3}$$

式（16-2）和式（16-3）都是由纯弯曲梁的变形推导得到的。对于具有纵向对称面的梁，只要载荷作用在其纵向对称面内，则当梁的跨度较大时，横截面上的最大正应力就可以根据式（16-3）计算。惯性矩 I_z 和抗弯截面系数 W_z 是仅与截面尺寸形状有关的几何量，而截面的基本几何形状包括矩形、工字形、圆形等。对于工程实践中常用的梁，其基本几何形状截面的惯性矩和抗弯截面系数如表 16-1 所示。

表 16-1　基本几何形状截面的惯性矩和抗弯截面系数

截面形状	惯性矩	抗弯截面系数
	$I_z = \frac{bh^3}{12}$ $I_y = \frac{hb^3}{12}$	$W_z = \frac{bh^2}{6}$

（续表）

截面形状	惯性矩	抗弯截面系数
矩形空心截面（B、b、H、h，C，z，y）	$I_z=\dfrac{BH^3-bh^3}{12}$ $I_y=\dfrac{HB^3-hb^3}{12}$	$W_z=\dfrac{BH^3-bh^3}{6H}$
工字形截面（b/2、b/2、h、H、B，C，z，y）	$I_z=\dfrac{BH^3-bh^3}{12}$	$W_z=\dfrac{BH^3-bh^3}{6H}$
实心圆截面（d，C，z，y）	$I_z=I_y=\dfrac{\pi d^4}{64}$	$W_z=\dfrac{\pi d^3}{32}$
空心圆截面（d、D，C，z，y）	$I_z=I_y=\dfrac{\pi D^4}{64}(1-\alpha^4)$ 其中，$\alpha=\dfrac{d}{D}$	$W_z=\dfrac{\pi D^3}{32}(1-\alpha^4)$ 其中，$\alpha=\dfrac{d}{D}$

16.5.4 正应力强度条件及其应用

在进行梁的强度计算时，应先确定梁的危险截面和危险点。一般情况下，对于等截面的直梁，其危险点在弯矩最大的截面上下边缘处，即最大正应力所在处。梁的弯曲正应力强度条件为

$$\sigma_{\max}=\frac{M_{\max}}{W_z}\leqslant[\sigma] \tag{16-4}$$

式中，$[\sigma]$为弯曲许用应力。

该公式适用于抗拉和抗压强度相同的材料。对于许用拉应力$[\sigma_t]$和许用压应力$[\sigma_c]$不同的脆性材料（如铸铁、陶瓷等），则要分别计算，即

$$\sigma_{t\max}\leqslant[\sigma_t]，\quad \sigma_{c\max}\leqslant[\sigma_c] \tag{16-5}$$

应用强度条件可以解决强度校核、截面设计以及确定许可载荷等问题。

例 16-4　简支梁 AB 的受力情况如图 16-17 所示，力 $F=27.5$ kN 作用于梁 AB 的中点，梁的抗弯截面系数 $W_z=1.5\times10^5\ \text{mm}^3$，弯曲许用应力 $[\sigma]=120$ MPa。试校核该梁的强度。

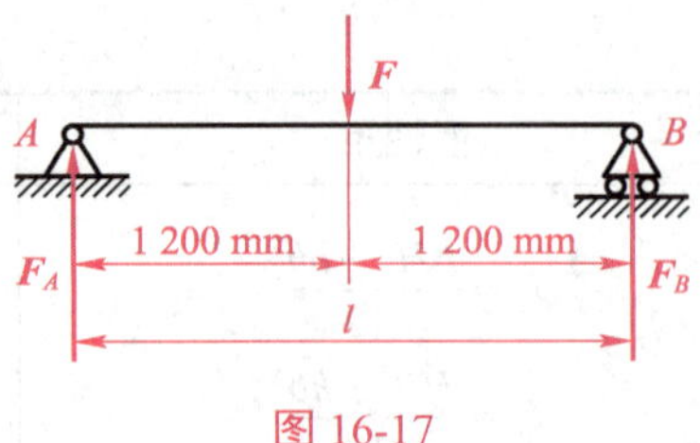

图 16-17

解：（1）求约束反力。由图 16-17 可知，梁 AB 的约束反力为

$$F_A = F_B = \frac{F}{2} = 13.75\ (\text{kN})$$

（2）确定梁的最大弯矩。由于简支梁 AB 的最大弯矩发生在集中力 F 作用处的横截面上，因此，梁的最大弯矩发生在 $l/2$ 处，其值为

$$M_{\max} = F_A \cdot \frac{l}{2} = 1.65 \times 10^7\ (\text{N} \cdot \text{mm})$$

（3）强度校核。梁的最大弯曲正应力为

$$\sigma_{\max} = \frac{M_{\max}}{W_z} = 110\ (\text{MPa}) \leqslant [\sigma]$$

因此，该梁满足强度条件。

例 16-5　如图 16-18（a）所示，圆截面简支梁 AB 的跨度 $l = 4\ \text{m}$，受到均布载荷 $q = 10\ \text{kN/m}$ 的作用，其弯曲许用应力 $[\sigma] = 140\ \text{MPa}$。试设计该梁的直径 D。

解：（1）求约束反力。梁的约束反力为

$$F_A = F_B = \frac{ql}{2} = 20\ (\text{kN})$$

（2）确定梁的最大弯矩。如图 16-18（b）所示，梁的最大弯矩发生在梁的跨度中点 C 处，其值为

$$M_{\max} = \frac{ql^2}{8} = 20\ (\text{kN} \cdot \text{m})$$

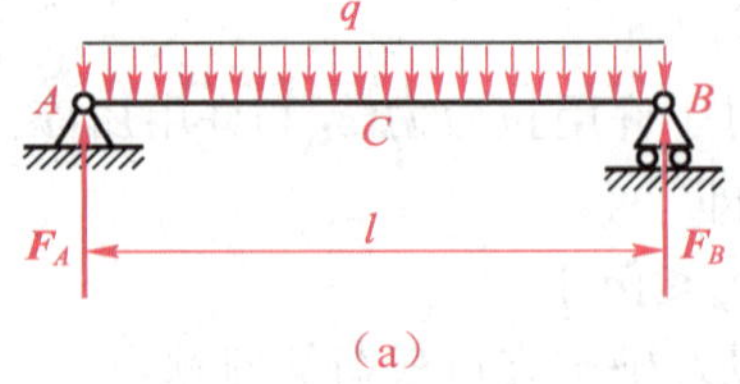

（a）

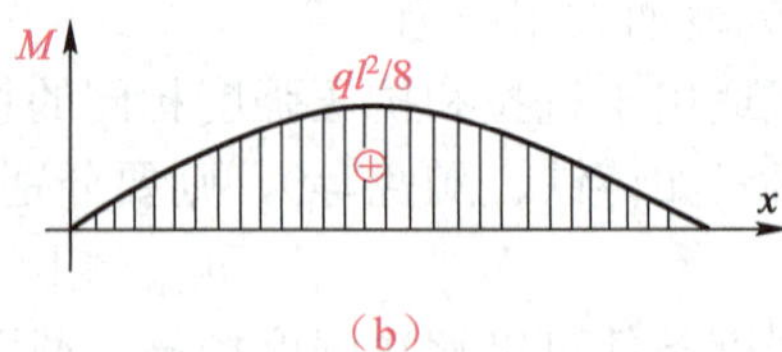

（b）

图 16-18

（3）截面设计。由强度条件

$$\sigma_{\max} = \frac{M_{\max}}{W_z} \leqslant [\sigma]$$

可以得出

$$W_z = \frac{\pi D^3}{32} \geqslant \frac{M_{\max}}{[\sigma]}$$

从而得到

$$D \geqslant \sqrt[3]{\frac{32M_{\max}}{\pi[\sigma]}} \approx 113.3\,(\text{mm})$$

因此，该梁的直径可以取 $D = 114\ \text{mm}$。

例 16-6　如图 16-19（a）所示为一个圆截面阶梯轴简支梁，该梁承受均布载荷 $q = 1\,000\ \text{kN/m}$ 的作用，其弯曲许用应力 $[\sigma] = 140\ \text{MPa}$，直径 $d_1 = 330\ \text{mm}$，$d_2 = 250\ \text{mm}$。试校核该梁的强度。

解:（1）求约束反力。梁的约束反力为

$$F_A = F_B = \frac{ql}{2} = 700\,(\text{kN})$$

（2）确定弯矩。梁的弯矩图如图 16-19（b）所示，最大弯矩发生在 CD 段中点处，A，B，C，D 各点的弯矩及最大弯矩分别为

$$M_A = M_B = 0$$

$$M_C = M_D = F_A \cdot l_{AC} = 210\,(\text{kN} \cdot \text{m})$$

$$M_{\max} = M_C + \frac{ql_{CD}^2}{8} = 455\,(\text{kN} \cdot \text{m})$$

（3）强度校核。由于最大弯矩在 CD 段上，而最小截面在 AC，DB 段上，故应分别对各段进行校核。对 AC，DB 段

$$\sigma_{\max} = \frac{M_C}{W_z} = \frac{210 \times 10^3}{\pi \times (0.25)^3 / 32} \approx 137\,(\text{MPa}) \leqslant [\sigma]$$

对 CD 段

$$\sigma_{\max} = \frac{M_{\max}}{W_z} = \frac{455 \times 10^3}{\pi \times (0.33)^3 / 32} \approx 129\,(\text{MPa}) \leqslant [\sigma]$$

因此，该梁满足强度要求。

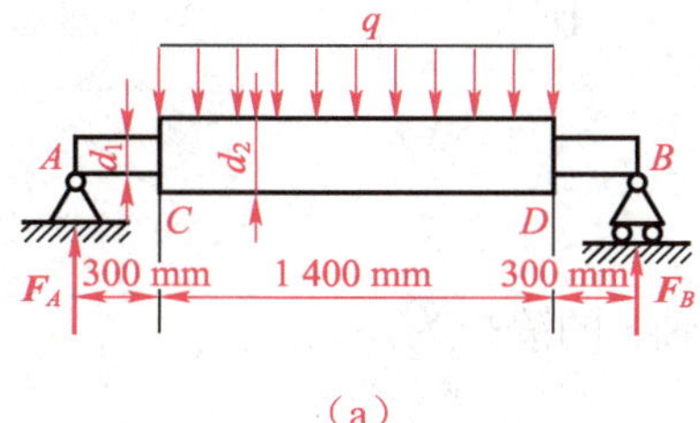

（a）

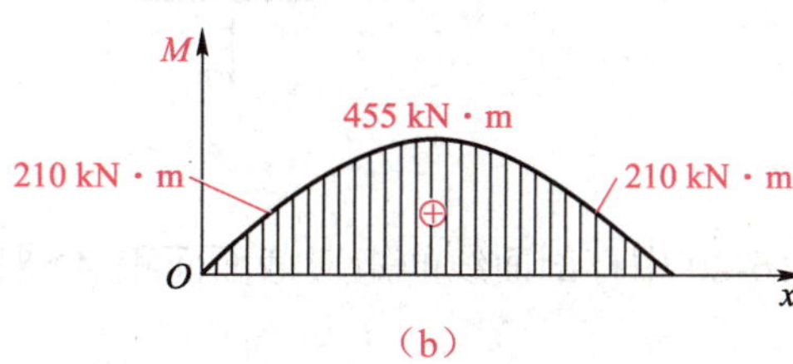

（b）

图 16-19

16.6 弯曲切应力简介

梁在发生横力弯曲时，其横截面上还存在一定的切应力。一般情况下，对于跨度较大的梁，其切应力对强度的影响不大，但对于短梁、载荷靠近支座的梁以及腹板较薄的组合截面梁，则应考虑切应力的影响。

16.6.1 矩形截面梁横截面上的切应力

通常梁横截面上的切应力不是均匀分布的，对于矩形截面梁横截面上的切应力，可做如下假设。

（1）横截面上各点的切应力方向和剪力 F_Q 的方向一致。

（2）切应力的大小与距中性轴 z 的距离 y 有关，而与截面宽度 b 无关。

如图 16-20 所示，当矩形截面梁横截面的高度 h 大于宽度 b 时，上述假设基本符合实际情况。据此可以推导出矩形截面梁发生横力弯曲时横截面上任意一点切应力 $\tau(y)$ 的计算公式为

$$\tau(y)=F_Q S^*/bI_z \tag{16-6}$$

式中，F_Q 为横截面上的剪力；S^* 为图中打剖面线的矩形截面面积 A^* 对中性轴 z 的静矩；I_z 为整个截面对中性轴 z 的惯性矩；b 为矩形截面宽度。

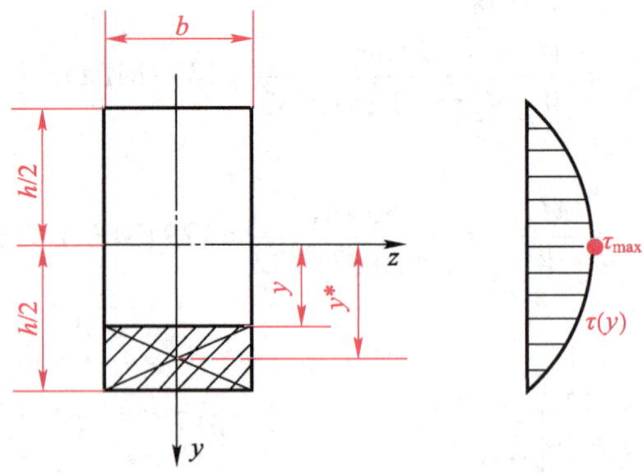

图 16-20

图 16-20 中打剖面线的矩形截面面积 A^* 对中性轴 z 的静矩为

$$S^*=\int_{A^*}A^*\mathrm{d}A=\int_{y}^{h/2}y^*\cdot b\cdot \mathrm{d}y^*=\frac{b}{2}\left(\frac{h^2}{4}-y^2\right)$$

式中，y^* 为面积 A^* 的形心坐标，用绝对值代入。

这说明，切应力分布与中性轴 z 对称，即

$$\tau(y)=\tau(-y)$$

将 S^* 代入式（16-6）可得

$$\tau(y)=\frac{F_Q}{2I_z}\left(\frac{h^2}{4}-y^2\right) \tag{16-7}$$

式（16-7）表明梁在横截面上的切应力分布为一条二次曲线，中性轴上切应力最大，上、下边缘处切应力为零。

16.6.2 横截面上的最大切应力公式

由式（16-7）可知，对于矩形截面梁，其惯性矩为 $I_z=\frac{bh^3}{12}$，在 $y=0$ 处，S^* 最大，即横截面上最大切应力发生在中性轴上，所以最大切应力为

$$\tau_{max}=3F_Q/2A$$

式中，A 为矩形截面梁的横截面面积，且 $A=hb$。

同样，工字形截面梁、圆形截面梁和圆环形截面梁的最大切应力也发生在各自的中性轴上。对于工字形截面梁，$\tau_{max}=F_Q/A$（A 为腹板面积）；对于圆形截面梁，$\tau_{max}=4F_Q/3A$（A 为横截面面积）；对于圆环形截面梁，$\tau_{max}=2F_Q/A$（A 为横截面面积）。

16.7 梁的弯曲变形及刚度条件

一般情况下，梁不仅要满足一定的强度条件，还要满足一定的刚度条件。也就是说，梁的变形不能超过规定的许可范围，否则就会影响其正常工作。如图 16-21 所示，桥式起重机在起吊重物时，若大梁弯曲变形过大，则小车行驶时就会比较困难，而且有可能发生振动。因此，研究梁的弯曲变形是十分必要的。

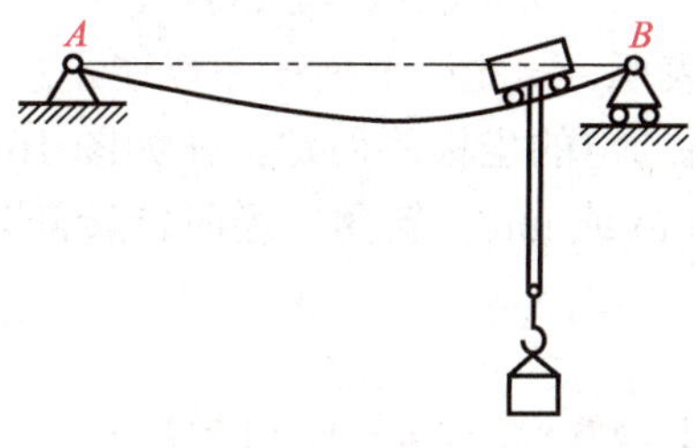

图 16-21

16.7.1 挠度和转角

如图 16-22 所示，设悬臂梁 AB 在其自由端 B 处作用有一个集中力 $\boldsymbol{F}$。弯曲变形前，轴线 AB 为一条直线；弯曲变形后，轴线 AB 在梁的纵向对称平面内变成一条连续且光滑的曲线 AB_1，此曲线称为梁的挠曲线。

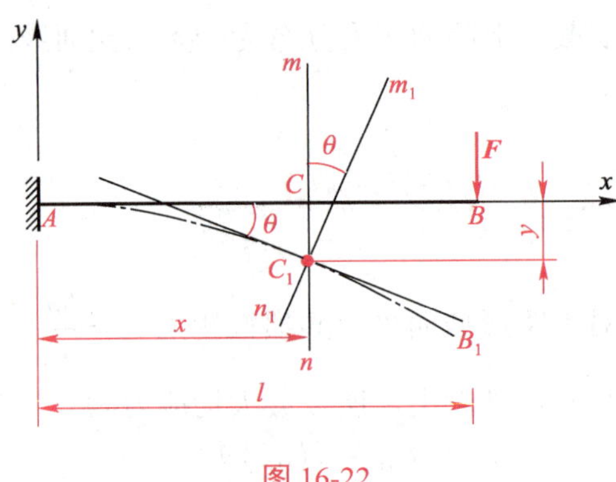

图 16-22

选取直角坐标系，令 x 轴与梁变形前的轴线重合，y 轴垂直向上，则 xy 平面就是梁的纵向对称平面，于是梁的挠曲线可以表示为

$$y = f(x) \tag{16-8}$$

式（16-8）称为梁的挠曲线方程。

当梁在 xy 平面内发生弯曲变形时，梁的各横截面都将在该平面内发生线位移和角位移。现选取距左端为 x 处的横截面，随着梁的弯曲变形，该横截面的形心 C 既有垂直方向的位移，又有水平方向的位移。但在小变形条件下，水平方向的位移很小，可以忽略不计。因此可以近似地认为，横截面的形心 C 只在垂直方向有线位移 CC_1，此线位移就称为该横截面的挠度，用 y 表示。梁在发生弯曲变形时，该横截面还会绕中性轴转动而产生角位移，此角位移称为该横截面的转角，用 θ 表示。过点 C_1 作一条切线，切线的倾角就等于横截面的转角，由于转角 θ 很小，因此有

$$\theta \approx \tan\theta = f'(x) \tag{16-9}$$

式（16-9）称为转角方程。它表明，**挠曲线上任意一点切线的斜率等于该点横截面的转角**。

挠度和转角的正负，随所选定的坐标系而定。在如图 16-22 所示的坐标系中，挠度以向上为正，向下为负，单位为 m 或 mm；转角以逆时针转向为正，顺时针转向为负，单位为 rad。

16.7.2 梁的挠曲线近似微分方程及其积分

根据推导证明可以得出，挠曲线的近似微分方程为

$$\frac{\mathrm{d}^2 y}{\mathrm{d}x^2} = \frac{M}{EI} \tag{16-10}$$

式中，M 为梁的弯矩；EI 为弯曲刚度。

该方程是研究弯曲变形的基本方程。对该挠曲线近似微分方程进行积分，即可得到转角方程和挠度方程。

转角方程
$$\theta=\frac{\mathrm{d}y}{\mathrm{d}x}=\frac{1}{EI}\int M(x)\mathrm{d}x+C \tag{16-11}$$

挠度方程
$$y=\frac{1}{EI}\int\left[\int M(x)\mathrm{d}x\right]\mathrm{d}x+Cx+D \tag{16-12}$$

以上两式中，C 和 D 为积分常数，可以根据弯曲变形的边界条件和光滑连续条件确定。例如，在固定端约束处，挠度和转角均为零；铰约束处，挠度为零；梁弯曲变形时，左、右对称截面的挠度和转角相等。

例 16-7 试求如图 16-23 所示的悬臂梁自由端的转角和挠度。

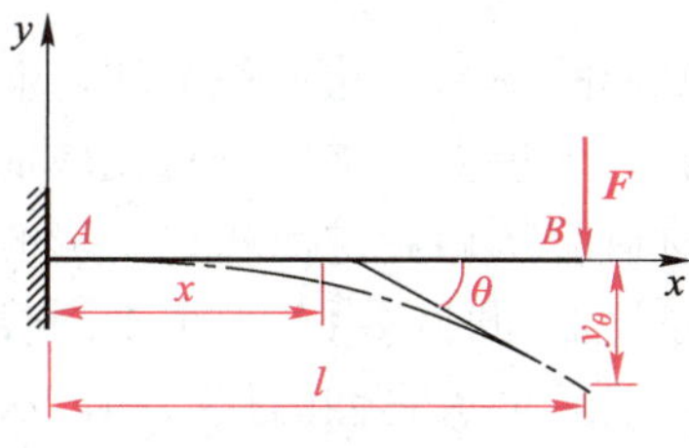

图 16-23

解：（1）建立坐标系，列出弯矩方程，即

$$M(x)=-F(l-x)$$

（2）建立挠曲线近似微分方程为

$$\frac{\mathrm{d}^2y}{\mathrm{d}x^2}=-\frac{F(l-x)}{EI}$$

一次积分得

$$\theta=\frac{\mathrm{d}y}{\mathrm{d}x}=\frac{1}{EI}\left(\frac{F}{2}x^2-Flx+C\right)$$

二次积分得

$$y=\frac{1}{EI}\left(\frac{F}{6}x^3-\frac{Fl}{2}x^2+Cx+D\right)$$

（3）确定积分常数。由于固定端约束处，挠度和转角均为零，即 $x=0$ 时，$\theta=0$，$y=0$，于是解得

$$C=0，D=0$$

因此，转角方程为

$$\theta(x)=\frac{1}{EI}\left(\frac{F}{2}x^2-Flx\right)$$

挠度方程为

$$y(x)=\frac{1}{EI}\left(\frac{F}{6}x^3-\frac{Fl}{2}x^2\right)$$

（4）求自由端 B 的转角和挠度。将 $x=l$ 代入转角方程和挠度方程，可以得出

$$\theta_B=-\frac{Fl^2}{2EI}$$

$$y_B=-\frac{Fl^3}{3EI}$$

计算结果均为负数，说明转角方向为顺时针，挠度方向为向下。

16.7.3 用叠加法求弯曲变形

由上述讨论可知，求解梁变形的基本方法是积分法，但是在载荷复杂的情况下，其计算过程相当烦琐。为了方便计算，工程上常采用一种比较简便的计算方法——叠加法。

叠加法的基本思想是：在材料服从胡克定律和小变形的条件下，梁的挠度和转角均与梁的载荷呈线性关系。因此，当梁上同时作用若干个不同载荷时，可以先分别求出各个载荷单独作用下梁的挠度和转角，然后再求它们的代数和，从而得到这些载荷共同作用时梁的挠度和转角。

表 16-2 列出了梁在某些简单载荷作用下的变形情况，以便利用叠加法求梁的变形时直接查用。

表 16-2　梁在某些简单载荷作用下的变形情况

序号	梁的简图	挠曲线方程	转角和挠度
1	A B M θB yB l	$y=-\frac{Mx^2}{2EI_z}$	$\theta_B=-\frac{Ml}{EI_z}$ $y_B=-\frac{Ml^2}{2EI_z}$
2	A F θB B yB l	$y=-\frac{Fx^2}{6EI_z}(3l-x)$	$\theta_B=-\frac{Fl^2}{2EI_z}$ $y_B=-\frac{Fl^3}{3EI_z}$
3	A F θB B yB a l	$y=-\frac{Fx^2}{6EI_z}(3a-x)$ $(0\leqslant x\leqslant a)$ $y=-\frac{Fa^2}{6EI_z}(3x-a)$ $(a\leqslant x\leqslant l)$	$\theta_B=-\frac{Fa^2}{2EI_z}$ $y_B=-\frac{Fa^2}{6EI_z}(3l-a)$

（续表）

序号	梁的简图	挠曲线方程	转角和挠度
4		$y=-\dfrac{qx^2(x^2-4lx+6l^2)}{24EI_z}$	$\theta_B=-\dfrac{ql^3}{6EI_z}$ $y_B=-\dfrac{ql^4}{8EI_z}$
5		$y=-\dfrac{Mx(l-x)(2l-x)}{6EI_z l}$	$\theta_A=-\dfrac{Ml}{3EI_z}$ $\theta_B=\dfrac{Ml}{6EI_z}$ $y_{\frac{l}{2}}=-\dfrac{Ml^2}{16EI_z}$
6		$y=-\dfrac{Mx(l^2-x^2)}{6EI_z l}$	$\theta_A=-\dfrac{Ml}{6EI_z}$ $\theta_B=\dfrac{Ml}{3EI_z}$ $y_{\frac{l}{2}}=-\dfrac{Ml^2}{16EI_z}$
7		$y=\dfrac{Fx}{48EI_z}(3l^2-4x^2)$ $(0\leqslant x\leqslant\dfrac{l}{2})$	$\theta_A=-\theta_B=-\dfrac{Fl^2}{16EI_z}$ $y_{\frac{l}{2}}=-\dfrac{Fl^3}{48EI_z}$
8		$y=-\dfrac{Fbx\,(l^2-x^2-b^2)}{6EI_z l}$ $(0\leqslant x\leqslant a)$ $y=-\dfrac{Fb\left[\dfrac{1}{b}(x-a)^3+(l^2-b^2)x-x^3\right]}{6EI_z l}$ $(a\leqslant x\leqslant l)$	$\theta_A=-\dfrac{Fab(l+b)}{6EI_z l}$ $\theta_B=\dfrac{Fab(l+a)}{6EI_z l}$ $y_{\frac{l}{2}}=-\dfrac{Fb(3l^2-4b^2)}{48EI_z}$
9		$y=-\dfrac{qx(l^3-2lx^2+x^3)}{24EI_z}$	$\theta_A=-\theta_B=-\dfrac{ql^3}{24EI_z}$ $y_{\frac{l}{2}}=-\dfrac{5ql^4}{384EI_z}$

例 16-8 如图 16-24（a）所示，弯曲刚度为 EI 的简支梁 AB 受载荷作用。试求该梁跨度中点 C 的挠度 y_C 和支座 A，B 处横截面的转角 θ_A 和 θ_B。

解： 梁 AB 上的载荷可分解成两种简单的载荷，如图 16-24（b）和图 16-24（c）所示。从表 16-2 中可以查到这两种载荷分别作用时梁的变形情况，然后利用叠加法求出挠度和转角，即

$$y_C = y_{Cq} + y_{CM} = -\frac{5ql^4}{384EI} - \frac{M_e l^2}{16EI} = -\frac{5ql^4 + 24M_e l^2}{384EI}$$

$$\theta_A = \theta_{Aq} + \theta_{AM} = -\frac{ql^3}{24EI} - \frac{M_e l}{3EI} = -\frac{ql^3 + 8M_e l}{24EI}$$

$$\theta_B = \theta_{Bq} + \theta_{BM} = \frac{ql^3}{24EI} + \frac{M_e l}{6EI} = \frac{ql^3 + 4M_e l}{24EI}$$

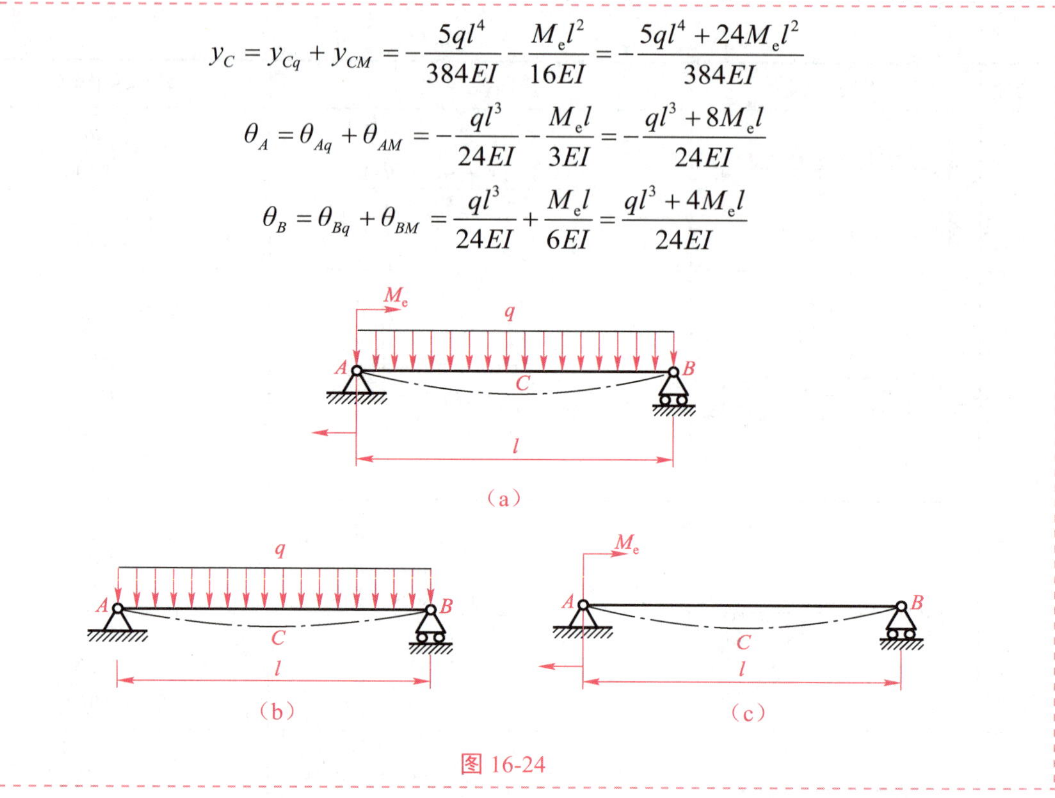

图 16-24

16.7.4　梁弯曲变形的刚度条件

在工程设计中，通常先根据强度条件选择梁的截面尺寸，然后再对梁进行刚度校核。校核梁刚度条件的目的是控制梁的弯曲变形，必须使梁的最大挠度或最大转角在规定的许可范围之内。

梁的刚度条件为

$$y_{\max} \leqslant [y] \tag{16-13}$$

$$\theta_{\max} \leqslant [\theta] \tag{16-14}$$

式中，$[y]$ 和 $[\theta]$ 分别为许用挠度和许用转角，其具体规定可参考有关设计手册。

16.8　梁的合理设计

在工程实际中，为了提高梁的弯曲强度，往往需要采取一些措施。由于影响梁弯曲强度的主要因素是弯曲正应力，而弯曲正应力的强度条件为

$$\sigma_{\max} = \frac{M_{\max}}{W_z} \leqslant [\sigma]$$

因此，要提高梁的弯曲强度，可以从以下两个方面考虑。

（1）合理设计梁的受力情况以降低最大弯矩 $M_{\max}$。

（2）合理选择截面形状以提高抗弯截面系数 W_z。

16.8.1 合理设计梁的受力情况

通过合理设计梁的受力情况，降低梁内最大弯矩 $M_{\max}$，减小弯曲正应力，可以有效提高梁的弯曲强度。

为了提高梁的弯曲强度，应合理布置梁的支座。如图 16-25（a）所示，简支梁受到均布载荷 q 的作用，梁内最大弯矩为 $M_{\max}=0.125ql^2$。如图 16-25（b）所示，若将两端支座均向内移动 $0.2l$，则最大弯矩为 $M_{\max}=0.025ql^2$，此时最大弯矩仅为之前的 1/5。由此可见，合理布置梁的支座可以有效降低梁的最大弯矩 $M_{\max}$。

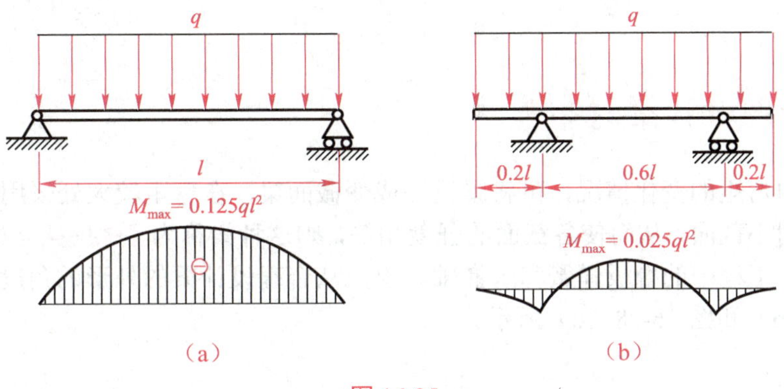

图 16-25

此外，合理布置梁的载荷，也可以有效降低梁的最大弯矩 $M_{\max}$。如图 16-26（a）所示，简支梁在跨度中点受到集中载荷 $\boldsymbol{F}$ 的作用，梁内最大弯矩为 $M_{\max}=0.25Fl$。如图 16-26（b）所示，若使集中载荷 $\boldsymbol{F}$ 通过辅梁后再作用在梁上，则梁的最大弯矩下降为 $M_{\max}=0.125Fl$，此时最大弯矩仅为之前的一半。

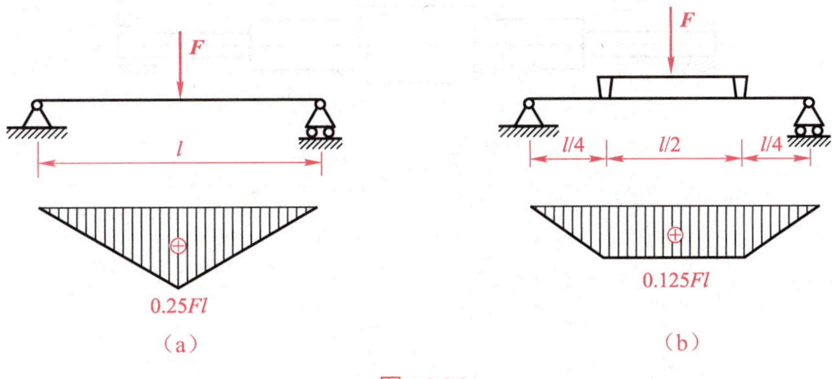

图 16-26

16.8.2 合理选择梁的截面形状

合理选择梁的截面形状，能够通过最少的材料获得最大的抗弯截面系数W_z。如图 16-27 所示，就矩形截面梁而言，若截面尺寸$h>b$，竖放时，$W_{z1}=bh^2/6$；横放时，$W_{z2}=b^2h/6$；两者之比$W_{z1}/W_{z2}=h/b>1$。在这种情况下，竖放比横放具有更高的抗弯强度，更为合理。因此，房屋和桥梁等建筑物中的矩形截面梁一般都是竖放。

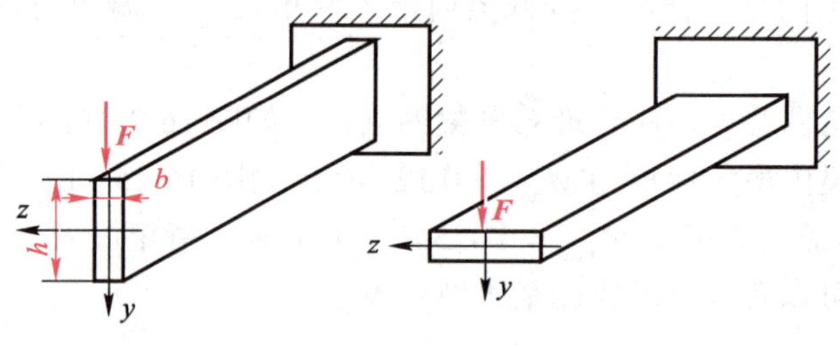

图 16-27

16.8.3 合理设计梁的外形

根据梁内弯矩的变化情况，可将梁设计成变截面梁，在弯矩较大处采用大截面，在弯矩较小处采用小截面，从而使各截面的强度相等，则这种梁称为等强度梁，如图 16-28（a）所示。此外，工程中的叠板弹簧和阶梯轴，也是从合理设计梁的外形的角度进行考虑的，如图 16-28（b）和图 16-28（c）所示。

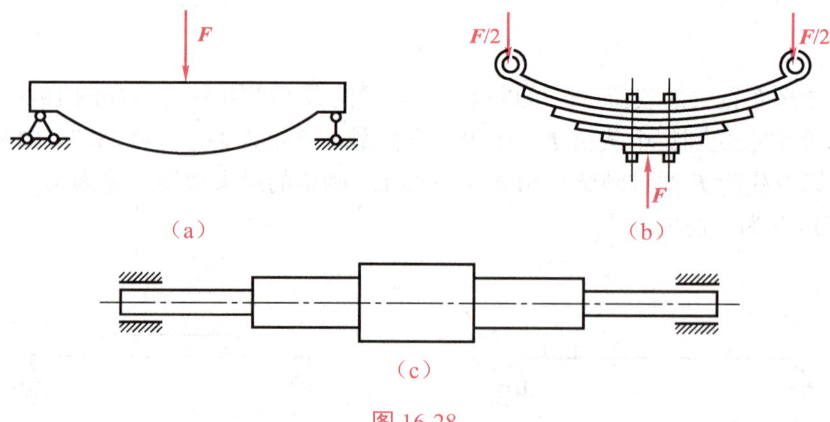

图 16-28

素质启慧园

《清明上河图》中的虹桥

提到《清明上河图》，很多人都能说出个大概，五米多长的画卷中，在熙熙攘攘的闹市，一座木结构拱桥连接着汴水两岸，桥上商铺林立，车马络绎不绝。但是，若要问这幅画最精彩的地方在哪里，恐怕就不那么容易回答了。

《清明上河图》中横跨汴水两岸的木结构飞桥，是全画的“画眼”。因为这座木桥，不仅浓缩了当时汴京城的繁华，也代表着我国古桥梁建筑史上一个辉煌的顶点。《东京梦华录》记载：“其桥无柱，皆以巨木虚架，饰以撇，宛如飞虹。”因此，该木结构飞桥又称虹桥。

1953 年，《清明上河图》历史上首次对公众展出，桥梁学家唐寰澄先生注意到了画中的“汴水虹桥”，他认为那不是一般古画中的石拱桥和木板桥，而是一座轻巧美丽的木拱桥，并先后名之为“叠梁拱桥”和“贯木拱桥”。

据说叠梁拱由北宋仁宗时期青州的一个牢城废卒发明。北宋初年，汴河上架设的为柱梁桥，由于漕运繁忙，满载货物的大船易与桥梁相撞，船毁桥塌的状况时有发生。石拱桥跨度足够大，但建造耗时费工，汴河作为朝廷生命线，漕运耽误不得，叠梁拱的发明完美地解决了问题。

对于简支梁而言，随着跨度的增加，其弯矩呈二次方增加，所以提高梁承重能力最有效的办法就是增大截面高度或者增加支座形成连续梁。但是，在没有精密量尺和结构力学理论做后盾的古代，搭建一架虹桥，从择址、定位、选料、开工、建造到完工，无数烦琐的工序全凭工匠的眼力和经验判断。而且古代建筑材料和施工条件十分有限，没有钢筋水泥，这么多木材的钻孔、木榫的衔接、整座桥的弧度，都必须有严格的精度控制。因此，虹桥很好地体现出了我国古人的伟大智慧。

（资料来源：https://www.sohu.com/a/243104189_278208，有改动）

本章小结

1. 平面弯曲时梁的内力

（1）利用截面法计算梁弯曲时横截面上的内力——剪力 F_Q 和弯矩 M。

（2）根据剪力方程和弯矩方程，绘制剪力图和弯矩图。

2. 纯弯曲时梁横截面上的正应力

（1）纯弯曲时，梁横截面上正应力的计算公式为

$$\sigma = \frac{My}{I_z}$$

该式表明，正应力沿 y 轴呈线性分布；最大正应力的绝对值出现在离中性轴最远的上、下边缘处。

（2）纯弯曲时，梁横截面上的最大正应力为

$$\sigma_{\max} = \frac{M_{\max}}{W_z}$$

3. 梁弯曲正应力的强度条件

梁弯曲正应力的强度条件为

$$\sigma_{\max} = \frac{M_{\max}}{W_z} \leqslant [\sigma]$$

应用该强度条件可以解决强度校核、截面设计及许可载荷计算等问题。

4. 梁的弯曲变形及刚度条件

（1）挠度 y 和转角 θ 是度量梁弯曲变形的两个基本量。

（2）挠曲线近似微分方程式为

$$\frac{\mathrm{d}^2 y}{\mathrm{d}x^2} = \frac{M}{EI}$$

（3）可以通过积分法和叠加法计算梁的弯曲变形。

（4）梁弯曲变形的刚度条件为

$$y_{\max} \leqslant [y]，\quad \theta_{\max} \leqslant [\theta]$$

思考题

16-1　什么情况下，梁会发生平面弯曲？

16-2　梁的剪力和弯矩是什么？如何计算？如何根据剪力方程和弯矩方程，绘制剪力图和弯矩图？

16-3　在求某截面的剪力和弯矩时，选取左段或右段为研究对象时的计算结果相同吗？为什么？如何解决这一矛盾？

16-4　弯曲正应力的计算公式是什么？其适用范围是什么？

16-5　最大弯曲正应力的计算公式是什么？

16-6　最大弯曲正应力是否一定对应弯矩最大的截面位置？为什么？

16-7　如何度量梁的弯曲变形？

16-8　在用积分法求弯曲变形时，如何确定积分常数？

16-9　什么是挠度曲线？什么是挠度？什么是转角？它们之间有何关系？

16-10　梁的弯曲强度条件和刚度条件分别是什么？

练习题

题 16-1　如图 16-29 所示，画出各梁的剪力图和弯矩图。

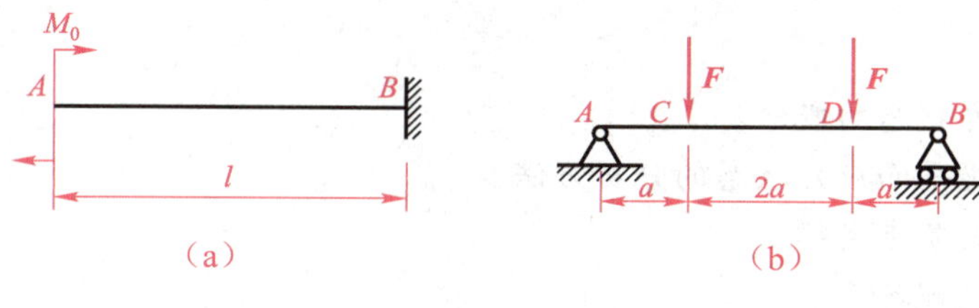

图 16-29

题 16-2　简支梁 *AB* 的受力情况如图 16-30 所示，已知 ***F***，*l*。试求该梁的剪力方程和弯矩方程，并绘制剪力图和弯矩图。

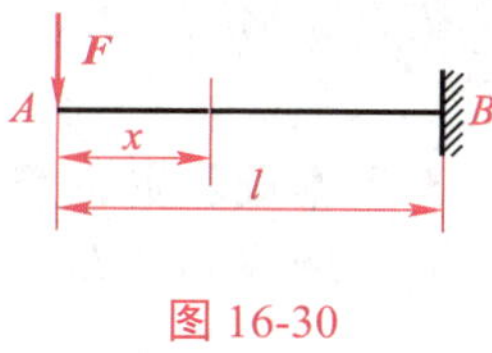

图 16-30

题 16-3　简支梁 *AB* 的受力情况如图 16-31 所示，已知集中载荷 $F=150\ \mathrm{kN}$，梁的抗弯截面系数 $W_z=2\,342\ \mathrm{cm}^3$。试求该梁危险截面上的最大正应力 $\sigma_{\max}$。

题 16-4　简支梁 *AB* 的受力情况如图 16-32 所示，已知 ***F***，*a*。试绘制该梁的剪力图和弯矩图。

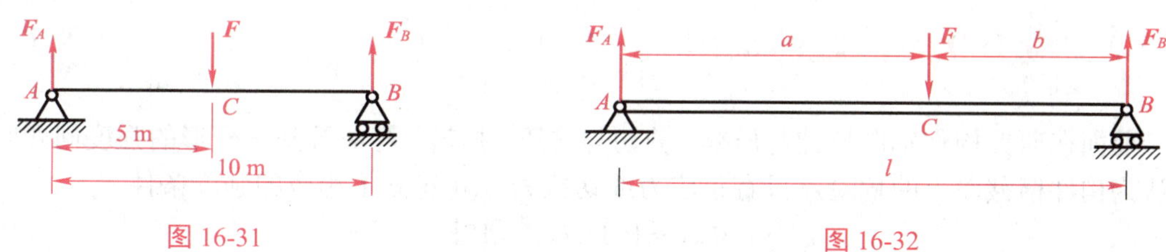

图 16-31　　　图 16-32

题 16-5　如图 16-33 所示，等直悬臂梁 *AB* 的抗弯刚度为 *EI*。试用叠加法求自由端 *B* 的转角和挠度。

题 16-6　如图 16-34 所示，简支梁 *AB* 受到均布载荷的作用。试用积分法计算支座 *A*，*B* 处的转角和梁的最大挠度。

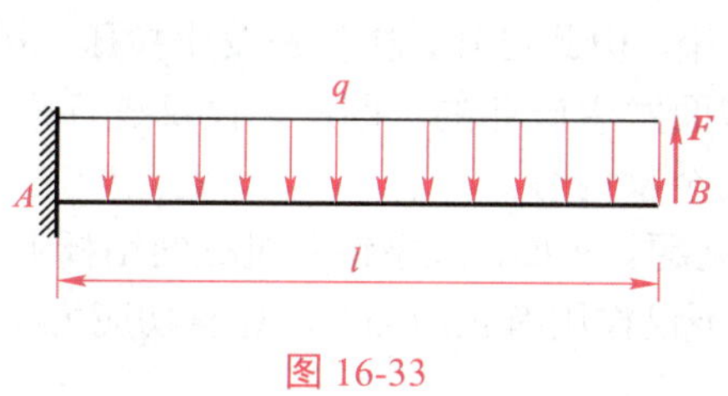

图 16-33

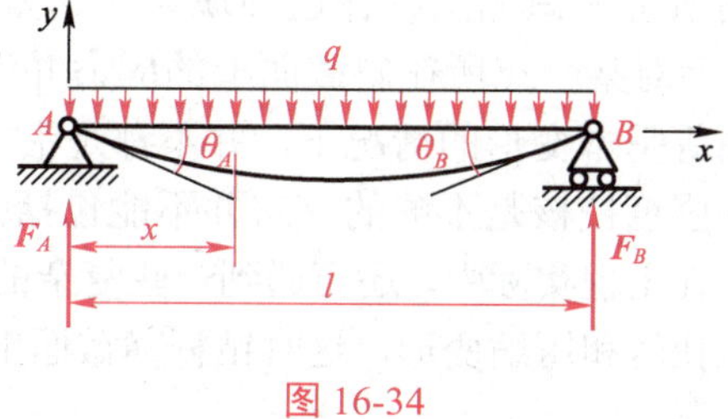

图 16-34

第 17 章 应力状态与强度理论

学习目标

- 了解应力状态的概念。
- 熟练掌握平面应力状态的分析方法。
- 了解广义胡克定律。
- 了解强度理论。

素质目标

★ 养成扎实、严谨、细致的工作作风。
★ 增强知行合一、学以致用的实践意识。

17.1 应力状态的概念

17.1.1 应力状态问题的提出

前面在研究构件轴向拉伸与压缩、剪切与挤压、扭转、弯曲等基本变形的强度问题时，均认为构件横截面上的危险点只有正应力或切应力，并建立了相应的强度条件

$$\sigma_{max} \leqslant [\sigma]，\tau_{max} \leqslant [\tau]$$

而且认为只要满足以上两个条件，则杆件在强度方面即为安全的。但在工程实际中，有些杆件在满足上述强度条件后，仍有被破坏的可能性。

例如，铸铁进行压缩试验时，在横截面具有足够受压强度的条件下，随着载荷逐渐增大，在与轴线的夹角为 35°～39°（理论上应为 45°）的斜截面上发生了破坏现象，而运用前面所讲知识无法解释这种现象。这是由于前面章节中只研究了构件横截面上各点的应力，而对某一点所在斜截面上的应力并没有进行讨论。由此可知，构件在发生拉压、扭转、弯曲等基本变形的情况下，并不都是沿构件的横截面发生破坏的。因此，仅仅进行横截面上的强度校核是不够的，它并不能包括强度校核的全部内容。

在工程实际中，还会遇到一些复杂的强度校核问题。例如，大型钻井机械的钻杆上同时存在扭转和压缩变形，这时钻杆横截面上的危险点不仅作用有正应力 σ，还有切应力 τ。对

于这类构件，实践证明，应用上述强度条件分别对正应力和切应力进行强度校核将会导致错误的结果。横截面上的正应力和切应力并不是单独对构件起作用，而是相互联系的。因此，必须研究受力构件内部的点在所有斜截面上应力分布情况的总和，即研究点的应力状态。

17.1.2　应力状态的研究方法

1. 点的应力状态

由前面的分析可知，当圆柱发生扭转变形时，其截面上各点的切应力随点到截面形心距离的变化而变化；当直梁发生弯曲变形时，各点的正应力 σ 和切应力 τ 随点到中心轴距离的变化而变化；当直杆发生轴向拉伸和压缩变形时，通过各点不同方位斜截面上的正应力 σ 和切应力 τ 随斜截面与轴线夹角的变化而变化。由此可见，应力在截面上不是均匀分布的，而是逐点变化的。

过构件内一点有无数个方位不同的截面。如图 17-1（a）所示，过点 k 有 m-n，p-q，r-s 等截面；如图 17-1（b）所示，同一点各个不同方位截面上应力的大小和方向随截面方位角的不同而变化。

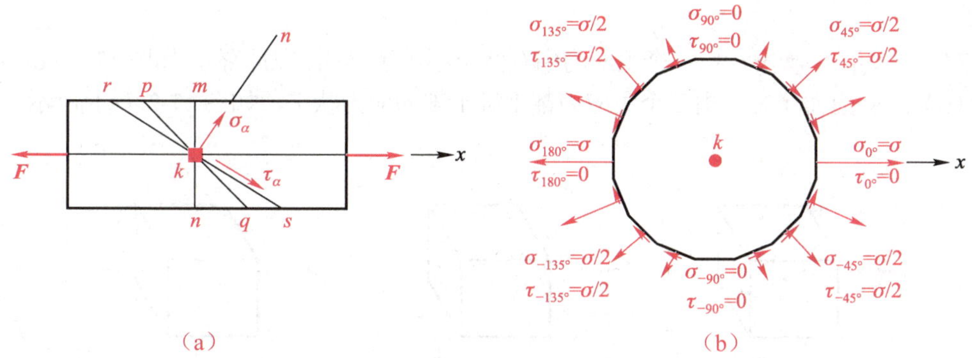

图 17-1

为此，在研究某一斜截面（包括横截面）上的应力时，应根据该截面上出现的最大正应力和最大切应力来建立相应的强度条件，以便进行强度校核。

2. 单元体的应力状态

由于构件内的应力分布一般是不均匀的，所以在分析各个不同方位截面上的应力时，不宜截取构件的整个截面来研究，而应在构件中的危险点处截取一个微小的正六面体（即单元体）进行分析，以此来代表一点的应力状态。单元体是指围绕一点用相互垂直的三对平行平面截取的边长无穷小的正六面体。

如图 17-1（a）所示的单元体是用一对垂直于杆件轴线的横截面、一对平行于杆件轴线的水平面和一对平行于对称面的平面截取的。由于单元体的边长为无穷小，因此，可以作出以下两点假设。

（1）单元体各个面上的应力是均匀分布的。

（2）单元体任意两个平行平面上应力的大小和性质完全相同。

当单元体中相互垂直的三对平行平面上的应力已知时，便可利用截面法，由静力平衡条件求出过该点任意斜截面上的应力，于是便确定了该点的应力状态。

17.1.3　主平面和主应力

如图 17-1（b）所示，在 $\alpha=0°$，90°，180°，270°时，单元体平面上的切应力都为零。这种单元体上切应力等于零的平面称为主平面，主平面上的应力称为主应力。

一般来说，对于受力构件上的任意一点，都可以找到相互垂直的三对主平面。因而，每一点都有三个主应力，根据其代数值的大小顺序分别用 σ_1，σ_2，σ_3 表示，即 $\sigma_1 \geqslant \sigma_2 \geqslant \sigma_3$。

17.1.4　应力状态的分类

根据单元体上不为零的主应力个数的不同，可将点的应力状态分为单向应力状态、二向应力状态和三向应力状态三种。

（1）单向应力状态：指三个主应力中只有一个不等于零的应力状态，如图 17-2（a）所示。

（2）二向应力状态：指三个主应力中有两个不等于零的应力状态，如图 17-2（b）所示。

（3）三向应力状态：指三个主应力都不等于零的应力状态，如图 17-2（c）所示。

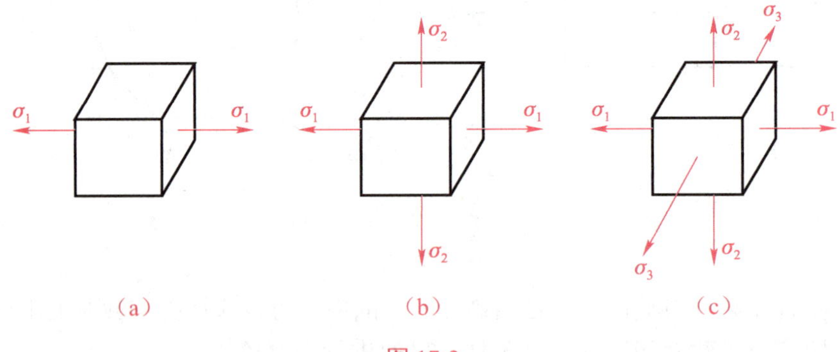

图 17-2

其中，单向应力状态和二向应力状态又称平面应力状态，其单元体可以用平面图形来表示；三向应力状态又称空间应力状态。

17.2　平面应力状态分析

平面应力状态分析

在工程实际中，许多受力构件的危险点都处于平面应力状态。对这类构件进行强度校核时，通常需要知道构件在危险点主应力的大小及方向，而且该危险点一般都位于斜截面上。为此，需要在单元体中已知应力的基础上，分析任意斜截面上的应力，以确定最大正应力和最大切应力。

17.2.1 斜截面上的应力

在平面应力状态下，研究单元体斜截面上的应力时，所述斜截面是指与主应力等于零的主平面相垂直的斜截面。如图 17-3 所示，单元体在 x，y 平面内的应力分别为 σ_x，τ_x 和 σ_y，τ_y，现以与前后两个平面相垂直的某个平面去截此单元体，得到一个斜截面。设该斜截面的外法线 n 与 x 轴正向夹角为 α，则可以推导出斜截面上的应力 σ_α 和 τ_α 分别为

$$\left.\begin{aligned}\sigma_\alpha &= \frac{\sigma_x+\sigma_y}{2}+\frac{\sigma_x-\sigma_y}{2}\cos 2\alpha-\tau_x\sin 2\alpha \\ \tau_\alpha &= \frac{\sigma_x-\sigma_y}{2}\sin 2\alpha+\tau_x\cos 2\alpha\end{aligned}\right\} \tag{17-1}$$

式（17-1）为平面应力状态下斜截面上应力的计算公式。

在利用式（17-1）进行计算时，应注意正负的规定：正应力以拉应力为正，反之为负；切应力以对单元体内任一点产生顺时针转向者为正，反之为负；角 α 以从 x 轴沿逆时针转到斜截面外法线 n 时为正，反之为负。

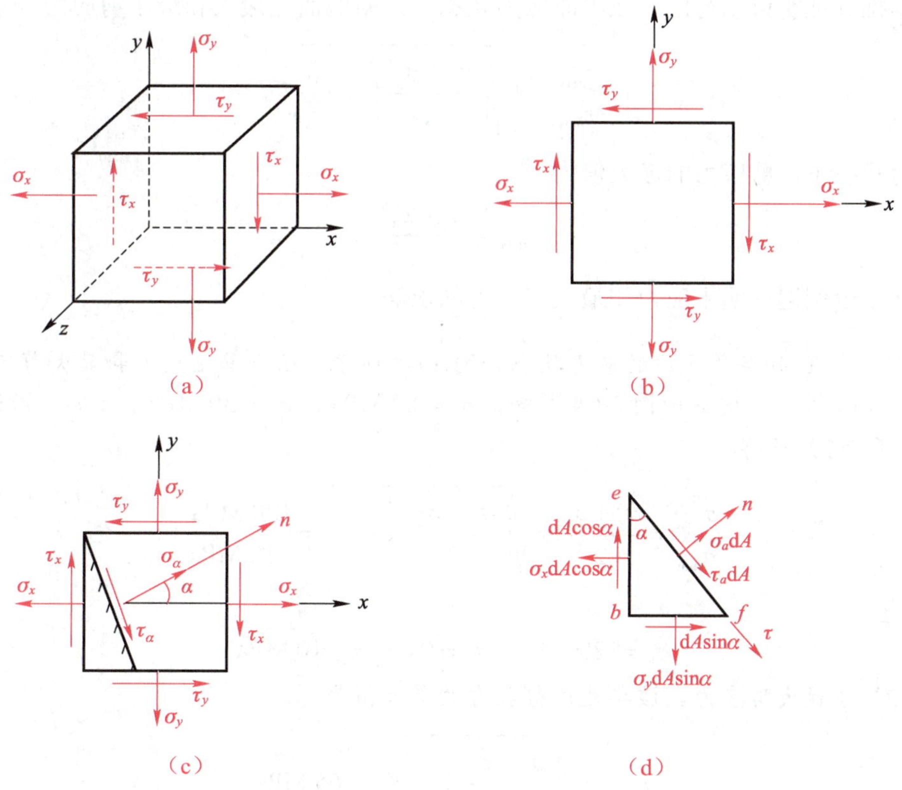

图 17-3

17.2.2 主平面与主应力的求法

研究强度问题时，需要考虑单元体上正应力和剪应力的最大值。式（17-1）表明，斜截面上正应力σ_α和剪应力τ_α都是 α 的函数。利用函数求极值的方法，可以确定单元体上正应力和剪应力的最大值。

可以证明，在剪应力为零的平面上，正应力为最大值或最小值。由于剪应力为零的平面是主平面，此时对应的正应力为主应力，则主应力即为最大或最小正应力，且有

$$\begin{matrix}\sigma_{max}\\ \sigma_{min}\end{matrix}=\frac{\sigma_x+\sigma_y}{2}\pm\sqrt{\left(\frac{\sigma_x-\sigma_y}{2}\right)^2+\tau^2_x} \tag{17-2}$$

利用式（17-2）可以求得σ_{max}和σ_{min}，然后将σ_{max}，σ_{min}和 0 按从大到小的顺序排列，分别对应单元体上的三个主应力σ_1，σ_2，σ_3。

17.2.3 最大剪应力

根据推导证明可以得出，在平面应力状态下，斜截面上最大和最小剪应力分别为

$$\begin{matrix}\tau_{max}\\ \tau_{min}\end{matrix}=\pm\sqrt{\left(\frac{\sigma_x-\sigma_y}{2}\right)^2+\tau^2_x} \tag{17-3}$$

三向应力状态下，剪应力的最大值为

$$\tau_{max}=\frac{\sigma_1-\sigma_3}{2} \tag{17-4}$$

下面结合例题说明主应力和最大剪应力的求法。

例 17-1 已知某单元体的应力状态如图 17-4 所示，试求其主应力和最大剪应力。

解：（1）求主应力。由图 17-4 可知，$\sigma_x=80\ \text{MPa}$，$\sigma_y=30\ \text{MPa}$，$\tau_x=-60\ \text{MPa}$，代入式（17-2）可得

$$\begin{matrix}\sigma_{max}\\ \sigma_{min}\end{matrix}=\frac{\sigma_x+\sigma_y}{2}\pm\sqrt{\left(\frac{\sigma_x-\sigma_y}{2}\right)^2+\tau^2_x}=\begin{matrix}120\ \text{MPa}\\ -10\ \text{MPa}\end{matrix}$$

从而得出

$$\sigma_1=120\ \text{MPa},\ \sigma_2=0,\ \sigma_3=-10\ \text{MPa}$$

（2）求最大剪应力。该单元体剪应力的最大值为

$$\tau_{max}=\sqrt{\left(\frac{\sigma_x-\sigma_y}{2}\right)^2+\tau^2_x}=65\ \text{MPa}$$

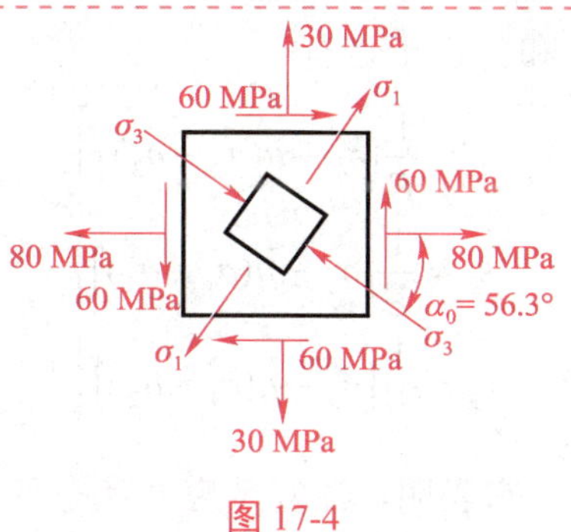

图 17-4

注 意

应用式（17-3）计算得到的最大剪应力，只是垂直于 xy 平面的所有斜截面中剪应力的最大值，也就是面内最大剪应力，但不一定是过一点的所有方位的截面上剪应力的最大值。

17.3 广义胡克定律

构件内某点的三向应力状态可以用沿三个主平面切取的单元体表示，如图 17-5 所示。单元体上的三个主应力分别为 σ_1，σ_2 和 σ_3，沿三个主应力方向产生的线应变称为**主应变**，分别用 ε_1，ε_2 和 ε_3 表示。

在小变形条件下，可根据叠加原理将三向应力状态看作是三个单向应力状态的叠加，如图 17-5 所示。

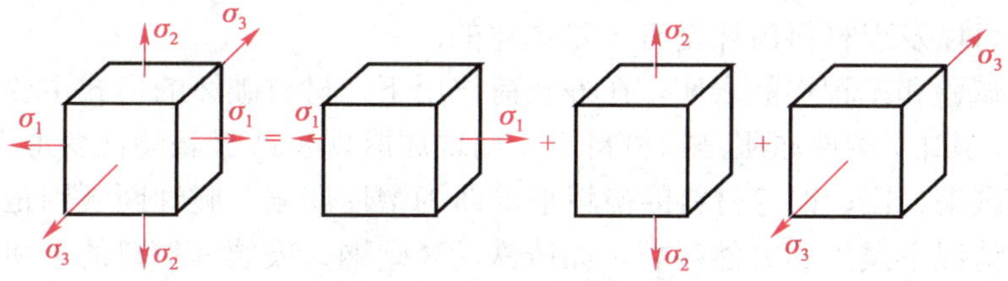

图 17-5

在 σ_1 方向上的主应变 ε_1 由三部分构成：在 σ_1 单独作用下，使单元体沿 σ_1 方向拉伸产生的线应变 $\varepsilon_1'=\dfrac{\sigma_1}{E}$；在 σ_2 和 σ_3 单独作用下，分别使单元体沿 σ_1 方向压缩产生的线应变 $\varepsilon_1''=-\mu\dfrac{\sigma_2}{E}$ 和 $\varepsilon_1'''=-\mu\dfrac{\sigma_3}{E}$。根据叠加原理，可以得出

$$\varepsilon_1=\varepsilon_1'+\varepsilon_1''+\varepsilon_1'''=\frac{1}{E}[\sigma_1-\mu(\sigma_2+\sigma_3)]$$

同理，可以求得主应变ε_2和ε_3，于是有

$$\left.\begin{aligned}\varepsilon_1 &= \frac{1}{E}\left[\sigma_1 - \mu(\sigma_2 + \sigma_3)\right] \\ \varepsilon_2 &= \frac{1}{E}\left[\sigma_2 - \mu(\sigma_1 + \sigma_3)\right] \\ \varepsilon_3 &= \frac{1}{E}\left[\sigma_3 - \mu(\sigma_1 + \sigma_2)\right]\end{aligned}\right\} \tag{17-5}$$

式（17-5）称为**广义胡克定律**。它表明，**在复杂应力状态下，沿某主应力方向的线应变不仅与该主应力有关，也与另外两个主应力有关**。

广义胡克定律只适用于线弹性、小变形条件下的各向同性材料。

17.4 强度理论简介

17.4.1 材料破坏的基本形式

在研究材料的基本变形时所建立的强度条件都是以试验为基础的。例如，在研究杆件拉伸和圆轴扭转时，都是通过试验确定极限应力，然后直接利用试验结果建立强度条件。但是，这种方法对于复杂应力状态则不再适用。

在复杂应力状态下，特别是三向应力状态下，应力可以构成无穷多种组合，想要通过试验的方法逐个确定每种应力组合下的极限应力是不可能的。但是，通过对材料各种破坏现象的分析，可以发现材料破坏是有一定规律的。

材料破坏试验和工程实际表明，在静载荷作用下，材料破坏的形式主要有**塑性屈服**和**脆性断裂**两种。其中，塑性屈服是指材料由于出现屈服现象或显著塑性变形而发生的破坏，如低碳钢、中碳钢、铝、铜等材料的破坏形式即为塑性屈服；脆性断裂则是指在不出现显著塑性变形的情况下发生的突然断裂，如铸铁、高碳钢、玻璃等材料的破坏形式即为脆性断裂。对于不同的失效形式，在引起失效的原因中可能包含共同的因素。

17.4.2 强度理论的概念

前面章节中介绍了构件在轴向拉伸与压缩、剪切与挤压、扭转、弯曲时的强度计算，并建立了相应的强度条件。例如，在单向应力状态下，构件的强度条件为

$$\sigma_{max} \leqslant [\sigma]$$

其中，$[\sigma]$的计算公式为

$$[\sigma]=\begin{cases}\dfrac{\sigma_s}{n_s}\\[2ex]\dfrac{\sigma_b}{n_b}\end{cases}$$

式中，σ_s 和 σ_b 由试验确定。这种强度条件是直接通过试验建立的。

对于危险点处于复杂应力状态下的构件，其三个主应力 σ_1，σ_2，σ_3 按不同的比例组合，可以有各种各样的情况。如果仿照单向拉伸或压缩时直接根据试验结果建立强度条件，就需要将三个主应力按不同的比例组合，再逐个进行试验，显然这是难以实现的。

因此，在解决复杂应力状态下的强度问题时，不宜采用直接试验的方法，而应根据材料在各种情况下的破坏现象，运用判断、推理的方法得出一些假设。这种关于材料在不同应力状态下失效原因的各种假设称为**强度理论**。

根据强度理论中的一些假设，就可以利用单向拉伸的试验结果，推知材料在复杂应力状态下何时发生失效，从而建立起相应的强度计算依据，即**强度条件**。

17.4.3 常用的四个强度理论

1. 最大拉应力理论（第一强度理论）

该理论认为：**最大拉应力是引起材料断裂破坏的主要因素**，即不论材料处于何种应力状态，只要最大拉应力 σ_1 达到单向拉伸断裂时的极限应力 σ_b，材料即发生断裂破坏。因此，材料脆性断裂的条件为

$$\sigma_1=\sigma_b$$

相应的强度条件为

$$\sigma_1\leqslant[\sigma]=\frac{\sigma_b}{n} \tag{17-6}$$

试验表明，该理论可以较好地解释脆性材料（如铸铁等）在单向拉伸和扭转时的破坏现象，但没有考虑其他两个主应力的影响，而且对没有拉应力的应力状态也无法适用。

2. 最大拉应变理论（第二强度理论）

该理论认为：**最大拉应变是引起材料断裂破坏的主要因素**，即不论材料处于何种应力状态，只要最大拉应变 ε_1 达到单向拉伸断裂时的最大拉应变 ε_b，材料即发生断裂破坏。因此，材料脆性断裂的条件为

$$\varepsilon_1=\varepsilon_b$$

由于

$$\varepsilon_1=\frac{1}{E}[\sigma_1-\mu(\sigma_2+\sigma_3)]$$

于是，材料破坏条件改写为

$$\sigma_1-\mu(\sigma_2+\sigma_3)=\sigma_b$$

相应的强度条件为

$$\sigma_1-\mu(\sigma_2+\sigma_3)\leqslant[\sigma]=\frac{\sigma_b}{n} \tag{17-7}$$

试验表明，该理论能够较好地解释某些脆性材料（如岩石、混凝土等）在轴向压缩时沿横向断裂的现象，但不能解释金属材料的破坏试验。因此，该理论并不能描述材料破坏的一般规律。

3. 最大剪应力理论（第三强度理论）

该理论认为：**最大剪应力是引起材料屈服破坏的主要因素**，即不论材料处于何种应力状态，只要最大剪应力τ_{max}达到单向拉伸屈服时的最大剪应力τ_b，材料即发生屈服破坏。因此，材料塑性屈服的条件为

$$\tau_{max}=\tau_b$$

由于

$$\tau_{max}=\frac{\sigma_1-\sigma_3}{2}，\quad \tau_b=\frac{\sigma_s}{2}$$

于是，材料破坏条件改写为

$$\sigma_1-\sigma_3=\sigma_s$$

相应的强度条件为

$$\sigma_1-\sigma_3\leqslant[\sigma]=\frac{\sigma_s}{n} \tag{17-8}$$

试验表明，该理论能够较好地解释塑性材料出现的塑性变形现象，但没有考虑主应力σ_2对材料屈服的影响。

4. 形状改变比能理论（第四强度理论）

在塑性材料的变形过程中，载荷在相应位移上做功，静载时若忽略其他损失，可以认为此功全部转化为弹性体的变形能。通常将单元体的变形能分解为体积改变能和形状改变能。对应于单元体的形状改变而储存的那部分变形能，称为**形状改变能**；单位体积内的形状改变能称为**形状改变比能**，用U_x表示。

可以证明，复杂应力状态下的形状改变比能为

$$U_x=\frac{1+\mu}{6E}\left[(\sigma_1-\sigma_2)^2+(\sigma_2-\sigma_3)^2+(\sigma_3-\sigma_1)^2\right]$$

材料在单向拉伸屈服时的形状改变比能为

$$U_{xs}=\frac{(1+\mu)\sigma_s^2}{3E}$$

形状改变比能理论认为：**形状改变比能是引起材料屈服破坏的主要因素**，即不论材料处于何种应力状态，只要材料的形状改变比能达到单向拉伸屈服时的形状改变比能，材料即发生屈服破坏。因此，材料发生塑性屈服的条件为

$$U_x=U_{xs}$$

相应的强度条件为

$$\sqrt{\frac{1}{2}\left[(\sigma_1-\sigma_2)^2+(\sigma_2-\sigma_3)^2+(\sigma_3-\sigma_1)^2\right]}\leqslant[\sigma] \tag{17-9}$$

试验表明，该理论比最大剪应力理论更加接近实际，而且据此设计的构件尺寸比由最大剪应力理论得到的构件尺寸更合理，因而在工程上得到了广泛应用。

上述各强度理论只对确定的失效形式（断裂或屈服）适用。因此，在实际应用中，应根据材料的性能和应力状态判断可能的失效形式，进而选用相应的强度准则。

一般情况下，脆性材料如铸铁、石料等，通常发生断裂破坏，宜采用第一和第二强度理论；塑性材料如碳钢等，通常发生屈服破坏，宜采用第三和第四强度理论。

例 17-2　某铸铁构件，危险点的单元体处于二向应力状态，其中 $\sigma_x=30\text{ MPa}$，$\sigma_y=0$，$\tau_x=20\text{ MPa}$。已知材料的许用拉应力 $[\sigma]=45\text{ MPa}$，试根据第一强度理论校核其强度。

解：（1）求主应力。将 $\sigma_x=30\text{ MPa}$，$\sigma_y=0$，$\tau_x=20\text{ MPa}$ 代入式（17-2），得

$$\left.\begin{matrix}\sigma_{\max}\\ \sigma_{\min}\end{matrix}\right\}=\frac{\sigma_x+\sigma_y}{2}\pm\sqrt{\left(\frac{\sigma_x-\sigma_y}{2}\right)^2+\tau_x^2}=\begin{cases}40\text{ (MPa)}\\ -10\text{ (MPa)}\end{cases}$$

故三个主应力分别为

$$\sigma_1=40\text{ MPa},\quad \sigma_2=0,\quad \sigma_3=-10\text{ MPa}$$

（2）强度校核。

根据第一强度理论可得

$$\sigma_1=40\text{ MPa}<[\sigma]=45\text{ MPa}$$

因此，该构件能够满足强度要求。

俞茂宏：在基础理论研究中贡献中国智慧

2019 年 6 月，“何梁何利基金”高峰论坛在天津举行。当西安交大机械结构强度与振动国家重点实验室特聘教授俞茂宏信步登台做特邀报告时，场下掌声雷动。

强度理论作为研究材料在复杂应力作用下屈服和破坏规律的理论，是各种工程结构强度计算和设计必需的基础。一直以来，学术界普遍认为，作为经典力学的分支，强度理论已发展得较为成熟，想要得出统一的强度理论是“徒劳的”。1959 年，西安交通大学年仅 25 岁的助教俞茂宏在参与学校塑性力学教材编写时，发现“材料强度实验中得出的某些结果与当时权威的强度理论无法匹配”，从此开启了他单枪匹马，向国际

权威理论发起的“挑战”。

“当年，我教授材料力学，如果自己对强度理论理解得不深入，就上不好课。”回首往事，俞茂宏说。本着对学术与学生负责的态度，1961 年，俞茂宏在论文《各向同性屈服函数的一般性质》中第一次提出“双剪”概念，并推导出双剪屈服准则。但那时，双剪屈服准则是只能适用于金属类材料的强度理论。1985 年，俞茂宏又首次提出适用于岩土材料的双剪理论。

1991 年，第 6 届国际材料力学性能会议在日本京都召开，俞茂宏正式发表统一强度理论。至今，由他发展建立的双剪理论及统一强度理论不仅可以解释塑性材料的屈服破坏，也可解释材料的拉断破坏、剪切破坏、压缩破坏，以及各种二轴、三轴破坏，适用于金属、混凝土和岩土等各类材料。

力学基础理论的突破大大拓宽了工程设计的边界。据统计，应用双剪理论及统一强度理论能将结构极限承载力最大提高 33%。在三峡船闸高边坡的塑性区研究、上海世博会地下变电站工程分析等国家重点工程项目设计中，都能找到这一理论的强力支撑。困扰强度理论研究领域百年的世界难题终于被破解！

俞茂宏用 60 年的虔诚与坚守，推动中国的强度理论研究水平跻身世界前沿。“这么多年来，我只是在自己的岗位上做了些很平凡的事。”面对斐然成就，俞茂宏却显得格外淡然。

（资料来源：https://news.gmw.cn/2019-08/11/content_33068810.htm，有改动）

本章小结

1. 应力状态的概念

点的应力状态：过受力构件内一点的所有斜截面上应力分布情况的总和。

主平面：单元体上剪应力等于零的面。

应力状态的分类：单向应力状态，二向应力状态，三向应力状态。

2. 平面应力状态分析

（1）平面应力状态下，斜截面上的应力 σ_α 和 τ_α 分别为

$$\left.\begin{aligned}\sigma_\alpha &= \frac{\sigma_x+\sigma_y}{2}+\frac{\sigma_x-\sigma_y}{2}\cos 2\alpha-\tau_x\sin 2\alpha\\ \tau_\alpha &= \frac{\sigma_x-\sigma_y}{2}\sin 2\alpha+\tau_x\cos 2\alpha\end{aligned}\right\}$$

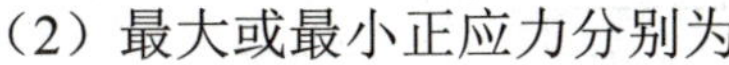

（2）最大或最小正应力分别为

$$\left.\begin{matrix}\sigma_{\max}\\ \sigma_{\min}\end{matrix}\right\}=\frac{\sigma_x+\sigma_y}{2}\pm\sqrt{\left(\frac{\sigma_x-\sigma_y}{2}\right)^2+\tau^2_x}$$

（3）平面应力状态下，斜截面上最大和最小剪应力分别为

$$\left.\begin{matrix}\tau_{\max}\\ \tau_{\min}\end{matrix}\right\}=\pm\sqrt{\left(\frac{\sigma_x-\sigma_y}{2}\right)^2+\tau^2_x}$$

（4）三向应力状态下，剪应力的最大值为

$$\tau_{\max}=\frac{\sigma_1-\sigma_3}{2}$$

3. 广义胡克定律

$$\left.\begin{aligned}\varepsilon_1&=\frac{1}{E}[\sigma_1-\mu(\sigma_2+\sigma_3)]\\ \varepsilon_2&=\frac{1}{E}[\sigma_2-\mu(\sigma_1+\sigma_3)]\\ \varepsilon_3&=\frac{1}{E}[\sigma_3-\mu(\sigma_1+\sigma_2)]\end{aligned}\right\}$$

该定律表明，在复杂应力状态下，沿某主应力方向的线应变不仅与该主应力有关，也与另外两个主应力有关。

4. 强度理论

（1）最大拉应力理论（第一强度理论）：最大拉应力是引起材料断裂破坏的主要因素。相应的强度条件为

$$\sigma_1\leqslant[\sigma]=\frac{\sigma_{\mathrm{b}}}{n}$$

（2）最大拉应变理论（第二强度理论）：最大拉应变是引起材料断裂破坏的主要因素。相应的强度条件为

$$\sigma_1-\mu(\sigma_2+\sigma_3)\leqslant[\sigma]=\frac{\sigma_{\mathrm{b}}}{n}$$

（3）最大剪应力理论（第三强度理论）：最大剪应力是引起材料屈服破坏的主要因素。相应的强度条件为

$$\sigma_1-\sigma_3\leqslant[\sigma]=\frac{\sigma_{\mathrm{s}}}{n}$$

（4）形状改变比能理论（第四强度理论）：形状改变比能是引起材料屈服破坏的主要因素。相应的强度条件为

$$\sqrt{\frac{1}{2}\left[(\sigma_1-\sigma_2)^2+(\sigma_2-\sigma_3)^2+(\sigma_3-\sigma_1)^2\right]}\leqslant[\sigma]$$

一般说来，脆性材料如铸铁、石料等，通常发生断裂破坏，宜采用第一和第二强度理论；塑性材料如碳钢等，通常发生屈服破坏，宜采用第三和第四强度理论。

粉笔的材料力学分析

粉笔是教室中常见的工具，主要用于在黑板上书写。一般粉笔长约 7.5 cm，为一头粗、一头细的圆台形，是典型的脆性材料。粉笔可以承受许多不同的应力状态，从而产生拉伸、压缩、扭转或各种变形叠加等不同的变形情况。应用材料力学知识分析粉笔的受力时，通常假设其为均匀、连续、各向同性的材料。

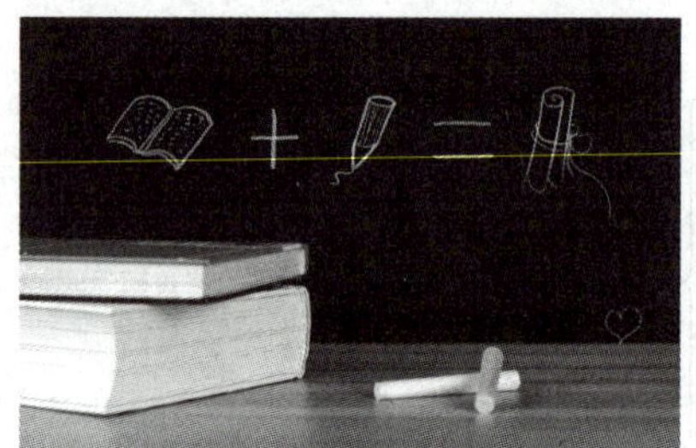

粉笔在使用过程中，有时会发生垂直压缩变形，此时它受到两个相对压应力的作用；在书写过程中，粉笔还容易产生扭转变形，具体表现为手拿粉笔在黑板上边压边转动，此时其力学模型可以简化为在悬臂梁的一端施加了一个扭矩。

由于粉笔是圆台形，而且半径越大，切应力越小，所以半径最小的地方切应力最大，即粉笔的细端最容易断裂。当粉笔两端受到拉伸时，将在靠近细端的横截面处直接被拉断；当粉笔发生扭转变形时，将在与其轴线成 45°角的斜截面上被拉断。大家不妨拿支粉笔验证一下。

思考题

17-1　什么是点的应力状态？它分为哪些类型？

17-2　什么是主平面和主应力？如何确定主应力的大小？

17-3　如何用解析法确定二向应力状态下任一斜截面上的应力？

17-4　平面应力状态下，斜截面上最大和最小正应力的计算公式分别是什么？

17-5　平面应力状态和三向应力状态下，斜截面上最大剪应力的计算公式分别是什么？

17-6　什么是广义胡克定律？其适用条件是什么？

17-7　在常温静载下，金属材料的破坏形式主要有哪几种？

17-8　目前常用的强度理论有几种？它们的基本观点和强度条件各是什么？

练习题

题 17-1　试求如图 17-6 所示的应力状态下指定斜截面上的应力。

题 17-2　从某构件中取出一个单元体，各截面的应力如图 17-7 所示，试用解析法确定主应力的大小。

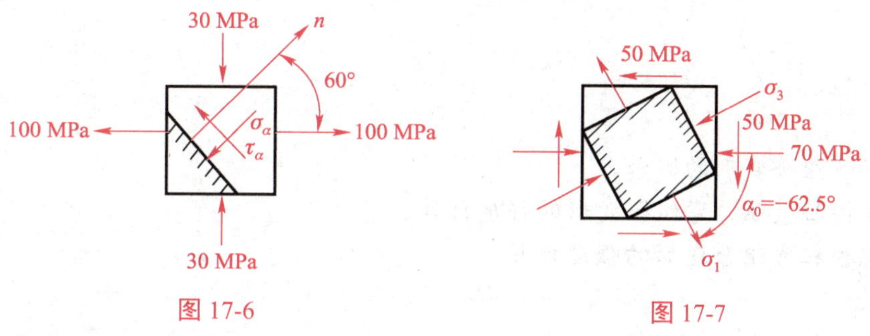

图 17-6　　图 17-7

题 17-3　某点处于平面应力状态，已知 $\sigma_x = -180\ \text{MPa}$，$\sigma_y = -90\ \text{MPa}$，$\tau_x = \tau_y = 0$。试求该点的主应力和最大剪应力。

题 17-4　如图 17-8 所示为某构件危险点单元体的应力状态。试分别用第三和第四强度理论建立相应的强度条件。

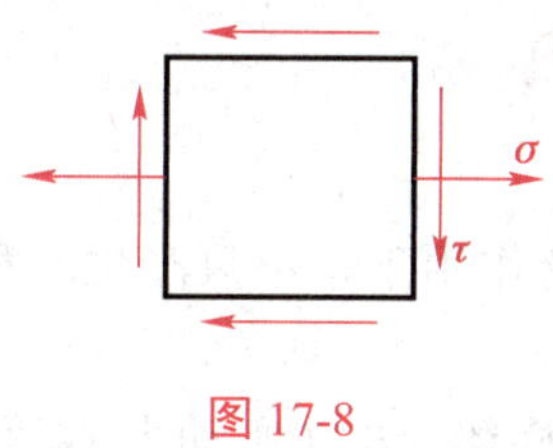

图 17-8

第 18 章 组合变形

学习目标

- 了解组合变形的概念。
- 掌握拉（压）弯组合变形的强度计算。
- 掌握扭弯组合变形的强度计算。

素质目标

★ 提高认识问题、分析问题和解决问题的能力。
★ 弘扬中国优秀传统文化，提高民族自豪感。

18.1 组合变形的概念

工程实际中，许多构件在载荷作用下，不只产生一种基本变形，而是同时产生两种或两种以上的基本变形。

如图 18-1 所示，悬臂吊车的横梁 *AB* 在主动力 $\boldsymbol{G}$ 及约束反力 $\boldsymbol{F}_{Ay}$ 和 $\boldsymbol{F}_{By}$ 的作用下产生弯曲变形；同时在约束反力 $\boldsymbol{F}_{Ax}$ 和 $\boldsymbol{F}_{Bx}$ 的作用下产生压缩变形。因此，横梁 *AB* 发生压缩与弯曲两种基本变形。

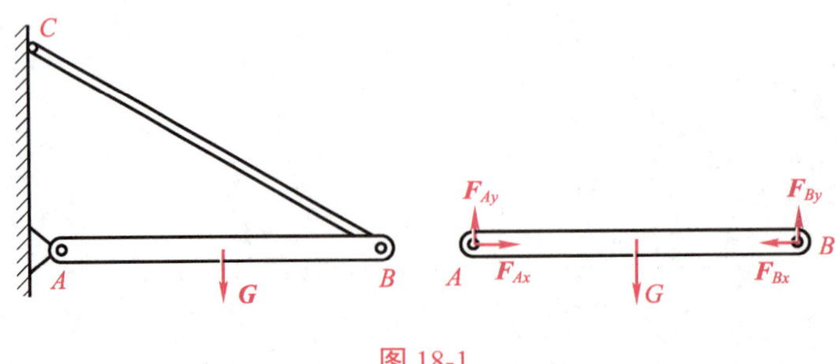

图 18-1

如图 18-2 所示，电动机带动皮带轮转动，电动机轴在皮带拉力的作用下发生弯曲变形；同时，电动机轴在皮带拉力向轴心简化而成的力偶和电动机驱动力偶的共同作用下，产生扭转变形。因此，电动机轴发生扭转与弯曲两种基本变形。这种构件在载荷作用下同时产生两种或两种以上基本变形的情况称为组合变形。

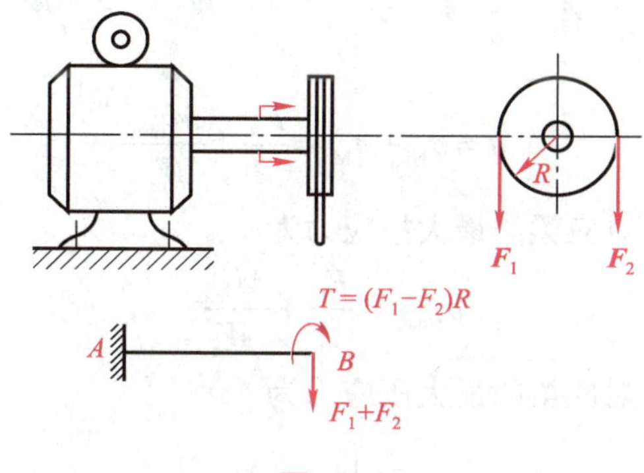

图 18-2

在材料服从胡克定律且变形很小的前提下，可以认为组合变形构件的每一种基本变形都是各自独立的，各基本变形引起的应力互不影响。因此，在计算组合变形构件的应力时，可以分别计算出各基本变形引起的应力，然后进行叠加，得到组合变形时的总应力。这是叠加原理在组合变形中的应用。

但上述叠加的方法只在小变形的情况下才适用。当变形较大时，各基本变形及其引起的应力之间将会相互影响，并使构件产生新的内力。本章着重讨论拉伸（压缩）与弯曲、扭转与弯曲两种组合变形，分别简称拉（压）弯、扭弯组合变形，这也是工程上最常见的两种情况。

18.2　拉（压）弯组合变形的强度计算

拉（压）弯组合变形是工程中常见的变形情况。如图 18-3（a）所示，集中载荷 $\boldsymbol{F}$ 作用于矩形梁的纵向对称平面内，并与梁轴线成 α 角，下面分析梁的应力分布和强度条件。

拉（压）弯组合变形的强度计算

（1）外力分析，确定梁有几种基本变形。如图 18-3（b）所示，将力 $\boldsymbol{F}$ 沿轴线方向和垂直于轴线方向分解，可得

$$F_x = F\cos\alpha\,,\quad F_y = F\sin\alpha$$

轴向力 F_x 使梁产生拉伸变形，横向力 F_y 使梁产生弯曲变形。因此，梁产生拉伸与弯曲组合变形。

（2）内力分析，确定危险截面。对应力 F_x 和 F_y 所产生的拉伸变形和弯曲变形，分别作出其轴力图和弯矩图，如图 18-3（c）和图 18-3（d）所示，可得

$$F_N = F_x = F\cos\alpha\,,\quad M_{max} = F_y \cdot l = Fl\sin\alpha$$

因此，固定端处的横截面即为危险截面。

（3）应力分析，确定危险点。如图 18-3（e）～（g）所示为危险截面上的应力分布。在危险截面上，拉伸正应力和弯曲最大正应力分别为

$$\sigma_{\mathrm{N}}=\frac{F_{\mathrm{N}}}{A}=\frac{F\cos\alpha}{A}, \quad \sigma_{\mathrm{M}}=\pm\frac{M_{\max}}{W_z}=\pm\frac{Fl\sin\alpha}{W_z}$$

因此，危险点的应力为

$$\sigma=\sigma_{\mathrm{N}}+\sigma_{\mathrm{M}}=\frac{F_{\mathrm{N}}}{A}\pm\frac{M_{\max}}{W_z} \tag{18-1}$$

在危险截面的上边缘处，对应梁的最大拉应力为

$$\sigma_{t\max}=\frac{F_{\mathrm{N}}}{A}+\frac{M_{\max}}{W_z}$$

在危险截面的下边缘处，对应梁的最大压应力为

$$\sigma_{c\max}=\left|\frac{F_{\mathrm{N}}}{A}-\frac{M_{\max}}{W_z}\right|$$

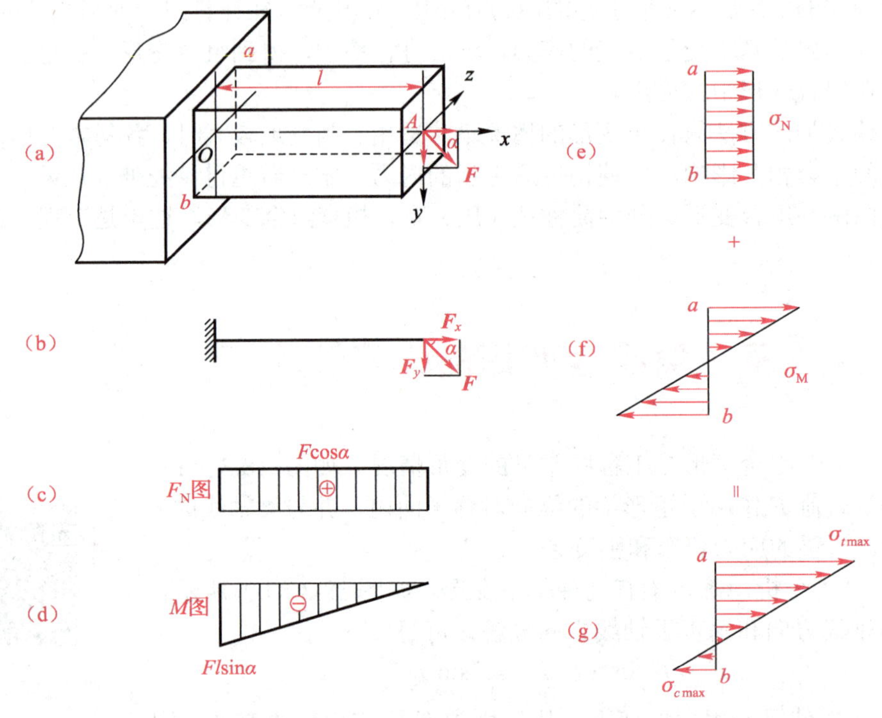

图 18-3

（4）根据应力状态和材料性质，选择强度理论，建立强度条件。由于危险点处于单向应力状态，故其强度条件为

$$\sigma_{t\max}=\frac{F_{\mathrm{N}}}{A}+\frac{M_{\max}}{W_z}\leqslant[\sigma_t] \tag{18-2}$$

$$\sigma_{c\max}=\left|\frac{F_{\mathrm{N}}}{A}-\frac{M_{\max}}{W_z}\right|\leqslant[\sigma_c] \tag{18-3}$$

式中，$[\sigma_t]$ 和 $[\sigma_c]$ 分别为材料的许用拉应力和许用压应力。

对于抗拉强度和抗压强度相同的材料，只需校核杆件危险点的强度；对于抗拉强度和抗压强度不同的材料，则需根据式（18-2）和式（18-3）分别校核。

如果杆件为压弯组合变形，则其强度条件为

$$\sigma_{t\max}=\left|-\frac{F_N}{A}+\frac{M_{\max}}{W_z}\right|\leqslant[\sigma_t] \tag{18-4}$$

$$\sigma_{c\max}=\left|-\frac{F_N}{A}-\frac{M_{\max}}{W_z}\right|\leqslant[\sigma_c] \tag{18-5}$$

例 18-1　如图 18-4 所示的钻床立柱，已知 $F=20\text{ kN}$，$L=200\text{ mm}$，立柱直径 $d=100\text{ mm}$，许用应力 $[\sigma]=45\text{ MPa}$。试校核该立柱强度。

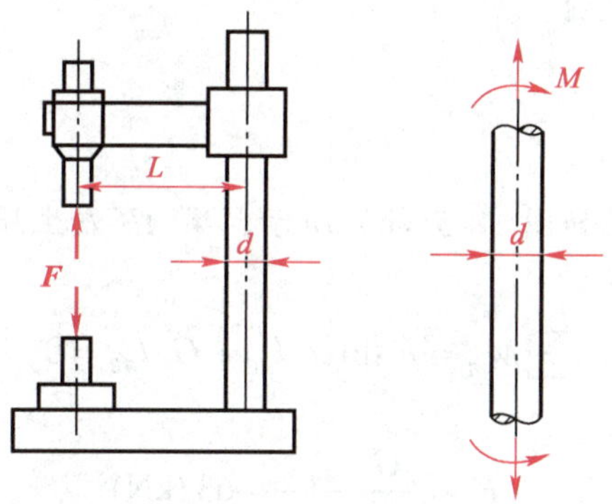

图 18-4

解： 根据题意可知，立柱发生拉弯组合变形，任意横截面上的轴力和弯矩分别为

$$F_{\rm N}=F=20\text{ kN}，\quad M=FL=4\,(\text{kN}\cdot\text{m})$$

横截面上与轴力 $F_{\rm N}$ 对应的拉伸正应力均匀分布，横截面面积 $A=\pi d^2/4$。因此，拉伸正应力为

$$\sigma_{\rm N}=\frac{F_{\rm N}}{A}=\frac{4F}{\pi d^2}$$

横截面上与弯矩 M 对应的弯曲正应力线性分布，由于钻床立柱截面为实心圆，所以抗弯截面系数 $W_z=\pi d^3/32$。因此，拉应力的最大值为

$$\sigma_{\rm M}=\frac{M_{\max}}{W_z}=\frac{32FL}{\pi d^3}$$

由拉弯组合变形的强度条件可得

$$\sigma_{\max}=\sigma_{\rm N}+\sigma_{\rm M}=\frac{4F}{\pi d^2}+\frac{32FL}{\pi d^3}\approx 43.3\,(\text{MPa})\leqslant[\sigma]=45\text{ MPa}$$

因此，该立柱能够满足强度要求。

例 18-2 如图 18-5(a)所示的悬臂吊车，其尺寸数据在图中已标注，已知 $G=12\ \text{kN}$，横梁 AB 的抗弯截面系数 $W_z=240\times10^{-6}\ \text{m}^3$，横截面面积 $A=30\times10^{-3}\ \text{m}^2$，许用应力 $[\sigma]=100\ \text{MPa}$。试校核梁 AB 的强度。

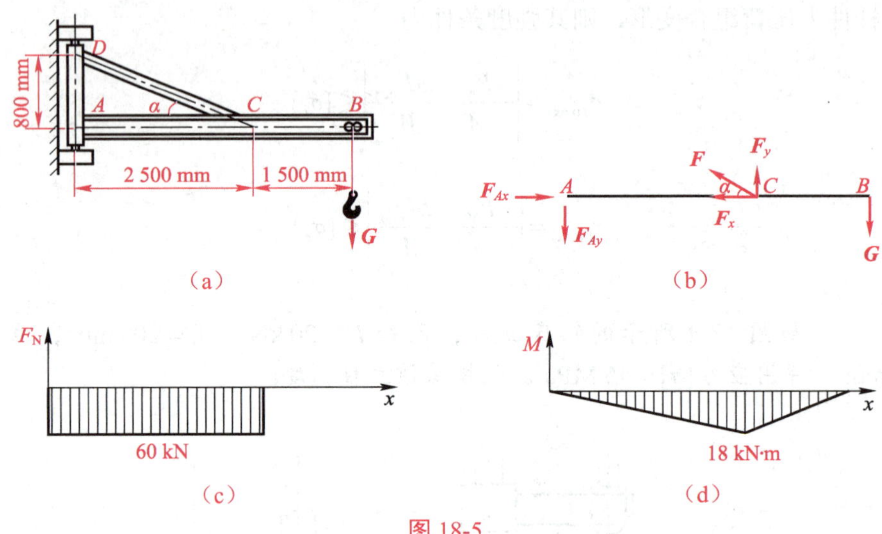

图 18-5

解： 梁 AB 的受力情况如图 18-5（b）所示，梁 AB 发生压弯组合变形。根据静力平衡方程得出

$$\sum M_A = F\sin\alpha\cdot l_{AC} - G\cdot l_{AB} = 0$$

可以解得

$$F=\frac{G\cdot l_{AB}}{\sin\alpha\cdot l_{AC}}=63\ (\text{kN})$$

梁 AB 的轴力图和弯矩图分别如图 18-5（c）和图 18-5（d）所示。可知，点 C 所在横截面的下边缘为危险点，其轴力和弯矩分别为

$$F_{\text{N}}=F\cos\alpha=60\ (\text{kN}),\quad M_{\max}=G\cdot l_{CB}=18\ (\text{kN}\cdot\text{m})$$

由压弯组合变形的强度条件可得

$$\sigma_{\max}=\left|-\frac{F_{\text{N}}}{A}-\frac{M_{\max}}{W_z}\right|=95\ (\text{MPa})\leqslant[\sigma]=100\ \text{MPa}$$

因此，梁 AB 满足强度要求。

18.3 扭弯组合变形的强度计算

杆件同时受到横截面所在平面内的力偶矩和横向力作用时，将会产生扭弯组合变形。工程机械中的传动轴大多都处于扭弯组合变形状态。当弯曲变形较小时，可以近似地按照扭转问题进行处理；当弯曲变形不能忽略时，则需要按照扭弯组合变形进行处理。现以曲

轴为例，讨论扭弯组合变形时的强度计算。

如图 18-6（a）所示的圆截面曲轴，A 端固定，B 端有一个与 AB 呈直角的钢臂，钢臂末端承受垂直力 $\boldsymbol{F}$ 的作用。

（1）外力分析，确定梁有几种基本变形。如图 18-6（b）所示，将力 $\boldsymbol{F}$ 向杆 AB 右端截面的形心 B 简化，简化结果为横向力 $\boldsymbol{F}$ 和力偶矩 $M = Fa$ 。故杆 AB 发生扭转与弯曲组合变形。

（2）内力分析，确定危险截面。如图 18-6（c）和图 18-6（d）所示分别为圆截面的弯矩图和扭矩图，可知危险截面为固定端 A 处的截面，且危险截面的弯矩和扭矩分别为

$$M = Fl\text{，}T = Fa$$

（3）应力分析，确定危险点。根据弯曲与扭转的应力变化规律可知，危险截面上的最大弯曲正应力 σ 发生在垂直直径的上、下两个端点处，而最大扭转应力 τ 发生在截面周边的各点处。因此，垂直直径的上、下两个端点为危险点。对于许用拉应力和许用压应力相同的塑性材料而言，这两点处的危险程度是相同的。

如图 18-6（e）所示，危险点的应力状态为平面应力状态，已知该曲轴的抗弯截面系数为 W_z，抗扭截面系数为 W_n，则其应力分量分别为

$$\sigma = \frac{M}{W_z}\text{，}\tau = \frac{T}{W_n}$$

根据平面应力状态的主应力公式可知，危险点的三个主应力分别为

$$\left.\begin{aligned} \sigma_1 &= \frac{1}{2}\left(\sigma + \sqrt{\sigma^2 + 4\tau^2}\right) \\ \sigma_2 &= 0 \\ \sigma_3 &= \frac{1}{2}\left(\sigma - \sqrt{\sigma^2 + 4\tau^2}\right) \end{aligned}\right\}$$

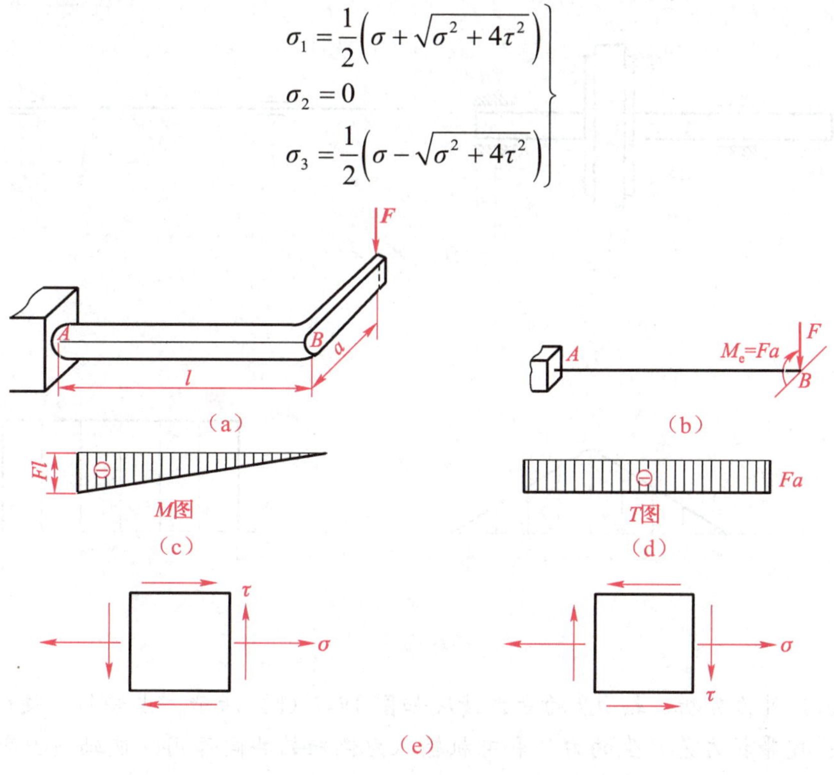

图 18-6

（4）根据应力状态和材料性质，选择强度理论，建立强度条件。承受扭弯组合变形的圆轴通常为塑性材料，宜选用第三或第四强度理论建立强度条件。

第三强度理论 $$\sqrt{\sigma^2+4\tau^2}\leqslant[\sigma]$$

第四强度理论 $$\sqrt{\sigma^2+3\tau^2}\leqslant[\sigma]$$

对于实心或空心的圆截面杆，由于其抗扭截面系数 W_n 与抗弯截面系数 W_z 之间的关系为 $W_n=2W_z$，则强度条件可改写成

第三强度理论 $$\frac{\sqrt{M^2+T^2}}{W_z}\leqslant[\sigma] \tag{18-6}$$

第四强度理论 $$\frac{\sqrt{M^2+0.75T^2}}{W_z}\leqslant[\sigma] \tag{18-7}$$

下面结合例题说明构件发生扭弯组合变形时强度校核的方法。

例 18-3 如图 18-7（a）所示，转轴 AB 由电机带动，带轮直径 $D=400\text{ mm}$，皮带紧边拉力 $F_1=6\text{ kN}$，松边拉力 $F_2=3\text{ kN}$，轴承间距 $l=200\text{ mm}$，转轴直径 $d=40\text{ mm}$，许用应力 $[\sigma]=120\text{ MPa}$。试利用第三强度理论校核轴 AB 的强度。

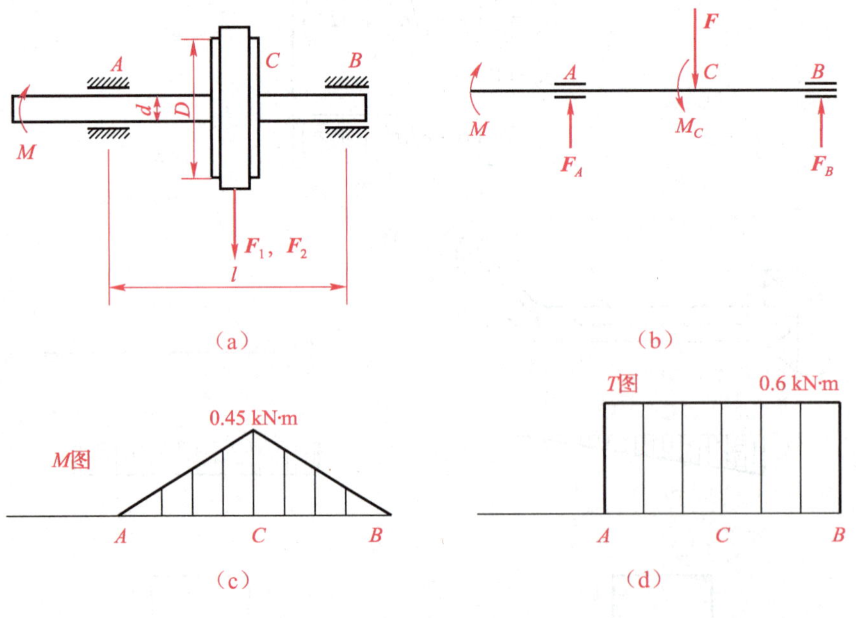

图 18-7

解：（1）外力分析。轴 AB 的受力情况如图 18-7（b）所示，皮带拉力使轴 AB 产生弯曲变形；皮带拉力差产生的力矩和电机输入力偶矩的共同作用，使轴 AB 产生扭转变形。因此，轴 AB 会发生扭弯组合变形，且有

$$F=F_1+F_2=9\,(\text{kN}),F_A=F_B=\frac{F}{2}=4.5\,(\text{kN}),M_C=(F_1-F_2)\frac{D}{2}=0.6\,(\text{kN}\cdot\text{m})$$

（2）内力分析。如图 18-7（c）和图 18-7（d）所示分别为轴 AB 的弯矩图和扭矩图，可见中间截面 C 为危险截面，且截面 C 的弯矩和扭矩分别为

$$M=F_A\cdot l_{AC}=\frac{Fl}{4}=0.45\,(\text{kN}\cdot\text{m}),\quad T=M_C=0.6\,(\text{kN}\cdot\text{m})$$

根据弯曲与扭转的应力变化规律可知，危险截面上的最大弯曲正应力 σ 发生在垂直直径的上、下两个端点处，但由于轴 AB 不断转动，因此两个端点的位置实际上在截面周边不断变化；而最大扭转应力 τ 也出现在截面 C 周边的各点上。因此，截面周边上的各点均为危险点。

（3）强度校核。由于实心圆轴的抗弯截面系数为 $W_z=\dfrac{\pi d^3}{32}$，根据扭弯组合变形时选用第三强度理论建立的强度条件可以得出

$$\frac{\sqrt{M^2+T^2}}{W_z}=\frac{32\sqrt{M^2+T^2}}{\pi d^3}=\frac{32\sqrt{(0.45\times10^3)^2+(0.6\times10^3)^2}}{\pi(0.04)^3}\approx119.4\,(\text{MPa})\leqslant[\sigma]$$

因此，轴 AB 满足强度要求。

中国古建筑中的力与美

在中国古建筑中，砖石和木结构建筑占有很大比重。在人们游览名胜古迹时，经常会看到各式各样的亭台楼阁，有的雍容华贵，有的雄伟庄严，十分引人注目，让人们情不自禁地为这些巧夺天工的古建筑发出由衷的赞叹。这其中力与美的结合是何等奇妙！

古建筑中的立柱，在靠近地面的一端多采用横断面较大的石头作为基座，给人以沉稳之感。从力学原理上分析，这种设计可以起到减小木质立柱横截面压应力的作用。值得注意的是，这些立柱的高与横截面直径之比多在 9∶1 左右，属于小柔度杆的范畴，从而有效避免了失稳的问题。然而，古时候人们并不知道用稳定理论设计立柱，完全是依据大量的经验来建造房屋，最终达到了力与美的统一。

在木结构建筑中，屋顶纵向上常用檩条和枋子来连接，而且檩条与枋子之间还有垫板，这使两者结合形成长梁结构，来承受屋顶传来的垂直载荷。此外，这种结构的横截面呈“工”字形，与现代的“工”字梁截面很相似，具有良好的承载性能。枋子与垫板的正面为平面，便于工匠在上面绘制各种彩画，显示出了我国古代劳动者的聪明才智和对建筑独特的审美素养。

本章小结

1. 组合变形的概念

组合变形是由两种或两种以上的基本变形组合而成。解决组合变形问题的基本方法是叠加法，即材料在服从胡克定律且变形很小的前提下，将组合变形分解为几个基本变形的组合。

2. 拉（压）弯组合变形

拉弯组合变形的强度条件为

$$\sigma_{t\max} = \frac{F_N}{A} + \frac{M_{\max}}{W_z} \leqslant [\sigma_t]$$

$$\sigma_{c\max} = \left| \frac{F_N}{A} - \frac{M_{\max}}{W_z} \right| \leqslant [\sigma_c]$$

式中，$[\sigma_t]$和$[\sigma_c]$分别为材料的许用拉应力和许用压应力。

压弯组合变形的强度条件为

$$\sigma_{t\max} = \left| -\frac{F_N}{A} + \frac{M_{\max}}{W_z} \right| \leqslant [\sigma_t]$$

$$\sigma_{c\max} = \left| -\frac{F_N}{A} - \frac{M_{\max}}{W_z} \right| \leqslant [\sigma_c]$$

3. 扭弯组合变形

承受扭弯组合变形的圆轴通常为塑性材料，宜选用第三或第四强度理论建立强度条件。

第三强度理论 $\sqrt{\sigma^2 + 4\tau^2} \leqslant [\sigma]$

第四强度理论 $\sqrt{\sigma^2 + 3\tau^2} \leqslant [\sigma]$

对于实心或空心的圆截面杆，由于其抗扭截面系数W_n与抗弯截面系数W_z之间的关系为$W_n = 2W_z$，则强度条件可改写成

第三强度理论 $\dfrac{\sqrt{M^2 + T^2}}{W_z} \leqslant [\sigma]$

第四强度理论 $\dfrac{\sqrt{M^2 + 0.75T^2}}{W_z} \leqslant [\sigma]$

式中，M，T分别为危险截面的弯矩和扭矩。

思考题

18-1　什么是组合变形？试列举工程实际中构件发生组合变形的实例。

18-2　叠加法求解组合变形问题的一般步骤是什么？其适用条件是什么？

18-3　拉（压）弯组合变形的强度条件是什么？

18-4　扭弯组合变形的强度条件是什么？

18-5　为什么强度条件 $\frac{\sqrt{M^2+T^2}}{W_z} \leqslant [\sigma]$ 和 $\frac{\sqrt{M^2+0.75T^2}}{W_z} \leqslant [\sigma]$ 仅适用于圆轴的扭弯组合变形？

练习题

题 18-1　某构件的有关尺寸及受力情况如图 18-8 所示，已知圆截面杆 AB 的抗弯截面系数为 W_z。试推导杆 AB 基于第三强度理论的强度条件。

题 18-2　如图 18-9 所示的悬臂吊车，其尺寸数据在图中已标注，已知吊重 $F=8\ \text{kN}$，横梁 AB 为 16 号工字钢，其抗弯截面系数 $W_z=141\ \text{cm}^3$，横截面积 $A=26.1\ \text{cm}^2$，许用应力 $[\sigma]=100\ \text{MPa}$。试校核梁 AB 的强度。

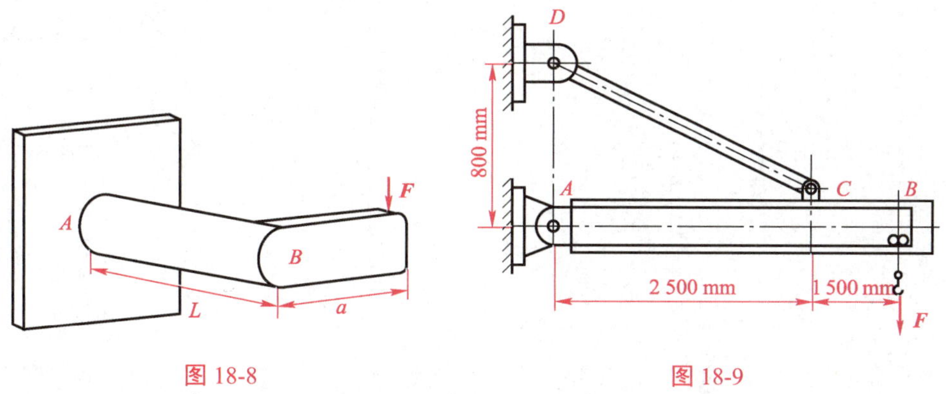

图 18-8　　　　图 18-9

题 18-3　如图 18-10 所示的钻床立柱由铸铁制成，已知立柱直径 $d=120\ \text{mm}$，$e=400\ \text{mm}$，铸铁材料的许用拉应力 $[\sigma_t]=30\ \text{MPa}$，许用压应力 $[\sigma_c]=100\ \text{MPa}$。试确定立柱的许可载荷。

题 18-4　某构件的受力情况如图 18-11 所示，它由两根无缝钢管焊接而成，已知两钢管的外径均为 140 mm，壁厚均为 10 mm。试求该构件危险截面上的最大拉应力和最大压应力。

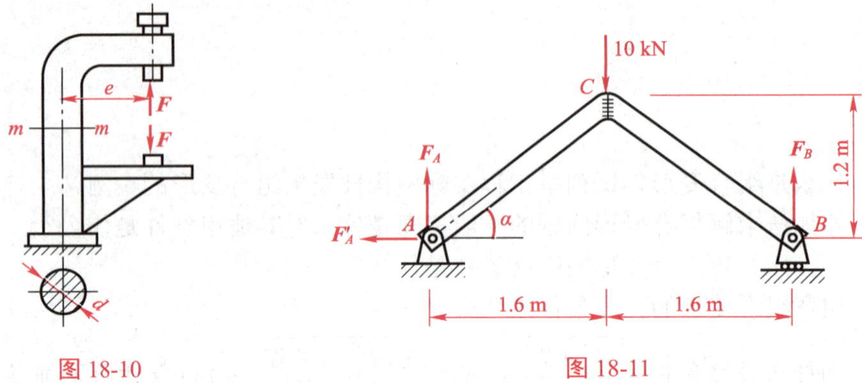

图 18-10　　　　图 18-11

题 18-5　如图 18-12 所示，转轴 AB 由电机带动，带轮直径 $D=400\ \text{mm}$，皮带紧边拉力 $F_1=6\ \text{kN}$，松边拉力 $F_2=3\ \text{kN}$，轴承间距 $l=200\ \text{mm}$，许用应力 $[\sigma]=120\ \text{MPa}$。试利用第三强度理论设计轴 AB 的直径 d。

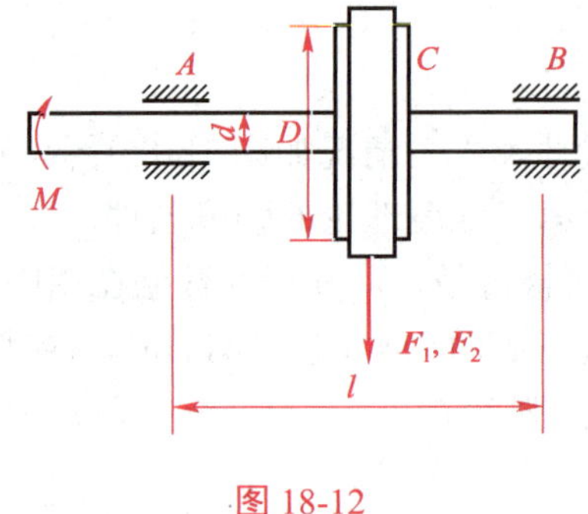

图 18-12

第 19 章 压杆稳定

学习目标

- 了解压杆稳定性的基本概念。
- 熟练掌握欧拉公式。
- 掌握压杆稳定性的计算方法。
- 了解提高压杆稳定性的措施。

素质目标

★ 提高客观认识和分析事物的科学探究能力。

★ 树立追求真理、报效祖国的理想信念。

19.1 压杆稳定性的基本概念

在第 13 章中讨论直杆的轴向压缩问题时，我们曾把强度条件作为衡量杆件能否正常工作的主要依据。实际上，这种方法仅适用于短而粗的受压直杆，而对细长压杆并不适用。

如图 19-1 所示为两根横截面面积相等的塑性杆件。当短粗杆受压时，在压力 F 由小增大的过程中，杆件始终保持原有的直线平衡状态，直至压应力 σ 达到屈服强度极限 σ_s 而导致杆件发生屈服破坏；当细长杆受压时，在压力 F 比较小时，杆件可以保持直线稳定状态，但当压力 F 超过某一个临界值 F_{cr} 时，杆件将会突然变弯，失去承载能力，即出现失稳。

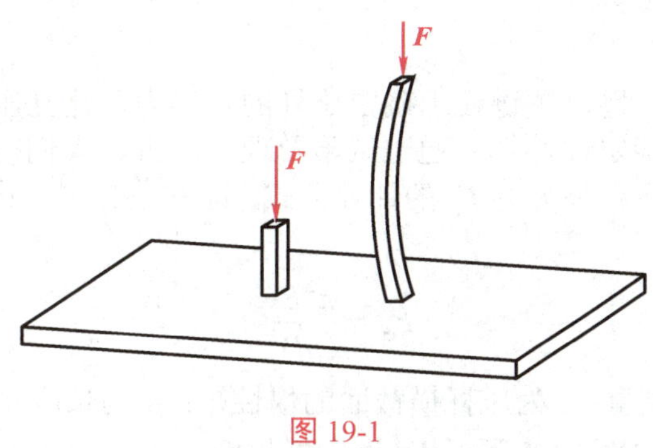

图 19-1

由此可见，对于压杆来说，短粗杆与细长杆的破坏性质是不同的。短粗杆是强度问题，而细长杆则是能否保持原有平衡状态的问题，即压杆的稳定性问题。

稳定性问题与强度问题、刚度问题一样，都是材料力学研究的重要内容。工程上有许多受压的细长杆件，如内燃机的连杆、液压缸的活塞杆、起重机的吊杆、千斤顶的丝杠等，都存在稳定性问题。

为了研究细长压杆的稳定性问题，可做如下试验。如图 19-2（a）所示，在压杆两端施加轴向力 $\boldsymbol{F}$，当力 $\boldsymbol{F}$ 不大时，压杆保持直线平衡状态；当施加一个微小的横向干扰力 $\boldsymbol{F}'$ 时，压杆会发生微小的弯曲。如图 19-2（b）所示，当横向干扰力消除后，压杆经过几次摆动后仍恢复到原来的直线平衡状态，即压杆处于稳定的平衡状态。如图 19-2（c）所示，压杆在轴向力 $\boldsymbol{F}$ 和横向干扰力 $\boldsymbol{F}'$ 共同作用下发生弯曲，当轴向力 $\boldsymbol{F}$ 增大到某一值 F_{cr} 时，撤去横向干扰力 $\boldsymbol{F}'$，压杆将保持弯曲的平衡状态，而无法恢复到原来的直线平衡状态，即此时压杆由原来稳定的平衡状态过渡到不稳定的平衡状态，在这种临界状态下，压杆所受到的轴向力 $\boldsymbol{F}_{cr}$ 称为临界力。

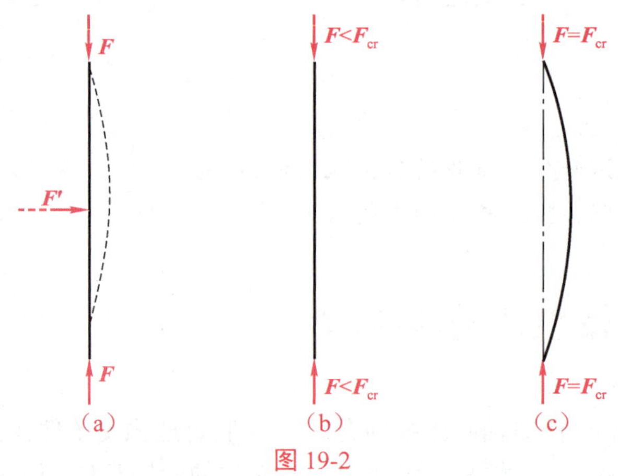

图 19-2

19.2 欧拉公式

19.2.1 欧拉公式

研究压杆的稳定性问题，关键在于确定压杆的临界力，建立压杆的稳定条件，从而进行稳定性计算。通过试验及理论分析，人们得出了不同约束条件下细长压杆临界力 $\boldsymbol{F}_{cr}$ 的计算公式，即欧拉公式，其普遍形式为

$$F_{cr}=\frac{\pi^2 EI}{(\mu l)^2} \tag{19-1}$$

式中，E 为材料的弹性模量；I 为压杆横截面的惯性矩；μ 为长度系数，其值随杆端约束类型的不同而不同，具体如表 19-1 所示；l 为压杆长度。

表 19-1　细长压杆在不同杆端约束类型下的长度系数与临界力

支承方式	一端自由 一端固定	两端铰支	一端固定 一端铰支	两端固定
挠曲线形状	F_{cr}　$2l$　l	F_{cr}　l	F_{cr}　$0.7l$　l	F_{cr}　$0.5l$　l
长度系数 μ	2.0	1.0	0.7	0.5
临界力 F_{cr}	$\frac{\pi^2 EI}{(2l)^2}$	$\frac{\pi^2 EI}{l^2}$	$\frac{\pi^2 EI}{(0.7l)^2}$	$\frac{\pi^2 EI}{(0.5l)^2}$

19.2.2　临界应力与柔度

欧拉公式是在线弹性条件下建立的。为了判断压杆失稳时是否处于弹性范围，并计算压杆处于非弹性范围状态时的临界力，需要引入临界应力与柔度的概念。

临界应力是指压杆处于临界状态时横截面上的平均应力，用 σ_{cr} 表示。由此可知，细长压杆的临界应力为

$$\sigma_{cr}=\frac{F_{cr}}{A}=\frac{\pi^2 E}{(\mu l)^2}\frac{I}{A} \tag{19-2}$$

式中，I/A 仅与截面形状及尺寸有关，可用 i 表示，且有

$$i=\sqrt{\frac{I}{A}} \tag{19-3}$$

其中，i 称为截面的惯性半径，单位为 mm。此时，临界应力公式为

$$\sigma_{cr}=\frac{\pi^2 E}{\left(\frac{\mu l}{i}\right)^2}$$

令 $\lambda=\frac{\mu l}{i}$，则临界应力公式可改写为

$$\sigma_{cr}=\frac{\pi^2 E}{\lambda^2} \tag{19-4}$$

其中，λ 称为压杆的柔度或细长比，它集中反映了压杆的长度、约束条件、截面形状和尺寸等因素对临界应力的影响。

从式（19-4）可以看出，压杆的临界应力与柔度的平方成反比，即压杆的柔度越大，其临界应力就越小，压杆也越容易失稳。

19.2.3 欧拉公式的适用范围

由于欧拉公式是由挠曲线近似微分方程导出的，而该方程只在杆内应力σ_{cr}不超过材料的比例极限σ_p时才成立。因此，欧拉公式的适用范围为

$$\sigma_{cr}=\frac{\pi^2 E}{\lambda^2}\leqslant\sigma_p \tag{19-5}$$

由上式可得

$$\lambda\geqslant\pi\sqrt{\frac{E}{\sigma_p}}=\lambda_p \tag{19-6}$$

只有当压杆的柔度满足式（19-6）时，才能利用欧拉公式计算其临界应力，通常这类压杆称为大柔度杆或细长杆。

例 19-1　如图 19-3 所示，压杆的直径$d=160\ \text{mm}$，杆长$l=5\ \text{m}$，弹性模量$E=205\ \text{GPa}$，$\lambda_p=100$。试计算该杆的临界力F_{cr}。

解：（1）柔度计算。压杆截面的惯性半径为

$$i=\sqrt{\frac{I}{A}}=\sqrt{\frac{\pi d^4/64}{\pi d^2/4}}=\frac{d}{4}$$

由于压杆的约束类型为两端铰支约束，故$\mu=1$，于是压杆的柔度为

$$\lambda=\frac{\mu l}{i}=\frac{4\mu l}{d}=125>\lambda_p=100$$

因此，该杆属于大柔度杆，可以利用欧拉公式计算临界力。

（2）临界力计算。压杆的临界力为

$$F_{cr}=\frac{\pi^2 EI}{(\mu l)^2}=\frac{\pi^2 EA}{\lambda^2}=\frac{\pi^2 E}{\lambda^2}\cdot\frac{\pi d^2}{4}\approx 2\,604\ (\text{kN})$$

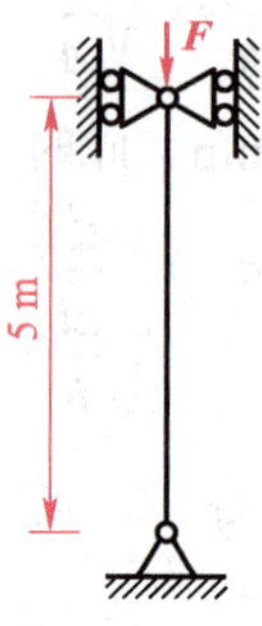

图 19-3

19.2.4　临界应力经验公式

试验指出，若压杆的柔度小于λ_p，则临界应力σ_{cr}大于材料的比例极限σ_p，这时欧拉公式已不再适用，属于超出比例极限的压杆稳定问题。对于超出比例极限的压杆失稳现象，工程上一般采用以试验结果为依据的经验公式。下面介绍经常使用的直线型经验公式。

用直线型经验公式计算临界应力的一般表达式为

$$\sigma_{cr} = a - b\lambda \tag{19-7}$$

其中，a，b是与材料性质有关的系数，可以从相关手册中查得。

上述经验公式也有一定的适用范围。例如，对于塑性材料（如合金钢、铝合金等）制成的压杆，要求其临界应力不超过屈服极限，即

$$\sigma_{cr} = a - b\lambda \leqslant \sigma_s$$

令$\lambda_s = \dfrac{a-\sigma_s}{b}$，它是能够使用该经验公式的最小柔度。因此，该经验公式的适用范围为

$$\lambda_s \leqslant \lambda \leqslant \lambda_p \tag{19-8}$$

一些常用材料的a，b值及λ_p，λ_s值如表 19-2 所示。

表 19-2　一些常用材料的a，b值及λ_p，λ_s值

材料		a/MPa	b/MPa	λ_p	λ_s
硅钢	$\sigma_s = 353$ MPa	577	3.74	100	60
	$\sigma_b \geqslant 510$ MPa				
Q235 钢 $\sigma_s = 353$ MPa		304	1.12	100	62
铬钼钢		980	5.29	55	0
硬铝		372	2.14	50	0
铸铁		331.9	1.453	—	—
松木		39.2	0.199	59	0

柔度范围满足式（19-8）的压杆称为中柔度杆或中长杆。柔度范围满足$\lambda \leqslant \lambda_s$的压杆称为小柔度杆或短粗杆，此时杆件受压变形时将发生强度失效，而不是失稳。若在形式上用稳定性问题来讨论，可令临界应力$\sigma_{cr} = \sigma_s$。

综上所述，各类柔度杆的临界应力计算公式归纳如下。

（1）大柔度杆：柔度范围为$\lambda \geqslant \lambda_p$，可利用欧拉公式$\sigma_{cr} = \dfrac{\pi^2 E}{\lambda^2}$计算。

（2）中柔度杆：柔度范围为$\lambda_s \leqslant \lambda \leqslant \lambda_p$，可利用经验公式$\sigma_{cr} = a - b\lambda$计算。

（3）小柔度杆：柔度范围为$\lambda \leqslant \lambda_s$，可利用压缩强度公式$\sigma_{cr} = \sigma_s$计算。

将以上三种柔度范围内压杆的临界应力与柔度之间的关系在直角坐标系中绘出，所得到的曲线称为压杆的临界应力总图，如图 19-4 所示。其中曲线的 BC 段适用于大柔度杆，CD 段适用于中柔度杆，DE 段适用于小柔度杆。由此可见，大柔度杆和中柔度杆的临界应

力随柔度的增大而减小，小柔度杆的临界应力则与柔度无关。

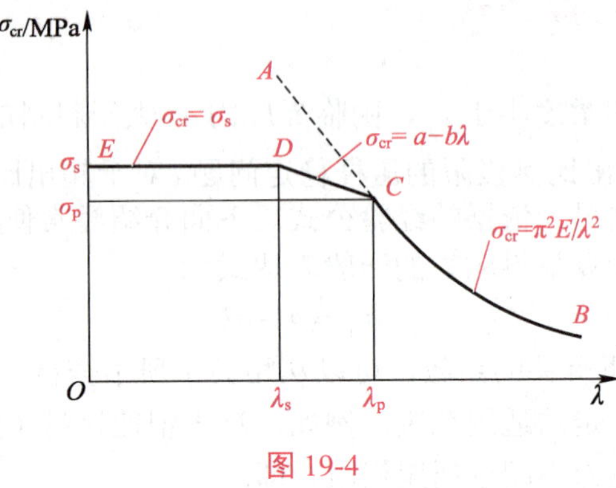

图 19-4

19.3 压杆稳定性的计算

在掌握了各种柔度压杆的临界应力计算公式之后，就可以在此基础上建立压杆的稳定条件，然后进行压杆的稳定性计算。

为了确保压杆能安全工作，压杆的轴向压力 F 必须满足

$$F \leqslant \frac{F_{cr}}{n_{st}} = [F_{cr}] \tag{19-9}$$

式中，n_{st} 为压杆的规定稳定安全系数；$[F_{cr}]$ 为稳定许用压力。

考虑到压杆的横截面面积，工程中还常用应力的形式来表示压杆的稳定条件，即压杆受到的应力 σ 应满足

$$\sigma \leqslant \frac{\sigma_{cr}}{n_{st}} = [\sigma_{cr}] \tag{19-10}$$

式中，$[\sigma_{cr}]$ 为稳定许用应力。

由于压杆的失稳现象大多具有突发性，而且危害较大，故规定稳定安全系数通常应大于强度安全系数。几种常见压杆的规定稳定安全系数如表 19-3 所示。

表 19-3　几种常见压杆的规定稳定安全系数 n_{st}

实际压杆	金属结构中的压杆	矿山冶金设备中的压杆	机床丝杆	精密丝杆	水平长丝杆	磨床油缸活塞杆	低速发动机挺杆	高速发动机挺杆
n_{st}	1.8～3	4～8	2.5～4	>4	>4	2～5	4～6	2～5

注　意

对于局部截面被削弱（如螺钉孔、油孔等）的压杆，除校核稳定性外，还应进行强度校核。在校核稳定性时，按未削弱的横截面尺寸计算惯性矩和横截面面积，这是由于

压杆的稳定性取决于整个压杆，局部截面被削弱对其影响较小；在校核强度时，则应按削弱后的横截面面积计算。

例 19-2　如图 19-5 所示的螺旋千斤顶，其最大长度 $l = 400\ \text{mm}$，最大起重量 $F = 85\ \text{kN}$，螺杆的螺纹内径 $d = 40\ \text{mm}$，材料为 45 钢，对应临界应力经验公式中的参数分别为 $\lambda_s = 60$，$\lambda_p = 100$，$a = 574\ \text{MPa}$，$b = 3.744\ \text{MPa}$，规定稳定安全系数 $n_{st} = 4$。试校核该千斤顶螺杆的稳定性。

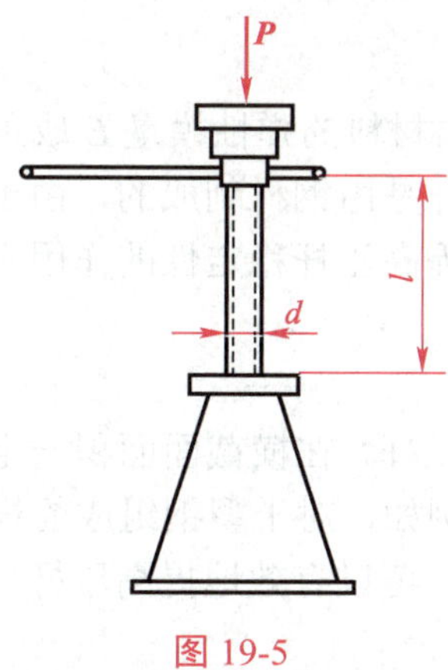

图 19-5

解：（1）柔度计算。该千斤顶螺杆截面的惯性半径为

$$i = \sqrt{\frac{I}{A}} = \sqrt{\frac{\pi d^4 / 64}{\pi d^2 / 4}} = \frac{d}{4} = 10\ (\text{mm})$$

由于压杆的约束类型为一端自由、一端固定约束，故 $\mu = 2$。于是

$$\lambda = \frac{\mu l}{i} = 80$$

（2）临界应力计算。由于 $\lambda_s < \lambda < \lambda_p$，所以该螺杆为中柔度杆，根据临界应力经验公式可得

$$F_{cr} = \sigma_{cr} \cdot A = (a - b\lambda) \cdot \frac{\pi d^2}{4} \approx 345\ (\text{kN})$$

（3）稳定性校核。该千斤顶螺杆的稳定许用压力为

$$[F_{cr}] = \frac{F_{cr}}{n_{st}} = 86.25\ \text{kN} > F = 85\ \text{kN}$$

因此，该千斤顶螺杆的稳定性是足够的。

19.4 提高压杆稳定性的措施

压杆的稳定性取决于其临界应力的大小，临界应力越高，则其承载能力越大，压杆就越稳定。综合压杆的材料性能、长度、截面形状和尺寸，以及杆两端的支承情况等因素对临界应力的影响，可从以下几个方面来提高压杆的稳定性。

1. 合理选择材料

对于大柔度杆，其临界应力与材料的弹性模量 E 成正比，因此应选用 E 值较高的材料来提高压杆的稳定性。但如果压杆是由钢材制成的，由于各种钢材的弹性模量差别不大，则选用优质钢材作为压杆材料对提高压杆稳定性的作用不大。

2. 合理选择截面

对于长度和约束方式一定的压杆，在横截面面积一定的情况下，应选择惯性矩较大的截面形状，以减小压杆的柔度。例如，对于型钢组成的杆件，用空心方截面代替实心方截面或用圆环截面代替实心圆截面，可以有效地提高压杆的稳定性，如图 19-6 所示。

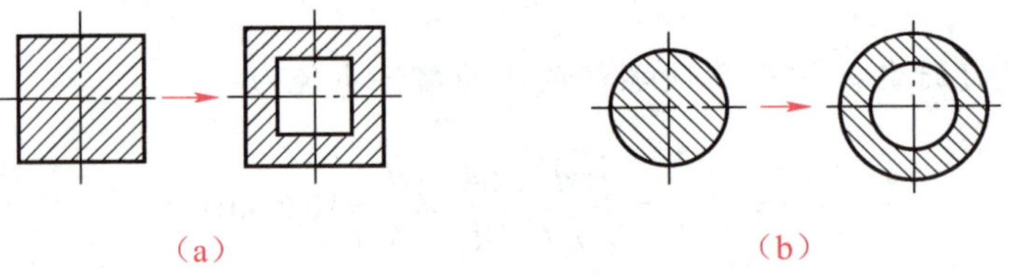

图 19-6

压杆总是在柔度较大的纵向平面内失稳，为了提高压杆的抗失稳能力，应使各个纵向平面内的柔度相同或相近。因此，当压杆两端为固定端或铰支座时，截面形状应尽量选择圆形或方形。

3. 减小压杆的长度

因为压杆的柔度 λ 与长度 l 成正比，所以应尽可能地减小压杆的长度 l，或者在压杆两端之间增设支座以降低柔度值，从而提高压杆的稳定性。

4. 改善约束条件

压杆两端的支承越牢固，长度系数 μ 越小，临界应力越大。因此，压杆与其他构件连接时，应尽可能采用刚性连接或使其较紧密的配合。

素质启慧园

伽利略："经验是知识的唯一源泉"

伽利略（1564—1642 年），意大利数学家、物理学家和天文学家，是近代实验科学的奠基者之一。

伽利略认为经验是知识的唯一源泉，深信自然之书是用数学语言写的，只有能归结为数量特征的形状、大小和速度才是物体的客观性质。伽利略对 17 世纪自然科学的发展起了重大作用，改变了人类对物质运动和宇宙的认识。为了证实和传播哥白尼的日心说，伽利略献出了毕生精力，也因此受到教会迫害，并被终身监禁。他开创了以实验事实为根据并具有严密逻辑体系的近代科学。

伽利略的科学发现，不仅在物理学史上，而且在整个科学史上都占有极其重要的地位。他不仅纠正了统治欧洲近两千年的亚里士多德的错误观点，更创立了研究自然科学的新方法。伽利略在总结自己的科学研究方法时说过“这是第一次为新的方法打开了大门，这种将带来大量奇妙成果的新方法，在未来会博得许多人的重视。”后来，惠更斯继续了伽利略的研究工作，他导出了单摆的周期公式和向心加速度的数学表达式。牛顿在系统地总结了伽利略、惠更斯等人的工作后，得到了万有引力定律和牛顿三大定律。

伽利略留给后人的精神财富是宝贵的。爱因斯坦曾这样评价：“伽利略的发现，以及他所用的科学推理方法，是人类思想史上最伟大的成就之一，而且标志着物理学真正的开端！”

（资料来源：https://idea.cas.cn/viewscientists.action?docid=28638，有改动）

本章小结

1. 失稳的概念

杆件在轴向载荷作用下失去原有平衡状态的现象称为失稳。

2. 欧拉公式

（1）利用欧拉公式计算临界力为

$$F_{cr}=\frac{\pi^2 EI}{(\mu l)^2}$$

（2）利用欧拉公式计算临界应力为

$$\sigma_{cr}=\frac{\pi^2 E}{\lambda^2}$$

（3）杆件的柔度为

$$\lambda=\frac{\mu l}{i}$$

（4）欧拉公式的适用范围为

$$\lambda\geqslant\pi\sqrt{\frac{E}{\sigma_p}}=\lambda_p$$

3. 压杆稳定性的计算

压力形式的压杆稳定条件为

$$F\leqslant\frac{F_{cr}}{n_{st}}=[F_{cr}]$$

应力形式的压杆稳定条件为

$$\sigma\leqslant\frac{\sigma_{cr}}{n_{st}}=[\sigma_{cr}]$$

魁北克大桥与工程师之戒

圣劳伦斯河是魁北克市贸易的主要航道，但冬季却因结冰而完全中断。因此，早在 1850 年，当地人就提议修建魁北克大桥。但由于圣劳伦斯河最窄处也有 3.2 km，且水深流急浪高，施工难度很大，直至 1887 年，该桥的建设才被提上议事日程。

魁北克大桥被设计成由三跨钢桁架梁组成的结构，主跨 549 m。该桥的建造过程历经 30 年，施工期间发生了两次垮塌事故。第一次是在 1907 年 8 月，由于压杆失稳，造成 75 人丧生；第二次是在 1916 年 9 月，由于悬臂安装时一个锚固支撑构件断裂，造成 13 人丧生。大桥最终于 1917 年竣工运营。

1907 年发生垮塌事件后，加拿大官方文件给出的事故技术原因包括大桥悬臂根部的下弦杆存在设计缺陷使下弦杆失稳，以及部分构件的应力超过以往的经验值等，并且由于当时关于压杆稳定的理论还不成熟，大桥在结构设计和工程规范方面都存在问题。

1922 年，加拿大七大工程学院一起出钱将建桥过程中垮塌的残骸全部买下，并决定把这些亲临事故的钢材打造成一枚枚戒指，发给每年从工程系毕业的学生。于是，这一枚枚戒指就成为了后来在工程界闻名的工程师之戒。这枚戒指要戴在小拇指上，作为对每个工程师的一种警示。

思考题

19-1　什么是压杆的稳定性？

19-2　受拉直杆存在稳定性问题吗？

19-3　受压杆件的临界力与作用在杆件上的载荷大小有关吗？为什么？

19-4　什么是压杆的柔度？它的大小与哪些因素有关？

19-5　如何判定杆件为大柔度杆？

19-6　将某圆截面压杆的直径和长度都减半，对压杆的柔度、临界力以及临界应力各有什么影响？

19-7　如何校核压杆的稳定性？

19-8　提高压杆稳定性的措施有哪些？

19-9　什么是失稳？什么是稳定平衡与不稳定平衡？

练习题

题 19-1　如图 19-7 所示为一端固定一端自由的细长压杆，杆长 $l = 2\ \text{m}$，截面形状为矩形，$b = 20\ \text{mm}$，$h = 30\ \text{mm}$，材料的弹性模量 $E = 200\ \text{GPa}$。试求该压杆的临界压力。

题 19-2　如图 19-8 所示，各杆的材料和截面均相同，试问哪根杆的临界应力较大？

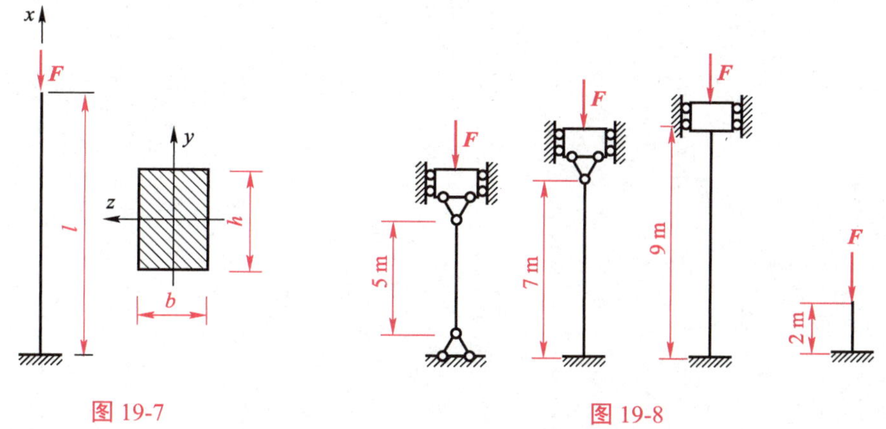

图 19-7　　图 19-8

题 19-3　如图 19-9 所示的螺旋千斤顶，最大长度 $l = 400\ \text{mm}$，螺杆的螺纹内径 $d = 40\ \text{mm}$，材料为 Q235 钢，最大起重量 $F = 70\ \text{kN}$，规定稳定安全系数 $n_{st} = 3.4$。试校核该千斤顶螺杆的稳定性。（提示：对于 Q235 钢，$\lambda_s = 62$，$\lambda_p = 100$，$a = 310\ \text{MPa}$，$b = 1.12\ \text{MPa}$）

题 19-4　如图 19-10（a）所示为材料试验机的示意图。四根立柱的长度均为 $l = 3\ \text{m}$，且每根立柱受力相等，材料的弹性模量 $E = 210\ \text{GPa}$，$\sigma_p = 200\ \text{MPa}$，试验最大载荷 $F_{max} = 1\,000\ \text{kN}$，规定稳定安全系数 $n_{st} = 4$。试根据稳定性要求设计立柱直径。（提示：立柱失稳时的变形曲线如图 19-10（b）所示，长度系数 $\mu = 1$）

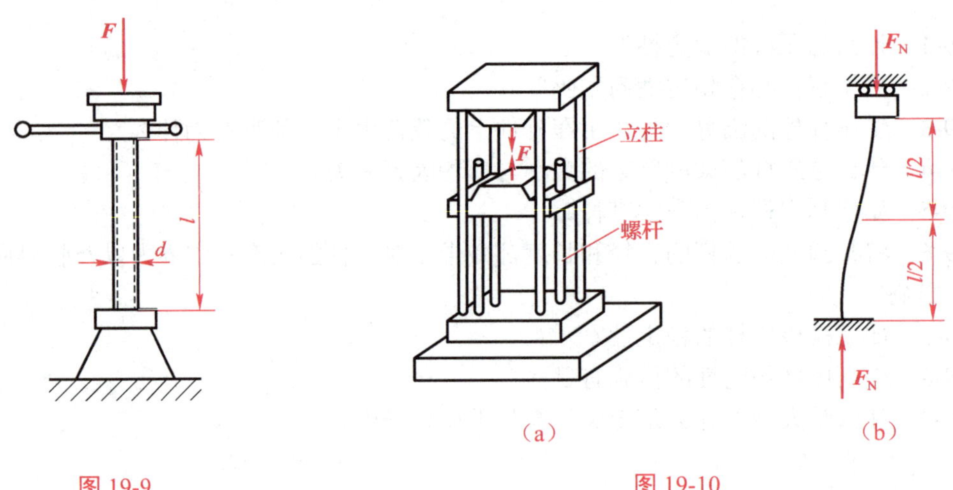

图 19-9　　图 19-10

第 20 章 动载荷与交变应力

学习目标

- 了解动载荷的概念，并掌握构件在动载荷下的应力计算。
- 了解交变应力的概念。
- 了解疲劳极限与疲劳强度的概念。

素质目标

★ 具备探索未知、勇攀科学高峰的责任感和使命感。
★ 具备科技报国的家国情怀和使命担当。

20.1 动载荷

20.1.1 动载荷的概念

前面几章主要研究了构件在静载荷作用下的强度问题和刚度问题。所谓静载荷，是指构件上从零开始，平稳、缓慢地增加到最终值，且之后不再随时间变化的载荷。因为加载缓慢，加载过程中构件上各质点的加速度都很小，于是可以认为构件的加速度等于零或者可以忽略不计。因此，应用静力平衡方程即可确定构件中各横截面的内力。

在工程实际中，运动的构件也十分常见，如加速提升重物的绳索、内燃机的连杆以及高速旋转的转轴等。当这些构件的速度或受到的载荷发生显著变化时，构件将产生加速度，并在惯性力的作用下，产生不可忽视的动力效应。这种具有显著动力效应的载荷称为动载荷。构件中因动载荷而引起的应力称为动应力。

试验表明，在静载荷下服从胡克定律的材料，只要其动应力不超过比例极限，在动载荷下仍然服从胡克定律，且其弹性模量也与静载荷时相同。

20.1.2 构件做匀加速直线运动时的应力计算

达朗贝尔原理指出，对于加速度为 $\boldsymbol{a}$ 的质点，其惯性力为质点质量 m 与加速度 $\boldsymbol{a}$ 的乘积，且方向与加速度 $\boldsymbol{a}$ 相反。质点上的原力系与惯性力组成平衡力系，这样就可以把动力学问题在形式上当作静力学问题来处理，这种研究方法称为**动静法**。

现以起重机匀加速提升重物为例，说明如何利用动静法计算吊索在动载荷作用下的动应力。如图 20-1（a）所示，设有重力为 W 的重物，由起重机吊索以加速度 $\boldsymbol{a}$ 提升，不计吊索重量，计算吊索横截面上的应力。

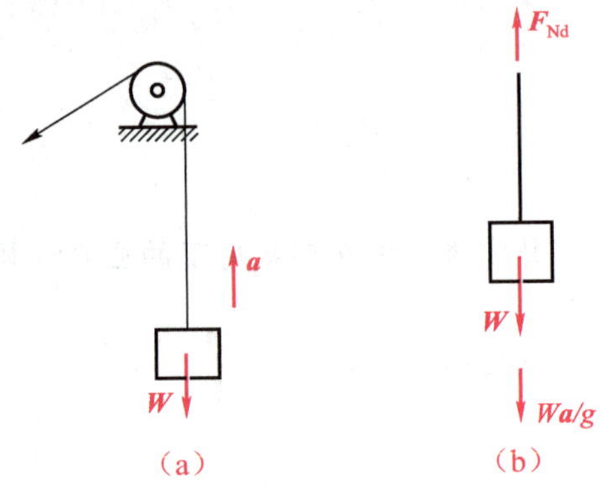

图 20-1

如图 20-1（b）所示，取垂直段吊索与重物为研究对象，应用动静法，可以得出

$$F_{Nd}-W-\frac{W}{g}a=0$$

则吊索截面上的动应力 σ_d 为

$$\sigma_d=\frac{F_{Nd}}{A}=\frac{W}{A}\left(1+\frac{a}{g}\right)$$

令 $\sigma_j=\dfrac{W}{A}$，则有

$$\sigma_d=\sigma_j\left(1+\frac{a}{g}\right)$$

式中，σ_j 为吊索在静载荷 W 作用下的静应力。

令 $k_d=1+\dfrac{a}{g}$，则有

$$\sigma_d=k_d\sigma_j \tag{20-1}$$

式中，k_d 为**动载荷系数**，常用来反映构件的动载荷效应。

此时吊索的强度条件为

$$\sigma_d=k_d\sigma_j\leqslant[\sigma] \tag{20-2}$$

式中，$[\sigma]$ 为构件在静载荷作用下的许用应力。

知识链接

达朗贝尔原理由法国数学家和物理学家 J.达朗贝尔于 1743 年提出，它是求解约束系统动力学问题的一个普遍原理。该原理表明，作用于一个物体的外力与动力的反作用力之和等于零。达朗贝尔原理与牛顿第二定律相似，但其发展在于可以把动力学问题转化为静力学问题处理，还可以用平面静力学方法分析刚体的平面运动。该原理使一些力学问题的分析简单化，而且为分析力学的创立打下了基础。

20.1.3　构件受到自由落体冲击时的应力计算

当具有一定速度的物体对静止构件作用时，物体的速度在极短时间内发生急剧变化，由于物体的惯性，使构件受到很大的作用力，这种现象称为冲击。我们把运动的物体称为冲击物，把静止的物体称为被冲击物。在工程实际中，经常会遇到冲击载荷，如汽锤锻造、落锤打桩、金属的冲压加工等。

由于冲击过程总是在很短的时间内完成，冲击物的加速度难以确定，因此无法引用惯性力来计算构件的动应力。工程上一般采用近似能量法计算构件受到冲击时的应力，并对冲击问题作出如下假设。

（1）冲击过程中，没有能量损失。

（2）构件的质量较小，可以忽略不计。

（3）构件受到冲击时，材料仍服从胡克定律，即其力学性能是线弹性的。

下面结合构件受到自由落体冲击时的应力计算进行说明。

如图 20-2 所示，物体的重力为 W，由高度 h 处自由下落，冲击下面的直杆，使杆发生轴向压缩变形。

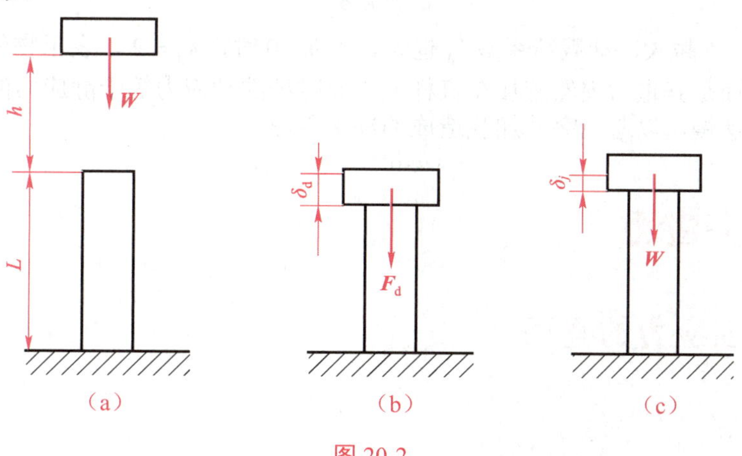

图 20-2

当物体自由下落时，其初速度为零；冲击直杆后，其速度仍为零，而此时杆的受力从零增加到 F_d，杆的缩短量达到最大值 δ_d。因此，在整个冲击过程中，冲击物的动能变化为零，冲击物重力所做的功全部转化为杆的变形能，即

$$W(h+\delta_d)=\frac{1}{2}F_d\delta_d \tag{a}$$

又因假设中认为杆的材料是线弹性的，故有

$$\frac{F_d}{\delta_d}=\frac{W}{\delta_j} \text{ 或 } F_d=\frac{\delta_d}{\delta_j}W \tag{b}$$

将式（b）代入式（a），可得

$$W(h+\delta_d)=\frac{1}{2}W\frac{\delta_d^{\ 2}}{\delta_j}$$

从而得出

$$\delta_d^{\ 2}-2\delta_j\delta_d-2h\delta_j=0$$

可以解得

$$\delta_d=\left(1\pm\sqrt{1+\frac{2h}{\delta_j}}\right)\delta_j$$

由于要求直杆受到冲击时的最大压缩量，因此，上式中根号前应取正号，即

$$\delta_d=\left(1+\sqrt{1+\frac{2h}{\delta_j}}\right)\delta_j$$

令 $k_d=1+\sqrt{1+\dfrac{2h}{\delta_j}}$，则有

$$\delta_d=k_d\delta_j \tag{20-3}$$

式中，k_d 为自由落体冲击时的动载荷系数。

由于冲击时材料服从胡克定律，因此

$$\sigma_d=k_d\sigma_j \tag{20-4}$$

综上可知，h 越大，动载荷系数 k_d 越大。当 $h=0$ 时，$k_d=2$，表示物体不是从高度 h 处自由下落，而是其重力突然施加在直杆上，此时杆的动应力等于静应力的 2 倍。因此，加载时应尽量缓慢，以避免突然加载造成的冲击效应。

20.2 交变应力

20.2.1 交变应力的概述

1. 交变应力的概念

某些构件（如泥浆泵主轴、齿轮等）工作时所承受的载荷随时间发生周期性变化，相应地，构件内所产生的应力也发生周期性变化，这种周期性变化的应力称为交变应力。

2. 产生交变应力的原因

构件内产生交变应力的原因分为两种：一是种构件受到交变载荷的作用；另一种是载荷不变，由于构件本身转动而引起构件内部应力发生交替变化。如图 20-3 所示的火车轮轴即属于后一种情况。当轮轴旋转一周时，轮轴横截面边缘上点 C 的位置将按 1-2-3-4-1 变化，同时点 C 的应力也经历了如下循环：$\sigma_{max}-0-\sigma_{min}-0-\sigma_{max}$。这种应力每重复变化一次的过程称为一个**应力循环**。

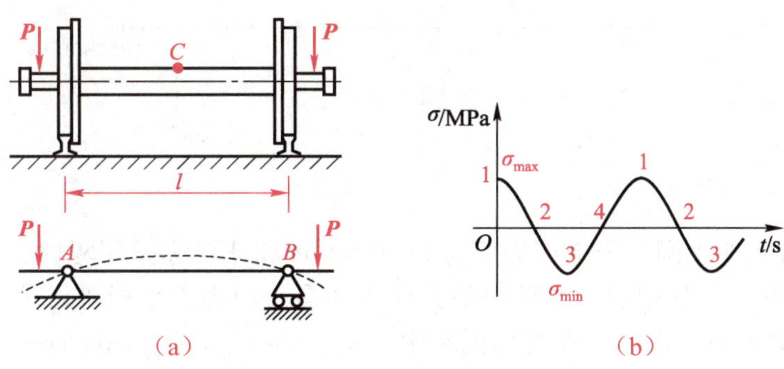

图 20-3

3. 交变应力涉及的一些概念

如图 20-4 所示为杆件横截面上一点的应力随时间 t 按正弦规律变化的曲线，该曲线显示出了交变应力的几个主要要素。

（1）**最大应力** σ_{max}：应力循环中的最大应力值。

（2）**最小应力** σ_{min}：应力循环中的最小应力值。

（3）**平均应力** σ_{m}：应力循环中最大应力和最小应力的平均值，即

$$\sigma_{m}=\frac{\sigma_{max}+\sigma_{min}}{2} \tag{20-5}$$

（4）**应力幅** σ_{a}：应力循环中最大应力和最小应力差值的一半，即

$$\sigma_{a}=\frac{\sigma_{max}-\sigma_{min}}{2} \tag{20-6}$$

（5）**循环特征** r：应力循环中最大应力和最小应力的比值，即

$$r=\begin{cases}\dfrac{\sigma_{min}}{\sigma_{max}} & (|\sigma_{min}|\leqslant|\sigma_{max}|)\\[2ex] \dfrac{\sigma_{max}}{\sigma_{min}} & (|\sigma_{min}|\geqslant|\sigma_{max}|)\end{cases} \tag{20-7}$$

其中，σ_{max} 和 σ_{min} 均取代数值，拉应力为正，压应力为负；r 值在 –1 和 +1 之间变化。

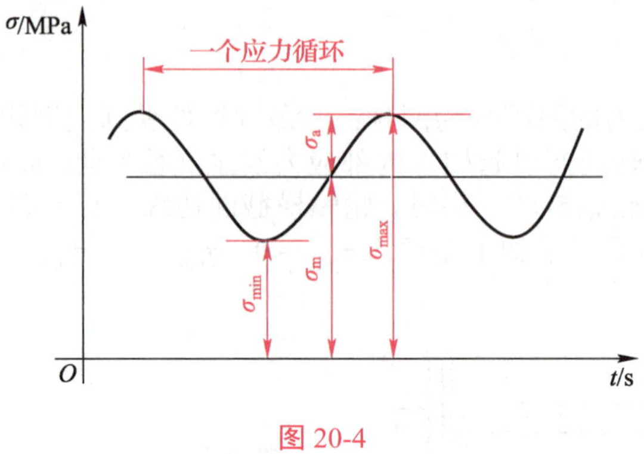

图 20-4

4. 交变应力的分类

根据循环特征的不同，交变应力可分为对称循环和非对称循环两种形式。

（1）**对称循环：**是指应力循环中最大应力和最小应力大小相等、符号相反的交变应力情况，如图 20-5（a）所示。在对称循环中，$\sigma_{max}=-\sigma_{min}$，$\sigma_m=0$，$r=-1$。例如，火车轮轴上外边缘点处的应力情况即为对称循环。

（2）**非对称循环：**是指应力循环中循环特征 $r\neq-1$ 的交变应力情况的统称，如图 20-5（b）所示。其中，最小应力 $\sigma_{min}=0$ 的交变应力情况称为**脉动循环**，其循环特征 $r=0$，如图 20-5（c）所示。例如，单向转动的啮合齿轮工作时，其齿根处的应力情况即为脉动循环。

在应力循环中，当 $\sigma_{max}=\sigma_{min}$ 时，循环特征 $r=1$，即通常所说的**静应力**。所以静应力可以看作是交变应力的一种特例，如图 20-5（d）所示。此外，非对称循环还可以看作是在静应力上叠加了一个最大应力值与应力幅相等的对称循环。

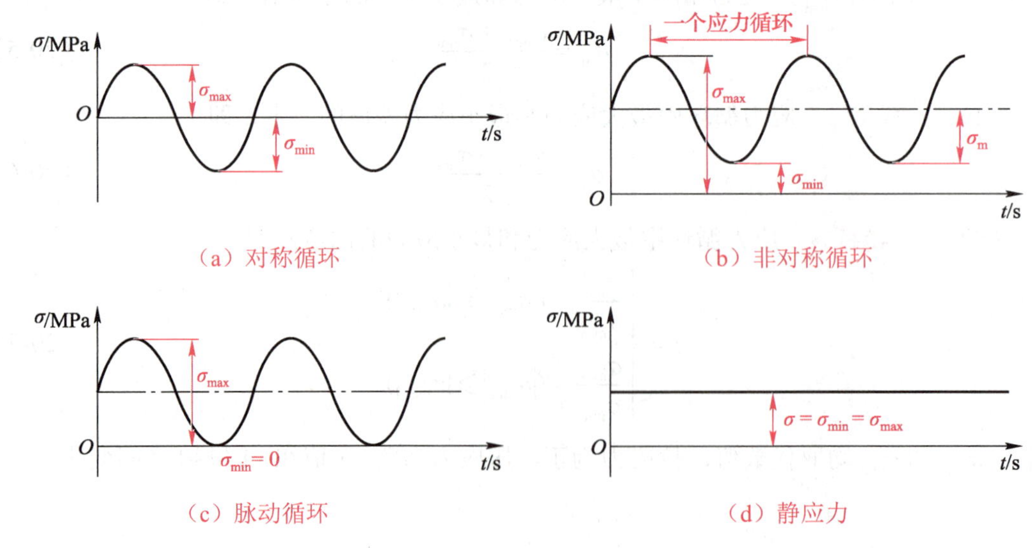

图 20-5

20.2.2　疲劳失效

构件在交变应力作用下产生的破坏称为疲劳失效。

1. 疲劳失效的特点

构件在交变应力作用下的破坏与在静载荷作用下的破坏完全不同，其主要特点如下。

（1）破坏时，构件内的最大应力远低于材料的强度极限，甚至低于屈服极限。

（2）不论是塑性材料还是脆性材料，均呈脆性断裂，破坏前无明显塑性变形。

（3）破坏断口表面一般可明显地区分成光滑区和晶粒状的粗糙区，如图 20-6 所示。

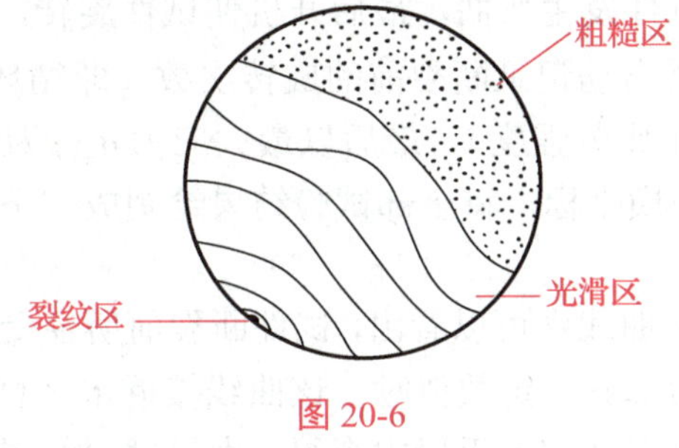

图 20-6

2. 疲劳失效的原因

通常认为产生疲劳失效的原因包括以下几个方面。

（1）当交变应力的最大值超过一定限度时，经过多次应力循环，在构件中的应力最大处和材料缺陷处产生了微裂纹。

（2）随着应力循环次数的增加，微裂纹逐渐扩大，裂纹两边的材料时合时分，不断挤压，形成断口的光滑区。

（3）经过长期运转，裂纹不断扩展，有效面积逐渐缩小，当截面削弱到一定程度时，构件突然断裂，形成断口的粗糙区。

由于疲劳失效是在构件没有明显的塑性变形时突然发生的，因此常会产生严重的后果。

20.2.3　疲劳极限与疲劳强度计算

由于构件在交变应力作用下的破坏与在静载荷作用下的破坏有本质区别，构件在静载荷条件下建立的强度条件已不再适用于交变应力的情况，因此需要重新建立构件在交变应力作用下的疲劳强度条件，这就需要测定材料在交变应力作用下的疲劳极限。

疲劳极限与疲劳强度计算

1. 材料的疲劳极限

1）影响材料疲劳极限的因素

试验表明，材料是否产生疲劳破坏，不仅与最大应力 σ_{max} 有关，还与循环特征 r 以及

循环次数 N 有关。在一定的循环特征下，σ_{max} 越大，材料发生断裂时所经受的循环次数 N 越少，反之亦然。当 σ_{max} 不超过某一临界值时，循环次数 N 可无限增大，即材料可以经受无数次应力循环而不发生疲劳失效，这一临界值称为材料在该交变应力下的疲劳极限，用 σ_r 表示，下标 r 表示循环特征。

试验还表明，对于材料结构均相同的构件，在不同循环特征的交变应力中，对称循环作用下的疲劳极限 σ_{-1} 最小。

2）材料疲劳极限的测试

材料的疲劳极限在疲劳试验机上进行测试。试验前，将材料制成一组（13～15 根）尺寸相同（直径约为 7～10 mm）、表面磨光的标准试件。试验时，首先将标准试件夹在试验机的夹头内，然后加载使试件发生弯曲，最后开机使试件旋转，直至试件断裂为止。

试验过程中，由计数器自动记录断裂前的旋转次数（即循环次数 N），并计算出在该载荷下试件的最大应力（即疲劳强度）。最后以最大应力 σ_{max} 为纵坐标，以断裂前的循环次数 N（又称疲劳寿命）为横坐标，将全部试验结果绘制成一条曲线，这条曲线称为疲劳曲线，常简称为 σ-N 曲线。

如图 20-7 所示，从疲劳曲线中可以看出，试件断裂前所经受的循环次数随着最大应力的减小而增加，当最大应力降到一定数值时，该曲线接近水平直线。

各种材料的疲劳极限可以从相关手册中查得。大量试验结果表明，钢材的疲劳极限与其在静载荷下的强度极限之间存在以下近似关系。

（1）拉压：$\sigma_{-1} \approx 0.28\sigma_b$。

（2）弯曲：$\sigma_{-1} \approx 0.4\sigma_b$。

（3）扭转：$\tau_1 \approx 0.22\sigma_b$。

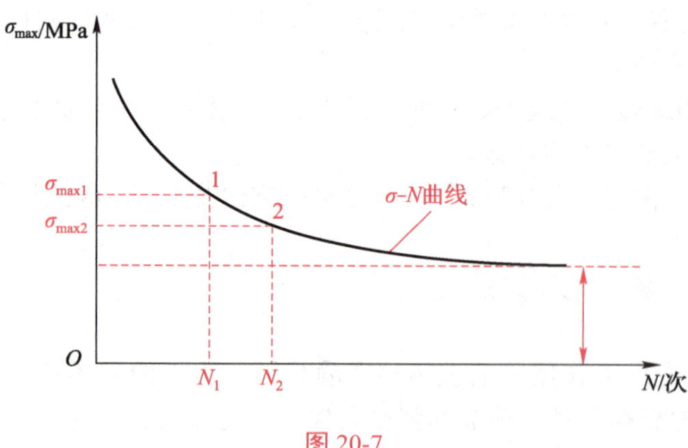

图 20-7

2. 构件的疲劳极限

疲劳试验机上采用的是标准试件，因此得到的试验结果是材料本身的疲劳极限。实际构件的疲劳极限还受其应力变化情况、形状尺寸及表面加工质量等因素的影响。因此，材料的疲劳极限不能直接用于计算构件的疲劳极限。综合考虑这些因素后，实际构件在对称

循环作用下的疲劳极限 σ_{-1}^{0} 为

$$\sigma_{-1}^{0}=\frac{\varepsilon_{\sigma}\beta}{k_{\sigma}}\sigma_{-1} \tag{20-8}$$

式中，ε_{σ} 为构件尺寸影响系数；β 为构件表面质量系数；k_{σ} 为构件有效应力集中系数；σ_{-1} 为光滑小试件的疲劳极限，即材料的疲劳极限。

3. 构件的疲劳强度条件

构件在对称循环作用下的疲劳强度条件为

$$\sigma_{\max}\leqslant\left[\sigma_{-1}^{0}\right]=\frac{\sigma_{-1}^{0}}{n}=\frac{\varepsilon_{\sigma}\beta}{nk_{\sigma}}\sigma_{-1} \tag{20-9}$$

式中，$\sigma_{\max}$ 为构件危险点的最大工作应力；$[\sigma_{-1}^{0}]$ 为构件的许用疲劳极限应力；n 为安全系数。

例 20-1　计算如图 20-8（a）和图 20-8（b）所示交变应力的平均应力 σ_{m}、应力幅 σ_{a} 和循环特征 r。

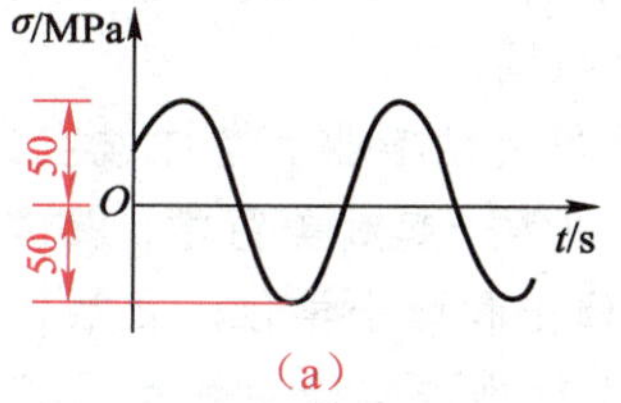

（a）

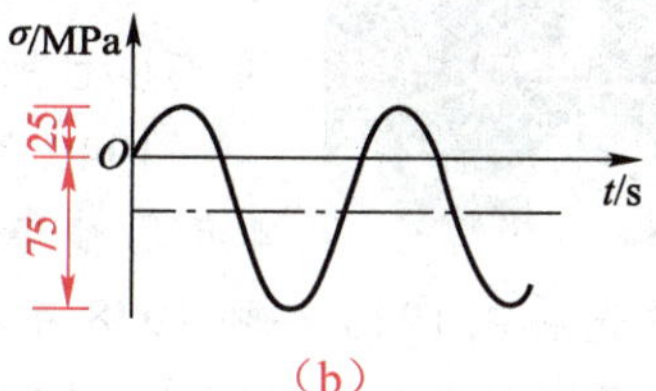

（b）

图 20-8

解：如图 20-8（a）所示，$\sigma_{\max}=50\ \text{MPa}$，$\sigma_{\min}=-50\ \text{MPa}$，可以得出

$$\sigma_{m}=\frac{\sigma_{\max}+\sigma_{\min}}{2}=0$$

$$\sigma_{a}=\frac{\sigma_{\max}-\sigma_{\min}}{2}=50\ (\text{MPa})$$

$$\left|\sigma_{\min}\right|\leqslant\left|\sigma_{\max}\right|,\quad r=\frac{\sigma_{\min}}{\sigma_{\max}}=-1$$

如图 20-8（b）所示，$\sigma_{\max}=25\ \text{MPa}$，$\sigma_{\min}=-75\ \text{MPa}$，可以得出

$$\sigma_{m}=\frac{\sigma_{\max}+\sigma_{\min}}{2}=-25\ (\text{MPa})$$

$$\sigma_{a}=\frac{\sigma_{\max}-\sigma_{\min}}{2}=50\ (\text{MPa})$$

$$\left|\sigma_{\min}\right|\geqslant\left|\sigma_{\max}\right|,\quad r=\frac{\sigma_{\max}}{\sigma_{\min}}=-0.33$$

素质启慧园

李敏华：展翅长空绽芳华

李敏华（1917—2013 年）是固体力学家，中国科学院院士。她是中国塑性力学的开拓者，在塑性问题的解析方法、结构强度、疲劳失效机制等方面做出了重要贡献，并培养了一批优秀的力学人才。

1917 年 11 月 2 日，李敏华出生于江苏省吴县，后随家人迁居上海，1935 年考入清华大学。1925 年的“五卅惨案”、1931 年的日本侵略东北三省以及 1935 年的“一二·九”学生运动，都给李敏华留下深刻的印象，这让她立志以己所学报效祖国。

1940 年，李敏华大学毕业后留在航空工程学系任教。4 年后她与丈夫吴仲华一起赴美留学，就读于麻省理工学院（MIT），并先后在 1945 年和 1948 年获得了硕士和博士学位。之后，李敏华先后在美国国家航空咨询委员会（NACA）的路易斯飞行推进实验室和美国布鲁克林理工学院（PIB）机械系工作。此时的她，已经在塑性力学领域里取得了非凡的成就。

20 世纪 50 年代，塑性力学在国内尚属空白领域。此时，曾经亲历国家风雨飘摇的至暗时刻、立志以己所学报效祖国的李敏华多次拒绝加入美籍。1954 年 8 月，她和丈夫冲破重重阻力、绕了半个地球终于回到祖国。

从 1955 年秋开始，李敏华以极大的热情投入了钱学森和钱伟长领导下的中国科学院力学研究所的创建工作。作为高级研究人员，她担任了力学所设立的四个研究组之一的塑体力学组组长，成为我国塑性力学的开拓者。1958 年 5 月，研制人造卫星的号召下达后，李敏华接受了筹建燃烧实验装置的任务。她提出炽体引燃方法，不到半年，瞬时加热加载实验装置在国内首次研制成功，并实现了驻点温度超过 1 000℃，为航天器抗高温、安全返回立下功劳。

20 世纪 70 年代初，为分析航空发动机涡轮轴断轴故障，年届 60 岁的李敏华仍常常扑在桌上看一张张大大的涡轮轴工程图，反复研讨修改设计方案。她提出的新解法被航空部评价称“这正是故障研究所需”。正是由于这次故障处理课题，李敏华深深感到疲劳问题的重要性，便将自己的研究方向从应力应变分析转向疲劳问题的研究。她倡导学科交叉，带领学生开始低周疲劳的科研工作，使铝合金薄板的疲劳寿命增加 3～4 倍。年届 80 岁，她仍亲自指导青年学者做研究，被学生们尊称为祖母级导师。

“由于亲眼看到了帝国主义对我国的经济侵略和民族压迫，亲身经历了我国免于亡国的挣扎阶段，因此下决心努力学习专业知识，为摆脱祖国受侵略而进行的建设贡献出自己的全部力量。”李敏华在她的入党志愿书中写道。

（资料来源：https://www.cas.cn/cm/201507/t20150731_4406436.shtml，有改动）

本章小结

1. 动载荷

（1）动载荷：具有显著动力效应的载荷。

（2）构件做匀加速直线运动时的动应力为

$$\sigma_{\mathrm{d}} = k_{\mathrm{d}}\sigma_j$$

式中，k_{d} 为动载荷系数，且 $k_{\mathrm{d}} = 1 + \dfrac{a}{g}$。

强度条件为

$$\sigma_{\mathrm{d}} = k_{\mathrm{d}}\sigma_j \leqslant [\sigma]$$

（3）构件受到自由落体冲击时的动应力为

$$\sigma_{\mathrm{d}} = k_{\mathrm{d}}\sigma_j$$

式中，k_{d} 为自由落体冲击时的动载荷系数，且 $k_{\mathrm{d}} = 1 + \sqrt{1 + \dfrac{2h}{\delta_j}}$。

2. 交变应力

（1）交变应力的概念。

交变应力：构件内产生的随时间发生周期性变化的应力。

循环特征：交变应力的变化规律用循环特征 r 来表示，它是应力循环中最大应力和最小应力的比值，r 值在 -1 和 $+1$ 之间变化。

（2）疲劳失效。

疲劳失效：构件在交变应力作用下产生的破坏。

疲劳极限：材料经无数次应力循环而不发生疲劳失效的最大应力临界值。

（3）构件的疲劳极限。

实际构件在对称循环作用下的疲劳极限为

$$\sigma_{-1}^{0} = \frac{\varepsilon_{\sigma}\beta}{k_{\sigma}}\sigma_{-1}$$

构件的疲劳极限除与材料本身的疲劳极限有关外，还受构件应力分布情况、形状尺寸以及表面加工质量等因素的影响。

（4）构件的疲劳强度条件。

构件在对称循环作用下的疲劳强度条件为

$$\sigma_{\max} \leqslant \left[\sigma_{-1}^{0}\right] = \frac{\sigma_{-1}^{0}}{n} = \frac{\varepsilon_{\sigma}\beta}{nk_{\sigma}}\sigma_{-1}$$

拓展阅读

致命杀手——机械构件的疲劳失效

疲劳失效被称为机械构件的致命杀手。据统计，机械零部件的破坏很大比例是由疲劳失效引起的。

1954 年 1 月 10 日，一架英国海外航空公司的“彗星”1 型客机（航班编号 781 号）从意大利罗马起飞，飞往目的地英国伦敦。飞机起飞 26 分钟后，机身在空中解体，坠入地中海，机上所有乘客和机组人员全部遇难，这次事故震惊了全世界。英国成立了专门的调查组对事故原因进行调查，并责令该型飞机停飞。两个月后，由于英国海外航空公司总裁保证不会发生事故，该型飞机再次投入使用。但时隔不久，另一架“彗星”号客机也发生了同样的空中解体事故，并坠毁在意大利那不勒斯附近的海中。

对于“彗星”号客机空难事故原因的调查，一方面的工作由英国政府主持，主要组织打捞失事客机残骸和遇难者尸体进行分析。检查发现，遇难者肺部有因气体膨胀而引起的破裂伤痕，说明客机内气压突然减小，使人肺内气体急骤膨胀而破裂。从打捞出来的飞机残骸中发现，飞机的舷窗处有裂痕，该事实也支持了尸检得出的结论。另一方面的工作由德·哈维兰公司主持，主要对正在生产和已经停飞的“彗星”号客机逐个进行严格的检查，并将一架飞机放在水槽中进行试验。通过对水反复加压并加大流速，模拟飞机在空中高速飞行时受到的各种影响，该实验进行了 9 000 多个小时后，在飞机的蒙皮上发现了裂痕，而且与失事飞机残骸上的裂痕相同。最后得出结论，由于机体上金属部件产生裂纹并扩展而引发了解体事故，而产生裂纹的原因是由于高空飞行的“彗星”号客机使用了增压座舱，长时间的飞行和频繁起降使机体反复的承受增压和减压，最终导致飞机的铝制蒙皮发生疲劳失效。

思考题

20-1　动载荷和静载荷的主要区别是什么？

20-2　什么是动载荷系数？构件在做匀加速直线运动和受到自由落体冲击时的动载荷系数分别是什么？

20-3　什么是交变应力？交变应力的主要要素有哪些？

20-4　构件受到交变应力作用而发生疲劳失效的主要特点是什么？其断口有何特征？

20-5　影响构件疲劳极限的因素有哪些？

练习题

题 20-1　如图 20-9 所示，设有重力为 W 的重物，由起重机吊索以加速度 $a = g/2$ 提升，不计吊索重量。试求吊索横截面上的应力。

题 20-2　计算如图 20-10 所示交变应力的平均应力 σ_m、应力幅 σ_a 和循环特征 r。

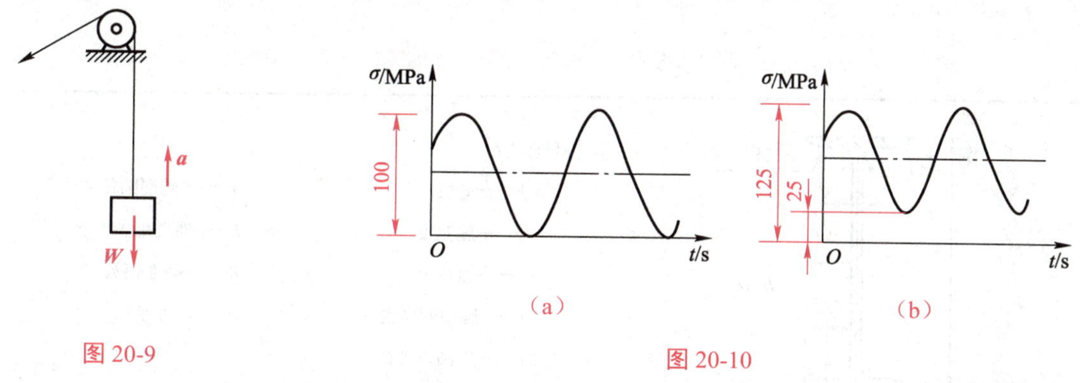

图 20-9

图 20-10

题 20-3　结合构件在对称循环作用下的疲劳极限计算公式，讨论应如何提高构件的疲劳强度。

附 录

附录 A 型钢截面尺寸、截面面积、理论重量及截面特性（摘自 GB/T 706—2016）

表 A-1 工字钢截面尺寸、截面面积、理论重量及截面特性

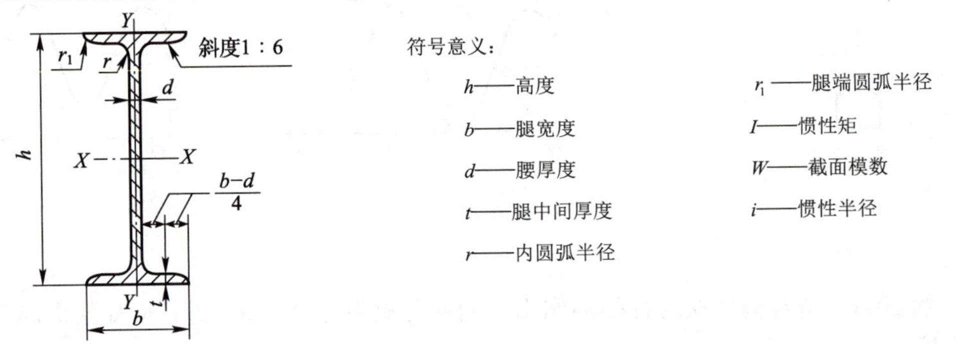

型号	截面尺寸/mm						截面面积/cm²	理论重量/（kg/m）	外表面积/（m²/m）	惯性矩/cm⁴		惯性半径/cm		截面模数/cm³	
	h	b	d	t	r	r_1				I_x	I_y	i_x	i_y	W_x	W_y
10	100	68	4.5	7.6	6.5	3.3	14.33	11.3	0.432	245	33.0	4.14	1.52	49.0	9.72
12	120	74	5.0	8.4	7.0	3.5	17.80	14.0	0.493	436	46.9	4.95	1.62	72.7	12.7
12.6	126	74	5.0	8.4	7.0	3.5	18.10	14.2	0.505	488	46.9	5.20	1.61	77.5	12.7
14	140	80	5.5	9. 1	7.5	3.8	21.50	16.9	0.553	712	64.4	5.76	1.73	102	16.1
16	160	88	6.0	9.9	8.0	4.0	26.11	20.5	0.621	1 130	93.1	6.58	1.89	141	21.2
18	180	94	6.5	10.7	8.5	4.3	30.74	24.1	0.681	1 660	122	7.36	2.00	185	26.0
20a	200	100	7.0	11.4	9.0	4.5	35.55	27.9	0.742	2 370	158	8.15	2.12	237	31.5
20b		102	9.0				39.55	31.1	0.746	2 500	169	7.96	2.06	250	33.1
22a	220	110	7.5	12.3	9.5	4.8	42.10	33.1	0.817	3 400	225	8.99	2.31	309	40.9
22b		112	9.5				46.50	36.5	0.821	3 570	239	8.78	2.27	325	42.7
24a	240	116	8.0	13.0	10.0	5.0	47.71	37.5	0.878	4 570	280	9.77	2.42	381	48.4
24b		118	10.0				52.51	41.2	0.882	4 800	297	9.57	2.38	400	50.4
25a	250	116	8.0				48.51	38.1	0.898	5 020	280	10.2	2.40	402	48.3
25b		118	10.0				53.51	42.0	0.902	5 280	309	9.94	2.40	423	52.4
27a	270	122	8.5	13.7	10.5	5.3	54.52	42.8	0.958	6 550	345	10.9	2.51	485	56.6
27b		124	10.5				59.92	47.0	0.962	6 870	366	10.7	2.47	509	58.9
28a	280	122	8.5				55.37	43.5	0.978	7 110	345	11.3	2.50	508	56.6
28b		124	10.5				60.97	47.9	0.982	7 480	379	11.1	2.49	534	61.2
30a	300	126	9.0	14.4	11.0	5.5	61.22	48.1	1.031	8 950	400	12.1	2.55	597	63.5
30b		128	11.0				67.22	52.8	1.035	9 400	422	11.8	2.50	627	65.9
30c		130	13.0				73.22	57.5	1.039	9 850	445	11.6	2.46	657	68.5
32a	320	130	9.5	15.0	11.5	5.8	67.12	52.7	1.084	11 100	460	12.8	2.62	692	70.8
32b		132	11.5				73.52	57.7	1.088	11 600	502	12.6	2.61	726	76.0
32c		134	13.5				79.92	62.7	1.092	12 200	544	12.3	2.61	760	81.2

（续表）

型号	截面尺寸/mm						截面面积/cm²	理论重量/(kg/m)	外表面积/(m²/m)	惯性矩/cm⁴		惯性半径/cm		截面模数/cm³	
	h	b	d	t	r	r_1				I_x	I_y	i_x	i_y	W_x	W_y
36a	360	136	10.0	15.8	12.0	6.0	76.44	60.0	1.185	15 800	552	14.4	2.69	875	81.2
36b		138	12.0				83.64	65.7	1.189	16 500	582	14.1	2.64	919	84.3
36c		140	14.0				90.84	71.3	1.193	17 300	612	13.8	2.60	962	87.4
40a	400	142	10.5	16.5	12.5	6.3	86.07	67.6	1.285	21 700	660	15.9	2.77	1 090	93.2
40b		144	12.5				94.07	73.8	1.289	22 800	692	15.6	2.71	1 140	96.2
40c		146	14.5				102.1	80.1	1.293	23 900	727	15.2	2.65	1 190	99.6
45a	450	150	11.5	18.0	13.5	6.8	102.4	80.4	1.411	32 200	855	17.7	2.89	1 430	114
45b		152	13.5				111.4	87.4	1.415	33 800	894	17.4	2.84	1 500	118
45c		154	15.5				120.4	94.5	1.419	35 300	938	17.1	2.79	1 570	122
50a	500	158	12.0	20.0	14.0	7.0	119.2	93.6	1.539	46 500	1 120	19.7	3.07	1 860	142
50b		160	14.0				129.2	101	1.543	48 600	1 170	19.4	3.01	1 940	146
50c		162	16.0				139.2	109	1.547	50 600	1 220	19.0	2.96	2 080	151
55a	550	166	12.5	21.0	14.5	7.3	134.1	105	1.667	62 900	1 370	21.6	3.19	2 290	164
55b		168	14.5				145.1	114	1.671	65 600	1 420	21.2	3.14	2 390	170
55c		170	16.5				156.1	123	1.675	68 400	1 480	20.9	3.08	2 490	175
56a	560	166	12.5				135.4	106	1.687	65 600	1 370	22.0	3.18	2 340	165
56b		168	14.5				146.6	115	1.691	68 500	1 490	21.6	3.16	2 450	174
56c		170	16.5				157.8	124	1.695	71 400	1 560	21.3	3.16	2 550	183
63a	630	176	13.0	22.0	15.0	7.5	154.6	121	1.862	93 900	1 700	24.5	3.31	2 980	193
63b		178	15.0				167.2	131	1.866	98 100	1 810	24.2	3.29	3 160	204
63c		180	17.0				179.8	141	1.870	102 000	1 920	23.8	3.27	3 300	214

注：表中 r，r_1 的数据用于孔型设计，不作交货条件。

表 A-2　槽钢截面尺寸、截面面积、理论重量及截面特性

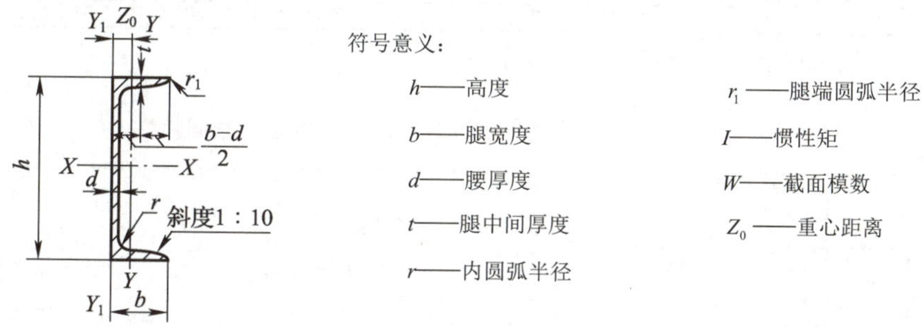

型号	截面尺寸/mm						截面面积/cm²	理论重量/(kg/m)	外表面积/(m²/m)	惯性矩/cm⁴			惯性半径/cm		截面模数/cm³		重心距离/cm
	h	b	d	t	r	r_1				I_x	I_y	I_{y1}	i_x	i_y	W_x	W_y	Z_0
5	50	37	4.5	7.0	7.0	3.5	6.925	5.44	0.226	26.0	8.30	20.9	1.94	1.10	10.4	3.55	1.35
6.3	63	40	4.8	7.5	7.5	3.8	8.446	6.63	0.262	50.8	11.9	28.4	2.45	1.19	16.1	4.50	1.36
6.5	65	40	4.3	7.5	7.5	3.8	8.292	6.51	0.267	55.2	12.0	28.3	2.54	1.19	17.0	4.59	1.38
8	80	43	5.0	8.0	8.0	4.0	10.24	8.04	0.307	101	16.6	37.4	3.15	1.27	25.3	5.79	1.43
10	100	48	5.3	8.5	8.5	4.2	12.74	10.0	0.365	198	25.6	54.9	3.95	1.41	39.7	7.80	1.52
12	120	53	5.5	9.0	9.0	4.5	15.36	12.1	0.423	346	37.4	77.7	4.75	1.56	57.7	10.2	1.62
12.6	126	53	5.5	9.0	9.0	4.5	15.69	12.3	0.435	391	38.0	77.1	4.95	1.57	62.1	10.2	1.59
14a	140	58	6.0	9.5	9.5	4.8	18.51	14.5	0.480	564	53.2	107	5.52	1.70	80.5	13.0	1.71
14b		60	8.0				21.31	16.7	0.484	609	61.1	121	5.35	1.69	87.1	14.1	1.67
16a	160	63	6.5	10.0	10.0	5.0	21.95	17.2	0.538	866	73.3	144	6.28	1.83	108	16.3	1.80
16b		65	8.5				25.15	19.8	0.542	935	83.4	161	6.10	1.82	117	17.6	1.75
18a	180	68	7.0	10.5	10.5	5.2	25.69	20.2	0.596	1 270	98.6	190	7.04	1.96	141	20.0	1.88
18b		70	9.0				29.29	23.0	0.600	1 370	111	210	6.84	1.95	152	21.5	1.84
20a	200	73	7.0	11.0	11.0	5.5	28.83	22.6	0.654	1 780	128	244	7.86	2.11	178	24.2	2.01
20b		75	9.0				32.83	25.8	0.658	1 910	144	268	7.64	2.09	191	25.9	1.95

（续表）

型号	截面尺寸/mm						截面面积/cm²	理论重量/(kg/m)	外表面积/(m²/m)	惯性矩/cm⁴			惯性半径/cm		截面模数/cm³		重心距离/cm
	h	b	d	t	r	r_1				I_x	I_y	I_{y1}	i_x	i_y	W_x	W_y	Z_0
22a	220	77	7.0	11.5	11.5	5.8	31.83	25.0	0.709	2 390	158	298	8.67	2.23	218	28.2	2.10
22b		79	9.0				36.23	28.5	0.713	2 570	176	326	8.42	2.21	234	30.1	2.03
24a	240	78	7.0	12.0	12.0	6.0	34.21	26.9	0.752	3 050	174	325	9.45	2.25	254	30.5	2.10
24b		80	9.0				39.01	30.6	0.756	3 280	194	355	9.17	2.23	274	32.5	2.03
24c		82	11.0				43.81	34.4	0.760	3 510	213	388	8.96	2.21	293	34.4	2.00
25a	250	78	7.0				34.91	27.4	0.722	3 370	176	322	9.82	2.24	270	30.6	2.07
25b		80	9.0				39.91	31.3	0.776	3 530	196	353	9.41	2.22	282	32.7	1.98
25c		82	11.0				44.91	35.3	0.780	3 690	218	384	9.07	2.21	295	35.9	1.92
27a	270	82	7.5	12.5	12.5	6.2	39.27	30.8	0.826	4 360	216	393	10.5	2.34	323	35.5	2.13
27b		84	9.5				44.67	35.1	0.830	4 690	239	428	10.3	2.31	347	37.7	2.06
27c		86	11.5				50.07	39.3	0.843	5 020	261	467	10.1	2.28	372	39.8	2.03
28a	280	82	7.5				40.02	31.4	0.846	4 760	218	388	10.9	2.33	340	35.7	2.10
28b		84	9.5				45.62	35.8	0.850	5 130	242	428	10.6	2.30	366	37.9	2.02
28c		86	11.5				51.22	40.2	0.854	5 500	268	463	10.4	2.29	393	40.3	1.95
30a	300	85	7.5	13.5	13.5	6.8	43.89	34.5	0.897	6 050	260	467	11.7	2.43	403	41.1	2.17
30b		87	9.5				49.89	39.2	0.901	6 500	289	515	11.4	2.41	433	44.0	2.13
30c		89	11.5				55.89	43.9	0.905	6 950	316	560	11.2	2.38	463	46.4	2.09
32a	320	88	8.0	14.0	14.0	7.0	48.50	38.1	0.947	7 600	305	552	12.5	2.50	475	46.5	2.24
32b		90	10.0				54.90	43.1	0.951	8 140	336	593	12.2	2.47	509	49.2	2.16
32c		92	12.0				61.30	48.1	0.955	8 690	374	643	11.9	2.47	543	52.6	2.09
36a	360	96	9.0	16.0	16.0	8.0	60.89	47.8	1.053	11 900	455	818	14.0	2.73	660	63.5	2.44
36b		98	11.0				68.09	53.5	1.057	12 700	497	880	13.6	2.70	703	66.9	2.37
36c		100	13.0				75.29	59.1	1.061	13 400	536	948	13.4	2.67	746	70.0	2.34
40a	400	100	10.5	18.0	18.0	9.0	75.04	58.9	1.144	17 600	592	1 070	15.3	2.81	879	78.8	2.49
40b		102	12.5				83.04	65.2	1.148	18 600	640	1 140	15.0	2.78	932	82.5	2.44
40c		104	14.5				91.04	71.5	1.152	19 700	688	1 220	14.7	2.75	986	86.2	2.42

注：表中 r，r_1 的数据用于孔型设计，不作交货条件。

表 A-3　等边角钢截面尺寸、截面面积、理论重量及截面特性

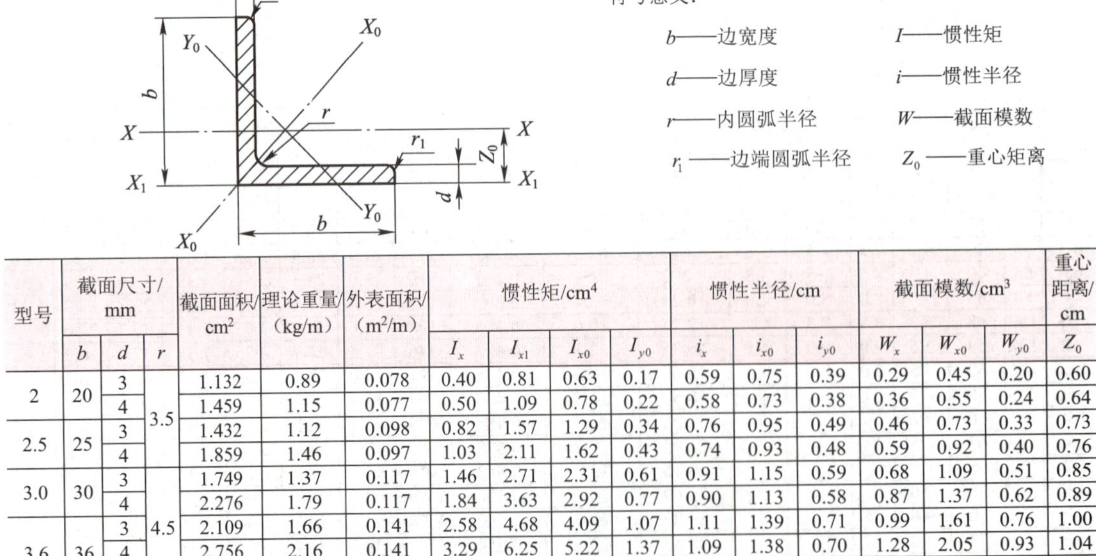

符号意义：

b——边宽度　　I——惯性矩

d——边厚度　　i——惯性半径

r——内圆弧半径　　W——截面模数

r_1——边端圆弧半径　　Z_0——重心矩离

型号	截面尺寸/mm			截面面积/cm²	理论重量/(kg/m)	外表面积/(m²/m)	惯性矩/cm⁴				惯性半径/cm			截面模数/cm³			重心距离/cm
	b	d	r				I_x	I_{x1}	I_{x0}	I_{y0}	i_x	i_{x0}	i_{y0}	W_x	W_{x0}	W_{y0}	Z_0
2	20	3	3.5	1.132	0.89	0.078	0.40	0.81	0.63	0.17	0.59	0.75	0.39	0.29	0.45	0.20	0.60
		4		1.459	1.15	0.077	0.50	1.09	0.78	0.22	0.58	0.73	0.38	0.36	0.55	0.24	0.64
2.5	25	3		1.432	1.12	0.098	0.82	1.57	1.29	0.34	0.76	0.95	0.49	0.46	0.73	0.33	0.73
		4		1.859	1.46	0.097	1.03	2.11	1.62	0.43	0.74	0.93	0.48	0.59	0.92	0.40	0.76
3.0	30	3	4.5	1.749	1.37	0.117	1.46	2.71	2.31	0.61	0.91	1.15	0.59	0.68	1.09	0.51	0.85
		4		2.276	1.79	0.117	1.84	3.63	2.92	0.77	0.90	1.13	0.58	0.87	1.37	0.62	0.89
3.6	36	3		2.109	1.66	0.141	2.58	4.68	4.09	1.07	1.11	1.39	0.71	0.99	1.61	0.76	1.00
		4		2.756	2.16	0.141	3.29	6.25	5.22	1.37	1.09	1.38	0.70	1.28	2.05	0.93	1.04
		5		3.382	2.65	0.141	3.95	7.84	6.24	1.65	1.08	1.36	0.7	1.56	2.45	1.00	1.07

（续表）

型号	截面尺寸/mm			截面面积/cm²	理论重量（kg/m）	外表面积（m²/m）	惯性矩/cm⁴				惯性半径/cm			截面模数/cm³			重心距离/cm
	b	d	r				I_x	I_{x1}	I_{x0}	I_{y0}	i_x	i_{x0}	i_{y0}	W_x	W_{x0}	W_{y0}	Z_0
4	40	3	5	2.359	1.85	0.157	3.59	6.41	5.69	1.49	1.23	1.55	0.79	1.23	2.01	0.96	1.09
		4		3.086	2.42	0.157	4.60	8.56	7.29	1.91	1.22	1.54	0.79	1.60	2.58	1.19	1.13
		5		3.792	2.98	0.156	5.53	10.7	8.76	2.30	1.21	1.52	0.78	1.96	3.10	1.39	1.17
4.5	45	3		2.659	2.09	0.177	5.17	9.12	8.20	2.14	1.40	1.76	0.89	1.58	2.58	1.24	1.22
		4		3.486	2.74	0.177	6.65	12.2	10.6	2.75	1.38	1.74	0.89	2.05	3.32	1.54	1.26
		5		4.292	3.37	0.176	8.04	15.2	12.7	3.33	1.37	1.72	0.88	2.51	4.00	1.81	1.30
		6		5.077	3.99	0.176	9.33	18.4	14.8	3.89	1.36	1.70	0.80	2.95	4.64	2.06	1.33
5	50	3	5.5	2.971	2.33	0.197	7.18	12.5	11.4	2.98	1.55	1.96	1.00	1.96	3.22	1.57	1.34
		4		3.897	3.06	0.197	9.26	16.7	14.7	3.82	1.54	1.94	0.99	2.56	4.16	1.96	1.38
		5		4.803	3.77	0.196	11.2	20.9	17.8	4.64	1.53	1.92	0.98	3.13	5.03	2.31	1.42
		6		5.688	4.46	0.196	13.1	25.1	20.7	5.42	1.52	1.91	0.98	3.68	5.85	2.63	1.46
5.6	56	3	6	3.343	2.62	0.221	10.2	17.6	16.1	4.24	1.75	2.20	1.13	2.48	4.08	2.02	1.48
		4		4.39	3.45	0.220	13.2	23.4	20.9	5.46	1.73	2.18	1.11	3.24	5.28	2.52	1.53
		5		5.415	4.25	0.220	16.0	29.3	25.4	6.61	1.72	2.17	1.10	3.97	6.42	2.98	1.57
		6		6.42	5.04	0.220	18.7	35.3	29.7	7.73	1.71	2.15	1.10	4.68	7.49	3.40	1.61
		7		7.404	5.81	0.219	21.2	41.2	33.6	8.82	1.69	2.13	1.09	5.36	8.49	3.80	1.64
		8		8.367	6.57	0.219	23.6	47.2	37.4	9.89	1.68	2.11	1.09	6.03	9.44	4.16	1.68
6	60	5	6.5	5.829	4.58	0.236	19.9	36.1	31.6	8.21	1.85	2.33	1.19	4.59	7.44	3.48	1.67
		6		6.914	5.43	0.235	23.4	43.3	36.9	9.60	1.83	2.31	1.18	5.41	8.70	3.98	1.70
		7		7.977	6.26	0.235	26.4	50.7	41.9	11.0	1.82	2.29	1.17	6.21	9.88	4.45	1.74
		8		9.02	7.08	0.235	29.5	58.0	46.7	12.3	1.81	2.27	1.17	6.98	11.0	4.88	1.78
6.3	63	4	7	4.978	3.91	0.248	19.0	33.4	30.2	7.89	1.96	2.46	1.26	4.13	6.78	3.29	1.70
		5		6.143	4.82	0.248	23.2	41.7	36.8	9.57	1.94	2.45	1.25	5.08	8.25	3.90	1.74
		6		7.288	5.72	0.247	27.1	50.1	43.0	11.2	1.93	2.43	1.24	6.00	9.66	4.46	1.78
		7		8.412	6.60	0.247	30.9	58.6	49.0	12.8	1.92	2.41	1.23	6.88	11.0	4.98	1.82
		8		9.515	7.47	0.247	34.5	67.1	54.6	14.3	1.90	2.40	1.23	7.75	12.3	5.47	1.85
		10		11.66	9.15	0.246	41.1	84.3	64.9	17.3	1.88	2.36	1.22	9.39	14.6	6.36	1.93
7	70	4	8	5.570	4.37	0.275	26.4	45.7	41.8	11.0	2.18	2.74	1.40	5.14	8.44	4.17	1.86
		5		6.876	5.40	0.275	32.2	57.2	51.1	13.3	2.16	2.73	1.39	6.32	10.3	4.95	1.91
		6		8.160	6.41	0.275	37.8	68.7	59.9	15.6	2.15	2.71	1.38	7.48	12.1	5.67	1.95
		7		9.424	7.40	0.275	43.1	80.3	68.4	17.8	2.14	2.69	1.38	8.59	13.8	6.34	1.99
		8		10.67	8.37	0.274	48.2	91.9	76.4	20.0	2.12	2.68	1.37	9.68	15.4	6.98	2.03
7.5	75	5	9	7.412	5.82	0.295	40.0	70.6	63.3	16.6	2.33	2.92	1.50	7.32	11.9	5.77	2.04
		6		8.797	6.91	0.294	47.0	84.6	74.4	19.5	2.31	2.90	1.49	8.64	14.0	6.67	2.07
		7		10.16	7.98	0.294	53.6	98.7	85.0	22.2	2.30	2.89	1.48	9.93	16.0	7.44	2.11
		8		11.50	9.03	0.294	60.0	113	95.1	24.9	2.28	2.88	1.47	11.2	17.9	8.19	2.15
		9		12.83	10.1	0.294	66.1	127	105	27.5	2.27	2.86	1.46	12.4	19.8	8.89	2.18
		10		14.13	11.1	0.293	72.0	142	114	30.1	2.26	2.84	1.46	13.6	21.5	9.56	2.22
8	80	5		7.912	6.21	0.315	48.8	85.4	77.3	20.3	2.48	3.13	1.60	8.34	13.7	6.66	2.15
		6		9.397	7.38	0.314	57.4	103	91.0	23.7	2.47	3.11	1.59	9.87	16.1	7.65	2.19
		7		10.86	8.53	0.314	65.6	120	104	27.1	2.46	3.10	1.58	11.4	18.4	8.58	2.23
		8		12.30	9.66	0.314	73.5	137	117	30.4	2.44	3.08	1.57	12.8	20.6	9.46	2.27
		9		13.73	10.8	0.314	81.1	154	129	33.6	2.43	3.06	1.56	14.3	22.7	10.3	2.31
		10		15.13	11.9	0.313	88.4	172	140	36.8	2.42	3.04	1.56	15.6	24.8	11.1	2.35
9	90	6	10	10.64	8.35	0.354	82.8	146	131	34.3	2.79	3.51	1.80	12.6	20.6	9.95	2.44
		7		12.30	9.66	0.354	94.8	170	150	39.2	2.78	3.50	1.78	14.5	23.6	11.2	2.48
		8		13.94	10.9	0.353	106	195	169	44.0	2.76	3.48	1.78	16.4	26.6	12.4	2.52
		9		15.57	12.2	0.353	118	219	187	48.7	2.75	3.46	1.77	18.3	29.4	13.5	2.56
		10		17.17	13.5	0.353	129	244	204	53.3	2.74	3.45	1.76	20.1	32.0	14.5	2.59
		12		20.31	15.9	0.352	149	294	236	62.2	2.71	3.41	1.75	23.6	37.1	16.5	2.67
10	100	6	12	11.93	9.37	0.393	115	200	182	47.9	3.10	3.90	2.00	15.7	25.7	12.7	2.67
		7		13.80	10.8	0.393	132	234	209	54.7	3.09	3.89	1.99	18.1	29.6	14.3	2.71
		8		15.64	12.3	0.393	148	267	235	61.4	3.08	3.88	1.98	20.5	33.2	15.8	2.76
		9		17.46	13.7	0.392	164	300	260	68.0	3.07	3.86	1.97	22.8	36.8	17.2	2.80
		10		19.26	15.1	0.392	180	334	285	74.4	3.05	3.84	1.96	25.1	40.3	18.5	2.84
		12		22.80	17.9	0.391	209	402	331	86.8	3.03	3.81	1.95	29.5	46.8	21.1	2.91
		14		26.26	20.6	0.391	237	471	374	99.00	3.00	3.77	1.94	33.7	52.9	23.4	2.99
		16		29.63	23.3	0.390	263	540	414	111	2.98	3.74	1.94	37.8	58.6	25.6	3.06

（续表）

型号	截面尺寸/mm			截面面积/cm²	理论重量（kg/m）	外表面积（m²/m）	惯性矩/cm⁴				惯性半径/cm			截面模数/cm³			重心距离/cm
	b	d	r				I_x	I_{x1}	I_{x0}	I_{y0}	i_x	i_{x0}	i_{y0}	W_x	W_{x0}	W_{y0}	Z_0
11	110	7	12	15.20	11.9	0.433	177	311	281	73.4	3.41	4.30	2.20	22.1	36.1	17.5	2.96
		8		17.24	13.5	0.433	199	355	316	82.4	3.40	4.28	2.19	25.0	40.7	19.4	3.01
		10		21.26	16.7	0.432	242	445	384	100	3.38	4.25	2.17	30.6	49.4	22.9	3.09
		12		25.20	19.8	0.431	283	535	448	117	3.35	4.22	2.15	36.1	57.6	26.2	3.16
		14		29.06	22.8	0.431	321	625	508	133	3.32	4.18	2.14	41.3	65.3	29.1	3.24
12.5	125	8	14	19.75	15.5	0.492	297	521	471	123	3.88	4.88	2.50	32.5	53.3	25.9	3.37
		10		24.37	19.1	0.491	362	652	574	149	3.85	4.85	2.48	40.0	64.9	30.6	3.45
		12		28.91	22.7	0.491	423	783	671	175	3.83	4.82	2.46	41.2	76.0	35.0	3.53
		14		33.37	26.2	0.490	482	916	764	200	3.80	4.78	2.45	54.2	86.4	39.1	3.61
		16		37.74	29.6	0.489	537	1 050	851	224	3.77	4.75	2.43	60.9	96.3	43.0	3.68
14	140	10		27.37	21.5	0.551	515	915	817	212	4.34	5.46	2.78	50.6	82.6	39.2	3.82
		12		32.51	25.5	0.551	604	1 100	959	249	4.31	5.43	2.76	59.8	96.9	45.0	3.90
		14		37.57	29.5	0.550	689	1 280	1 090	284	4.28	5.40	2.75	68.8	110	50.5	3.98
		16		42.54	33.4	0.549	770	1 470	1 220	319	4.26	5.36	2.74	77.5	123	55.6	4.06
15	150	8		23.75	18.6	0.592	521	900	827	215	4.69	5.90	3.01	47.4	78.0	38.1	3.99
		10		29.37	23.1	0.591	638	1 130	1 010	262	4.66	5.87	2.99	58.4	95.5	45.5	4.08
		12		34.91	27.4	0.591	749	1 350	1 190	308	4.63	5.84	2.97	69.0	112	52.4	4.15
		14		40.37	31.7	0.590	856	1 580	1 360	352	4.60	5.80	2.95	79.5	128	58.8	4.23
		15		43.06	33.8	0.590	907	1 690	1 440	374	4.59	5.78	2.95	84.6	136	61.9	4.27
		16		45.74	35.9	0.589	958	1 810	1 520	395	4.58	5.77	2.94	89.6	143	64.9	4.31
16	160	10	16	31.50	24.7	0.630	780	1 370	1 240	322	4.98	6.27	3.20	66.7	109	52.8	4.31
		12		37.44	29.4	0.630	917	1 640	1 460	377	4.95	6.24	3.18	79.0	129	60.7	4.39
		14		43.30	34.0	0.629	1 050	1 910	1 670	432	4.92	6.20	3.16	91.0	147	68.2	4.47
		16		49.07	38.5	0.629	1 180	2 190	1 870	485	4.89	6.17	3.14	103	165	75.3	4.55
18	180	12		42.24	33.2	0.710	1 320	2 330	2 100	543	5.59	7.05	3.58	101	165	78.4	4.89
		14		48.9	38.4	0.709	1 510	2 720	2 410	622	5.56	7.02	3.56	116	189	88.4	4.97
		16		55.47	43.5	0.709	1 700	3 120	2 700	699	5.54	6.98	3.55	131	212	97.8	5.05
		18		61.96	48.6	0.708	1 880	3 500	2 990	762	5.50	6.94	3.51	146	235	105	5.13
20	200	14	18	54.64	42.9	0.788	2 100	3 730	3 340	864	6.20	7.82	3.98	145	236	112	5.46
		16		62.01	48.7	0.788	2 370	4 270	3 760	971	6.18	7.79	3.96	164	266	124	5.54
		18		69.30	54.4	0.787	2 620	4 810	4 160	1 080	6.15	7.75	3.94	182	294	136	5.62
		20		76.51	60.1	0.787	2 870	5 350	4 550	1 180	6.12	7.72	3.93	200	322	147	5.69
		24		90.66	71.2	0.785	3 340	6 460	5 290	1 380	6.07	7.64	3.90	236	374	167	5.87
22	220	16	21	68.67	53.9	0.866	3 190	5 680	5 060	1 310	6.81	8.59	4.37	200	326	154	6.03
		18		76.75	60.3	0.866	3 540	6 400	5 620	1 450	6.79	8.55	4.35	223	361	168	6.11
		20		84.76	66.5	0.865	3 870	7 110	6 150	1 590	6.76	8.52	4.34	245	395	182	6.18
		22		92.68	72.8	0.865	4 200	7 830	6 670	1 730	6.73	8.48	4.32	267	429	195	6.26
		24		100.5	78.9	0.864	4 520	8 550	7 170	1 870	6.71	8.45	4.31	289	461	208	6.33
		26		108.3	85.0	0.864	4 830	9 280	7 690	2 000	6.68	8.41	4.30	310	492	221	6.41
25	250	18	24	87.84	69.0	0.985	5 270	9 380	8 370	2 170	7.75	9.76	4.97	290	473	224	6.84
		20		97.05	76.2	0.984	5 780	10 400	9 180	2 380	7.72	9.73	4.95	320	519	243	6.92
		22		106.2	83.3	0.983	6 280	11 500	9 970	2 580	7.69	9.69	4.93	349	564	261	7.00
		24		115.2	90.4	0.983	6 770	12 500	10 700	2 790	7.67	9.66	4.92	378	608	278	7.07
		26		124.2	97.5	0.982	7 240	13 600	11 500	2 980	7.64	9.62	4.90	406	650	295	7.15
		28		133.0	104	0.982	7 700	14 600	12 200	3 180	7.61	9.58	4.89	433	691	311	7.22
		30		141.8	111	0.981	8 160	15 700	12 900	3 380	7.58	9.55	4.88	461	731	327	7.30
		32		150.5	118	0.981	8 600	16 800	13 600	3 570	7.56	9.51	4.87	488	770	342	7.37
		35		163.4	128	0.980	9 240	18 400	14 600	3 850	7.52	9.46	4.86	527	827	364	7.48

注：截面图中的 $r_1 = 1/3d$ 及表中 r 的数据用于孔型设计，不作交货条件。

附录 B　练习题参考答案

第 1 章　静力学基础

题 1-1　略。

题 1-2　略。

第 2 章　平面基本力系

题 2-1　简化结果：力偶矩 $M=\sqrt{3}Fl/2$，逆时针方向。

题 2-2　$F_{Ax}=F$（水平向左）；$F_{Ay}=\dfrac{F}{2}$（竖直向下）；$F_D=\dfrac{F}{2}$（竖直向上）。

题 2-3　$F_A=10\text{ kN}$（竖直向下）；$F_B=10\text{ kN}$（竖直向上）。

题 2-4　$F_{Ax}=F$（水平向右）；$F_{Ay}=\dfrac{3}{2}F$（竖直向下）；$F_B=\dfrac{3}{2}F$（竖直向上）。

第 3 章　平面任意力系

题 3-1　$M_{O'}=M_O=2rF$。

题 3-2　简化结果：一个力和一个力偶，主矢和主矩可合成为一个合力 $F_{\mathrm{R}}=4\sqrt{2}\text{ kN}$。

题 3-3　$F_{Ax}=0$；$F_{Ay}=\dfrac{1}{2a}\left(aF+M-\dfrac{5}{2}a^2q\right)$（竖直向下）；$F_B=\dfrac{1}{2a}\left(3aF+M-\dfrac{1}{2}a^2q\right)$（竖直向上）。

题 3-4　$F_{Ax}=31\text{ kN}$（水平向右）；$F_{Ay}=50\text{ kN}$（竖直向上）；$F_B=-31\text{ kN}$（水平向左）。

第 4 章　摩擦

题 4-1　（1）静止，$F_{\mathrm{s}}=10\text{ N}$；（2）临界状态，$F_{\mathrm{s}}=30\text{ N}$；（3）运动，$F_{\max}=28\text{ N}$。

题 4-2　（1）静止，$F_{\mathrm{s}}=200\text{ N}$（水平向左）；（2）运动，$F_{\max}=140\text{ N}$（竖直向上）。

题 4-3　$\theta=\arctan f_{\mathrm{s}}=\arctan 0.5=26.57°$。

题 4-4　$M\approx 16.32\text{ N}\cdot\text{m}$。

题 4-5　$f=\dfrac{\sqrt{3}}{6}$。

第 5 章　空间力系

题 5-1　$M_y(\boldsymbol{F})=-36.64\ \text{N}\cdot\text{m}$（从 y 轴正端向负端看为顺时针方向）。

题 5-2　$M_z(\boldsymbol{F})=-101.4\ \text{N}\cdot\text{m}$（从 z 轴正端向负端看为顺时针方向）。

题 5-3　$M_x(\boldsymbol{F})=hF_y-rF_z\cos30°=\dfrac{F}{4}(h-3r)$，

$M_y(\boldsymbol{F})=hF_x+rF_z\sin30°=\dfrac{\sqrt{3}F}{4}(h+r)$，

$M_z(\boldsymbol{F})=-rF\cos60°=-\dfrac{1}{2}Fr$。

题 5-4　（1）$\boldsymbol{F}$ 在 y 轴上的投影：$F_y=\dfrac{-aF}{\sqrt{a^2+b^2+c^2}}$；

（2）$\boldsymbol{F}$ 在 z 轴上的投影：$F_z=\dfrac{-bF}{\sqrt{a^2+b^2+c^2}}$；

（3）$\boldsymbol{F}$ 对 AB 轴之矩：$M_{AB}=\dfrac{acF}{\sqrt{a^2+b^2+c^2}}$，从 A 看向 B 为逆时针转向。

题 5-5　$F_{Ox}=150\ \text{N}$，$F_{Oy}=75\ \text{N}$，$F_{Oz}=500\ \text{N}$；

$M_x=100\ \text{N}\cdot\text{m}$，$M_y=-37.5\ \text{N}\cdot\text{m}$，$M_z=-24.375\ \text{N}\cdot\text{m}$。

题 5-6　$x_C=78.27\ \text{mm}$，$y_C=59.53\ \text{mm}$。

题 5-7　$x_C=90\ \text{mm}$，$y_C=0$。

第 6 章　点的运动学和刚体的基本运动

题 6-1　点的轨迹：$x=0.2-2.5y^2$；

点的速度为：$\boldsymbol{v}=-0.2(t\boldsymbol{i}-\boldsymbol{j})\ \text{m/s}$；

点的加速度为：$\boldsymbol{a}=-0.2\boldsymbol{i}\ \text{m/s}^2$。

题 6-2　$v_M=9.42\ \text{m/s}$（水平向右）；$a_M=444.68\ \text{m/s}^2$（竖直向上）。

题 6-3　（1）对点 A：$v_A=2a\omega$；$a_{\text{n}A}=2a\omega^2$；$a_{\tau A}=2a\alpha$。

（2）对点 M：$v_M=\omega\sqrt{a^2+b^2}$；$a_{\text{n}M}=\omega^2\sqrt{a^2+b^2}$；$a_{\tau M}=\alpha\sqrt{a^2+b^2}$。

第 7 章　点的合成运动

题 7-1　$v_{BC}=\omega r\sin\varphi$。

题 7-2　$v_{AB}=\omega e$。

题 7-3　图（a）中，$\omega_2=1.5\ \text{rad/s}$；图（b）中，$\omega_2=2\ \text{rad/s}$。

题 7-4 $v_C=\dfrac{va}{2l}$。

第 8 章 刚体的平面运动

题 8-1 $x_C=r\cos\omega_O t$， $y_C=r\sin\omega_O t$， $\varphi=\omega_O t$。

题 8-2 $v_B=\dfrac{2\sqrt{3}}{3}\omega r$。

题 8-3 $\omega_{AB}=\dfrac{2}{3}\omega$； $v_B=\omega l$； $v_D=\dfrac{\sqrt{5}}{2}\omega l$。

题 8-4 $\omega=\dfrac{v\sin^2\theta}{R\cos\theta}$。

题 8-5 $\omega_{AB}=\dfrac{3v}{4l}$。

题 8-6 $v_M=\sqrt{2}(R+r)\omega$。

题 8-7 $\omega_{O_1B}=0$； $\omega_{AB}=\dfrac{\omega_0}{4}$。

题 8-8 $v_O=\dfrac{Rv}{R-r}$。

第 9 章 质点动力学基本方程

题 9-1 $t=\sqrt{\dfrac{h(m_1+m_2)}{g(m_1-m_2)}}$。

题 9-2 $N=m(g-e\omega^2\cos\omega t)$。

题 9-3 $F=m\left(g+\dfrac{v_0^2l^2}{x^3}\right)\sqrt{1+\left(\dfrac{l}{x}\right)^2}$。

题 9-4 $v_0=\sqrt{2gR}=11.2\ \text{km/s}$。

题 9-5 $\begin{cases}x=v_0t\cos\alpha\\ y=v_0t\sin\alpha-\dfrac{1}{2}gt^2\end{cases}$。

第 10 章 动量定理

题 10-1 图（a）中，$p=\dfrac{ml\omega}{2}$；图（b）中，$p=\dfrac{ml\omega}{6}$。

题 10-2 $f=0.17$。

题 10-3　$F_{Ox}=Q+P_1+P_2\sin^2\theta+\frac{P_1}{g}a-\frac{P_2}{g}a\sin\theta$；$F_{Oy}=-P_2\sin\theta\cos\theta+\frac{P_2}{g}a\cos\theta$。

题 10-4　$\Delta x_2=-0.27\text{ m}$（水平向左）。

题 10-5　$4x^2+y^2=l^2$（椭圆）。

题 10-6　$v=\frac{m_B}{m_A+m_B}l\omega\varphi_0$。

题 10-7　$\Delta x=-0.14\text{ m}$（水平向左）。

第 11 章　动量矩定理

题 11-1　$L_O=(2+\sqrt{2})mvR$。

题 11-2　$L_D=-\frac{1}{4}(2m_1+8m_2+3m_3+4m_4)vr$（顺时针方向）。

题 11-3　$J_z=\frac{1}{2}m(R_1^2+R_2^2)$。

题 11-4　$L_O=18\text{ kg}\cdot\text{m}^2/\text{s}$。

题 11-5　$Q=\frac{J_O\omega_O}{fRT}$。

题 11-6　$\omega_2=\frac{J_1}{J_1+J_2}\omega_1$。

题 11-7　$a_C=\frac{Mr}{P(\rho^2+r^2)}g$。

第 12 章　动能定理

题 12-1　$T=\frac{1}{2g}(P+2W)v^2$。

题 12-2　$T_{\max}=mg\left(1+\frac{v_0}{g}\sqrt{\frac{k}{m}}\right)$。

题 12-3　$T=\frac{1}{2}\left(\frac{m}{3}+\frac{3m_1}{2}\right)l^2\omega^2$。

题 12-4　$T=mv_C^2$。

题 12-5　$T=\frac{1}{6}ml^2\omega^2\sin^2\theta$。

题 12-6　$v=8.04\text{ m/s}$。

题 12-7　重力做功：$W=mg(\sqrt{3}-1)l$；弹性力作功：$W=(\sqrt{3}-2)kl^2$。

第 13 章　轴向拉伸与压缩

题 13-1　AB 段应力：$\sigma_{AB}=125\ \text{MPa}$（拉应力）；
BC 段应力：$\sigma_{BC}=-100\ \text{MPa}$（压应力）；
CD 段应力：$\sigma_{CD}=33.3\ \text{MPa}$（拉应力）；
DE 段应力：$\sigma_{DE}=-100\ \text{MPa}$（压应力）。

题 13-2　AB 段：$F_{AB}=-3\ \text{kN}$；
BC 段：$F_{BC}=5\ \text{kN}$；
CD 段：$F_{CD}=-10\ \text{kN}$；
DE 段：$F_{DE}=10\ \text{kN}$。

题 13-3　$\sigma_{\max}=-66.7\ \text{MPa}$（压应力）。

题 13-4　AB 段轴力：$F_{AB}=-20\ \text{kN}$（压力）；
BD 段轴力：$F_{BD}=10\ \text{kN}$（拉力）；
AB 段应力：$\sigma_{AB}=-40\ \text{MPa}$（压应力）；
BC 段应力：$\sigma_{BC}=20\ \text{MPa}$（拉应力）；
CD 段应力：$\sigma_{CD}=50\ \text{MPa}$（拉应力）；
总变形：$\Delta l=0.015\ \text{mm}$。

题 13-5　$[F]=40.4\ \text{kN}$。

第 14 章　剪切与挤压

题 14-1　略。

题 14-2　$F_{\min}=36.2\ \text{kN}$。

题 14-3　$\tau=99.5\ \text{MPa}<[\tau]$，$\sigma_j=125\ \text{MPa}<[\sigma_j]$。

题 14-4　$\tau=50\ \text{MPa}<[\tau]$，$\sigma_j=150\ \text{MPa}<[\sigma_j]$。

第 15 章　扭转

题 15-1　$I_P=\dfrac{\pi D^4}{32}$，$W_n=\dfrac{\pi D^3}{16}$。

题 15-2　BC 段：$T_{BC}=-159.2\ \text{N}\cdot\text{m}$；
CA 段：$T_{CA}=-477.5\ \text{N}\cdot\text{m}$；
AD 段：$T_{AD}=477.5\ \text{N}\cdot\text{m}$，图略。

题 15-3　AB 段：$\tau_{\max}=49.7\ \text{MPa}<[\tau]$；
BC 段：$\tau_{\max}=73.4\ \text{MPa}>[\tau]$。

题 15-4　AB 段：$\tau_{\max}=64.84\ \text{MPa}<[\tau]$；

BC 段：$\tau_{max}=71.3\ \text{MPa}<[\tau]$。

题 15-5　（1）$d_1\geqslant 36.5\ \text{mm}$，可取 $d_1=37\ \text{mm}$；

（2）$D\geqslant 37.3\ \text{mm}$，可取 $D=38\ \text{mm}$，$d=19\ \text{mm}$；

（3）两轴的截面面积之比：0.7911。

题 15-6　$d\geqslant 33.2\ \text{mm}$，可取 $d=34\ \text{mm}$。

题 15-7　$\varphi_{AB}=1.093\times10^{-2}\ \text{rad}$。

第 16 章　弯曲

题 16-1　略。

题 16-2　$F_Q(x)=-F\ (0<x<l)$，$M(x)=-Fx\ (0\leqslant x\leqslant l)$，图略。

题 16-3　$\sigma_{max}=160\ \text{MPa}$。

题 16-4　AC 段：$F_Q(x)=\dfrac{Fb}{l}\quad(0<x<a)$，$M(x)=\dfrac{Fb}{l}x\quad(0\leqslant x\leqslant a)$；

CB 段：$F_Q(x)=\dfrac{Fa}{l}\ (a<x<l)$，$M(x)=\dfrac{Fb}{l}(l-x)\quad(a\leqslant x\leqslant l)$。

题 16-5　$\theta_B=\theta_{BF}+\theta_{Bq}=\dfrac{Fl^2}{2EI}-\dfrac{ql^3}{6EI}$；$y_B=y_{BF}+y_{Bq}=\dfrac{Fl^3}{3EI}-\dfrac{ql^4}{8EI}$。

题 16-6　$\theta_A=-\dfrac{ql^3}{24EI}$（顺时针），$\theta_B=\dfrac{ql^3}{24EI}$（逆时针）；$y_{max}=-\dfrac{5ql^4}{384EI}$（位于跨中）。

第 17 章　应力状态与强度理论

题 17-1　$\sigma_\alpha=2.5\ \text{MPa}$（竖直斜面向内）；$\tau_\alpha=56.3\ \text{MPa}$（沿斜面向上）。

题 17-2　$\sigma_1=26\ \text{MPa}$，$\sigma_2=0$，$\sigma_3=-96\ \text{MPa}$。

题 17-3　$\sigma_1=0$，$\sigma_2=-90\ \text{MPa}$，$\sigma_3=-180\ \text{MPa}$；$\tau_{max}=90\ \text{MPa}$。

题 17-4　$\sigma_{xd3}=\sqrt{\sigma^2+4\tau^2}\leqslant[\sigma]$；$\sigma_{xd4}=\sqrt{\sigma^2+3\tau^2}\leqslant[\sigma]$。

第 18 章　组合变形

题 18-1　$\dfrac{\sqrt{M^2+T^2}}{W_z}=\dfrac{F\sqrt{l^2+a^2}}{W}\leqslant[\sigma]$。

题 18-2　$\sigma_{t\max}=100.5\ \text{MPa}>[\sigma]=100\ \text{MPa}$，差值很小，可以认为满足强度条件。

题 18-3　$F\leqslant 12.264\ \text{kN}$。

题 18-4　$\sigma_{t,\max}=63.8\ \text{MPa}$；$\sigma_{c,\max}=-65.2\ \text{MPa}$。

题 18-5　$d\geqslant 40\ \text{mm}$。

第 19 章　压杆稳定

题 19-1　略。

题 19-2　$F_{cr}=3.7\ \text{kN}$。

题 19-3　（a）$F_{cr}=\dfrac{\pi^2 EI}{l^2}=\dfrac{\pi^2 EI}{5^2}$；　（b）$F_{cr}=\dfrac{\pi^2 EI}{(0.7l)^2}=\dfrac{\pi^2 EI}{4.9^2}$；

（c）$F_{cr}=\dfrac{\pi^2 EI}{(0.5l)^2}=\dfrac{\pi^2 EI}{4.5^2}$；　（d）$F_{cr}=\dfrac{\pi^2 EI}{(2l)^2}=\dfrac{\pi^2 EI}{4^2}$。

题 19-4　$n=3.96\geqslant n_{st}=3.4$。

题 19-5　$d\geqslant 97\ \text{mm}$。

第 20 章　动载荷与交变应力

题 20-1　$\sigma_{Nd}=\dfrac{3W}{2A}$。

题 20-2　（a）$r=0$，$\sigma_m=50\ \text{MPa}$，$\sigma_a=50\ \text{MPa}$；

（b）$r=0.2$，$\sigma_m=75\ \text{MPa}$，$\sigma_a=50\ \text{MPa}$。

题 20-3　略。

参考文献

[1] 哈尔滨工业大学理论力学教研室．理论力学（I）[M]．第6版．北京：高等教育出版社，2002.

[2] 哈尔滨工业大学理论力学教研室．简明理论力学 [M]．北京：高等教育出版社，2004.

[3] 张洪霞，张玉贤．理论力学 [M]．哈尔滨：哈尔滨工业大学出版社，2008.

[4] 刘巧玲．理论力学 [M]．北京：科学出版社，2005.

[5] 彭慧莲，马晓燕，傅晋．理论力学（I）全程导学及习题全解 [M]．北京：中国时代经济出版社，2007.

[6] 李二丽，陈洪雷．理论力学习题与解析 [M]．北京：兵器工业出版社，2008.

[7] 边宇虹．理论力学 [M]．北京：机械工业出版社，1996.

[8] 郝同生．理论力学 [M]．北京：高等教育出版社，1982.

[9] 王先，何航红．工程力学 [M]．广州：华南理工大学出版社，2008.

[10] 李宗信．工程力学 [M]．北京：科学出版社，2008.

[11] 高原，杨丽娜．工程力学 [M]．北京：北京大学出版社，2007.

[12] 张春梅，刘静香．工程力学 [M]．北京：北京理工大学出版社，2008.

[13] 孙训方，方孝淑，关来泰．材料力学 [M]．北京：高等教育出版社，2002.

[14] 胡增强．材料力学学习指导 [M]．北京：高等教育出版社，2003.

[15] 张德润．工程力学 [M]．天津：南开大学出版社，1989.

[16] 张秉荣，章剑青．工程力学 [M]．北京：机械工业出版社，1996.

[17] 朱熙然．工程力学 [M]．上海：上海交通大学出版社，1999.

[18] 梅群，侯中华．工程力学 [M]．北京：机械工业出版社，2017.

[19] 机械职业教育基础课教学指导委员会工程力学学科组．工程力学 [M]．北京：机械工业出版社，2002.

[20] 符双学，李家宇．工程力学 [M]．武汉：华中科技大学出版社，2017.